Reinhold Haberlandt
Siegfried Fritzsche
Gustav Peinel
Karl Heinzinger

# Molekulardynamik

Reinhold Haberlandt
Siegfried Fritzsche
Gustav Peinel
Karl Heinzinger

# Molekulardynamik

Grundlagen und Anwendungen

Prof. Dr. Reinhold Haberlandt
Institut für Theoretische Physik
Abt. Moleküldynamik/Computersimulation
Universität Leipzig
Augustusplatz 9–11
04109 Leipzig

Dr. Siegfried Fritzsche
Institut für Theoretische Physik
Abt. Moleküldynamik/Computersimulation
Universität Leipzig
Augustusplatz 9–11
04109 Leipzig

Dr. Gustav Peinel
Scharnhorststr. 22
04275 Leipzig

Dr. Karl Heinzinger
Max-Planck-Institut für Chemie
Arbeitsgruppe Physikalische Chemie
Saarstraße 23
55128 Mainz



Umschlag: Klaus Birk, Wiesbaden

Gedruckt auf säurefreiem Papier

ISBN 978-3-322-90871-1     ISBN 978-3-322-90870-4 (eBook)
DOI 10.1007/978-3-322-90870-4

# Vorwort

Die Computersimulationen haben sich seit ihrer Einführung stürmisch entwickelt und wurden vielfältig angewendet. In der Literatur findet man neben zahlreichen Originalarbeiten auch eine Reihe zusammenfassender Darstellungen. Dieses Buch wendet sich an Studierende und Wissenschaftler der Physik und Chemie sowie benachbarter Disziplinen, die ihre Arbeitmethoden um dieses wirkungsvolle Werkzeug erweitern wollen. Das Buch gibt eine Einführung in dieses Gebiet und soll eine Lücke im deutschsprachigen Raum schließen helfen.

Die Computersimulationen geben detaillierte Einblicke ins molekulare Geschehen und spielen eine Doppelrolle insofern, als sie durch numerische Berechnungen physikalischer Modelle einerseits zur Ergänzung und Überprüfung der analytischen Theorie dienen und andererseits durch die Möglichkeiten der Variation von Systemeigenschaften den Bereich der Experimente zu erweitern helfen.

Im vorliegenden Buch werden zuerst die Grundlagen für die Computersimulationen skizziert. Das ist insbesondere die Statistische Physik (Kapitel 2), die die Behandlung von Vielteilchensystemen ermöglicht, und zwar durch die Berechnung statistischer Größen wie Zustandssummen, Paarverteilungs- und Korrelationsfunktionen. Sie dienen als Ausgangspunkt zur Berechnung der strukturellen, thermodynamischen und Transport-Daten.

Als ein entscheidener Schritt zum Erhalten adäquater Resultate gilt die sinnvolle Wahl der inter- und intramolekularen Wechselwirkungspotentiale, die im Kapitel 3 behandelt wird.

Im Hauptteil des Buches wird die Methode der *Molekulardynamik* (Kapitel 4, 5, 7) erläutert, die die Bewegung der betrachteten Systeme durch Lösung mechanischer Bewegungsgleichungen und Berechnung der gewünschten strukturellen, thermodynamischen und Transport-Daten durch Auswertung geeigneter Mittelwerte beschreibt.

Vergleichsweise zur Molekulardynamik wird im Kapitel 8 von Herrn H.-L. Vörtler ein kurzer Abriß des *Monte-Carlo-Verfahrens* – der zweiten wichtigen Methode der Computersimulation – gegeben.

Wegen der Vielfalt der möglichen Anwendungen – gekoppelt mit der schnellen Entwicklung der Rechentechnikwird im Kapitel 9 nur ein allgemeiner Überblick über mögliche Anwendungen gegeben. Für zwei spezielle Problemkreise – nämlich Untersuchungen von wäßrigen Elektrolytlösungen und Transportvorgängen in Zeolithen – wird detailliert auf spezielle Fragestellungen und Probleme bei der Anwendung molekulardynamischer Simulationen eingegangen.

Herrn Schwarz vom Vieweg-Verlag danken wir für seine verständnisvolle Unterstützung dieses Projektes, der Deutschen Forschungsgemeinschaft (insbesondere dem SFB 294) und dem Fonds der Chemischen Industrie für finanzielle Förderung.

Herrn Prof. J. Kärger (Leipzig) danken wir für hilfreiche Diskussionen zum Kapitel 9.3, Herrn Dr. J. Roth (Stuttgart) für die krititsche Durchsicht sowie Frau Rückert (Mainz) für das Schreiben von Teilen des Manuskriptes.

Schließlich danken wir unseren Frauen für Geduld und Erhaltung der Arbeitsruhe und speziell Frau Haberlandt für das Lesen des Manuskriptes.

Leipzig, Mainz im November 1994                                         Die Autoren

# Inhaltsverzeichnis

# Abbildungsverzeichnis

# Tabellenverzeichnis

# 1 Einführung

Es gibt kaum ein technisches Gerät, das derart nachhaltig die Entwicklung der Wissenschaften beeinflußt und dabei auch noch eine enge Beziehung zwischen Theorie und Experiment gefördert hat, wie der Computer. Computersimulationen sind aus dem Instrumentarium des Naturwissenschaftlers heute nicht mehr wegzudenken.

Sie bieten eine Möglichkeit, strukturelle, dynamische und thermodynamische Eigenschaften interessierender Systeme zu untersuchen.

Im wesentlichen wurden zwei Verfahren entwickelt: *Monte-Carlo-Verfahren* (MC) und *Molekulardynamik* (MD) [1-13], die auf Methoden der Statistischen Physik [14-18] basieren. Bei beiden Verfahren wird eine bestimmte Anzahl von Teilchen in einem – üblicherweise – würfelförmigen Kasten verteilt. Die zur Untersuchung wichtigen Wechselwirkungen [18-21] zwischen den Teilchen im System können meist durch Paar-Potentiale beschrieben werden. In der Regel wird angenommen, daß sich das Gesamtpotential als Summe dieser Paar-Potentiale schreiben läßt.

Bei den MC-Rechnungen wird eine Kette von Konfigurationen der Teilchen (Mikrozuständen des Systems) konstruiert. Ausgehend von einem vorgegebenen Anfangszustand wird eine neue Konfiguration im einfachsten Falle dadurch erzeugt, daß ein willkürlich ausgesuchtes Teilchen um einen zufällig gewählten Vektor verschoben wird. Nach dem sogenannten *Metropolis*-Algorithmus wird aus der Änderung der Gesamtenergie beim Übergang zu der neuen Konfiguration entschieden, ob diese als neuer Zustand in die Kette der Konfigurationen aufgenommen wird oder der alte Zustand nochmals zu zählen ist.

Die so erzeugte Folge von Konfigurationen (Markoff-Kette) konvergiert für große Längen – typisch sind einige millionen Zustände – zum thermodynamischen Gleichgewicht. Durch Mittelung können die strukturellen und thermodynamischen Eigenschaften der zu untersuchenden Substanz berechnet werden. Durch dynamische Interpretation der zufälligen Bewegung (*random walk*) der Teilchen lassen sich auch Nicht-Gleichgewichtsprozesse simulieren.

Bei den MD-Simulationen werden die klassischen Bewegungsgleichungen für die Teilchen im Kasten (*MD-Box*) numerisch integriert. Die sich daraus ergebende Kenntnis von Ort und Geschwindigkeit – bei Molekülen auch Orientierung und Winkelgeschwindigkeit – als Funktion der Zeit für jedes der Teilchen bedeutet eine vollständige Beschreibung des Systems im klassischen Sinn. Daraus können mit Hilfe der Statistischen Physik im Prinzip alle interessierenden strukturellen, dynamischen und thermodynamischen Eigenschaften berechnet werden. Dabei kann oft von der Annahme ausgegangen werden, daß ein Zeitraum von einigen Pikosekunden ausreicht, um Aussagen über die reale Situation des Systems zu erhalten. Für große Komplexe mit einer Vielzahl intra- und intermolekularer Wechselwirkungen muß diese Annahme in jedem Fall geprüft werden.

Die Computersimulationen, deren Möglichkeiten sich mit der Entwicklung der Rechentechnik stark erweitern [25], können weder allein den Experimenten noch der Theorie zugeordnet werden. Sie übernehmen Teilaufgaben beider Untersuchungsmethoden.

Im Fall einfacher Flüssigkeiten, wie z.B. bei flüssigen Edelgasen, sind die Wechselwirkungsenergien zwischen zwei Teilchen wohlbekannt und Dreikörper-Wechselwirkungen kaum von Bedeutung. Deshalb sind die Ergebnisse, die mit Hilfe der Computersimulationen für einfache Substanzen erzielt werden, sehr verläßlich.

Für komplizierte Systeme, wie z.B. wäßrige Elektrolytlösungen, steht eine analytische Be-

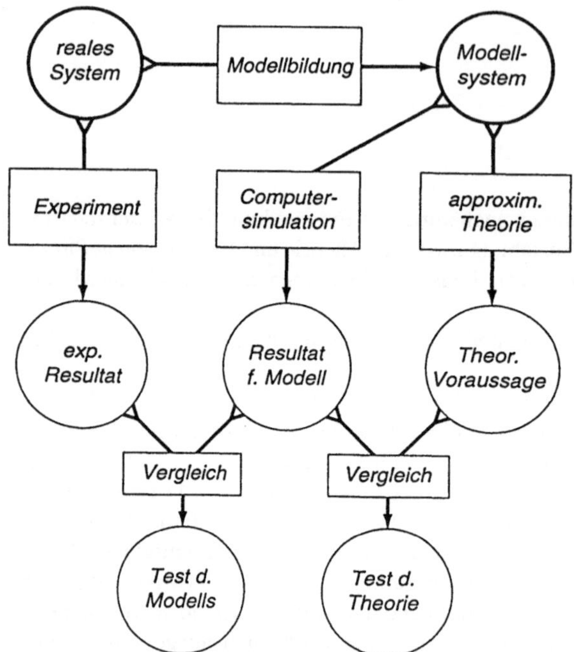


**Bild 1.1**
Rolle der Computersimulationen

handlung noch aus. Computersimulationen ermöglichen in diesen Fällen sowohl Eigenschaften solcher Systeme, die einer experimentellen Untersuchung nicht oder nicht direkt zugänglich sind, vorauszusagen als auch gemessene makroskopische Eigenschaften auf molekularer Ebene zu erklären. Erst der Einsatz von Simulationsmethoden macht es möglich, spezifische Aspekte der Atombewegungen leichter zu erfassen als das gegenwärtig mit experimentellen Routinemethoden der Fall ist. Diese Doppelrolle der Computersimulationen, wechselweise die Theorie oder das Experiment zu ergänzen, wird im Bild 1.1 skizziert. Experimente an realen Systemen liefern Resultate, die zum Vergleich mit theoretischen Werten zur Verfügung stehen. Die Theorie erzeugt durch Modellbildung (Struktur, Potentiale, idealisierende Vereinfachung) ein möglichst naturgetreues – aber noch berechenbares – Modellsystem, das Ausgangspunkt für eine zweifache theoretische Behandlung sein soll. Einerseits liefert die analytische Behandlung mit einer – in der Regel approximierten – Theorie eine theoretische Voraussage, andererseits erhält man mit Computersimulationen ein exaktes Resultat für das Modellsystem. Paarweiser Vergleich dieser drei Resultate führt sowohl zu einem Test des Modells als auch zu einem Test der Theorie.

Die Verläßlichkeit der Simulationsergebnisse wird entscheidend bestimmt durch die Qualität der verwendeten Potentiale. Es gibt im wesentlichen zwei Möglichkeiten, die Potentiale zu erhalten.

Nutzung empirischer Potentiale liefert ein Modell des wechselwirkenden Teilchens, mit dem wichtige Eigenschaften des Systems (z.B. Wasserstoffbrückenbindungen im Wasser) beschrieben werden können. Man bestimmt die Parameter des Potentials durch Vergleich mit Experimenten. Diese empirische Methode hat den Vorteil, daß Mehrkörper-Wechselwirkungen durch die Parameterwahl pauschal berücksichtigt sind. Der Nachteil besteht darin, daß nicht sichergestellt ist, daß die aus wenigen experimentellen Daten gewonnenen Parameter allgemein gültig sind.

Die zweite wichtige Methode zur Beschreibung der Wechselwirkungen zwischen zwei Teilchen sind quantenmechanische Rechnungen. Die Ergebnisse sind im Rahmen der Rechengenauigkeit verläßlich, führen im einfachen Fall aber nur zu reinen Paar-Wechselwirkungen. Um Dreikörper-Wechselwirkungen zu berücksichtigen, müssen sehr aufwendige ergänzende Rechnungen durchgeführt werden, wobei entsprechend große Ungenauigkeiten auftreten können.

Aus diesen Bemerkungen folgt unmittelbar, daß die Überprüfung der Potentiale am besten durch Vergleich der Simulationsergebnisse mit experimentellen Daten für möglichst viele Eigenschaften, die sich zweifelsfrei aus den Messungen ergeben, erfolgt.

Auch mit größeren Rechnern werden in der Regel bisher nur Systeme mit Teilchenzahlen – oder bei Molekülen Wechselwirkungszentren – in der Größenordnung von einigen tausend bis zehntausend behandelt. Spezielle Computer (*special purpose computer*) gestatten die Behandlung noch größerer Systeme, die durch die stürmische Entwicklung der Rechentechnik ständig erweitert wird.

Um die Eigenschaften makroskopischer Systeme zu simulieren, können bei einer begrenzten Systemgröße keine festen Wände benutzt werden, weil die Wandeffekte die Ergebnisse zu stark beeinflussen würden. Es werden deshalb *periodische Randbedingungen* eingeführt. Das bedeutet, daß man sich den Grundkasten von identischen Kästen – soweit es die physikalischen Bedingungen erlauben, also gegebenfalls in allen drei Raumrichtungen bis ins Unendliche – umgeben denkt.

Wenn ein Teilchen den Grundkasten auf einer Seite verläßt, folgt aus der Identität der Kästen unmittelbar, daß es gleichzeitig auf der entgegengesetzten Seite wieder in den Grundkasten eintritt. Auf diese Art und Weise bleibt die Dichte konstant, ohne daß Wände eingeführt werden müssen. Mit der Einführung der periodischen Randbedingungen wird allerdings eine künstliche Periodizität im System erzeugt. Die Information über räumliche Korrelationen der Wechselwirkungszentren bleibt auf die halbe Kastenlänge beschränkt, weil aufgrund der Identität der Nachbarkästen keine zusätzliche Information über den Grundkasten hinaus gewonnen werden kann. Wechselwirkungen zwischen den Teilchen, die bei Entfernungen größer als die halbe Kastenlänge (z.B. Coulomb-Wechselwirkungen) noch nicht hinreichend abgeklungen sind, bedürfen einer besonderen Behandlung (z.B. Ewald-Methode).

Bei den in diesem Buch vorrangig diskutierten MD-Simulationen können dynamische Eigenschaften wie etwa Selbstdiffusionskoeffizienten, Spektraldichten von behinderten Translationen, Librationen und Vibrationen des zu untersuchenden Systems aus den Trajektorien der Teilchen direkt berechnet werden.

Die MD-Methode wurde zuerst von Alder und Wainwright vorgeschlagen [1,2]. Sie untersuchten eine Flüssigkeit, die aus harten Kugeln bestand. Die erste Simulation einer realen Flüssigkeit wurde 1964 von Rahman veröffentlicht [3]. Er simulierte flüssiges Argon unter Verwendung eines Lennard-Jones-Potentials (vgl. Kapitel 3). Im Jahre 1971 folgte die Untersuchung einer Flüssigkeit mit Coulomb-Wechselwirkungen – geschmolzenes KCl – durch Woodcock [26]. Rahman und Stillinger berichteten Anfang der siebziger Jahre über die Simulation einer molekularen Flüssigkeit – Wasser [5,27]. Nur kurze Zeit später wurden erste Ergebnisse der Simulation einer wäßrigen Elektrolytlösung veröffentlicht [28].

Angeregt durch den Erfolg dieser Simulationen wurden in den folgenden Jahren die Untersuchungen auf zahlreiche Fragestellungen in Physik, Chemie und Biologie ausgedehnt. Gleichzeitig wurden auch die Simulationsmethoden wesentlich verbessert und so erweitert, daß auch irreversible Vorgänge und Probleme behandelt werden können, bei denen quantenmechanische Effekte nicht mehr vernachlässigt werden dürfen (s. Kapitel 5,9.1).

Betrachtet man die sich ständig steigernde Publikationsaktivität auf dem Gebiet der Molekulardynamik [29], so fällt auf, daß für MD-Publikationen eine überdurchschnittliche Langzeitwirkung und ihre hohen Zitierungsraten typisch sind. Inzwischen sind die Schlüsselarbeiten von Rahman [3] und Verlet [4] echte Zitierungsklassiker.

Für das in den letzten Jahren immer wichtiger gewordene Gebiet der MD-Simulation biophysikalischer Systeme liegt die Zitierungshäufigkeit etwa zwei- bis dreimal so hoch wie im Mittel der MD-Arbeiten.

Für diese Gesamtheit der Methoden zur Modellierung von Vielteilchensystemen hat Clementi den Begriff der *globalen Simulation* eingeführt [30, 31]. Bei seiner Darstellung bedient er sich der Idee des Fließbandes. Die Arbeit beginnt am einfachen Rohmaterial. Schritt für Schritt, ohne Unterbrechung des gesamten Prozesses, wird das Material in den Endzustand gebracht. Hier bedeutet *Endzustand*: vollständige Beschreibung eines makroskopischen Systems auf der Grundlage mikroskopischer Informationen. Computersimulationen sind dementsprechend das letzte Glied in einer Kette, die bei der quantenmechanischen Beschreibung der Materie beginnt und über Modellpotentiale zur Beschreibung der statischen und dynamischen Eingenschaften eines Ensembles von Atomen und Molekülen führt.

Damit besteht das Prinzip der *globalen Simulation* darin, ein Problem in $n$ Subprobleme zu zerlegen, jedes davon entspricht einer Submodellebene $1, \ldots, i, \ldots, n$. Der Input des Submodells $i$ besteht dann aus den vollständigen Informationen, die Submodell $i - 1$ liefert. Wenn der Input für Submodell 1 entsprechend *einfach* ist, entsteht damit ein *Fließband*, das von Station zu Station mehr und komplexere Informationen *produziert*.

# 2 Grundlagen der Statistischen Physik

Die zur Berechnung der gewünschten strukturellen, thermodynamischen und kinetischen Daten mittels Computersimulationen benötigten Ausgangsgrößen wie *radiale Verteilungsfunktionen*, *Zustandssummen* und *Korrelationsfunktionen* sowie die dabei benötigten *Relationen* werden durch die Statistische Physik – Statistische Thermodynamik im Gleichgewicht und Statistische Theorie irreversibler Prozesse im Nicht-Gleichgewicht – bereitgestellt. Die Grundlagen werden im folgenden Kapitel kurz zusammengestellt. Ausführlichere Darstellungen entnimmt man der Literatur [14–18].

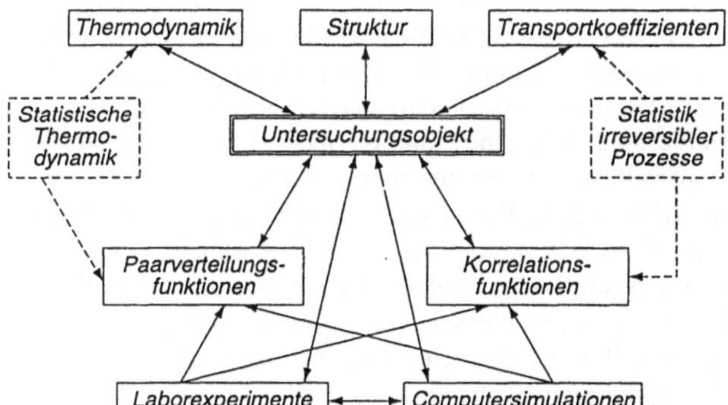


**Bild 2.1**
Computersimulationen und Ausgangsgrößen

Im Bild 2.1 ist der Zusammenhang der Ausgangsgrößen aus der Statistischen Physik mit dem Computerexperiment und dem Experiment selbst schematisch dargestellt.

Man kann die Bewegung von Systemen in drei *Ebenen* betrachten

- *mechanisch*: für kleine Teilchenzahlen, die eine analytische Lösung der Bewegungsgleichungen erlauben

- *statistisch*: für sehr große Teilchenzahlen, die die Anwendung der Methoden der Statistischen Physik auf der Grundlage der Wahrscheinlichkeitsrechnung ermöglichen und schließlich

- mittels *Computersimulationen*: für einen weiten Bereich bis zu einigen zigtausend Teilchen, der die obigen Ebenen durch numerische Modellierung des Systems unter Nutzung von Computern und Verwendung mechanischer, wahrscheinlichkeitstheoretischer und statistischer Konzepte ergänzt.

## 2.1 Einführung

In diesem Abschnitt werden die Grundlagen der *Statistischen Physik* kurz zusammengestellt.

Als *Statistische Physik* bezeichnet man den Teil der theoretischen Physik, der die makroskopischen Eigenschaften der Materie aus ihrer mikroskopischen Struktur ableitet und Beziehungen zwischen den einzelnen Größen herstellt.

Unter *makroskopischen Eigenschaften* versteht man solche Eigenschaften, die wesentlich durch das Zusammenwirken sehr vieler Teilchen (Atome, Moleküle) bedingt sind, also z.B. Druck, Dielektrizitätskonstante, Temperatur. Als Gegenbeispiel seien einige Eigenschaften erwähnt, die auch für einzelne Teilchen definiert werden können, wie z.B. Geschwindigkeit, Spektrum, Polarisierbarkeit. Die eben genannten physikalischen Größen, die die makroskopischen Zustände beschreiben, werden auch als *thermodynamische Größen* bezeichnet. Die reine Thermodynamik selbst ist wie die Kontinuumsmechanik oder die Elektrodynamik eine phänomenologische Theorie, das heißt:

1. Es treten nur Beziehungen zwischen meßbaren Größen auf.

2. Es treten nur solche Größen auf, bei deren Erklärung und Berechnung auf alle Spekulationen über Materie und Energie, die über die Grenze der sinnlichen Anschauung hinausgehen, verzichtet wird.

Die Grundlagen der Thermodynamik sind makroskopische Erfahrungstatsachen, die durch Experimente gesichert sind. Unter Beachtung dieses Materials werden die Hauptsätze mathematisch formuliert. Diese Hauptsätze kann man axiomatisch an die Spitze der Thermodynamik stellen und auf deduktiv-analytischem Wege alle gewünschten Beziehungen erhalten, die in der Thermodynamik eine Rolle spielen. Es werden thermodynamische Funktionen konstruiert ($U$, $F$, $H$, $G$), aus denen man durch mathematische Operationen die gewünschten Eigenschaften des Systems erhalten kann (vgl. Verkaufsautomat: man drückt einen Knopf, d.h. man führt eine mathematische Operation aus und erhält die gewünschte Ware, d.h. die physikalische Eigenschaft). Wegen ihrer Schlüsselstellung und der Analogie zum mechanischen Potential nennt man diese Funktionen auch *thermodynamische Potentiale*. Man erhält ein geschlossenes und allgemeingültiges Gebäude als Thermodynamik. Das ist jedoch nur deshalb möglich, weil man auf spezielle Aussagen über konkrete Systeme verzichtet. In der Thermodynamik bleiben also

1. die Hauptsätze unerklärt und außerdem ist es unmöglich,

2. thermodynamische Potentiale für konkrete Systeme zu berechnen.

Hier hilft die statistische Mechanik weiter [14]. Um zu zeigen, daß das logisch einwandfrei möglich ist, sollen einige allgemeine Bemerkungen über Axiome gemacht werden.

Bekanntlich stellt man an Axiome, also an Grundtatsachen, aus denen eine Theorie hergeleitet werden soll, folgende vier Forderungen:

1. Sie müssen widerspruchsfrei sein.

2. Sie müssen ausreichend sein, um das Gebäude der Wissenschaft in seinen wesentlichsten Teilen aufzurichten.

3. Sie sollen möglichst unabhängig voneinander sein.

4. Bei Naturwissenschaften dürfen zusätzlich die Folgerungen aus den Axiomen nicht mit der Erfahrung in Widerspruch sein.

Die Zurückführung der phänomenologischen Thermodynamik auf die statistische Thermodynamik bedeutet in diesem Schema, daß die Hauptsätze durch andere Axiome ersetzt werden.

Damit hat man die Axiome der *reinen Thermodynamik* durch andere ersetzt und kann zur *statistischen Mechanik* übergehen. Man wählt in der statistischen Mechanik ein anderes Axiomensystem bzw. man versucht, die Axiome der Thermodynamik auf allgemeine Grundtatsachen zurückzuführen.

Die Grundannahme der Statistischen Physik ist,

daß sich die Materie aus sehr vielen Atomen bzw. Molekülen zusammensetzt, die sich nach mechanischen bzw. quantenmechanischen Gesetzen bewegen.

Diese Grundannahme und ihre Konsequenzen sollen nun näher untersucht werden. Viele Teilchen heißt, daß die Zahl der Teilchen in der Größenordnung $10^{23}$ ist (Avogadrosche Konstante $N_A = 6.02204531 \cdot 10^{23}$ mol$^{-1}$).

Ein Problem ist mechanisch nur dann lösbar, wenn für jedes Teilchen die Anfangsbedingungen, also z.B. Lage und Geschwindigkeit zur Zeit $t = 0$ bekannt sind. Dies ist nur für Systeme mit zu großen Teilchenzahlen nicht möglich.

Es ist aber offenbar für Systeme, deren Teilchenzahl die Größenordnung $10^{23}$ hat, ganz unmöglich, die Anfangsbedingungen festzustellen. Außerdem ist das mechanische Problem, also die analytische Lösung der Bewegungsgleichungen, schon wegen mathematischer Schwierigkeiten nicht zu bewältigen. Mechanik bzw. Quantenmechanik allein sind also nicht in der Lage, solche makroskopischen Systeme zu beschreiben. Nun sind jedoch einige Kenntnisse über die zu betrachtenden Systeme stets vorhanden und natürlich auch nötig. Beispielsweise können Teilchenzahl, Energie, Temperatur, Volumen oder Druck bekannt sein. Man braucht also nur die Lösungen der Bewegungsgleichungen zu suchen, die mit den *fragmentarischen* Kenntnissen vereinbar sind. Man interessiert sich nur für Mittelwerte bzw. wahrscheinlichste Werte. Dieses Vorgehen entspricht einem Meßprozeß. So wird beispielsweise bei einer Druckmessung ebenfalls nur ein Mittelwert gemessen, der aber den makroskopischen Zustand genau genug darstellt. Die axiomatische Basis für die statistische Mechanik wird also zunächst durch die Axiome der Wahrscheinlichkeitsrechnung und der Mechanik gebildet. Auf dieser Grundlage erhält man Sätze über statistische Gesamtheiten.

Es sei bemerkt, daß die statistische Mechanik sehr häufig auch *statistische Thermodynamik* genannt wird, da ihre Hauptaufgabe in der Begründung der phänomenologischen Thermodynamik und der Ermittlung thermodynamischer Größen besteht.

Die Methode der statistischen Mechanik kann grundsätzlich sowohl auf Gleichgewichts- als auch auf Nichtgleichgewichtszustände angewandt werden.

Sie bildet die Grundlage für numerische Berechnungen der gewünschten Größen mittels Computersimulationen, bei denen der Meßprozeß in geeigneter Weise nachvollzogen wird.

## 2.2   Einige Grundbegriffe der Wahrscheinlichkeitsrechnung

Die statistische Thermodynamik nutzt Aussagen der Wahrscheinlichkeitsrechnung zur Behandlung von Vielteilchensystemen, die sich nach Gesetzen der Mechanik bewegen. Daher sollen zunächst einige wenige Grundbegriffe der Wahrscheinlichkeitsrechnung – Wahrscheinlichkeit, Wahrscheinlichkeitsdichte, Mittelwert und Schwankung – charakterisiert werden.

### 2.2.1   Wahrscheinlichkeit für diskrete Verteilungen

Die Definition des Begriffs *Wahrscheinlichkeit* kann man sich an folgendem Beispiel klar machen: Es wird ein Würfel genommen und nach der Wahrscheinlichkeit gefragt, eine 6 zu würfeln. Diese Wahrscheinlichkeit ist $1/6$. Damit ist keine Aussage über den nächsten Wurf gemacht. Das Ergebnis des nächsten Wurfes ist völlig unbestimmt. Man weiß lediglich, daß bei einer großen Anzahl von Würfen die Wahrscheinlichkeit, daß der Mittelwert von $1/6$ abweicht, gegen Null geht. Die Wahrscheinlichkeitsaussage sagt also über ein Einzelereignis nichts aus, sondern bezieht sich auf eine ganze Klasse von Ereignissen. Die Aussage hat einen um so präziseren Sinn, je größer die Klasse der Einzelereignisse ist (Bernoullischer Satz der großen Zahlen).

Man beachte: Auch wenn $5\times$, $10\times$ oder $20\times$ hintereinander keine 6 auftritt, ist die Wahrscheinlichkeit, beim nächsten Wurf eine 6 zu werfen, immer noch $1/6$. Es besteht keine Kopplung zwischen den einzelnen Würfen. Diese Tatsache ist kein Widerspruch zur obigen Aussage.

Angenommen, man kennt alle möglichen Zustände eines Systems und diese sollen aus Vernunftsgründen als völlig gleichwahrscheinlich angesehen werden können (wie etwa die sechs möglichen Resultate bei einem gleichmäßig gebauten Würfel), dann kann man die Wahrscheinlichkeit für ein Ereignis, das auf mehrere Arten durch die Zustände des Sytems realisiert werden kann, folgendermaßen definieren:

Unter der *Wahrscheinlichkeit w* eines Ereignisses $i$ wird der Quotient zwischen der Zahl der *günstigen* Fälle $n_i$ und der Zahl der *möglichen* Fälle $n$ verstanden.

$$w(i) = \frac{n_i}{n}, \qquad n_i \leq n, \qquad \sum_i n_i = n. \tag{2.1}$$

Dies ist eine Definition der Wahrscheinlichkeit *a priori* (von vornherein, aus *reinen* Vernunftsgründen, nicht nach der Erfahrung).

Fragt man beispielsweise im obigen Beispiel nach der Wahrscheinlichkeit, eine *gerade* Zahl zu würfeln, so gibt es drei Fälle aus den sechs möglichen, in denen das Ergebnis eine gerade Zahl ist, nämlich 2, 4 und 6. Also ist die Wahrscheinlichkeit dafür, eine gerade Zahl zu würfeln, gleich $3/6$.

Diese Definition soll noch etwas verallgemeinert werden. Man betrachte etwa einen Würfel, der *nicht gleichmäßig* gebaut ist, sondern beispielsweise die 6 *doppelt* so häufig liefert wie eine der anderen Zahlen. Man sagt dann, die 6 hat das statistische Gewicht 2, alle anderen Fälle haben das statistische Gewicht 1. Dann gilt für $w$ in Erweiterung von Gl.(2.1)

$$w(i) = \frac{\sum_{n_i} g_r}{\sum_n g_r}, \qquad g_r : \text{ statistisches Gewicht des Zustandes } r. \tag{2.2}$$

Beim *nicht gleichmäßigen* Würfel ist die Summe der Gewichte der *günstigen* Fälle 2, 4 und 6 gleich 4 und die Summe aller Gewichte gleich 7. Die Wahrscheinlichkeit eine gerade Zahl zu würfeln ist dann also $4/7$. Ein anderer Fall wäre, daß auf dem *gleichmäßigen* Würfel zweimal die 6 ist und eine der anderen Zahlen fehlt. Dann ist die Zahl der günstigen Fälle 2, die der möglichen 6. Man sagt, die 6 hat das statistische Gewicht 2, alle anderen Fälle haben das statistische Gewicht 1. Die gefragte Wahrscheinlichkeit ist dann 2/6.

### 2.2.2  Wahrscheinlichkeit für kontinuierliche Verteilungen

Bisher wurden die Wahrscheinlichkeiten für das Eintreffen von *diskreten* Ereignissen untersucht (Würfeln, Auswählen ...), d.h. sogenannte *arithmetische* Verteilungen. Bei der physikalischen Anwendung treten jedoch häufig *kontinuierlich* veränderliche Eigenschaften auf, wie z.B. Werte von Ortskoordinaten. Bei der praktischen Rechnung wird ebenfalls sehr häufig die arithmetische Verteilung – falls Diskontinuitäten sehr klein sind – durch eine geometrische Verteilung ersetzt. Es sei $x$ eine kontinuierlich veränderliche Eigenschaft. Gefragt wird nach der Wahrscheinlichkeit $w_x$ des Eintreffens von $x$. Man kann $w_x$ nicht mehr wie bisher definieren, da die Zahl der möglichen Fälle unendlich ist und damit nach der bisherigen Definition die Wahrscheinlichkeit für das Eintreffen von $x$ verschwinden würde. Man schreibt für die Wahrscheinlichkeit des Eintreffens eines Ereignisses zwischen $x$ und $x + \Delta x$

$$w_{x,x+\Delta x} = w(x)\Delta x. \tag{2.3a}$$

$w(x)$ ist eine neu auftretende Funktion, die formal genau wie eine Dichte definiert ist. Man nennt sie daher *Wahrscheinlichkeitsdichte*

$$w(x) = \lim_{\Delta x \to 0} \frac{w_{x,x+\Delta x}}{\Delta x}. \tag{2.3b}$$

### 2.2.3 Mittelwerte und Schwankungen

Fragt man nach dem Mittelwert einer Eigenschaft $x$ bei der Verteilung $w_x$ bzw. $w(x)$, erhält man:

$$\langle x \rangle = \sum x w_x, \qquad \sum w_x = 1 \tag{2.4a}$$

bzw.

$$\langle x \rangle = \int x w(x)\, dx, \qquad \int w(x)\, dx = 1. \tag{2.4b}$$

Die Summation bzw. die Integration ist über alle Werte von $x$ zu erstrecken, für die die Verteilung $w_x$ bzw. $w(x)$ definiert ist.

Als Schwankungen werden die Abweichungen von den Mittelwerten bezeichnet, also $f(x) - \langle f(x) \rangle$. Nun werden mittlere Schwankungen betrachtet, denn allein diese sind von Interesse. Aus der Definition des Mittelwertes (Gln.(2.4)) folgt aber

$$\langle f(x) - \langle f(x) \rangle \rangle = 0.$$

Diese Größe ist daher nicht brauchbar. Zur Beschreibung des Mittelwertes von Schwankungen erweist sich das sogenannte mittlere Schwankungsquadrat (Varianz) als geeignet. Man bildet

$$\langle (f(x) - \langle f(x) \rangle)^2 \rangle = \sum (f(x) - \langle f(x) \rangle)^2 w_x \tag{2.5a}$$

für diskrete Systeme und

$$\langle (f(x) - \langle f(x) \rangle)^2 \rangle = \int (f(x) - \langle f(x) \rangle)^2\, dw \tag{2.5b}$$

für kontinuierliche Systeme und bemerkt, daß diese Größen $\geq$ (in der Regel $> 0$) sind.

Wichtiger als der Absolutbetrag ist das *relative mittlere Schwankungsquadrat* von $f(x)$, das man erhält, wenn auf beiden Seiten der Gln.(2.5a,2.5b) noch durch $\langle f \rangle^2$ dividiert wird

$$\frac{\langle (f(x) - \langle f(x) \rangle)^2 \rangle}{\langle f(x) \rangle^2} = \frac{\langle (f(x))^2 \rangle - \langle f(x) \rangle^2}{\langle f(x) \rangle^2}. \tag{2.6}$$

Bei der Untersuchung makroskopischer Systeme verschwindet es in der Regel, da es umgekehrt proportional zum Quadrat der Teilchenzahl des Systems ist, so daß die Mittelwerte für diese Systeme repräsentativ sind.

Bei der Behandlung konkreter Systeme – besonders mit kleinen Teilchenzahlen und in engen Räumen – muß diese Aussage jeweils überprüft werden (vgl. Kapitel 9.3).

## 2.3 Einige Grundbegriffe der klassischen Mechanik

Da dieses Gebiet eine wichtige Grundlage für die Statistische Physik und damit für die Computersimulationen bildet, sollen hier die wesentlichsten Grundzüge zusammengestellt werden. Begonnen wird mit den mechanischen Bewegungsgleichungen.

### 2.3.1 Bewegungsgleichungen

Bekanntlich ist ein mechanisches System von $f$ Freiheitsgraden, d.h. mit $f$ unabhängigen Koordinaten, mechanisch vollständig durch $2f$ Größen charakterisiert ($N$ Teilchen $\rightarrow 3N$ Freiheitsgrade $\rightarrow 6N$ Größen). Diese Größen können durch die generalisierten Koordinaten $q_i$ bzw. den Ortsvektor $\vec{r}$

$$q_1, q_2, q_3, \ldots, q_f, \quad \text{abgekürzt: } q, \qquad \vec{r} = \{q_1, q_2, q_3, \ldots, q_f\}, \tag{2.7a}$$

und die generalisierten Geschwindigkeiten bzw. der Geschwindigkeitsvektor $\vec{v}$

$$\dot{q}_1, \dot{q}_2, \dot{q}_3, \ldots, \dot{q}_f, \quad \text{abgekürzt: } \dot{q}, \qquad \vec{v} = \{\dot{q}_1, \dot{q}_2, \dot{q}_3, \ldots, \dot{q}_f\} \tag{2.7b}$$

beschrieben werden. Damit sind auch die Beschleunigungen $\ddot{q}$ bestimmt. Die $f$ Größen $q$ kann man auch durch die verallgemeinerten Impulse

$$p_i = \frac{\partial L}{\partial \dot{q}_i} \qquad i = 1, 2, \ldots, f \tag{2.7c}$$

ersetzen. Hierbei ist $L = L(q_i, \dot{q}_i, t)$ die *Lagrange-Funktion*. Durch eine Legendre-Transformation erhält man aus der Lagrange-Funktion die *Hamilton-Funktion*

$$H(q_i, p_i, t) = \sum_i p_i \dot{q}_i - L(q_i, \dot{q}_i, t), \tag{2.8}$$

die von den $q, p$ abhängt. Es gilt allgemein

$$L = E(q_i, \dot{q}_i) - U(q_i) \tag{2.9}$$

oder

$$L = \frac{1}{2} \sum_{i,k} a_{ik}(q_i) \dot{q}_i \dot{q}_k - U \tag{2.10}$$

mit der kinetische Energie $E$ und der potentiellen Energie $U$. Der Koeffizientensor $a_{ik}$ hängt nur von den $q_i$ ab. Um die Bewegungsgleichungen, also Beziehungen zwischen Koordinaten, Geschwindigkeiten und Beschleunigungen zu finden, ist ein möglicher Ausgangspunkt das Hamiltonsche Prinzip (auch Prinzip der kleinsten Wirkung genannt). Die Bewegung des Systems ergibt sich danach so, daß das Wirkungsintegral, d.h. die *Wirkung*

$$W = \int\limits_{t_1}^{t_2} L(q_i, \dot{q}_i, t) \, \mathrm{d}t \tag{2.11}$$

zwischen den beiden Konfigurationen, die durch $q^{(1)}$ zur Zeit $t = t_1$ und durch $q^{(2)}$ zur Zeit $t = t_2$ festgelegt werden, einen extremalen (bzw. minimalen) Wert annimmt. Es werden die $q = q(t)$ gesucht, die $W$ zum Minimum machen. Die Durchführung der Variation (die Zeit wird nicht mitvariiert, zu den Zeiten $t = t_1$ sowie $t = t_2$ verschwindet die Variation ebenfalls) liefert die Eulerschen Gleichungen der Variationsrechnung bzw. die *Lagrangeschen Gleichungen* (II. Art) der Mechanik

$$\frac{\mathrm{d}}{\mathrm{d}t}\frac{\partial L}{\partial \dot{q}_i} - \frac{\partial L}{\partial q_i} = 0. \tag{2.12a}$$

Damit ist eine mögliche Form der Bewegungsgleichung angegeben. In der Statistik wird jedoch im allgemeinen – wie später ausgeführt wird – mit der Konzeption des *Phasenraums* der $q, p$ gerechnet. Es ist daher zweckmäßig, die Bewegungsgleichungen noch in einer anderen Form anzugeben.

Durch Bildung des vollständigen Differentials der Lagrange-Funktion, Benutzung der Definition der Hamilton-Funktion und der Lagrangeschen Gleichungen ergeben sich die *Hamiltonschen Gleichungen*

$$\dot{q}_i = \frac{\partial H}{\partial p_i}, \qquad \dot{p}_i = -\frac{\partial H}{\partial q_i}. \tag{2.12b}$$

Man nennt sie auch kanonische Gleichungen.

Ein wichtiger Ausgangspunkt für die molekulardynamischen Simulationen sind die *Newtonschen Bewegungsgleichungen*. Das zweite Newtonsche Axiom liefert diese Bewegungsgleichungen in folgender Form:

$$m_i \ddot{q}_i = F_i \tag{2.12c}$$

$m_i$ : Teilchenmassen, $F_i$ : Kraftkomponenten. Für die zu betrachtenden Systeme gilt

$$F_i = -\frac{\partial U}{\partial q_i}. \tag{2.13}$$

### 2.3.2 Hamilton-Funktion für Systeme mit $N$ Teilchen

Als ein Beispiel für ein thermodynamisches System ohne äußere Felder stelle man sich $N$ Atome oder Moleküle mit der Masse $m_i$ $(i = 1, \ldots, 3N)$ vor, deren Lage durch die Koordinaten $q_i(t)$ $(i = 1, \ldots, 3N)$ beschrieben wird, und die in einem Kasten mit dem Volumen $V$ eingeschlossen sind. Die Impulse sind dann $p_i(t) = m_i \dot{q}_i$. Bekanntlich gilt $H = E + U$. Die Hamilton-Funktion hat drei Anteile:

1. Die kinetische Energie:

$$E = \frac{1}{2} \sum_i m_i \dot{q}_i^2 = \frac{1}{2} \sum_i \frac{p_i^2}{m_i}. \tag{2.14}$$

2. Die potentielle Energie der Wechselwirkung der Teilchen:
   Bei realen Gasen, Festkörpern, Flüssigkeiten existieren in der Regel sehr kurzreichweitige Kräfte (etwa die aus der Dipol-Dipol-Wechselwirkung, die mit $1/r^6$ ($r$: Abstand zwischen zwei Teilchen) abfallen). Das häufig verwendete Lennard-Jones-Potential (vgl. Kapitel 3) hat z.B. die Form

$$U = 4\epsilon \left[ \left(\frac{\sigma}{r}\right)^{12} - \left(\frac{\sigma}{r}\right)^6 \right]. \tag{2.15}$$

Man erhält für die potentielle Energie bei paarweiser Wechselwirkung zweier Teilchen $i, j (i \neq j)$, die hier nur vom Abstand der beiden Teilchen $r_{ij} = |\vec{r}_i - \vec{r}_j|$ abhängen soll

$$U = \frac{1}{2} \sum_i^N \sum_j^N u_2(q_i, q_j) = \frac{1}{2} \sum_i^N \sum_j^N u_2(r_{ij}). \tag{2.16}$$

Das ist in Wirklichkeit eine Vereinfachung, die hier erlaubt sei.

Da die betrachteten Systeme jedoch in einem Kasten eingeschlossen sind, muß noch ein weiterer Anteil der potentiellen Energie berücksichtigt werden.

3. Die potentielle Energie, hervorgerufen durch die Wände:

$$U_W = \sum_i u_1(q_i). \tag{2.17}$$

Falls man die Wand als hart und elastisch annimmt, verschwindet die potentielle Energie im Kasten und ist außerhalb des Kastens unendlich. Man beachte: Diese Anteile betreffen immer jeweils nur ein Teilchen und hängen daher nur von den Koordinaten eines Teilchens ab.

Die Hamilton-Funktion ist dann insgesamt

$$H = E + U = \frac{1}{2m} \sum_i p_i{}^2 + \sum_i u_1(q_i) + \frac{1}{2} \sum_i^N \sum_j^N u_2(q_i, q_j). \tag{2.18}$$

## 2.4 Einige Grundbegriffe der Statistischen Physik

### 2.4.1 Statistik im Phasenraum

*Vorbemerkung: Phasenraum*

Der mechanische Zustand eines Systems, das zu einer bestimmten Zeit betrachtet werden soll, läßt sich durch die geometrische Lage aller Teilchen, die zu diesem System gehören, veranschaulichen. Es wird ein System von $N$ Massenpunkten betrachtet, das in einem kartesischen Koordinatensystem zur Zeit $t = t_1$ beschrieben werden soll. Die *Momentfotografie* liefert eine Verteilung der Punkte des Systems. Jedem dieser Punkte läßt sich ein Vektor $q_i(t)$ zuordnen. Hat man $N$ Punkte, so läuft $i$ von $1, 2 \ldots$ bis $N$. Damit ist die räumliche Lage der Massenpunkte des Systems zur Zeit $t = t_1$ vollständig charakterisiert. Da die $q_i(t)$ jedoch von der Zeit abhängen, ist der mechanische Zustand für andere Zeiten noch nicht vollständig festgelegt. Er ist erst durch die zusätzliche Angabe von Geschwindigkeit $\dot{q}$ bzw. Impuls $p$ für jedes Teilchen eindeutig angegeben (Gln.(2.7)).

Bei der weiteren Untersuchung der Statistik soll der mechanische Zustand von Systemen genauso geometrisch veranschaulicht werden, wie die räumliche Lage geometrisch dargestellt werden kann.

Mit anderen Worten, man stellt sich einen Raum, den sogenannten *Phasenraum* vor, der genügend Koordinatenachsen hat, um den mechanischen Zustand vollständig darzustellen. Dieser Phasenraum hat daher neben den Achsen der Ortskoordinaten $q_i$ auch Achsen für die Impulskoordinaten $p_i$. Die $q_i$ und $p_i$ spannen diesen Phasenraum auf. Der Ausdruck *Phase* zur Kennzeichnung des mechanischen Zustandes hat nichts mit dem gleichlautenden thermodynamischen Ausdruck Phase zu tun und ist streng davon zu unterscheiden. Den Teil des Raumes, der durch die *Ortskoordinaten* $q_i$ aufgespannt wird, nennt man den *Ortsraum* und den anderen Teil des Raumes, den die *Impulskoordinaten* $p_i$ aufspannen, nennt man den *Impulsraum*.

Es werden zwei Arten von Phasenräumen betrachtet, je nachdem ob man die *Moleküle* oder das *Gas* bzw. das behandelte System als Elemente der Statistik ansieht. Zuerst soll der Molekül-Phasenraum beschrieben werden.

### Molekül-Phasenraum ($\mu$-Raum)

Der $2f$-dimensionale Phasenraum der generalisierten Koordinaten und Impulse des Moleküls wird *Molekül-Phasenraum* – nach Ehrenfest kurz $\mu$-Raum – genannt. Der Begriff des Phasenraums soll anhand von Beispielen veranschaulicht werden.

Man betrachtet ein Teilchen mit einem Freiheitsgrad $f = 1$, z.B. einen Massenpunkt, der an eine Gerade gebunden ist. Zur Beschreibung des mechanischen Zustandes wird eine Koordinate $q_1$ und ein Impuls $p_1$ benötigt. In einem rechtwinkligen Koordinatensystem wird der Wert der Koordinate $q_1$ als Abzisse und der Wert des Impulses $p_1$ als Ordinate aufgetragen (Bild 2.2). In

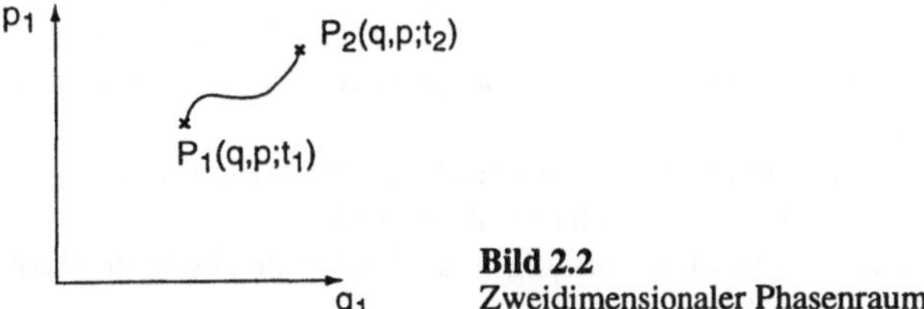


**Bild 2.2**
Zweidimensionaler Phasenraum

diesem Sinn wird die Bezeichnung Ortskoordinate und Impulskoordinate verständlich.

Haben die Teilchen die Möglichkeit, sich in einer Ebene zu bewegen (es existieren also zwei Freiheitsgrade), so hat der $\mu$-Raum vier Dimensionen, und zwar zwei Achsen für die Ortskoordinaten und zwei Achsen für die Impulskoordinaten. Handelt es sich um freie Massenpunkte, d.h. Massenpunkte mit drei Freiheitsgraden, so hat der Molekül-Phasenraum ($\mu$-Raum) schließlich sechs Dimensionen (Bild 2.3). Die repräsentativen Punkte sind also in einem Raum angeordnet,

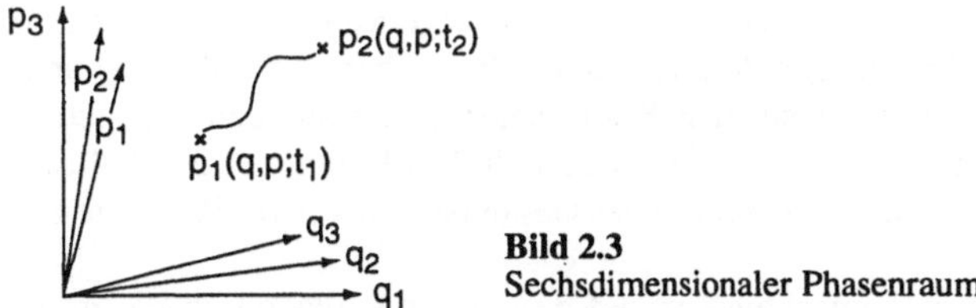


**Bild 2.3**
Sechsdimensionaler Phasenraum

der durch drei Impuls- und drei Ortskoordinaten aufgespannt wird und bewegen sich nach den Gesetzen der Mechanik. Betrachtet man $N$ Teilchen, so gibt es $N$ Punkte in diesem $\mu$-Raum.

Man bemerkt, daß der $\mu$-Raum für harmonische Oszillatoren natürlich mehr als sechs Dimensionen – wie beim $\mu$-Raum von Massenpunkten – hat.

Durch eine einfache Überlegung soll feststellt werden, wie groß die Zahl der Freiheitsgrade ist.

Ein Teilchen, das frei im Raum beweglich ist, hat drei Freiheitsgrade. Es wurde auch der Fall betrachtet, daß es durch Bindung an eine Ebene bzw. eine Gerade einen bzw. zwei Freiheitsgrade verliert.

Betrachtet man zwei Teilchen, die starr miteinander verbunden sind (starre Rotatoren), so hat dieses System fünf Freiheitsgrade, nämlich etwa die drei Koordinaten des ersten Teilchens und zwei Winkel, die die räumliche Lage des zweiten Teilchens festlegen. Man kann aber auch für jedes der Teilchen Koordinaten angeben und muß wegen der Bedingungsgleichung

$$(q_{11} - q_{21})^2 + (q_{12} - q_{22})^2 + (q_{13} - q_{23})^2 + (p_{11} - p_{21})^2 + (p_{12} - p_{22})^2 + (p_{13} - p_{23})^2 = r^2,$$

die zwischen diesen sechs Größen besteht, eine Koordinate als abhängig von den anderen ansehen. Ist diese Verbindung nicht mehr starr (harmonischer Oszillator), so fällt die Bedingungsgleichung weg und das System hat sechs Freiheitsgrade, der entsprechende $\mu$-Raum hat also 12 Dimensionen. Für jeden dieser Oszillatoren ergibt sich dann wieder ein Punkt im $\mu$-Raum, der den mechanischen Zustand des Oszillators vollständig beschreibt.

Die Methode der $\mu$-Raum-Statistik nennt man auch *Boltzmannsche Methode*. Die Statistik interessiert sich für die Verteilung der Punkte in diesem Raum und macht Wahrscheinlichkeitsaussagen darüber. Mit anderen Worten: Man denkt sich den Raum in Zellen unterteilt und fragt nach den mittleren Besetzungszahlen dieser Zellen. Damit jedoch die Wahrscheinlichkeitsrechnung zur Ermittlung der Verteilung der Punkte, d.h. der Feststellung der Besetzungszahl der Zellen angewandt werden kann, ist es nötig, daß die Punkte voneinander unabhängig sind. Damit ist jedoch bereits die Klasse der Systeme, die mit der Konzeption der $\mu$-Raum-Statistik untersucht werden können, sehr stark eingeschränkt.

Physikalisch gesehen handelt es sich dabei um ideale, d.h. wechselwirkungsfreie bzw. genauer gesagt wechselwirkungsarme Systeme, z.B. ideale Gase oder ideale Kristalle.

Es taucht nun die Frage auf, wie Systeme mit Wechselwirkung behandelt werden können. Dazu wird der sogenannten *Gas-Phasenraum* eingeführt.


*Gas-Phasenraum ($\Gamma$-Raum) und virtuelle Gesamtheit*

Um Mißverständnissen vorzubeugen, soll betont werden, daß es natürlich möglich ist, den mechanischen Zustand beliebiger Systeme im $\mu$-Raum geometrisch darzustellen. Für Systeme mit Wechselwirkung ist diese Darstellung jedoch zunächst nutzlos, weil die Phasenpunkte voneinander nicht mehr unabhängig sind.

Der mechanische Zustand eines beliebigen Systems von $f$ Freiheitsgraden läßt sich noch auf andere Weise geometrisch veranschaulichen. Das *ganze System* wird als ein *einziges Übermolekül* aufgefaßt. Dieses Molekül hat nun $f$ Freiheitsgrade und sein mechanischer Zustand wird durch einen Punkt in einem $2f$-dimensionalen kartesischen Koordinatensystem aus den $f$ generalisierten Koordinaten und den $f$ generalisierten Impulsen dargestellt. Der Raum, der durch dieses Koordinatensystem aufgespannt wird, heißt Phasenraum des Gesamtsystems (*Gas-Phasenraum*) – nach Ehrenfest auch kurz $\Gamma$-Raum.

Wie im $\mu$-Raum nennt man den mechanischen Zustand des Systems, der durch die $q_i$, $p_i$ $(i = 1, 2, \ldots, f)$ beschrieben wird, wieder *Phase* des Systems. Der entsprechende Punkt heißt *Phasenpunkt*. Im $\Gamma$-Raum lassen sich $2f$-dimensionale Ortsvektoren

$$\vec{r} = \{q_1, q_2, ... q_f, p_1, p_2, ... p_f\} \qquad (2.19a)$$

und Geschwindigkeitsvektoren

$$\vec{v} = \{\dot{q}_1, \dot{q}_2, ... \dot{q}_f, \dot{p}_1, \dot{p}_2, ... \dot{p}_f\} \qquad (2.19b)$$

definieren.

Die Beschreibung im $\Gamma$-Raum unterscheidet sich von der Beschreibung im $\mu$-Raum in einem wichtigen Punkt. Im $\mu$-Raum wird das betrachtete System durch eine große Zahl von Punkten repräsentiert. Diese Zahl ist per Definition gleich der Zahl der Teilchen des Systems. Auf diese Punkte lassen sich dann unmittelbar die Methoden der Statistik anwenden (*Boltzmannsche Methode* im $\mu$-Raum).

Im $\Gamma$-Raum dagegen wird das ganze System nur durch einen einzigen Punkt repräsentiert. Nun taucht die Frage auf, wie jetzt noch von Statistik die Rede sein kann.

Man betrachtet nach dem Vorbild von Gibbs eine große Zahl von physikalisch gleichartigen Systemen. Jedes dieser Systeme liefert einen Punkt im $\Gamma$-Raum. Die Systeme werden als physikalisch gleichartig angesehen, wenn ihre Hamilton-Funktionen in gleicher Weise von den generalisierten Koordinaten und Impulsen abhängen. Um etwas Konkretes vor Augen zu haben, stellt man sich wieder ein System von $N$ Massenpunkten vor, die im Volumen $V$ eingeschlossen sind. Dieses System hat eine bestimmte Energie $E$.

Nun denkt man sich eine *Vielzahl von gleichartigen Systemen* mit derselben Energie. Diese Systeme sollen alle möglichen mechanischen Zustände haben, die mit der vorgegebenen Gesamtenergie vereinbar sind. Man sagt, sie sind über alle Zustände verteilt, die sich mit den fragmentarischen Kenntnissen wie Energie, Volumen und Teilchenzahl vereinbaren lassen.

Man nennt eine solche Vielzahl von zunächst nur gedachten Systemen, die physikalisch gleichartig sind und sich nur durch ihren mechanischen Zustand unterscheiden, eine *virtuelle Gesamtheit* [14,15]. Diese Gesamtheit wird im $\Gamma$-Raum durch eine *Wolke* von Phasenpunkten dargestellt, deren Zahl sehr groß ist. Man untersucht, wie sich im Mittel die Systeme einer solchen Gesamtheit verhalten.

Diese Untersuchung liefert gewisse Wahrscheinlichkeitsaussagen über das betrachtete Originalsystem. Damit ist die Anwendung statistischer Methoden unmittelbar gegeben. Man nennt diese Methode der Statistik auch die *Gibbssche Methode* oder die $\Gamma$-Raum-Methode. Sie ist für alle allgemeinen Fragen von Bedeutung. Während die $\mu$-Raum-Methode – wie bereits erwähnt – nur für einige besondere Systeme anwendbar ist.

Nun ist es aber für die Anwendung dieser statistischen Methoden entscheidend, daß zwischen diesen Phasenpunkten keine Wechselwirkung besteht, daß sie sich also völlig unabhängig voneinander im $\Gamma$-Raum bewegen. Weil dies für den $\mu$-Raum nicht gewährleistet war, wurde der $\Gamma$-Raum konstruiert.

Zur Berechnung der benötigten Mittelwerte (Gl.(2.4b)) müssen Verteilungsfunktionen gemäß Gl.(2.3a) definiert und ermittelt werden.

### 2.4.2 Verteilungsfunktionen

Betrachtet man eine Gesamtheit von $\nu$ Systemen mit je $f$ Freiheitsgraden (Gesamtzahl der Freiheitsgrade $F = \nu f$) im $\Gamma$-Raum, so sei $\rho_\nu(q, p, t)\mathrm{d}q\mathrm{d}p$ die Zahl der Systeme, die im Gebiet $q ... q + \mathrm{d}q, p ... p + \mathrm{d}p$ des Phasenraums anzutreffen ist. Da man alle Systeme mit Sicherheit im gesamten Phasenraum antrifft, gilt

$$\int \rho_\nu(q, p, t)\,\mathrm{d}q\mathrm{d}p = \nu, \qquad (2.20a)$$

wobei die Integration über den gesamten zugänglichen $\Gamma$-Raum zu erstrecken ist ($q$ bzw. $p$ sind nach Gln.(2.19) Abkürzungen für die verallgemeinerten Koordinaten $\{q_1, q_2, \ldots, q_{\nu f}\}$ bzw. Impulse $\{p_1, p_2, \ldots, p_{\nu f}\}$).

Man führt die normierte Größe $\rho(q, p, t)$ ein durch

$$\rho(q, p, t) = \frac{1}{\nu}\rho_\nu(q, p, t).$$

(2.20b)

Die *Phasendichte (N-Teilchenverteilungsfunktion)* ist im $\Gamma$-Raum in folgender Weise definiert:

> $\rho(q, p, t)dqdp$ ist die Wahrscheinlichkeit dafür, das System – bestehend aus $N$ Teilchen – im Gebiet $q \ldots q + dq, p \ldots p + dp$ des Phasenraums anzutreffen.

Da man das System mit Sicherheit im gesamten Phasenraum findet, gilt:

$$\int \rho(q, p, t)\, dqdp = 1 \qquad \text{(Normierung)},$$

(2.20c)

wobei die Integration über den gesamten zugänglichen $\Gamma$-Raum zu erstrecken ist.

*Reduzierte Verteilungsfunktionen*

Meist ist es ausreichend, die Wahrscheinlichkeit für das Antreffen von $k$ Teilchen ($k < N$) – gegebenenfalls auch in Unterräumen des $\Gamma$-Raums – anzugeben. Zu diesem Zweck definiert man sogenannte *reduzierte Verteilungsfunktionen*. Allgemein gilt für eine (spezielle)[1] $k$-*Teilchenverteilungsfunktion* ($k \leq N$):

> $\rho^{(k)}(q, p, t)dqdp$ ist die Wahrscheinlichkeit dafür, ein System von $k$ ausgewählten Teilchen im Gebiet $q \ldots q + dq, p \ldots p + dp$ des Phasenraums anzutreffen.

Man erhält sie durch Integration der $N$-Teilchenverteilungsfunktion über alle nicht interessierenden ($N - k$) Teilchen

$$\rho^{(k)}(q, p, t) = \int \rho^{(N)}(q, p, t)\, dq^{(N-k)}dp^{(N-k)}.$$

(2.21a)

Insbesondere erhält man durch Integration über $(N - 2)$ Teilchen die sehr wichtige – für verdünnte Systeme praktisch immer ausreichende – *Zwei-Teilchenverteilungsfunktion*

$$\rho^{(2)}(q, p, t) = \int \rho^{(N)}(q, p, t)\, dq^{(N-2)}dp^{(N-2)}.$$

(2.21b)

In niedrigster Ordnung erhält man die *Ein-Teilchenverteilungsfunktion*, die in der kinetischen Gastheorie eine besondere Rolle spielt, durch Integration über die *restlichen* $N - 1$ Teilchen:

$$\rho^{(1)}(q, p, t) = \int \rho(q, p, t)\, dq^{(N-1)}dp^{(N-1)}.$$

(2.21c)

Aus Gl.(2.21b) lassen sich die *Paarverteilungsfunktion* und die *radiale Verteilungsfunktion* in folgender Weise herleiten [9, 18]:

---

[1] Zur Erklärung des hier nicht diskutierten Unterschieds zwischen *speziellen* und *generellen* reduzierten Verteilungsfunktionen siehe z.B. [18].

- Man erhält durch Integration über den gesamten Impulsraum die Wahrscheinlichkeit, das System im Ortsraum in $q \dots q + \mathrm{d}q$ anzutreffen, d.h. die *Dichtezahl n* des Gases

$$n(q) = \int \rho(q, p, t) \, \mathrm{d}p. \tag{2.22a}$$

- Integriert man die Zwei-Teilchenverteilungsfunktion über den Impulsraum, so wird

$$n^{(2)}(q) = \int \rho^{(2)}(q, p, t) \, \mathrm{d}p. \tag{2.22b}$$

Die Größe $n^{(2)}(q_i, q_j)\mathrm{d}q_i\mathrm{d}q_j$ ist die Wahrscheinlichkeit, daß ein Molekül $i$ im Volumengebiet $q_i \dots q_i + \mathrm{d}q_i$ und das Molekül $j$ im Gebiet $q_j \dots q_j + \mathrm{d}q_j$ angetroffen wird.

- Ebenso erhält man

$$n^{(1)}(q) = \int \rho^{(1)}(q, p, t) \, \mathrm{d}p. \tag{2.22c}$$

$n^{(1)}(q_i)\mathrm{d}q_i$ ist die Wahrscheinlichkeit, ein Molekül $i$ im Volumengebiet $q_i \dots q_i + \mathrm{d}q_i$ anzutreffen.

- Ist $N$ sehr groß gegen eins, so ist es zweckmäßig, eine Verteilungsfunktion $g(q_i, q_{ji})$ durch die Beziehung

$$n^{(2)}(q_i, q_j) = n^{(1)}(q_i)n^{(1)}(q_j)g(q_i, q_{ji}) \tag{2.23}$$

einzuführen. Die Funktion $g(q_i, q_{ji})$ geht gegen eins für $q_{ji} = |\vec{q}_i - \vec{q}_j| \rightarrow \infty$. Die Abweichung von eins ist ein Maß für die Korrelationen der Positionen der Paare der Moleküle. Man nennt sie deshalb auch *Paarverteilungsfunktion*.

- In isotropen Systemen ist $g(q_i, q_{ji})$ eine Funktion allein des Abstandes $q_{ji}(= r)$. Man bezeichnet $g(r)$ auch als *radiale Verteilungsfunktion*. Sie ist eine sehr wichtige Ausgangsgröße zur *theoretischen* Bestimmung struktureller, thermodynamischer und dynamischer Daten (vgl. Kapitel 4 - 8) und ist auch für den Vergleich mit dem Experiment wichtig.

Hier sei bereits auf das quantenstatistische Analogon der klassischen $N$-Teilchenverteilungsfunktion $\rho(q, p, t)$ hingewiesen, das für die Quanten-Molekulardynamik (QMD) von Bedeutung ist (vgl. Abschnitt 5.3). Durch Integration der quantenstatistischen Quasi-Verteilungsfunktion $f_W(q, p)$ (s. Gl.(5.21)) (Wigner-Funktion [32]) über den Impulsraum erhält man die sogenannte *Slater-Summe*

$$S(q) = \int f_W(q, p) \, \mathrm{d}p. \tag{2.24}$$

Als eine weitere wichtige Größe der statistischen Thermodynamik sei hier auch die *Zustandssumme* $Q(T, V, N)$ eingeführt, die durch Integration der unnormierten zeitunabhängigen Phasendichte über den (gesamten) Phasenraum

$$Q(T, V, N) = \int\int \rho_\nu(q, p) \, \mathrm{d}q\mathrm{d}p \tag{2.25}$$

berechnet wird (vgl. Abschnitt 2.4.7).

### 2.4.3 Liouvillescher Satz

Für die Phasendichte $\rho(q, p, t)$ (Gl.(2.20b)) bzw. für den aus dem Ortsvektor $\vec{r}$ (Gl.(2.19a)) ableitbaren Geschwindigkeitsvektor $\vec{v}$ (Gl.(2.19b)) erhält man unter Nutzung der Hamiltonschen Gleichungen (2.12b) wichtige Zusammenhänge, die als verschiedene Formen des *Liouvilleschen Satzes* bekannt sind:

- Die Gesamtheit strömt wie eine inkompressible Flüssigkeit

$$\operatorname{div} \vec{v} = \nabla \cdot \vec{v} = 0 \quad \text{mit} \quad \nabla = \sum_{i=1}^{2F} \vec{e}_i \frac{\partial}{\partial r_i}. \tag{2.26}$$

- Die Kontinuitätsgleichung lautet

$$\frac{\partial \rho_\nu(q, p, t)}{\partial t} + \vec{v} \cdot \nabla \rho_\nu = 0. \tag{2.27}$$

- Für die lokale Dichteänderung gilt die *Liouville-Gleichung*

$$\frac{\partial \rho(q, p, t)}{\partial t} = -[\rho, H] = -i\mathsf{L}\rho \tag{2.28a}$$

mit dem Liouville-Operator

$$\mathsf{L}\rho = -i[H, \rho] \tag{2.28b}$$

und der Poisson-Klammer für $A(q, p), B(q, p)$

$$[A, B] = \sum_{i=1}^{i=3N} \left( \frac{\partial A}{\partial q_i} \frac{\partial B}{\partial p_i} - \frac{\partial B}{\partial q_i} \frac{\partial A}{\partial p_i} \right). \tag{2.28c}$$

- Für zeitlich stationäre Gesamtheiten gilt

$$\frac{\partial \rho(q, p, t)}{\partial t} = 0. \tag{2.29}$$

- Das Gibbssche Prinzip von der Erhaltung der Phasendichte lautet

$$\frac{\mathrm{d}\rho(q, p, t)}{\mathrm{d}t} = 0 \tag{2.30}$$

  *– Die totale zeitliche Ableitung von* $\rho(q, p, t)$ *verschwindet –*.

- Das Gibbssche Prinzip von der Erhaltung des Phasenvolumens $\Phi$ ist
  *– Die totale zeitliche Ableitung von* $\Phi(q, p, t)$ *verschwindet –*

$$\frac{\mathrm{d}\Phi(q, p, t)}{\mathrm{d}t} = 0 \tag{2.31}$$

mit $\Phi(q, p, t) = \displaystyle\int \mathrm{d}q \mathrm{d}p.$

Der Satz von Liouville hat grundlegende Bedeutung für die Behandlung von Vielteilchensystemen im Gleichgewicht und als Gl.(2.28a) auch im Nichtgleichgewicht.

### 2.4.4 Virtuelle Gesamtheiten nach Gibbs

Man unterscheidet Systeme in verschiedenen physikalischen Situationen, die dann auch durch unterschiedliche Ansätze in den Computersimulationen realisiert werden müssen:

- Abgeschlossene Systeme (Bild 2.4)
  *– Systeme ohne Energie- oder Materieaustausch –*

- Geschlossene Systeme (Bild 2.5)
  *– Systeme mit Energie-, aber ohne Materieaustausch –*

- Offene Systeme (Bild 2.6)
  *– Systeme mit Energie- und Materieaustausch –.*

Für alle unterschiedlichen physikalischen Situationen werden entsprechende *virtuelle Gesamtheiten* (S. 15) konstruiert. Die *Originalsysteme* dieser Gesamtheiten und die Kontakte mit ihrer Umgebung lassen sich durch die Bilder 2.4 - 2.6 veranschaulichen.

**Bild 2.4**  Isoliertes mikrokanonisches Ensemble

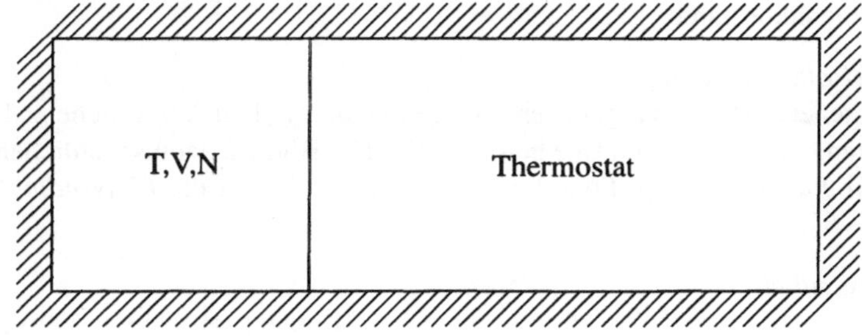


**Bild 2.5**  Kanonisches Ensemble mit Umgebung

Die analytische Form der Phasendichte ($N$-Teilchenverteilungsfunktion) $\rho(q, p, t)$ nach Gleichung (2.20b) wird für verschiedene physikalische Gesamtheiten bestimmt und dient der Berechnung makroskopischer Größen mittels Mittelbildung entsprechend Gln.(2.4b,2.33).

Ursprünglicher Ausgangspunkt für die molekulardynamischen Rechnungen ist wegen der Verwendung isolierter Systeme – bei denen die Parameter $E, V, N$ vorgegeben sind – die mikrokanonische Gesamtheit (Kapitel 4) und für MC-Verfahren die kanonische Gesamtheit (Kapitel 8), bei

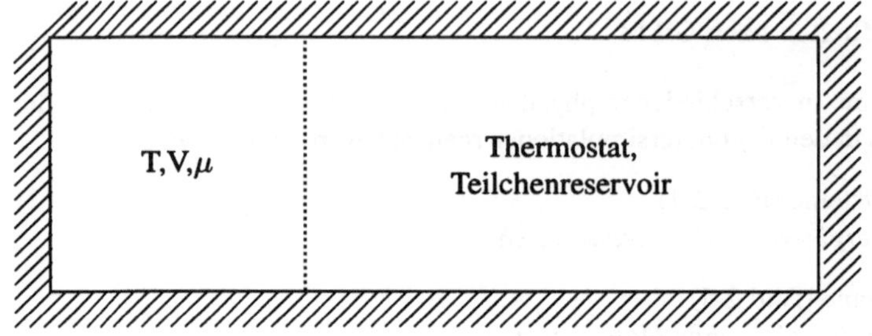


**Bild 2.6**  Großkanonisches Ensemble mit Umgebung

denen die Parameter $T$, $V$, $N$ vorgegeben sind. Im folgenden sollen die wichtigsten Gesamtheiten – die für MC-Verfahren und zunehmend auch für die Molekulardynamik (Kapitel 5) Bedeutung gewinnen – kurz skizziert werden:

1. *Mikrokanonische Gesamtheit*
   Sie besteht aus einer Vielzahl abgeschlossener (isolierter) Systeme, für die jeweils gleiche Energie $E$, gleiches Volumen $V$ und gleiche Teilchenzahl $N$ vorgegeben sind (Bild 2.4). Die *charakteristische Funktion*, die die physikalische Situation dieser Gesamtheit beschreibt, ist die Entropie $S(E, V, N)$. Für die analytische Form der *Phasendichte* ergibt sich $\rho \sim \delta(H - E)$.

2. *Kanonische Gesamtheit*
   Sie besteht aus einer Vielzahl geschlossener Systeme – im Kontakt mit einem Wärmebad zur Aufrechterhaltung der Temperatur $T$ –, für die jeweils gleiche Temperatur $T$, gleiches Volumen $V$ und gleiche Teilchenzahl $N$ vorgegeben sind (Bild 2.5). Die *charakteristische Funktion*, die die physikalische Situation dieser Gesamtheit beschreibt, ist die Freie Energie $F(T, V, N)$. Die analytische Form der *Phasendichte* wird $\rho(q, p) \sim \exp\{-\beta H\}$ mit $\beta = 1/kT$ ($k$: Boltzmannkonstante [2]).

3. *T,p,N – Gesamtheit (isotherm-isobar)*
   Gesamtheit geschlossener Systeme, vorgegeben sind: Temperatur $T$, Druck $p$, Teilchenzahl $N$. Diese Situation kann man sich durch eine bewegte Wand im Bild 2.5 veranschaulichen. Die *charakteristische Funktion* ist die Freie Enthalpie $G(T, p, N)$. Für die *Phasendichte* gilt $\rho(q, p) \sim \exp\{-\beta(H + pV)\}$.

4. *Großkanonische Gesamtheit*
   Sie besteht aus einer Vielzahl geschlossener Systeme – im Kontakt mit einem Wärmebad zur Aufrechterhaltung der Temperatur $T$ und mit einem Teilchenvorratsbehälter zum Aufrechterhalten des chemischen Potentials $\mu$ –, für die jeweils gleiche Temperatur $T$, gleiches Volumen $V$ und gleiches chemisches Potential $\mu$ vorgegeben sind (Bild 2.6). Die *charakteristische Funktion*, die die physikalische Situation dieser Gesamtheit beschreibt, ist die Massieu-Funktion $J(T, V, \mu)$ [3]. Die analytische Form der *Wahrscheinlichkeitsdichte* wird $\rho(q, p) \sim \exp\{-\beta(H - \mu N)\}$.

---

[2] falls Verwechslungen möglich sind, auch mit $k_\mathrm{B}$ bezeichnet.
[3] $\mu$ ist das chemische Potential

5. *Verallgemeinerte kanonische Gesamtheit*

Sie besteht aus einer Gesamtheit offener Systeme mit den vorgegebenen Observablen $A_1, A_2, \ldots A_n$, von denen die *charakteristische Funktion* $F(A_1, A_2, \ldots A_n)$ abhängt. Für die *Wahrscheinlichkeitsdichte* gilt $\rho(q, p) \sim \sum_i \exp\{-\lambda_i(t) A_i\}$. Diese Form läßt sich durch Bestimmung des Maximums der Shannon'schen Entropie unter Berücksichtigung der gemessenen Mittelwerte der Observablen $A_i$ mittels der Lagrangeschen Parameter $\lambda_i(t)$ herleiten. Im Spezialfall der Gleichgewichtsnähe erhält man mit $A_1 = H$, $A_2 = N$ die Parameter $\lambda = 1/kT$, $\lambda = -\mu/kT$ und damit die großkanonische Gesamtheit [33, 34].

Für makroskopische Systeme – das heißt im thermodynamischen Limes mit $N \rightarrow \infty$ sowie $N/V = $ const – liefern alle Gesamtheiten äquivalente Ergebnisse, die sich nur durch die – in diesem Fall unbedeutenden – Schwankungen unterscheiden [14, 35].

Der zu skizzierende Formalismus der kanonischen Zustandssumme (Abschnitt 2.4.7) bezieht sich wegen der dortigen unabhängigen Parameter $T$, $V$, $N$ auf die kanonische Gesamtheit.

Auf die Anwendung der Gesamtheiten bei Computersimulationen ist noch an anderer Stelle (Kapitel 5, 8) einzugehen. Dort wird auch auf die Veränderungen der bisher diskutierten Gesetzmäßigkeiten hingewiesen, die durch Verallgemeinerungen der Bewegungsgleichungen (2.12) hervorgerufen werden.

### 2.4.5 Meß-, Zeit- und Ensemblemittel

Zur Betrachtung des Verhaltens von Vielteilchensystemen bieten sich folgende Arten von Mittelwerten an:

*1. Meß- bzw. Zeitmittel*

Das *eine* betrachtete System wird – beginnend zu einer beliebigen Zeit $t_0$ (meist wird $t_0 = 0$ gesetzt) – eine bestimmte Zeit $\tau = l\Delta t$ lang verfolgt, d.h. der Wert einer Größe $A(q(t), p(t))$ wird $l$-mal in den Zeitschritten von jeweils $\Delta t$ gemessen und das arithmetische Mittel

$$\langle A \rangle_\tau = \frac{1}{\tau} \sum_{n=1}^{n=l} A(l\Delta t) \tag{2.32a}$$

gebildet. Diese Größe wird *Meßmittel* genannt. Zur Ermittlung des Mittelwertes von $A$ muß die Meßdauer naturgemäß so groß und die Schrittweite $\Delta t$ so klein gewählt werden, daß alle wesentlichen Werte von $A(t)$ bei der Mittelwertbildung berücksichtigt werden. Den resultierenden Wert

$$\langle A \rangle_t = \lim_{\tau \to \infty} \frac{1}{\tau} \int_0^\tau A(q(t), p(t))\, dt \tag{2.32b}$$

nennt man *Zeitmittel*. Bei geeigneter Wahl von Schrittweite und Meßdauer sind beide Mittelwerte äquivalent.

## 2. Ensemblemittel

Bildet man eine Gesamtheit von Systemen – verteilt mit der Phasendichte $\rho(q(t), p(t))$ Gl.(2.20b) – zum betrachteten Originalsystem (vgl. Abschnitt 2.4.1), so läßt sich nach dem Vorbild von Gl.(2.4b) das *Ensemblemittel*[4] berechnen:

$$\langle A \rangle_\Gamma = \int \int A(q(t), p(t)) \rho(q(t), p(t)) \, \mathrm{d}q \mathrm{d}p. \qquad (2.33)$$

Nach der *Ergodenhypothese* [14], deren Gültigkeit man für die physikalisch bedeutenden Systeme annehmen darf, sind Zeit- und Ensemblemittel gleich. Daher werden in den Kapiteln 4 - 9 bei den Computersimulationen Gl.(2.32a) für die Molekulardynamik und Gl.(2.33) für die Monte-Carlo-Verfahren als Ausgangspunkte zur Berechnung von Mittelwerten in den verschiedenen Gesamtheiten benutzt.

Als Beispiele allgemeiner Mittelwertbildungen sollen zwei Sätze angegeben werden:

### Klassischer Gleichverteilungssatz

Zu mitteln ist über die Größen:

$$A_i(q, p) = p_i \frac{\partial H}{\partial p_i} \qquad A_j(q, p) = q_j \frac{\partial H}{\partial q_j}. \qquad (2.34a)$$

Das Ergebnis lautet:

$$\overline{p_i \frac{\partial H}{\partial p_i}} = \overline{q_j \frac{\partial H}{\partial q_j}} = kT. \qquad (2.34b)$$

Die mittlere kinetische Energie jedes Freiheitsgrades ist gleich ($= \frac{1}{2}kT$).

### Virialsatz

Zu mitteln ist über die Größen:

$$E_{\text{kin}} = \frac{1}{2} \sum_{i=1}^{n} p_i \frac{\partial E}{\partial p_i} \qquad [V] = \frac{1}{2} \sum_{j=1}^{n} q_j \frac{\partial E}{\partial q_j}. \qquad (2.35a)$$

Das Ergebnis ist:

$$\overline{E}_{\text{kin}} = \overline{[V]}. \qquad (2.35b)$$

Im Mittel ist die kinetische Energie $E_{\text{kin}}$ eines Systems gleich seinem Virial [V]. Eine Anwendung findet man im Abschnitt 7.1.

### 2.4.6  Thermodynamische Funktionen und Relationen

In diesem Abschnitt wird zu ihrer späteren Berechnung mittels Computersimulationen ein kurzer Abriß über thermodynamische Größen gegeben.

---

[4] mitunter auch Phasen- oder Scharmittel genannt

*Thermodynamische Funktionen*

Die thermodynamischen Zustandsfunktionen gehen durch *Legendre-Transformationen* auseinander hervor *(Produkt der zu ändernden Variablen wird abgezogen)* und sind in folgender Weise definiert:

| | |
|---|---|
| Innere Energie | $U(S, V, N_i)$ |
| Freie Energie | $F(T, V, N_i) \;=\; U - TS$ |
| Enthalpie | $H(S, p, N_i) \;=\; U + pV$ |
| Freie Enthalpie | $G(T, p, N_i) \;=\; H - TS$ |
| Massieusche Funktion | $J(T, V, \mu_i) \;=\; U - TS - \sum_i \mu_i N_i$ |
| Plancksche Funktion | $\Psi(\beta, V, \alpha_i) \;=\; -\dfrac{J}{kT}, \; \beta = \dfrac{1}{kT}, \; \alpha_i = -\dfrac{\mu_i}{kT}.$ |

Aus diesen erhält man mit

$$T\,\mathrm{d}S = \mathrm{d}U + p\,\mathrm{d}V - \sum_i \mu_i \mathrm{d}N_i \tag{2.36a}$$

die thermodynamischen Differentialgleichungen

$$\mathrm{d}U = T\,\mathrm{d}S - p\,\mathrm{d}V + \sum_i \mu_i \mathrm{d}N_i \tag{2.36b}$$

$$\mathrm{d}F = -S\,\mathrm{d}T - p\,\mathrm{d}V + \sum_i \mu_i \mathrm{d}N_i \tag{2.36c}$$

$$\mathrm{d}H = T\,\mathrm{d}S + V\,\mathrm{d}p + \sum_i \mu_i \mathrm{d}N_i \tag{2.36d}$$

$$\mathrm{d}G = -S\,\mathrm{d}T + V\,\mathrm{d}p + \sum_i \mu_i \mathrm{d}N_i \tag{2.36e}$$

$$\mathrm{d}J = -S\,\mathrm{d}T - p\,\mathrm{d}V - \sum_i N_i \mathrm{d}\mu_i \tag{2.36f}$$

$$\mathrm{d}\Psi = -U\,\mathrm{d}\beta + \frac{p}{kT}\mathrm{d}V - \sum_i \mu_i \mathrm{d}\alpha_i. \tag{2.36g}$$

*Thermodynamische Relationen*

Die *thermodynamischen Potentiale* sind thermodynamische Funktionen, aus denen sich durch Differentiation nach einer Variablen die zu dieser kanonisch konjugierte Variable ergibt, wie man Tabelle 2.1 entnimmt.

Als ein weiteres Beispiel soll hier eine Formel zur praktischen Bestimmung des chemischen Potentials $\mu$ hergeleitet werden.

Unter Benutzung von Gl.(2.36c) für eine Komponente $\mu_1 = \mu$, $\quad \mu_i = 0 \, (i \neq 1)$

$$\mathrm{d}F = -S\,\mathrm{d}T - p\,\mathrm{d}V + \mu\,\mathrm{d}N \tag{2.37}$$

**Tabelle 2.1** Thermodynamische Relationen

Innere Energie      $U(S, V, N_i)$

$$\left(\frac{\partial U}{\partial S}\right)_{V,N_i} = T \qquad \left(\frac{\partial U}{\partial V}\right)_{S,N_i} = -p \qquad \left(\frac{\partial U}{\partial N_i}\right)_{S,V,N_j,(j \neq i)} = \mu_i$$

Freie Energie      $F(T, V, N_i)$

$$\left(\frac{\partial F}{\partial T}\right)_{V,N_i} = -S \qquad \left(\frac{\partial F}{\partial V}\right)_{T,N_i} = -p \qquad \left(\frac{\partial F}{\partial N_i}\right)_{T,V,N_j,(j \neq i)} = \mu_i$$

Enthalpie      $H(S, p, N_i)$

$$\left(\frac{\partial H}{\partial S}\right)_{p,N_i} = T \qquad \left(\frac{\partial H}{\partial p}\right)_{S,N_i} = V \qquad \left(\frac{\partial H}{\partial N_i}\right)_{S,p,N_j,(j \neq i)} = \mu_i$$

Freie Enthalpie      $G(T, p, N_i)$

$$\left(\frac{\partial G}{\partial T}\right)_{p,N_i} = -S \qquad \left(\frac{\partial G}{\partial p}\right)_{T,N_i} = V \qquad \left(\frac{\partial G}{\partial N_i}\right)_{T,p,N_j,(j \neq i)} = \mu_i$$

Massieusche Funktion      $J(T, V, \mu_i)$

$$\left(\frac{\partial J}{\partial T}\right)_{V,\mu_i} = -S \qquad \left(\frac{\partial J}{\partial V}\right)_{T,\mu_i} = -p \qquad \left(\frac{\partial J}{\partial \mu_i}\right)_{T,V,N_j,(j \neq i)} = -N_i.$$

erhält man, da $\mathrm{d}F$ ein vollständiges Differential ist,

$$-\left(\frac{\partial p}{\partial N}\right)_{T,V} = \left(\frac{\partial \mu}{\partial V}\right)_{T,N}.$$

Nun ist symbolisch

$$\left(\frac{\partial}{\partial V}\right)_{T,N} = \left(\frac{\partial n}{\partial V}\right)_{T,N} \left(\frac{\partial}{\partial n}\right)_{T,N} = -\frac{N}{V^2}\left(\frac{\partial}{\partial n}\right)_{T,N},$$

also gilt

$$\left(\frac{\partial \mu}{\partial n}\right)_{T,N} = \frac{1}{n}\left(\frac{\partial p}{\partial n}\right)_{T,V} = \frac{1}{n}\left(\frac{\partial p}{\partial n}\right)_{T,N}.$$

Die letzte Gleichsetzung ist berechtigt, da der Druck nur von Dichte und Temperatur – nicht aber von $N$ und $V$ einzeln – abhängt. Man kann über $n$ integrieren und zwar nicht von Null (wo $\mu$ nicht endlich ist), sondern von einer Dichte $n_0$ beginnend, für die $\mu$ bekannt ist. Das kann irgendeine beliebige kleine Dichte sein, bei der die Idealgasformel $\mu = kT \ln(n_0 \Lambda^3)$ und $pV = NkT$ gilt. Integration über $n$ liefert nach einigen Umformungen

$$\frac{\mu}{kT} = \ln(n\Lambda^3) + \left(\frac{pV}{NkT} - 1\right) + \int_{n_0}^{n}\left(\frac{pV}{NkT} - 1\right)\frac{\mathrm{d}n}{n}. \qquad (2.38)$$

$\Lambda$ ist die in Gl.(2.44) definierte De-Broglie-Wellenlänge. Gl.(2.38) wird zur Berechnung des chemischen Potentials mittels Simulationsrechnungen häufig verwendet (s. Kapitel 7).

### 2.4.7  Thermodynamische Größen aus der Zustandssumme

*Berechnung thermodynamischer Funktionen aus der Zustandssumme*

Alle thermodynamischen Funktionen können unter Benutzung thermodynamischer Relationen aus der Zustandssumme (vgl. Gln.(2.25,2.40a)) berechnet werden. Ausgangspunkt ist z.B. die *Freie Energie*, die in der statistischen Thermodynamik wie folgt definiert ist:

$$F(T, V, N_i) = -kT \ln Q(T, V, N_i). \tag{2.39a}$$

Die Nutzung thermodynamischer Relationen (Gln.(2.36), Tabelle 2.1) liefert weiter:

$$\text{Druck} \qquad p = kT \left( \frac{\partial \ln Q}{\partial V} \right) \tag{2.39b}$$

$$\text{Innere Energie} \qquad U = kT^2 \left( \frac{\partial \ln Q}{\partial T} \right) \tag{2.39c}$$

$$\text{Entropie} \qquad S = k \left\{ \ln Q + T \left( \frac{\partial \ln Q}{\partial T} \right) \right\} \tag{2.39d}$$

$$\text{Enthalpie} \qquad H = kT \left\{ T \left( \frac{\partial \ln Q}{\partial T} \right) + V \left( \frac{\partial \ln Q}{\partial V} \right) \right\} \tag{2.39e}$$

$$\text{Freie Enthalpie} \qquad G = kT \left\{ -\ln Q + V \left( \frac{\partial \ln Q}{\partial V} \right) \right\} \tag{2.39f}$$

$$\text{Molwärme} \qquad C_v = kT \left\{ 2 \left( \frac{\partial \ln Q}{\partial T} \right) + T \left( \frac{\partial^2 \ln Q}{\partial T^2} \right) \right\} \tag{2.39g}$$

$$\text{Chemisches Potential} \qquad \mu_i = -kT \left( \frac{\partial \ln Q}{\partial N_i} \right). \tag{2.39h}$$

Daher lassen sich die thermodynamischen Größen aus der Zustandssumme bestimmen. Deren Berechnung soll kurz skizziert werden.

*Berechnung der Zustandssumme*

Es wird ein System aus $N$ Teilchen mit je $f$ Freiheitsgraden im Volumen $V$ bei vorgegebener Temperatur $T$ betrachtet. Die *halbklassisch* bzw. *quantenstatistisch* definierte kanonische Zustandssumme (vgl. auch Gl.(2.25)) dafür lautet [5]

$$Q_{\text{hkl}}(T, V, N_i) = \frac{1}{h^{fN} N!} \int \int \exp\{-\beta H\} \, \mathrm{d}q \mathrm{d}p \tag{2.40a}$$

$$= \frac{1}{h^{fN} N!} \int \exp\{-\beta E\} \, \mathrm{d}p \int \exp\{-\beta U_N\} \, \mathrm{d}q \tag{2.40b}$$

$$Q_{\text{qu}}(T, V, N_i) = \sum_i \exp\{-\beta \epsilon_i\} \tag{2.40c}$$

mit der Hamilton-Funktion (potentielle Energie hier: $U_N$)

---

[5] $h$: Plancksche Konstante

$$H(q,p) = E + U = \frac{1}{2m} \sum_i p_i^2 + U_N(q) \qquad \text{(vgl. Gl.(2.18))}. \qquad (2.40\text{d})$$

Die Energie, die aus dem Translationsanteil (trans) und dem Anteil der inneren Freiheitsgrade (inn) besteht, ist (näherungsweise) additiv zusammensetzbar

$$E = E_{\text{trans}} + E_{\text{inn}} = E_{\text{trans}} + E_{\text{rot}} + E_{\text{vib}} + E_{\text{rot,i}} + E_{\text{el}} + E_{\text{k}}; \qquad (2.41)$$

daher ist die Zustandssumme (näherungsweise) in Faktoren zerlegbar

$$Q = Q_{\text{trans}} \cdot Q_{\text{inn}} = Q_{\text{trans}} \cdot Q_{\text{rot}} \cdot Q_{\text{vib}} \cdot Q_{\text{rot,i}} \cdot Q_{\text{el}} \cdot Q_{\text{k}}. \qquad (2.42)$$

**Tabelle 2.2** Zustandssummenanteile ($J, n$: Rotations-, Schwingungsquantenzahlen; $\nu_i$: Schwingungsfrequenzen; $I, I_i$: Trägheitsmomente; $I_{0,1}(x)$: modifizierte Besselfunktionen; $\sigma, \sigma_i$: Symmetriezahlen der Rotation (i: innere); $V_0$: Hemmungspotential der inneren Rotation; $\Theta_i^{-1} = h^2/(8\pi^2 I_i k)$; $g_{iel}, g_{ik}$: Entartungsgrad Elektronen-, Kernanregung).

---

**Translation**                 *klassisch*

$$E = \sum_i \frac{p_i^2}{2m} \qquad\qquad Q = \left(\frac{2\pi m k T}{h^2}\right)^{3/2} \cdot V$$

**Rotation**                 *klassisch, ggf. quantenstatistisch*

$$\epsilon_r = \frac{\hbar^2}{2I}\,(J(J+1)) \qquad Q = \frac{\pi^{\frac{1}{2}}}{\sigma} \prod_{i=1}^{3} \left(\frac{8\pi^2 I_i k T}{h^2}\right)^{1/2} \qquad \Theta_i \ll T$$

**Vibration**                *quantenstatistisch*

$$\epsilon_n = h\nu_i(n+\tfrac{1}{2}) \qquad\qquad Q = \prod_{i=1}^{3N-6} \frac{\exp\left(-\beta h\nu_i/2\right)}{1 - \exp\left(-\beta h\nu_i\right)}$$

**Innere Rotation [36]**        *quantenstatistisch*

$$V = V_0(1 - \cos\sigma_i\phi) \qquad Q = \frac{2\pi}{\sigma_i}\left(\frac{2\pi I_r k T}{h^2}\right)^{1/2} \mathrm{e}^{-x}\left\{I_0(x) - \frac{u^2}{24}I_1(x)\right\} \qquad x = \frac{V_0}{kT}$$

**Elektronenanregung**         *i. allg. nicht angeregt*

$$E_{\text{el}} = g_{0\text{el}} + g_{1\text{el}}\exp\left\{-\frac{\epsilon_1}{kT}\right\} \qquad Q = g_{0\text{el}}$$

**Kernanregung**             *i. allg. nicht angeregt*

$$E_{\text{k}} = g_{0\text{k}} + g_{1\text{k}}\exp\left\{-\frac{\epsilon_1}{kT}\right\} \qquad Q = g_{0\text{k}}$$

---

    Die Werte der einzelnen – klassisch oder quantenstatistisch berechneten bzw. nicht angeregten – Freiheitsgrade idealer Systeme ohne intermolekulare Wechselwirkung sind in der Tabelle 2.2 (S. 26) zusammengestellt. Wegen Einzelheiten ihrer Berechnung muß auf die Literatur [14, 18] verwiesen werden.

    Während damit die thermodynamischen Funktionen idealer Systeme aus der Zustandssumme (Gln.(2.39)) angebbar sind, muß für reale Systeme das komplizierte wechselwirkungsabhängige – meist nur numerisch bestimmbare – Konfigurationsintegral aus Gl.(2.43c) ermittelt werden.

Einige für die numerische Ermittlung der thermodynamischen Funktionen mittels Computersimulationen besonders wichtige Relationen zur radialen Verteilungsfunktion werden im nächsten Abschnitt zusammengestellt.

### 2.4.8 Thermodynamische Größen aus der radialen Verteilungsfunktion

Alle thermodynamischen Funktionen können unter Benutzung thermodynamischer Relationen aus der *radialen Verteilungsfunktion* $g(r)$ (Gl.(2.23)) berechnet werden. Dies wird hier – ausgehend von der Zustandssumme $Q$ (Gl.(2.40a)) – an den Beispielen (Gl.(2.39)) Innere Energie $U$, Druck $p$ und chemisches Potential $\mu$ für ein System aus $N$ einatomigen Molekülen demonstriert [17].

Für Zustandssumme $Q$ bzw. Konfigurationsintegral $Z_N$ ergibt sich aus Gl.(2.40a)

$$Q = \sum_i \exp\{-\beta\epsilon_i\} \implies \frac{1}{N!h^{3N}} \int \cdots \int \exp\{-\beta H(p,q)\}\, \mathrm{d}q\mathrm{d}p \qquad (2.43\mathrm{a})$$

$$Q_{\mathrm{hkl}} = \frac{1}{N!} \left(\frac{2\pi mkT}{h^2}\right)^{3N/2} \int \exp\{-\beta U_N\}\, \mathrm{d}q = Q_{tr}Z_N = \frac{1}{N!}\Lambda^{-3N}Z_N \qquad (2.43\mathrm{b})$$

$$Z_N = \int \exp\{-\beta U_N(q)\}\, \mathrm{d}q \qquad (2.43\mathrm{c})$$

mit der De-Broglie-Wellenlänge

$$\Lambda = \left(\frac{h^2}{2\pi mkT}\right)^{1/2}. \qquad (2.44)$$

Die Berechnung des Konfigurationsintegrals $Z_N$ ist eine wichtige – aber schwierige – Aufgabe der Statistischen Physik.

*Innere Energie U*

Ausgangspunkt zur Berechnung der Inneren Energie $U$ sei die *mittlere potentielle Energie (hier $U_N$)*

$$\overline{U}_N = \frac{1}{Q} \int U_N \exp\{-\beta H\}\, \mathrm{d}q\mathrm{d}p \qquad (2.45)$$

aus der Hamilton-Funktion

$$H(q,p) = \frac{1}{2m} \sum_i p_i^2 + U_N(q). \qquad (2.46)$$

Mit Gl.(2.39c) und dem Translationsanteil der Zustandssumme (Tabelle 2.2) wird

$$U = kT^2 \left(\frac{\partial \ln Q}{\partial T}\right)_{V,N} = \frac{3}{2}NkT + kT^2 \left(\frac{\partial \ln Z_N}{\partial T}\right)_{V,N} \qquad (2.47\mathrm{a})$$

$$\overline{U}_N = kT^2 \left(\frac{\partial \ln Z_N}{\partial T}\right)_{V,N} = \frac{1}{Z_N} \int U_N \exp\{-\beta U_N\}\, \mathrm{d}q. \qquad (2.47\mathrm{b})$$

Nun wird paarweise additive Wechselwirkung angenommen

$$U_N = \sum_{i=1}^{i=N-1} \sum_{j=i+1}^{N} u(r_{ij}), \tag{2.48}$$

daher enthält die Summe $N/2(N-1)$ gleiche Terme. So ergibt sich (vgl. Gln.(2.21b,2.23))

$$\overline{U}_N = \frac{1}{2} \int \int u(r_{12}) \left\{ N(N-1) \int \cdots \int \overbrace{\frac{\exp\{-\beta U_N\}\, \mathrm{d}r_3 \cdots \mathrm{d}r_N}{Z_N}}^{n(r_1)n(r_2)g(r_1,r_2)} \right\} \mathrm{d}r_1 \mathrm{d}r_2. \tag{2.49}$$

Also wird

$$U_N = \frac{1}{2} \int u(r_{12})n(r_1)n(r_2)g(r_1,r_2)\, \mathrm{d}r_1 \mathrm{d}r_2 \tag{2.50a}$$

$$= \frac{1}{2} \int u(r)n^2 g(r)V 4\pi r^2\, \mathrm{d}r = 2\pi n N \int u(r)g(r)r^2\, \mathrm{d}r. \tag{2.50b}$$

Daher erhält man mit Gl.(2.47a) die *Innere Energie U* aus der radialen Verteilungsfunktion $g(r)$

$$U = \frac{3}{2}NkT + \frac{1}{2}Nn \int_0^\infty u(r)g(r,n,T)4\pi r^2\, \mathrm{d}r. \tag{2.51}$$

*Druck*

Analog läßt sich der Druck $p$ mittels Gl.(2.39b) aus der radialen Verteilungsfunktion bestimmen. Es gilt:

$$p = kT \left( \frac{\partial \ln Q}{\partial V} \right)_{T,N} = kT \left( \frac{\partial \ln Z_N}{\partial V} \right)_{T,N} = kT \frac{1}{Z_N} \left( \frac{\partial Z_N}{\partial V} \right)_{T,N}. \tag{2.52}$$

Bei großen Volumina ist der Druck von der Behälterform unabhängig. Wählt man beispielsweise einen würfelförmigen Behälter, so gilt

$$Z_N = \int_0^{V^{1/3}} \int \cdots \int \exp\{-\beta U_N\}\, \mathrm{d}q_1 \mathrm{d}q_2 \cdots \mathrm{d}q_{3N}. \tag{2.53}$$

Mit Variablensubstitution

$$r_{ij} = \left[ \sum_{x=1}^{3}(q_{xi}-q_{xj})^2 \right]^{1/2} = V^{1/3} \left[ \sum_{x=1}^{3}(\hat{q}_{xi}-\hat{q}_{xj})^2 \right]^{1/2}$$

$$Z_N = V^N \int_0^1 \exp\{-\beta U_N\}\, \mathrm{d}\hat{q}, \quad r = cV^{1/3}, \quad \frac{\mathrm{d}r}{\mathrm{d}V} = \frac{1}{3}\frac{r}{V}, \quad \left( \frac{\partial U_N}{\partial V} \right) = \sum_{1 \le i < j \le N} \frac{\mathrm{d}u(r_{ij})}{\mathrm{d}r_{ij}} \frac{r_{ij}}{3V}$$

erhält man

$$\left( \frac{\partial Z_N}{\partial V} \right)_{T,N} = NV^{N-1} \int_0^1 \exp\{-\beta U_N\}\, \mathrm{d}\hat{q} - \frac{V^N}{kT} \int_0^1 \exp\{-\beta U_N\} \left( \frac{\partial U_N}{\partial V} \right) \mathrm{d}\hat{q}.$$

Schließlich liefert das Teilen durch $Z_N$ und das Sammeln der $N-1$ identischen Terme:

$$\frac{p}{kT} = \frac{N}{V} - \frac{1}{6kT} \int\int r_{12} n(r_1) n(r_2) \frac{du(r_{12})}{dr_{12}} g(r_1, r_2) \, dr_1 dr_2. \tag{2.54a}$$

Daher ergibt sich für die *Druckgleichung:*

$$p = kTn - \frac{n^2}{6} \int\limits_0^\infty r u'(r) g(r, n, T) 4\pi r^2 \, dr. \tag{2.54b}$$

Hier ist bereits berücksichtigt, daß $g(r)$ nicht nur von der Temperatur $T$, sondern auch von der Dichte $n$ abhängt. Zur Herleitung der Zustandsgleichung in Virialform entwickelt man $g(r, n, T)$ nach der Dichte $n$:

$$g(n, r, T) = g_0(r, T) + n g_1(r, T) + n^2 g_2(r, T) + \cdots, \tag{2.54c}$$

setzt dies in Gl.(2.54b) ein

$$p = kTn - \frac{n^2}{6} \sum_{i=1}^\infty n^i \int\limits_0^\infty r u'(r) g_i(r, T) 4\pi r^2 \, dr \tag{2.54d}$$

und vergleicht mit der allgemeinen Virialform der Zustandsgleichung

$$pV = kTN \left\{ 1 + B_2(T) V^{-1} + B_3(T) V^{-2} + \cdots \right\}, \tag{2.54e}$$

so findet man z.B.:

$$B_{i+2} = -\frac{1}{6kT} \int\limits_0^\infty r u'(r) g_i(r, T) 4\pi r^2 \, dr \tag{2.54f}$$

$$g_0 = e^{-\beta u(r)}. \tag{2.54g}$$

Ein anderer – für Computersimulationen sehr geeigneter – Ausdruck für den Druck, der sich direkt aus dem *Virialsatz* Gl.(2.35b) ergibt, wird im Abschnitt 7.1 vorgestellt.


*Chemisches Potential*

Entsprechend der Definition des chemischen Potentials $\mu$ Gl.(2.39h) muß zur Berechnung die Teilchenzahl des Systems verändert werden. Es werden Gesamtheiten von $N-1$, $N$ und $N+1$ Teilchen betrachtet und jeweils 1 Testteilchen hinzugefügt (Widoms Testteilchen-Methode [37]) bzw. entfernt.
Ausgangspunkt sind die Gleichungen (2.39h,2.39a,2.40b)

$$\mu = \left( \frac{\partial F}{\partial N} \right)_{T,V} \qquad F = -kT \ln Q \qquad Q = Q_{tr} \cdot Z_N = \frac{1}{N!} \Lambda^{-3N} Z_N. \tag{2.55}$$

Mit der näherungsweise gültigen Stirlingschen Formel wird

$$\ln N! \approx N \ln N - N \qquad \frac{\partial \ln Z_N}{\partial N} \approx \lim_{N\to\infty} \frac{\ln Z_N - \ln Z_{N-1}}{N - (N-1)} = \ln \frac{Z_N}{Z_{N-1}}$$

und daher

$$-\frac{\mu}{kT} = -\ln N - \ln \Lambda^3 + \ln \frac{Z_N}{Z_{N-1}}. \tag{2.56}$$

Die Wechselwirkungsenergie der Teilchen untereinander bzw. mit der Wand ist:

$$U_N = \sum_i^{N-1} \sum_{j=i+1}^{N} u(r_i, r_j) + \sum_i^{N} u(r_i). \tag{2.57}$$

Ausgehend von der Paarverteilungsfunktion soll nun das chemisches Potential ermittelt werden. Ein Testteilchen (hier Teilchen 1) wird ohne weitere Veränderung der physikalischen Situation entfernt (Kopplungsparameter $\xi = 0$) bzw. hinzugefügt (Kopplungsparameter $\xi = 1$). Für das Wechselwirkungspotential läßt sich schreiben:

$$U_N(r_1, r_2, \cdots, r_N) = \sum_{j=2}^{N} u(r_{1j}) + \sum_{2 \leq i < j \leq N} u(r_{ij})$$

$$U_N(r_1, r_2, \cdots, r_N, \xi) = \sum_{j=2}^{N} \xi u(r_{1j}) + \sum_{2 \leq i < j \leq N} u(r_{ij})$$

$$Z_N(\xi) = \int e^{-\beta U_N(\xi)} \, dr_1 \cdots dr_N \quad Z_{N(\xi=1)} = Z_N \quad Z_{N(\xi=0)} = V Z_{N-1}$$

$$\ln \frac{Z_N}{Z_{N-1}} = \ln V + \ln \frac{Z_N(\xi=1)}{Z_N(\xi=0)} = \ln V + \int_0^1 \frac{\partial}{\partial \xi} \ln Z_N \, d\xi$$

$$\frac{\partial Z_N}{\partial \xi} = -\frac{1}{kT} \int \sum_2^N u(r_{1j}) e^{-\beta U_N} \, dr_1 \cdots dr_N, \qquad n = \frac{N}{V}.$$

Teilen durch $Z_N$, sammeln $(N-1)$ identischer Integrale und einsetzen liefert

$$\frac{\mu}{kT} = \ln(n\Lambda^3) + \frac{n}{kT} \int_0^1 \int_0^\infty u(r) g(r, \xi) 4\pi r^2 \, drd\xi. \tag{2.58}$$

Andere Möglichkeiten zur Bestimmung des chemischen Potentials bieten die großkanonische Gesamtheit [17], die Methode von Widom [37] (vgl. Kapitel 8) sowie die Zustandsgleichung (vgl.Gln.(2.37,2.38)).

Die Berechnung der radialen Verteilungsfunktion $g(r)$ mittels Computersimulationen wird im Abschnitt 7.1.2 dargestellt, während wegen ihrer analytischen Bestimmung auf die Literatur (z.B. [17]) verwiesen werden muß.

Hier soll noch erwähnt werden, daß für einen Vergleich mit experimentellen Daten – ähnlich wie $g(r)$ – der *statische* Strukturfaktor $S(k)$

$$S(k) = 1 + n \int \{g(r) - 1\} \exp(i\vec{k} \cdot \vec{r}) \, d\vec{r} = 1 + nh(k) \tag{2.59a}$$

eine große Rolle spielt und mittels Streuexperimenten (Neutronen, X-Ray) bestimmt werden kann (z.B. [39]). $n$ ist die Dichte und $h(k)$ die Fourier-Transformierte von $\{g(r) - 1\}$. Im Grenzfall für $k \to 0$ wird

$$\lim_{k \to 0} S(k) = 1 + n \int \{g(r) - 1\} \, d\vec{r}. \tag{2.59b}$$

### 2.4.9 Transportgrößen aus Korrelationsfunktionen

Irreversible – also zeitlich nicht umkehrbare – Prozesse haben große Bedeutung auf den verschiedenen Gebieten. Sie sind mit einem Entropiezuwachs $\sigma$ verbunden und werden durch eine verallgemeinerte *Kraft X* angetrieben sowie durch Transportkoeffizienten $L$ charakterisiert.

Seit den fünfziger Jahren gibt es durch die *lineare Response-Theorie* von Kubo [38] neue Möglichkeiten, Transportkoeffizienten aus Integralen über Korrelationsfunktionen zu berechnen. Diese Zusammenhänge können hier nur kurz skizziert werden. Insbesondere wird sich dabei zeigen, daß sich in diesem Rahmen die Transportkoeffizienten aus *Gleichgewichts*-Gesamtheiten ermitteln lassen.

Ausführlichere Darstellungen sind der zahlreichen Literatur zu entnehmen [17, 39–46].

Die Korrelationsfunktionen spielen bei der Berechnung von Nichtgleichgewichts-Phänomenen eine analoge Rolle wie die Zustandssumme bei der Berechnung thermodynamischer Zustandsgrößen (Abschnitt 2.4.7). Während man im Fall des thermodynamischen Gleichgewichts aus der durch die Gln.(2.25,2.40a) definierten Zustandssumme durch Differentiation nach Zustandsvariablen alle thermodynamischen Zustandsgrößen (Tabelle 2.1) erhält, ist für jedes Nichtgleichgewichts-Phänomen eine diesem Phänomen adäquate Korrelationsfunktion zu definieren. Daraus wird mittels Fourier-Transformation der entsprechende Transportkoeffizient berechnet [41]. Beispiele dafür werden später angegeben.

Zunächst soll die Definition von Transportkoeffizienten zur Beschreibung von Transportvorgängen kurz skizziert werden. Als anschauliches Beispiel für diese Zusammenhänge wird im Abschnitt 2.4.10 die Langevin-Gleichung behandelt.

*Transportkoeffizienten*

Die Transportkoeffizienten $L_{ik}$ beschreiben (in linearer Näherung) den Zusammenhang zwischen den Flußdichten $J_i$ und den sie verursachenden thermischen bzw. nicht-thermischen Kräften $X_k$ und damit die betrachteten Transportvorgänge selbst, die folgenden Beitrag zur Entropieproduktion $\sigma$ liefern

$$\sigma = \sum_i J_i X_k. \tag{2.60}$$

Der *Transportkoeffizient* für einen Prozeß ist in allgemeiner Form durch die Beziehung definiert:

Flußdichte = Transportkoeffizient $\cdot$ treibende Kraft, also

$$J = L \cdot X + \text{(höhere Terme)}. \tag{2.61a}$$

Für mehrere Prozesse gilt entsprechend

$$J_i = \sum_k L_{ik} X_{ik}. \tag{2.61b}$$

Für die (*phänomenologischen*) Koeffizienten $L_{ik}$ gelten in Gleichgewichtsnähe die Onsager-Casimirschen Reziprozitätsrelationen

$$L_{ik} = L_{ki}. \tag{2.61c}$$

Die treibenden Kräfte werden in der Regel durch die entsprechenden Gradienten eines Potentials ersetzt.

Für ausgewählte Transportvorgänge sollen einige Beispiele angegeben werden:

1. Die *Diffusion* bedeutet *Teilchentransport* durch Brownscher Bewegung z.B. infolge von Konzentrationsgradienten (vgl. auch Abschnitt 9.3). Also ist:

Massenfluß = − Diffusionskoeffizient · Massengradient;

$$J_z = -D \cdot \frac{\partial n_1}{\partial z} + \text{(höhere Terme)}. \tag{2.62}$$

2. Die *Viskosität* bedeutet *Übertragung von Impuls* $u$ infolge von Impulsgradienten. Also ist:

Impulsfluß = − Viskositätskoeffizient · Impulsgradient;

$$p_{zx} = -\eta \cdot \frac{\partial u_x}{\partial z} + \text{(höhere Terme)}. \tag{2.63}$$

3. Die *Wärmeleitfähigkeit* bedeutet *Übertragung von Energie* infolge von Temperaturgradienten. Also ist:

Wärmefluß = − Wärmeleitungskoeffizient · Temperaturgradient;

$$Q_z = -\kappa \cdot \frac{\partial T}{\partial z} + \text{(höhere Terme)}. \tag{2.64}$$

4. *Chemische Reaktionen* sind *Veränderungen chemischer Spezies*, hervorgerufen durch chemische Affinitäten. Also ist:

Teilchenzahländerung = Reaktionsgeschwindigkeitskoeffizient · Affinität;

$$\frac{\mathrm{d}N}{\mathrm{d}t} = k_R \cdot \mathcal{A} + \text{(höhere Terme)} \tag{2.65a}$$

mit der chemischen Affinität

$$\mathcal{A} = -\sum_{i=1}^{i=4} \nu_i \mu_i \tag{2.65b}$$

für die chemische Reaktion

$$\nu_1 A + \nu_2 B \leftrightarrow \nu_3 C + \nu_4 D \tag{2.65c}$$

mit den stöchiometrischen Koeffizienten $\nu_i$ und den chemischen Potentialen $\mu_i$.

*Definition der Korrelationsfunktionen*

Die Definition der *Korrelationsfunktionen* soll hier zur Anwendung auf die Molekulardynamik nur
für klassische Systeme erfolgen. Die für die Quantenstatistik analogen Betrachtungen entnimmt
man der Literatur. Die Systembeschreibung erfolgt im $\Gamma$-Raum (vgl. Abschnitt 2.4.1) durch die
Phasenraumkoordinaten $q(t)$, $p(t)$

$$q = \{q_1, q_2, \dots, q_f\} \quad p = \{p_1, p_2, \dots, p_f\} \qquad (\text{Gln.}(2.19)). \tag{2.66}$$

Aus den Bewegungsgleichungen (2.12) folgt als Lösung

$$q(t) = q(q_i, p_i, t) \qquad p(t) = p(q_i, p_i, t). \tag{2.67}$$

Für die Funktionen der Phasenraumkoordinaten

$$A\{q(t), p(t)\} = A(q, p, t) = A(t) \quad B\{q(t), p(t)\} = B(q, p, t) = B(t) \tag{2.68}$$

kann in folgender Weise eine zeitliche *Korrelationsfunktion* $K_{AB}(t)$ definiert werden

$$K_{AB}(t) = \langle A(t)B(0)\rangle_\Gamma = \int \cdots \int A(q, p, t)B(q, p, 0)\rho(q, p)\,\mathrm{d}q\mathrm{d}p, \tag{2.69a}$$

wobei $\rho(q, p)$ die *Gleichgewichtsverteilungsfunktion* im Phasenraum (Gl.(2.20b)) ist. Die Inte-
gration wird über den gesamten Phasenraum $\mathrm{d}q\mathrm{d}p = \mathrm{d}q_1 \cdots \mathrm{d}q_f \mathrm{d}p_1 \cdots \mathrm{d}p_f$ erstreckt.

Für $A = B$ erhält man daraus die *Autokorrelationsfunktion*

$$K_{AA}(t) = \langle A(t)A(0)\rangle_\Gamma = \int \cdots \int A(q, p, t)A(q, p, 0)\rho(q, p)\,\mathrm{d}q\mathrm{d}p. \tag{2.69b}$$

Wird für $A(t)$ die Geschwindigkeit $\vec{v}(t)$ gewählt, so erhält man die wichtige *Geschwindigkeits-
Autokorrelationsfunktion*

$$K_{vv}(t) = \langle \vec{v}(t) \cdot \vec{v}(0)\rangle_\Gamma = \int \cdots \int \vec{v}(q, p, t) \cdot \vec{v}(q, p, 0)\rho(q, p)\,\mathrm{d}q\mathrm{d}p. \tag{2.69c}$$

Man erkennt leicht, daß wegen der Stationarität der Phasenmittel von Gleichgewichtsensemblen
(Gl.(2.33)) sowie der zeitlichen Reversibilität der mechanischen Bewegungsgleichungen (2.12b)

$$\langle \vec{v}(t_1) \cdot \vec{v}(t_2)\rangle_\Gamma = \langle \vec{v}(t_1 - t_2) \cdot \vec{v}(0)\rangle_\Gamma = \langle \vec{v}(t_2 - t_1) \cdot \vec{v}(0)\rangle_\Gamma \tag{2.70}$$

gilt.

Hier sei noch darauf hingewiesen, daß man durch Fourier-Transformation aus der normierten
Geschwindigkeitskorrelation die sogenannte *Spektraldichte* erhält

$$f(\omega) = \int\limits_0^\infty \frac{\langle \vec{v}(0) \cdot \vec{v}(t)\rangle}{\langle \vec{v}(0)^2\rangle} \cos(\omega t)\,\mathrm{d}t. \tag{2.71}$$

Im Vergleich mit experimentellen Daten bzw. für ihr detailliertes Verständnis spielt die Spektraldichte eine wichtige Rolle (vgl. Kapitel 9.2).

Genauere Erläuterungen über weitere Eigenschaften – Summen-, Dispersionsrelationen u.ä. –
von Korrelationsfunktionen sowie über ihre analytische Berechnung müssen der Literatur (z.B.
[17, 39–43, 45, 46]) überlassen bleiben. Die Berechnung mittels MD-Simulationen wird im Abschnitt 7.2.1 dargestellt.

Hier seien zusammenfassend lediglich einige Vorteile ihrer Verwendung genannt:

- Klares Bild über die Dynamik durch strenge Ausgangsgleichungen und damit wenigstens die prinzipielle Behandelbarkeit der Prozesse

- Verwendbarkeit in verschiedenen Gesamtheiten

- Gültigkeit für jede Dichte

- Gültigkeit für jedes Potential (auch bei Winkelabhängigkeit)

- Gültigkeit für vielatomige Moleküle

- Unabhängigkeit von Details spezieller Modelle

- Fourier-Transformation von Korrelationsfunktionen liefert Transportkoeffizienten (vgl. Gln.(2.72a ff.))

- Beziehungen zu experimentellen Spektren (vgl. Gln.(2.71,9.11)).

### Lineare Response-Theorie

Um eine Brücke zwischen mikroskopischer Theorie und den Experimenten zu schlagen, ist die Herstellung von Relationen zwischen den Korrelationsfunktionen und den makroskopischen Größen (Transportkoeffizienten, Spektren) nötig.

Unter der Voraussetzung gleichgewichtsnaher Systeme wurde die *lineare Response-Theorie*[6] entwickelt. Ihre vollständige Herleitung kann nicht dargestellt werden und ist der Literatur zu entnehmen. Hier sollen nur die wesentlichen Grundzüge zusammengestellt werden:

1. Das durch eine äußere Störung aus dem Gleichgewicht entfernte System strebt in das Gleichgewicht zurück.

2. Es wird eine hinreichend schwache Störung angenommen, so daß die Antwort des Systems als linear angenommen werden kann.

3. Diese lineare Antwort des Systems auf die äußere Störung wird bereits durch die Fluktuationen im ungestörten Gleichgewichtssystem bestimmt.

4. Es wird eine allgemeine Methode angegeben, die Relationen zwischen verschiedenen Meßgrößen, berechenbaren Größen und Meßmethoden herstellt.

5. Die Theorie der linearen Antwort liefert also allgemeine Zusammenhänge zwischen Systemfunktionen und Meßgrößen, jedoch kein Rezept zu ihrer Berechnung. Hier spielt nun die Molekulardynamik eine wichtige Rolle.

Die zeitlichen Korrelationen werden durch die oben definierten *Korrelationsfunktionen* und die lineare Antwort auf die Störungen durch die sogenannte *Antwortfunktion* ausgedrückt. Die Theorie der linearen Antwort stellt Relationen zwischen diesen Funktionen her. Damit werden die zeitlichen Korrelationen der *Gleichgewichtsfluktuationen* in den Mittelpunkt der Theorie der *Nichtgleichgewichtssysteme* gestellt.

Falls die – hier schwache – Störung sich raum-zeitlich schnell ändert, hängt der Transport von der Frequenz $\omega$ und der Wellenzahl $k$ der Störung ab. Die Größen $\omega, k$ beschreiben den Einfluß der räumlichen Umgebung und die zeitliche Vorgeschichte auf das aktuelle Transportgeschehen.

---

[6] übersetzt: Theorie der linearen Antwort

Bei der Untersuchung struktureller und thermodynamischer Eigenschaften mit Hilfe von Experimenten und der Molekulardynamik muß also häufig die Beschreibungsebene bezüglich *Zeit* und *Frequenz* bzw. *normalem* und *reziprokem* Raum – mittels Fourier-Transformation – gewechselt werden.

Als Hauptergebnis der linearen Response-Theorie kann die Verknüpfung der *linearen Antwort* des Systems (kleine Änderung der Observablen) auf die äußere Störung mit den zeitlichen Korrelationen, die zwischen diesen Fluktuationen im Gleichgewicht bestehen, angesehen werden.

*Green-Kubo- und Einstein-Relationen*

Der allgemeine mathematische Zusammenhang läßt sich wie folgt formulieren:

Verallgemeinerte Suszeptibilitäten (Transportkoeffizienten) lassen sich als Fourier-Transformierte von Korrelationsfunktionen darstellen:

$$\sigma(\omega) = \int\limits_0^\infty \exp(-i\omega t)\langle \dot{A}(t)\dot{B}(0)\rangle_\Gamma \, dt. \tag{2.72a}$$

Als allgemeiner Ausgangspunkt zur Herleitung dieser Relation kann beispielsweise die Liouville-Gleichung (2.28a) dienen, die bei Beschränkung auf Terme erster Ordnung iterativ gelöst wird. Weitere Möglichkeiten werden ausführlich in der Literatur [41] beschrieben.

Im Grenzwert langer Wellen $\omega \to 0$, $k \to 0$, der für die Transportkoeffizienten in der Regel ausreicht, gilt allgemein

$$\sigma = \int\limits_0^\infty \langle \dot{A}(t)\dot{B}(0)\rangle_\Gamma \, dt \tag{2.72b}$$

bzw.

$$L_{ij} = \int\limits_0^\infty \langle \dot{J}_i(t)\dot{J}_j(0)\rangle_\Gamma \, dt. \tag{2.72c}$$

Für die Autokorrelationsfunktion Gl.(2.69b) kann Gl.(2.72b) mittels der *Einstein-Relation* durch den Ausdruck

$$2t\sigma = \langle (A(t) - A(0))^2 \rangle \tag{2.72d}$$

ersetzt werden, der asymptotisch für $t \to \infty$ gilt.

Man zeigt die Gleichheit beider Ausdrücke durch Differentiation bzw. durch partielle Integration (Abschnitt 7.2).

Auf eine weitere wichtige Größe, die die Beziehungen zum Experiment (z.B. Streuungen) herzustellen hilft – den *dynamischen* Strukturfaktor $S(\vec{k}, \omega)$ – kann hier nur hingewiesen werden (vgl. z.B [39, 48, 49]):

$$S(\vec{k}, \omega) = \frac{1}{2\pi} \int\limits_{-\infty}^\infty F(\vec{k}, t) \exp i\omega t \, dt. \tag{2.73a}$$

Hier ist $F(\vec{k}, t)$ die – ebenfalls numerisch ermittelbare – *Streufunktion*

$$F(\vec{k}, t) = \frac{1}{N}\langle \rho(\vec{k}, t)\rho(-\vec{k}, 0)\rangle, \tag{2.73b}$$

die mittels Ensemblemittelung $\langle \cdots \rangle$ über Fourier-Transformierte $\rho(\vec{k}, t)$ der lokalen Ein-Teilchendichte $\rho(\vec{r}, t)$ bestimmt werden kann:

$$\rho(\vec{k}, t) = \sum_j \exp\left(i\vec{k} \cdot \vec{r}_j(t)\right) = \int \rho(\vec{r}, t) \exp\left(i\vec{k} \cdot \vec{r}_j\right) d\vec{r}. \tag{2.73c}$$

Im Grenzwert $\omega \to 0$, $k \to 0$ ergibt sich der übliche statische Strukturfaktor, vgl. Gln.(2.59).

Abschließend werden einige Beispiele für Zusammenhänge zwischen Transportkoeffizienten und Korrelationsfunktionen *(Green-Kubo-Relationen)* sowie die jeweiligen *Einstein-Relationen*, die asymptotisch für $t \to \infty$ gelten, zusammengestellt. Während die Relationen für den Selbstdiffusionskoeffizienten noch ausführlicher im Abschnitt 9.3 diskutiert werden, muß für eine Behandlung der übrigen auf die Literatur (z.B. [40, 46]) verwiesen werden.

1. Für den Diffusionskoeffizienten gilt:

$$D = \frac{1}{3} \int_0^\infty \langle \vec{v}(t) \cdot \vec{v}(0) \rangle \, dt; \tag{2.74a}$$

$$2tD = \frac{1}{3} \langle (\vec{r}(t) - \vec{r}(0))^2 \rangle. \tag{2.74b}$$

2. Für die (Scher-) Viskosität gilt:

$$\eta = \frac{V}{k_B T} \int_0^\infty \langle \mathcal{P}_{\alpha\beta}(t)\mathcal{P}_{\alpha\beta}(0) \rangle \, dt \tag{2.75a}$$

$$2t\eta = \frac{V}{k_B T} \langle (\mathcal{L}(t) - \mathcal{L}(0))^2 \rangle \tag{2.75b}$$

mit den Komponenten des Drucktensors

$$\mathcal{P}_{\alpha\beta} = \frac{1}{V} \left( \sum_i \frac{p_{i\alpha} p_{i\beta}}{m_i} + \sum_i \sum_{j>i} r_{ij\alpha} f_{ij\beta} \right)$$

$- \alpha, \beta = x, y, z$; $\quad p_\alpha = m\dot{\alpha}$; $\quad r_{ij} = r_i - r_j$ $-$, den Kraftkonstanten $f_{ij}$ und der Abkürzung

$$\mathcal{L}_{\alpha\beta} = \frac{1}{V} \sum_i r_{i\alpha} p_{i\beta},$$

wobei über alle $i, j$ Teilchen summiert wird.

3. Die Wärmeleitfähigkeit wird:

$$\kappa = \frac{V}{k_B T^2} \int_0^\infty \langle j_\alpha^\epsilon(t) j_\alpha^\epsilon(0) \rangle \, dt \tag{2.76a}$$

$$2t\kappa = \frac{V}{k_B T} \langle (\delta\epsilon_\alpha(t) - \delta\epsilon_\alpha(0))^2 \rangle \tag{2.76b}$$

mit $j_\alpha^\epsilon$ ($\epsilon_i$ =Energie des Moleküls $i$) als Komponente des Energiestroms, d.h.

$$\delta\epsilon_\alpha = \frac{1}{V} \sum_i r_{i\alpha}(\epsilon_i - \langle \epsilon_i \rangle).$$

4. Analog erhält man für chemische Reaktionen [50]:

$$k_R = \frac{1}{k_\mathrm{B}T} \int\limits_0^\infty \langle \dot{N}(t)\dot{N}(0)\rangle \, dt. \tag{2.77}$$

Der Geschwindigkeitskoeffizient $k_R$ für gleichgewichtsnahe chemische Reaktionen wird also auch durch eine zeitliche Korrelationsfunktion der momentanen Ableitungen $dN/dt$ bestimmt. Für gleichgewichtsferne chemische Reaktionen läßt sich mit Hilfe der verallgemeinerten Gesamtheit (S. 21) und durch Erweiterung einer Methode von Zwanzig [51] zeigen, daß die Korrelationsfunktion in Gl.(2.77) durch

$$\langle \dot{N}(t')O(t',t)\dot{N}(t)\rangle \tag{2.78}$$

mit einem verallgemeinerten Zeitentwicklungsoperator $O(t',t)$ zu ersetzen ist [52].

Damit sind die Transportkoeffizienten aus den zugehörigen Korrelationsfunktionen, die in Gleichgewichtsgesamtheiten definiert sind, berechenbar.

**Tabelle 2.3** Korrelationsfunktionen – theoretische und experimentelle Größen

| Meßgröße | Korrelationsfunktion | Bezugsgleichung |
|---|---|---|
| Spektraldichte | $\langle \vec{v}(0) \cdot \vec{v}(t)\rangle$ | Gl.(2.71) |
| Strukturfaktor | $\langle \rho(\vec{k},t)\rho(-\vec{k},0)\rangle$ | Gl.(2.73a) |
| Transportkoeffizienten | $\langle \dot{J}_i(t)\dot{J}_j(0)\rangle_\Gamma$ | Gln.(2.74a ff.) |

Die Korrelationsfunktionen sind auch Ausgangspunkt zur Bestimmung weiterer wichtiger Größen. Zusammenhänge zwischen einigen theoretisch und experimentell ermittelbaren Größen entnimmt man Tabelle 2.3.

Allgemeinere Fragen, wie die Korrektur des zeitlichen Abklingverhaltens der Korrelationsfunktionen oder die Beschreibung von Vorgängen fernab vom Gleichgewicht, werden in der Spezialliteratur behandelt (vgl. z.B. [52–59]).

### 2.4.10 Die Langevin-Gleichung

Für das Verständnis von Nichtgleichgewichtserscheinungen wie Strömung oder Diffusion ist es sehr nützlich, die Bewegung eines Einzelteilchens unter dem Einfluß der mehr oder weniger unregelmäßigen Stöße durch die anderen Teilchen des Systems mit statistischen Methoden zu analysieren. Das geschieht mit Hilfe stochastischer Gleichungen, wie z.B. der Fokker-Planck-Gleichung oder der Langevin-Gleichung, die aus der Liouville-Gleichung (2.28a) abgeleitet werden können [51]. Für inhomogene gleichgewichtsferne Systeme kann die verallgemeinerte kanonische Gesamtheit (S. 21) als Ausgangspunkt genutzt werden [34, 60].

Die folgenden Betrachtungen zur Langevin-Gleichung geben auch einen anschaulichen Eindruck vom Sinn und Nutzen der Korrelationsfunktionen.

Die Langevin-Gleichung für ein diffundierendes Teilchen – z.B. in einem porösen Medium –
hat die Form

$$m\dot{\vec{v}}(t) = -f\vec{v}(t) + \vec{Z}(t) + \vec{F}. \tag{2.79}$$

Dabei ist $m$ die Masse des Teilchens, $\vec{v}$ seine Geschwindigkeit, $f$ eine Reibungskonstante, $\vec{F}$
eine konstante äußere Kraft und $\vec{Z}$ eine Zufallskraft mit dem Mittelwert Null. $f$ und $\vec{Z}$ geben die
Auswirkung der Stöße durch andere Teilchen wieder. Es kann hier nicht begründet werden, daß
sich die Wirkung der übrigen Teilchen in solcher Weise zusammenfassen läßt. Das ist auch nur
für geringe Dichten der diffundierenden Teilchen in dieser einfachen Form möglich. Für höhere
Dichten ist das Produkt $f\vec{v}(t)$ durch $f(t,t')\vec{v}(t')$ zu ersetzen und über alle vergangenen Zeiten $t'$
bis zur Zeit $t$ zu integrieren.

Die Lösung von Gl.(2.79) ist

$$\vec{v}(t) = \vec{v}(0)\exp\left(-\frac{t}{\tau_\mathrm{P}}\right) + \frac{\vec{F}}{f}\left[1 - \exp\left(-\frac{t}{\tau_\mathrm{P}}\right)\right] + \frac{1}{m}\int_0^t \vec{Z}(\xi)\exp\left(\frac{\xi - t}{\tau_\mathrm{P}}\right)\,\mathrm{d}\xi. \tag{2.80}$$

Dabei wird eine *Relaxationszeit der Teilchenbewegungen* $\tau_\mathrm{P}$ eingeführt

$$\tau_\mathrm{P} = \frac{m}{f}. \tag{2.81}$$

Für große Zeiten $t \gg \tau_\mathrm{P}$ ist

$$\vec{v}(t) = \frac{\vec{F}}{f} + \frac{1}{m}\int_0^t \vec{Z}(\xi)\exp\left(\frac{\xi - t}{\tau_\mathrm{P}}\right)\,\mathrm{d}\xi. \tag{2.82}$$

Zieht man nun von $\vec{v}(t)$ den Mittelwert

$$\langle \vec{v}(t) \rangle = \frac{\vec{F}}{f} \tag{2.83}$$

ab, der physikalisch die Strömungsgeschwindigkeit der betrachteten Teilchensorte im stationären
Zustand bedeutet, so bleibt die ungeordnete Wärmebewegung übrig. Mit der Bezeichnung

$$\vec{w}(t) = \vec{v}(t) - \frac{\vec{F}}{f} \tag{2.84}$$

für die Wärmebewegung der Teilchen folgt aus Gl.(2.79)

$$m\dot{\vec{w}}(t) = -f\vec{w}(t) + \vec{Z}(t). \tag{2.85}$$

Das heißt, für $\vec{w}(t)$ gilt die Langevin-Gleichung (2.79) ohne äußere Kraft. Das ist für das Verständ-
nis der Transportvorgänge sehr wichtig, denn als Diffusion bezeichnet man nur den Anteil der
Ortsveränderungen, der aus dem Geschwindigkeitsanteil $\vec{w}(t)$ resultiert. Außerdem ist auch die
Temperatur durch

$$\frac{3}{2}k_\mathrm{B}T = \frac{1}{2}m\langle w^2\rangle \tag{2.86}$$

mit $w$ und nicht mit $v$ verknüpft. Nur im Fall $\vec{F} = 0$ fallen $v$ und $w$ zusammen.

Für die Scharmittelwerte der Kräfte soll gelten

$$\langle \vec{Z}(t) \rangle = 0, \qquad\qquad (2.87a)$$

$$\langle \vec{F} \rangle = \vec{F} \qquad\qquad (2.87b)$$

und deshalb auch

$$\langle \vec{Z}(t) \cdot \vec{F} \rangle = 0. \qquad\qquad (2.87c)$$

Es soll hier ausschließlich der Fall untersucht werden, daß die Autokorrelationsfunktion der Zufallskraft

$$\langle \vec{Z}(t) \cdot \vec{Z}(t') \rangle = K(t - t') \qquad\qquad (2.88)$$

nur vom Betrag $\mid t - t' \mid$ abhängt und für $\mid t - t' \mid > \tau_F$ vernachlässigt werden kann. Dabei ist $\tau_F$ die *Korrelationszeit der Zufallskraft*. Bei der Behandlung der Langevin-Gleichung wird meistens angenommen, daß das betrachtete einzelne Teilchen sich in einem Bad leichterer Teilchen befindet und deshalb $\tau_P \gg \tau_F$ ist. Im folgenden soll aber durchaus auch der Fall eingeschlossen werden, daß zu den umgebenden Teilchen solche der gleichen Sorte gehören. Deshalb soll über die Teilchenmassen sowie über $\tau_P$ und $\tau_F$ nichts vorausgesetzt werden.

Für die Korrelationen zwischen Zufallskraft und Geschwindigkeit findet man im stationären Zustand $t \gg \tau_P$ aus den Gln.(2.80) und (2.87c)

$$\langle \vec{v}(t) \cdot \vec{Z}(t') \rangle = \frac{1}{m} \int_0^t \langle \vec{Z}(\xi) \cdot \vec{Z}(t') \rangle \exp\left( \frac{\xi - t}{\tau_P} \right) \, \mathrm{d}\xi. \qquad\qquad (2.89)$$

Es soll nun $\langle \vec{v}(t) \cdot \vec{v}(t') \rangle$ im stationären Zustand, wo $t \gg \tau_P$ und $t \gg \tau_F$ ist, untersucht werden. Es wird angenommen, daß $\vec{F} = 0$ sei. Anderenfalls gelten die folgenden Überlegungen für $w$ an Stelle von $v$. Es ist

$$\langle \vec{v}(t) \cdot \vec{v}(t') \rangle = \frac{1}{m} \int_0^t \langle \vec{Z}(\xi_1) \cdot \vec{v}(t') \rangle \exp\left( \frac{\xi_1 - t}{\tau_P} \right) \, \mathrm{d}\xi_1, \qquad\qquad (2.90)$$

also

$$\langle \vec{v}(t) \cdot \vec{v}(t') \rangle = \frac{1}{m^2} \int_0^t \int_0^{t'} K(\xi_1 - \xi_2) \exp\left( \frac{\xi_1 + \xi_2 - t - t'}{\tau_P} \right) \, \mathrm{d}\xi_1 \mathrm{d}\xi_2. \qquad\qquad (2.91)$$

Man führt neue Variable ein:

$$\tau = \xi_1 - \xi_2$$

$$\lambda = \frac{\xi_1 + \xi_2}{2}.$$

Im Bild 2.7 zeigt der schraffierte Streifen den Bereich, in dem $K(\tau)$ verschieden von Null ist. Es sei dabei sowohl $t$ als auch $t'$ sehr groß gegen $\tau_F$. Wie zu erkennen ist, kann die Integration über $\tau$ von $-\infty$ bis $+\infty$ ausgedehnt werden, da dieser Streifen innerhalb des Integrationsgebietes liegt. Diese Näherung ist an den beiden Enden des Streifens problematisch. Insbesondere hat man eigentlich an der oberen Grenze der $\lambda$-Integration eine Korrektur gegenüber dieser Annahme zu berücksichtigen, die hier aber vernachlässigt werden soll. Die Integration über $\lambda$ läuft von Null bis zu $t'$, wenn $t$ größer als $t'$ ist, sonst bis zu $t$. Mit der Abkürzung

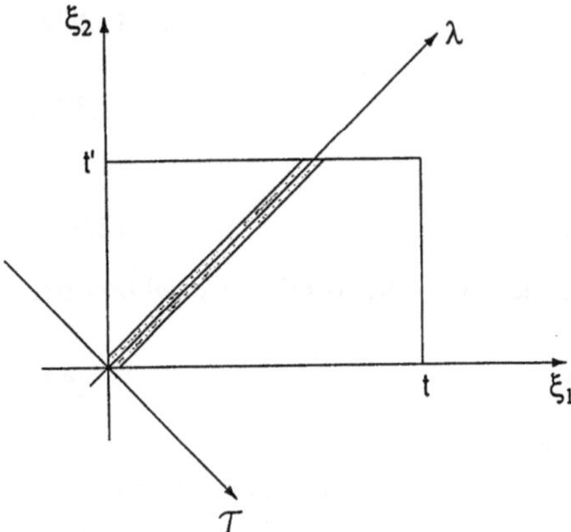

**Bild 2.7**
Integrationsgebiet für die Korrelationen bei der
Langevin-Gleichung

$$\int\limits_{-\infty}^{+\infty} K(\tau)\,\mathrm{d}\tau = \tilde{K} \tag{2.92}$$

liefert die Integration für das betrachtete System geringer Dichte[7]

$$\langle \vec{v}(t) \cdot \vec{v}(t') \rangle = \frac{\tilde{K}\tau_\mathrm{P}}{2m^2}\exp\left(\frac{-\mid t - t' \mid}{\tau_\mathrm{P}}\right). \tag{2.93}$$

Integriert man diese Gleichung über $t'$ von $t$ bis $\infty$, so ergibt sich

$$\int\limits_{t}^{\infty} \langle \vec{v}(t) \cdot \vec{v}(t') \rangle\,\mathrm{d}t' = \frac{\tilde{K}\tau_\mathrm{P}^2}{2m^2}. \tag{2.94}$$

Für $t = t'$ ergibt sich aus Gl.(2.93) unter Benutzung der Gln.(2.86,2.81)

$$\frac{\tilde{K}}{f} = 6k_\mathrm{B}T \tag{2.95}$$

und damit aus Gl.(2.94)

$$\int\limits_{t}^{\infty} \langle \vec{v}(t) \cdot \vec{v}(t') \rangle\,\mathrm{d}t' = \frac{3k_\mathrm{B}T}{f}. \tag{2.96}$$

Gl.(2.96) ist eine Form des sogenannten *Fluktuations-Dissipations-Theorems erster Art.* Gl.(2.95) stellt das sogenannte *Fluktuations-Dissipations-Theorem zweiter Art* dar und hat folgende physikalische Bedeutung: Setzt man in Gl.(2.80) $\vec{Z} = 0$ und $\vec{F} = 0$, so kommt die Bewegung mit der Relaxationszeit $\tau_\mathrm{P}$ zum Erliegen, wobei dem Teilchen durch die Reibung Energie entzogen wird. Die ungeregelte Wärmebewegung wird also durch ein Wechselspiel zwischen Reibung und zufälligen Anstößen bestimmt. Gl.(2.95) ist die zugehörige Balancegleichung. Diese beiden Theoreme spielen eine zentrale Rolle in der Statistischen Physik.

Die Kuboformel für $\vec{F} = 0$ hat die Form (vgl. auch Gl.(2.74a))

---

[7] Für nicht-exponentielles Abklingverhalten vgl. z.B. S. 91 sowie [53–57]

$$D_0 = \frac{1}{3} \int_0^\infty \langle \vec{v}(0) \cdot \vec{v}(\xi) \rangle \, \mathrm{d}\xi. \tag{2.97}$$

Mit den Gln.(2.93) und (2.86) findet man den Selbstdiffusionskoeffizienten $D_0$

$$D_0 = \frac{k_B T}{f}. \tag{2.98}$$

Für dichtere Systeme sei nur bemerkt, daß eine zu Gl.(2.98) analoge Beziehung nicht für den Selbstdiffusionskoeffizienten sondern den sogenannten korrigierten Diffusionskoeffizienten $D_c$ gilt (siehe Abschnitt 9.3).

# 3 Intra- und intermolekulare Wechselwirkungspotentiale

Alle makroskopischen Eigenschaften der Stoffe – ob Gas, Flüssigkeit oder Festkörper – stehen in engem Zusammenhang zu den Kräften, die zwischen den elementaren Bausteinen der Materie wirken. Das Spektrum der Eigenschaften ist sehr weit. Es reicht von der Raumstruktur der Festkörper über thermische und dynamische Daten bis zur Sekundär- und Tertiärstruktur biologischer supramolekularer Systeme. Wesentliche Quellen des Verständnisses zwischenmolekularer Kräfte sind:

- Streuexperimente (Röntgenstreuung, Neutronenstreuung),

- Schwingungsspektroskopie (IR- oder Raman-Spektroskopie),

- thermophysikalische Daten (Virialkoeffizienten, spezifische Wärme),

- Festkörpereigenschaften (Elastizitätskonstanten, Phononenspektren, Sublimationsenergien),

- Hochfrequenzspektroskopie an Flüssigkeiten und Festkörpern (NMR, EPR).

Zur Interpretation von experimentellen Daten bedient man sich möglichst realistischer Modelle, deren Parameter durch die Anpassung theoretischer Werte an gemessene bestimmt werden. Man hat es mit einem Wechselspiel zwischen dem gewählten physikalischen (Struktur-) Modell, der Festlegung der Modellbausteine und dem geeigneten Potential zu tun. Man muß sich darüber im Klaren sein, daß nicht ein Experiment allein die unmittelbare Bestimmung zwischenmolekularer Kräfte gestattet. Vielmehr werden Größen gemessen, die funktional mit dem zwischenmolekularen Potential verknüpft sind. Die Lösung des Problems kann nur darin liegen, die analytische Form der Modellpotentiale, die aus der Theorie abgeleitet wurden, systematisch an experimentelle Daten anzupassen. Derartige halbempirische Potentialfunktionen beschreiben in der Regel die zwischenmolekularen Wechselwirkungen nicht mit der genügenden Genauigkeit im gesamten Phasendiagramm. Da unterschiedliche physikalische Eigenschaften durch unterschiedliche Bereiche der Potentialkurve bzw. -hyperfläche bestimmt werden, sind als Basis für die Bestimmung von Potentialparametern möglichst umfassende experimentelle Informationen notwendig. Bei der Wahl des Potentials soll angenommen werden, daß ein System aus $N$ wechselwirkenden Teilchen zu untersuchen ist. Dabei ist es vorerst unerheblich, ob die Teilchen selbst wieder Bestandteil von $M$ Molekülen sind, also $N = \sum_{J=1}^{M} n_J$ gilt, wenn das $J$-te Molekül $n_J$ Teilchen enthält. Die Potentialhyperfläche $U$ ist eine Funktion der Koordinaten aller Teilchen $\vec{r}$, die als Summe von Termen geschrieben werden kann:

$$U(\vec{R}) = \sum_i^N u_1(\vec{r}_i) + \sum_i^N \sum_{j>i}^N u_2(\vec{r}_i, \vec{r}_j) + \sum_i^N \sum_{j>i}^N \sum_{k>j>i}^N u_3(\vec{r}_i, \vec{r}_j, \vec{r}_k) + \cdots, \qquad (3.1)$$

dabei sind $u_1$, $u_2$, $u_3$ usw. die Beiträge äußerer Felder bzw. der Paar- sowie Dreifach-Wechselwirkung. Es soll hier immer davon ausgegangen werden, daß höhere Beiträge als die der Paar-Wechselwirkung vernachlässigbar sind. Im Kapitel 3.5 wird auf dieses Problem noch eingegangen. Bei der Interpretation der Reihe in Gl.(3.1) kann man verschiedene Standpunkte einnehmen:

1. $u_2$ ist das wahre Gasphasen-Potential der Dimer-Wechselwirkung und $u_3, u_4$ usw. dienen der Korrektur des Gesamtpotentials, so daß es für die Beschreibung dichter makroskopischer Systeme geeignet ist.

2. $u_2$ ist ein effektives Paarpotential, das summarisch Viel-Teilchen-Beiträge enthält. $u_3, u_4$ usw. erfassen dann nur noch tatsächliche Viel-Teilchen-Korrelationen.

Die Kenntnis des Potentials, das in einem zu untersuchenden System wirkt, ist die Basis für eine vollständige Beschreibung aller Eigenschaften des Stoffes unter den gegebenen Bedingungen. Eine sinnvolle Wahl des Wechselwirkungspotentials ist deshalb eine wichtige Voraussetzung dafür, daß Simulationsmethoden für die Modellierung realer Systeme eingesetzt werden können. In diesem Kapitel sollen die konzeptionellen Überlegungen, die für die Auswahl des Wechselwirkungspotentials entscheidend sind, vorgestellt werden. Dabei kann aber nicht einmal in Ansätzen die Theorie der zwischenmolekularen Wechselwirkung[1] behandelt werden.
Für eine intensivere Beschäftigung mit Fragen der zwischenmolekularen Wechselwirkung – speziell mit quantenchemischen Fragen der *ab initio* Berechnung – muß auf die Speziallliteratur verwiesen werden [18–21]. In diesem Abschnitt werden die Typen der zwischenmolekularen Wechselwirkung und die Konzepte zur Bestimmung ihrer analytischen Form vorgestellt. Damit wird die Brücke geschaffen, die die individuellen Eigenschaften der elementaren Bausteine – Atome, Atomgruppen, Moleküle – mit dem Verhalten der Volumenphase verbindet.


## 3.1  Quantenmechanik der zwischenmolekularen Wechselwirkung

Die Berechnung der Wechselwirkungsenergie zweier Moleküle $A$ und $B$ mit jeweils $N$ Kernen und $n$ Elektronen baut auf die Lösung der Schrödinger-Gleichung auf. Wenn die Hamilton-Operatoren der Einzelmoleküle $\hat{H}_A$ bzw. $\hat{H}_B$ sind, wird das Gesamtsystem $A \dots B$ durch

$$\hat{H}_{AB} = \hat{H}_A + \hat{H}_B + \hat{V}_{AB} \tag{3.2}$$

beschrieben. $\hat{V}_{AB}$ ist der Operator der Wechselwirkung zwischen den Ladungen $+Ze$ der Kerne und $-e$ der Elektronen beider Moleküle:

$$\hat{V}_{AB} = -\sum_{i \in A}^{n_A} \sum_{L \in B}^{N_B} \frac{Z_L e^2}{\mid \vec{r}_L - \vec{r}_i \mid} - \sum_{j \in B}^{n_B} \sum_{K \in A}^{N_A} \frac{Z_K e^2}{\mid \vec{r}_K - \vec{r}_j \mid}$$

$$+ \sum_{i \in A}^{n_A} \sum_{j \in B}^{n_B} \frac{e^2}{\mid \vec{r}_i - \vec{r}_j \mid} + \sum_{K \in A}^{N_A} \sum_{L \in B}^{N_B} \frac{Z_K Z_L e^2}{\mid \vec{r}_K - \vec{r}_L \mid}. \tag{3.3}$$

Die zu lösende Schrödinger-Gleichung lautet

$$(\hat{H}_A + \hat{H}_B + \hat{V}_{AB})\Psi_{AB} = W_{AB}\Psi_{AB}. \tag{3.4}$$

Die Wechselwirkungsenergie $U_{AB}$ als Funktion des Abstandes der Molekülschwerpunkte $\vec{r}_{AB} = \vec{r}_B - \vec{r}_A$ ergibt sich aus

$$U_{AB}(\vec{r}_{AB}) = W_{AB}(\vec{r}_{AB}) - (W_A^0 + W_B^0). \tag{3.5}$$

---

[1] Im weiteren wird einheitlich der Begriff der zwischenmolekularen Wechselwirkung verwendet für alle Arten von Wechselwirkungen zwischen Modellbausteinen

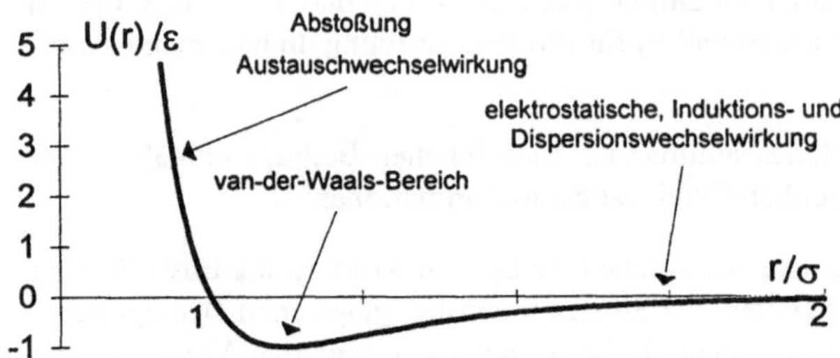


**Bild 3.1**
Klassifikation der zwischenmolekularen
Wechselwirkungen

$W_A^0$ bzw. $W_B^0$ sind die Eigenenergien der Moleküle $A$ und $B$ im Grundzustand, die von den inneren Koordinaten $\vec{Q}$ abhängig sind. Zur Vereinfachung werden vorerst nur neutrale kugelsymmetrische Moleküle ohne innere Freiheitsgrade betrachtet. Für solche Moleküle ist das Wechselwirkungspotential nur noch vom Betrag des Abstandes $r_{AB} = |\,\vec{r}_{AB}\,|$ abhängig. Den prinzipiellen Verlauf des zwischenmolekularen Wechselwirkungspotentials $U_{AB}(r_{AB})$ für diesen einfachen Fall zeigt Bild 3.1. Markiert sind die drei charakteristischen Bereiche zwischenmolekularer Abstände:

- Im Bereich kleiner Abstände, bezogen auf die Moleküldimension, ist das Potential immer abstoßend. Die elektrostatische Abstoßung der Kerne und Elektronen der wechselwirkenden Systeme dominiert gegenüber der Anziehung.

- Im Bereich mittlerer Abstände halten sich abstoßende und anziehende Kräfte die Waage und alle Wechselwirkungstypen treten auf:

  - elektrostatische Multipol-Multipol-Wechselwirkung

  - Polarisationswechselwirkung infolge der Deformation der Elektronenverteilung des einen Moleküls unter dem Einfluß der Elektronenverteilung des anderen und umgekehrt,

  - Dispersionswechselwirkung durch die dynamische Polarisation der Elektronenverteilungen beider Moleküle.

- Im Bereich großer Abstände kann Elektronenaustausch zwischen den Molekülen ausgeschlossen werden. Es wirkt im wesentlichen eine anziehende Kraft durch Dispersionswechselwirkung.

## 3.2 Klassische Ansätze der zwischenmolekularen Wechselwirkung

Bereits die grobe Einteilung des Potentialverlaufes in einen abstoßenden und einen anziehenden Bereich kann ausreichen, um theoretisch allgemeine Eigenschaften von Flüssigkeiten zu untersuchen. Schon sehr frühzeitig wurden mechanische Modelle zur Beschreibung der Nahordnung in dichten Teilchensystemen verwendet [61]. Als Teilchenmodelle werden einfach harte oder deformierbare Kugeln – Holz, Erbsen, Gelatine – verwendet. Bei einer genügend großen Teilchenzahl lassen sich erstaunlich gut Vorstellungen der dreidimensionalen Struktur von Flüssigkeiten entwickeln. Selbst in neuerer Zeit erleben mechanische Teilchenmodelle eine Renaissance: Große Ensembles von Metallkugeln werden in der Ebene stochastisch zu Bewegungen angeregt und der Vorgang wird mit Hilfe der Langzeitfotografie aufgezeichnet [62–65]. Allerdings wächst der Aufwand für eine mechanische Simulation bei großen Teilchenzahlen sehr stark an – schließlich

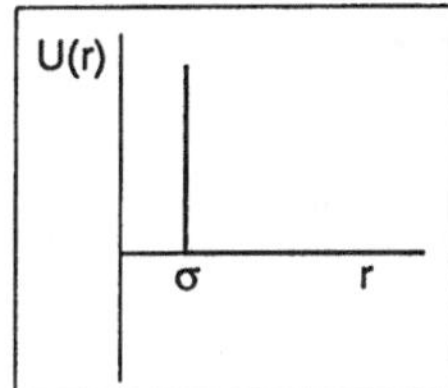
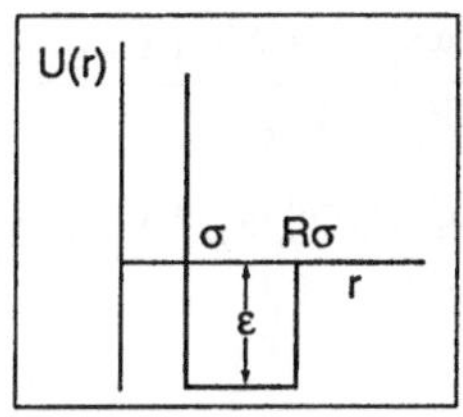

**Bild 3.2**
Idealisierte Potentiale: *hard-core-* und
*square-well*-Potential

wird eine mikroskopische Zeitskala in eine makroskopische transformiert – und die Wechselwirkung zwischen den Teilchen ist auf die einfachsten Arten beschränkt. Der Ausweg kann nur im Übergang von einem physikalischen (hier: *mechanischen*) Modell zu einem mathematischen bestehen. Der Computer kann dann die Simulation übernehmen. In Anlehnung an mechanische Modelle werden schon lange Hartkörper-Potentiale in der Theorie der Flüssigkeiten verwendet:

1. *Potential harter Kugeln (hard core)*

$$U(r) = \infty \qquad r \leq \sigma$$
$$U(r) = 0 \qquad r > \sigma. \tag{3.6}$$

2. *Rechteck-Potential (square well)*

$$U(r) = \infty \qquad r < \sigma$$
$$U(r) = -\epsilon \qquad \sigma < r < r_{\max} \tag{3.7}$$
$$U(r) = 0 \qquad r > r_{\max}.$$

Die Potentiale entsprechend Gln.(3.6) und (3.7) sind im Bild 3.2 schematisch dargestellt. Aus den Abbildungen wird auch die Bedeutung der Potentialparameter klar: $\sigma$ Teilchendurchmesser, $r_{\max}$ Wirkungsbereich der attraktiven Wechselwirkung, $\epsilon$ Stärke der Wechselwirkung. Bereits diese einfachen Potentialansätze liefern für eine große Zahl von allgemeinen Eigenschaften für einfache Flüssigkeiten interessante Ergebnisse auf der Basis theoretischer Ansätze (siehe z.B. [66]) und Computersimulationen.


## 3.3 Störungstheorie der langreichweitigen intermolekularen Wechselwirkung

In einem kurzen Abriß wird hier der Zusammenhang zwischen der störungstheoretischen Behandlung der zwischenmolekularen Wechselwirkung und den daraus abgeleiteten analytischen Potentialfunktionen skizziert. Genaueres findet man dazu z.B. in [21]. Wenn man als Lösungen der Schrödinger-Gleichung die Wellenfunktionen $\Psi_A^a$ für Molekül $A$ im Zustand $a$ und $\Psi_B^b$ für Molekül $B$ im Zustand $b$ erhält und nur Produkte der Form $\Psi_A^a \Psi_B^b$ in der Wellenfuktion $\Psi_{AB}$ berücksichtigt, ergibt sich in Störungstheorie 1. Ordnung [24] der Energiebeitrag

$$u_2^{(1)}(\vec{r}_{AB}) = \langle \Psi_A^0 \Psi_B^0 \mid \hat{V}_{AB}(\vec{r}_{AB}) \mid \Psi_A^0 \Psi_B^0 \rangle, \tag{3.8}$$

der die elektrostatische Wechselwirkung zwischen den ungestörten Ladungsverteilungen von $A$ und $B$ beschreibt. In Störungstheorie 2. Ordnung erhält man zwei Terme

$$u_2^{(21)} = - \sum_{a \neq 0} \frac{\langle \Psi_A^0 \Psi_B^0 \mid \hat{V}_{AB}(\vec{r}_{AB}) \mid \Psi_A^a \Psi_B^0 \rangle \langle \Psi_A^a \Psi_B^0 \mid \hat{V}_{AB}(\vec{r}_{AB}) \mid \Psi_A^0 \Psi_B^0 \rangle}{W_A^a - W_A^0}$$

$$- \sum_{b \neq 0} \frac{\langle \Psi_A^0 \Psi_B^0 \mid \hat{V}_{AB}(\vec{r}_{AB}) \mid \Psi_A^0 \Psi_B^b \rangle \langle \Psi_A^0 \Psi_B^b \mid \hat{V}_{AB}(\vec{r}_{AB}) \mid \Psi_A^0 \Psi_B^0 \rangle}{W_B^b - W_B^0} \qquad (3.9)$$

und

$$u_2^{(22)} = - \sum_{a \neq 0} \sum_{b \neq 0} \frac{\langle \Psi_A^0 \Psi_B^0 \mid \hat{V}_{AB}(\vec{r}_{AB}) \mid \Psi_A^a \Psi_B^b \rangle \langle \Psi_A^a \Psi_B^b \mid \hat{V}_{AB}(\vec{r}_{AB}) \mid \Psi_A^0 \Psi_B^0 \rangle}{W_A^a - W_A^0 + W_B^b - W_B^0}. \qquad (3.10)$$

$u_2^{(21)}$ ist der Energiebeitrag, der sich aus der dynamischen Polarisation der Elektronen von Molekül $A$ im Feld der Ladungen von $B$ und umgekehrt ergibt. $u_2^{(22)}$ ist der Beitrag der Dispersionswechselwirkung, der auf die Elektronenkorrelation zwischen $A$ und $B$ zurückzuführen ist. Eine wichtige Schlußfolgerung kann bereits aus den allgemeinen Ausdrücken für die störungstheoretischen Energiebeiträge in den Gln.(3.8),(3.9) und (3.10) gezogen werden: Der Beitrag erster Ordnung ist entweder attraktiv oder repulsiv. Die Beiträge zweiter Ordnung sind stets attraktiv. Die Ursache liegt darin, daß im Zähler der Ausdrücke zweiter Ordnung Quadrate reeller Größen stehen und die Nenner positv sind, da die Energien der angeregten Zustände immer höher als die Grundzustandsenergien sind. Für eine klassische Simulation eines Vielteilchensystems ist die quantenmechanische Beschreibung der zwischenmolekularen Wechselwirkung nicht nötig:

- Für mittlere und große zwischenmolekulare Abstände sind Quanteneffekte bei der Wechselwirkung vernachlässigbar.

- Der Rechenaufwand und Speicherplatzbedarf für eine Potentialberechnung auf quantenmechanischer Grundlage für Systeme mit hunderten oder tausenden von Wechselwirkungszentren ist unverhältnismäßig groß.

Deshalb wurde schon frühzeitig nach Möglichkeiten gesucht, den Potentialverlauf durch möglichst einfache analytische Funktionen anzunähern.


## 3.4 Potentialfunktionen bei mittleren und großen Abständen

### 3.4.1 Attraktive Wechselwirkung

Analytische Potentialfunktionen der Paar-Wechselwirkung sind so auszuwählen, daß sie möglichst genau den exakten (quantenmechanischen) Verlauf wiedergeben. Im Bereich mittlerer und großer Abstände, wenn Ladungsaustausch und -überlappung vernachlässigbar sind, kann für den Wechselwirkungsoperator eine Multipolmoment-Entwicklung

$$\hat{V}_{AB}(r) = \sum_{n=k}^{\infty} \frac{u_n}{r^n} \qquad (3.11)$$

verwendet werden. Die Koeffizienten $u_n$ sind unabhängig vom Abstand und beschreiben die Wechselwirkung der Multipolmomente der Moleküle $A$ und $B$. Zum Beispiel ist das erste nichtverschwindende Multipolmoment eines Ions die Ladung ($k = 1$), bei der Wechselwirkung zweier Wasserstoffmoleküle liefert das Quadrupolmoment den ersten nichtverschwindenden Beitrag ($k = 5$). Bis zum Glied der Dipol-Dipol-Wechselwirkung wird aus Gl.(3.11)

$$\hat{V}_{AB}(r) = \frac{q_A q_B}{r} + \frac{1}{r^3}\left(q_A(\vec{p}_B\vec{r}) - q_B(\vec{p}_A\vec{r})\right) + \frac{1}{r^3}\left(\vec{p}_A\vec{p}_B - \frac{3(\vec{p}_A\vec{r})(\vec{p}_B\vec{r})}{r^2}\right). \qquad (3.12)$$

$r$ ist der Abstand[2], $q_i$ und $\vec{p}_i$ sind die Ladung bzw. das Dipolmoment vom Molekül $i$. Die Details dieser Prozedur sind in der Spezialliteratur [19–21] beschrieben. Setzt man diese Multipolentwicklung für $\hat{V}_{AB}$ entsprechend Gln.(3.11) bzw. (3.12) in den Ausdruck der Störungstheorie erster Ordnung Gl.(3.8) ein, reduziert sich der quantenmechanische Ausdruck zur klassischen Coulomb-Energie der permanenten Multipolmomente. Je nach Ladung und Orientierung der Multipolmomente der wechselwirkenden Moleküle ist dieser Beitrag attraktiv oder repulsiv. Für neutrale kugelsymmetrische Systeme sind diese Beiträge Null. Setzt man die Entwicklung Gl.(3.11) bzw. (3.12) in die Ausdrücke zweiter Ordnung Gln.(3.9) und (3.10) ein, lassen sich Formeln für die Polarisations- und die Dispersionswechselwirkung ableiten. Man erkennt aus Gl.(3.12), daß für neutrale Moleküle der erste Term ungleich Null proportional zu $r^{-3}$ ist (Dipol-Dipol-Wechselwirkung). Da in den Gln.(3.9) und (3.10) Quadrate der entsprechenden Matrixelemente im Zähler auftreten, ist das führende Glied für die Polarisations- und die Dispersionsenergie proportional zu $r^{-6}$ und die Energie zweiter Ordnung kann durch einen Ausdruck der Form

$$u_2^{PD} = -\frac{C_6}{r^6} \qquad (3.13)$$

beschrieben werden. Die Kennzeichnung dieses Energiebeitrages mit $PD$ soll andeuten, daß summarisch die attraktive Polarisations- und Dispersionsenergie durch diesen Ausdruck erfaßt wird. In der Regel kann man die attraktiven Terme mit höheren Potenzen als $r^{-6}$ vernachlässigen. Die Funktion in Gl.(3.13) liefert den Ansatz für das allgemeinere *Sutherland-Potential*

$$\begin{aligned} U(r) &= \infty & r \leq \sigma \\ U(r) &= -\frac{c}{r^m} & r > \sigma \end{aligned} \qquad (3.14)$$

mit dem Anziehungsindex $m$.

### 3.4.2 Repulsive Wechselwirkung

Die bisher behandelten Wechselwirkungsbeiträge beschreiben die Situation ausreichend für mittlere und große Teilchenabstände. Außer der elektrostatischen Multipol-Multipol- Wechselwirkung sind alle auftretenden Beiträge attraktiv. Im Bereich der kurzen Teilchenabstände ist die dominierende abstoßende Wechselwirkung zu berücksichtigen. Durch die Annäherung der Moleküle kommt es durch die Überlappung der Elektronenhüllen zu quantenmechanischen Effekten (Austauscheffekten), die stark abstoßende Kräfte zur Folge haben. Es gibt verschiedene Versuche, den Verlauf des Wechselwirkungspotentials zweier Teilchen durch einfache Funktionen klassisch zu interpolieren. Um zu einer geeigneten funktionellen Form der abstoßenden kurzreichweitigen Wechselwirkung zu gelangen, kann man wieder von der Störungstheorie (siehe Kapitel 3.3) für die Beschreibung des Systems $A\ldots B$ ausgehen. Die Näherung der Wellenfunktion der wechselwirkenden Moleküle $A$ und $B$ muß für kurze Abstände das Pauli-Prinzip berücksichtigen

$$\Psi_{AB}^0 = N_{AB}\mathcal{A}\Psi_A^0\Psi_B^0. \qquad (3.15)$$

---

[2] Zur Vereinfachung werden überall dort, wo keine Mißverständnisse auftreten können, die Indizes $AB$ weggelassen.

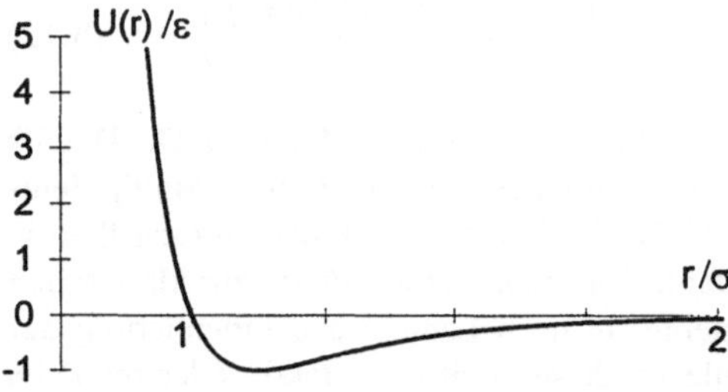

**Bild 3.3**
Verlauf des Lennard-Jones-Potentials

$N_{AB}$ ist ein Normierungsfaktor proportional zum Überlappungsintegral $S_{AB} = \langle \Psi_A^0 \mid \Psi_B^0 \rangle$, $\mathcal{A}$ ist der Antisymmetrieoperator bezüglich der Elektronen verschiedenener Moleküle. Da die Überlappungsintegrale proportional zu $\exp\,(-\alpha r)$ sind, ist es sinnvoll, den repulsiven Teil der Wechselwirkungsenergie ebenfalls an eine Exponentialfunktion anzupassen. In Analogie zur Multipolentwicklung wird häufig auch der rechenintensive Exponential-Ansatz durch einen empirischen Term proportional zu $r^{-n}$ genähert (vgl. Gl.(3.18)). Damit ist man in der Lage, das unstetige Potential harter Kugeln nach Gl.(3.6) durch eine *weiche Abstoßung*

$$U(r) = \frac{d}{r^n} \qquad r < \sigma \tag{3.16}$$

zu ersetzen. Die Parameter $d$ und $n$ (meist $9 < n < 15$) bestimmen die Stärke der Abstoßung.

### 3.4.3  Das Potential der nichtbindenden Wechselwirkung

Nach den bisherigen Überlegungen ergibt sich nunmehr die Möglichkeit, einen analytischen Ansatz für das Paarpotential der nichtbindenden Wechselwirkung $U_{\mathrm{nb}}$ einfacher kugelsymetrischer Systeme bei mittleren und großen Abständen aufzuschreiben. Bezeichnen $\vec{r}$ den Abstandsvektor zwischen $A$ und $B$ sowie $r$ seinen Betrag, dann ist ein sinnvoller Ansatz

$$U_{\mathrm{nb}}(\vec{r}) = U^{\mathrm{el}}(\vec{r}) + \frac{C_{12}}{r^{12}} - \frac{C_6}{r^6}. \tag{3.17}$$

$C_6$ und $C_{12}$ sind die Parameter der attraktiven bzw. der repulsiven Wechselwirkung. Bei einem Ausdruck in der (6,12)-Form in Gl.(3.17) spricht man vom *Lennard-Jones-(6,12)-Potential* [67]. Für allgemeine Anziehungs- bzw. Abstoßungsparameter $m$ bzw. $n$ hat das Lennard-Jones-$(m, n)$-Potential (LJ) die Form

$$U(r) = \alpha\epsilon \left[ \left( \frac{\sigma}{r} \right)^n - \left( \frac{\sigma}{r} \right)^m \right] \tag{3.18}$$

mit

$$\alpha = \frac{1}{n-m} \left( \frac{n^n}{m^m} \right)^{\frac{1}{n-m}}, \qquad U_{\min} = \epsilon, \qquad U(\sigma) = 0. \tag{3.19}$$

Für das am meisten verwendete Lennard-Jones-(6,12)-Potential erhält man mit $m = 6$ und $n = 12$ aus Gl.(3.18)

$$U(r) = 4\epsilon \left[ \left( \frac{\sigma}{r} \right)^{12} - \left( \frac{\sigma}{r} \right)^6 \right]. \tag{3.20}$$

Der prinzipielle Verlauf des *Lennard-Jones-Potentials* ist im Bild 3.3 dargestellt. Wird anstelle des repulsiven $r^{-12}$-Terms die Exponentialform verwendet, so handelt es sich um das von *Buckingham* [68] vorgeschlagene Potential

$$U(r) = b \exp(-ar) - \frac{c}{r^6} - \frac{d}{r^8}.$$
(3.21)

Das Potential in Gl.(3.21) ist für kleine $r$ unrealistisch und muß modifiziert werden:

$$U(r) = \frac{\epsilon}{1 - \frac{6}{\alpha}} \left[ \frac{6}{\alpha} \exp\left( \alpha \left[ 1 - \frac{r}{r_m} \right] \right) - \left( \frac{r}{r_m} \right)^6 \right] \quad r \geq r_{\max}$$
(3.22)
$$U(r) = \infty \quad r < r_{\max}.$$

$r_m$ ist durch das Potentialminimum definiert: $U(r_m) = \epsilon$.

Mit $U^{\mathrm{el}}$ in Gl.(3.17) wird die Wechselwirkung zwischen den eventuell vorhandenen permanenten Multipolmomenten bezeichnet. Sind $q_i$ und $\vec{p}_i$ die Ladung bzw. das Dipolmoment von Molekül $i$, dann gilt *für die Ion-Ion-Wechselwirkung*

$$U^{\mathrm{el}}(\vec{r}) = \frac{q_A q_B}{r},$$
(3.23)

*für die Ion-Dipol-Wechselwirkung*

$$U^{\mathrm{el}}(\vec{r}) = \frac{1}{r^3} q_A (\vec{p}_B \vec{r}),$$
(3.24)

*für die Dipol-Dipol-Wechselwirkung*

$$U^{\mathrm{el}}(\vec{r}) = \frac{1}{r^3} \left( \vec{p}_A \vec{p}_B - \frac{3(\vec{p}_A \vec{r})(\vec{p}_B \vec{r})}{r^2} \right).$$
(3.25)

Man spricht vom *Stockmayer-Modell*, wenn nur die Dipol-Dipol-Wechselwirkung entsprechend Gl.(3.25) im Ausdruck für $U_{\mathrm{nb}}$ Gl.(3.17) eingeht. Wird jetzt Gl.(3.17) in den allgemeinen Ausdruck (3.1) auf Seite 42 eingesetzt und die Wirkung äußerer Felder – Schwerefeld, elektrisches Feld – und Beiträge der Drei-Teilchen-Wechselwirkung vernachlässigt, erhält man für das Potential des $N$-Teilchen-Systems

$$U(\vec{r}_N) = \sum_i^N \sum_{j>i}^N \left( U^{\mathrm{el}}(\vec{r}_{ij}) + \frac{C_{12}}{r_{ij}^{12}} - \frac{C_6}{r_{ij}^6} \right).$$
(3.26)

## 3.5 Nichtadditive Beiträge zur zwischenmolekularen Wechselwirkung

Die genaue Berechnung der Eigenschaften von Festkörpern oder dichten Flüssigkeiten auf der Grundlage molekularer Wechselwirkungspotentiale wird dann erschwert, wenn die Annahme der paarweisen Additivität zusammenbricht. Inwieweit die Näherung der Paar-Wechselwirkung gültig ist, läßt sich mit erheblichen Aufwand durch den Vergleich von Experimenten mit Computersimulationen überprüfen [69]. Allerdings setzt dieser Vergleich die genaue Kenntnis des Paarpotentials voraus. Eine geeignete Form der Beschreibung von Drei-Teilchen-Wechselwirkungen wurde erstmals von Axilrod, Teller [70] und Muto [71] eingeführt. Für kugelförmige Moleküle hängt die Energie des Systems nur von der Geometrie des Dreiecks ab, das die drei Moleküle bilden (s. Bild 3.4). Mit den geometrischen Größen aus Bild 3.4 kann man die Drei-Teilchen-Korrektur der Wechselwirkungsenergie in der Form

$$U_{DDD}(\vec{r}) = \frac{\nu}{(r_{ij} r_{ik} r_{jk})^3} (1 + 3 \cos \Theta_i \cos \Theta_j \cos \Theta_k)$$
(3.27)

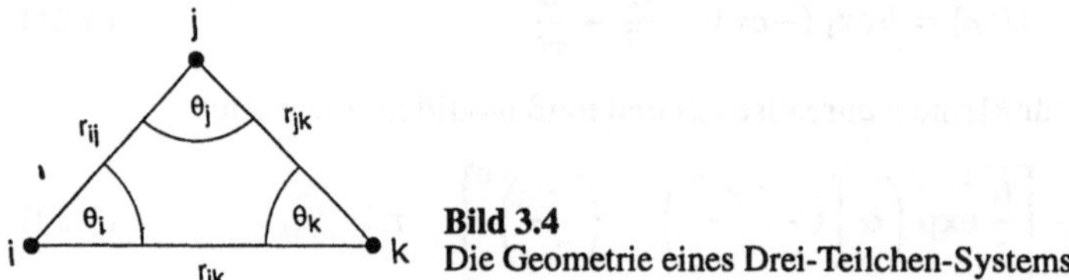

**Bild 3.4**
Die Geometrie eines Drei-Teilchen-Systems

schreiben. Der Nicht-Additivitäts-Koeffizient $\nu$ hängt mit dem führenden Dipol-Dipol-Term der Dispersionswechselwirkung $C_6$ und der molekularen Polarisierbarkeit $\alpha$ durch

$$\nu \cong \frac{3}{4}\alpha C_6 \qquad (3.28)$$

zusammen. Für Moleküle, die von der Kugelform abweichen, muß neben der Lage im Raum auch die gegenseitige Orientierung berücksichtigt werden [72]. Buckingham hat bereits in [73] die entsprechenden Terme für axialsymmetrische Moleküle abgeleitet.

Die direkte Berücksichtigung von Viel-Teilchen-Wechselwirkungen in einer molekularen Simulation hat enorme Auswirkungen auf die Rechengeschwindigkeit [74]. Man muß bedenken, daß in einem $N$-Teilchen-System $N^3/6$ Dreier-Konfigurationen auftreten im Vergleich zu $N^2/2$ bei reiner Paar-Wechselwirkung. Aus diesem Grund ist es sinnvoll, durch geeignete Parameterwahl in den Paarpotentialen Drei-Teilchen-Effekte summarisch mit zu erfassen oder aber mittels Störungstheorie die Drei-Teilchen-Korrekturen einer konventionellen Simulation in der Näherung der Paar-Wechselwirkung zu bestimmen [75].

## 3.6  Das Potential äußerer Felder

Das Verhalten von Vielteilchensystemen an Grenzflächen ist von außerordentlichem Interesse. Die Eigenschaften der Systeme in dünnen Filmen, Kapillaren, Mikroemulsionen usw. variieren sehr stark in Abhängigkeit vom Typ der Grenzfläche und ihrer geometrischen Struktur. Ist die Ausdehnung des Systems nur im Bereich der molekularen Dimensionen, kommt es darüber hinaus zu einer Änderung des thermodynamischen Verhaltens. Wenn ein äußeres Potential wirkt, so muß es entweder die gleiche Symmetrie wie die Simulationsbox besitzen oder die periodischen Randbedingungen sind zu modifizieren. In den meisten Fällen löst man das Problem dadurch, daß die Randbedingungen den Quellen des äußeren Feldes angepaßt werden. Im Fall einer oder zweier fester Grenzflächen ist das Potential eines $N$-Teilchen-Systems entsprechend Gl.(3.26) um einen Beitrag des äußeren Feldes zu ergänzen

$$\sum_i^N u_1(\vec{r}_i). \qquad (3.29)$$

Die einfachsten Ansätze für $u_1$ basieren auf dem Modell harter Wände bzw. dem *square-well*-Potential. Derartige Modelle sind aber nur dann geeignet, wenn strukturbildende Effekte an der Grenzfläche zu vernachlässigen sind. Andernfalls ist für $u_1$ ein geeignetes strukturelles Modell der Grenzfläche zugrunde zu legen. Die Reichweite der Grenzflächenkräfte entscheidet darüber, wie viele Kraftzentren in die Berechnung einzubeziehen sind und welcher Potentialansatz zu wählen ist. Zwischen den erwähnten zwei extremen Standpunkten, nämlich dem Modell der strukturlosen harten bzw. der atomar aufgebauten *realen* Grenzfläche, findet man eine Vielzahl geeigneter Ansätze [76–79].

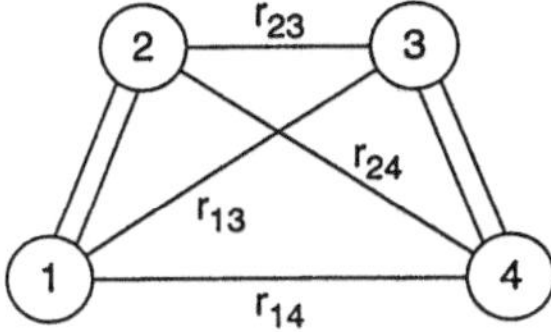

**Bild 3.5**
Ein System zweiatomiger Moleküle

## 3.7 Molekulare Systeme

Die Anwendung der Simulationsmethoden beschränkt sich selbstverständlich nicht auf die Modellierung von Systemen einfachster kugelsymmetrischer Teilchen. Andererseits spricht nichts dagegen, kompliziertere Moleküle ebenfalls konsequent im Bild der intermolekularen Potentiale zu beschreiben. Wollte man allerdings alle Aspekte der chemischen Bindung erfassen, einschließlich ihrer Bildung und ihres Brechens, käme man um eine vollständige quantenmechanische Behandlung nicht herum [80]. Üblicherweise löst man das Problem in der Form, daß man die inneren Freiheitsgrade der Moleküle – Bindungslängen, Bindungswinkel, Torsionswinkel – berücksichtigt und durch geeignete Potentialfunktionen beschreibt. Inwieweit bestimmte Freiheitsgrade *eingefroren* werden können, d.h. Bindungslängen bzw. -winkel feste Werte haben sollen, hängt davon ab, ob die intramolekularen Schwingungen hoher Frequenz und kleiner Amplitude für die untersuchten Probleme relevant sind. Die Kraftzentren[3] werden im allgemeinen den Atomen zugeordnet. Auf diese Weise ist am leichtesten die Asymmetrie der Massenverteilung (Trägheitstensor) und damit die Form des Moleküls zu beschreiben. Vom strukturellen Modell nicht zu trennen ist für geladene und polare Moleküle das Modell der Ladungsverteilung. Die einfachste Möglichkeit der Modellierung der Ladungsverteilung besteht darin, jedem Kraftzentrum der nichtbindenden Wechselwirkung eine Partialladung oder sogar Multipolmomente zuzuordnen (vgl. [7, S.12 ff]). Als Quellen für die Bestimmung der Partialladungen stehen quantenchemische Rechnungen zur Verfügung. Damit kann nicht garantiert werden, daß die Multipolmomente bei diesem Modell in Übereinstimmung mit experimentellen Werten stehen. Man muß also sowohl die Partialladungen als auch deren Anordnung im Molekülmodell als variable Parameter des intermolekularen Potentials verstehen. Dann sind sie aber nicht mehr unabhängig– z.B. von den Koeffizienten $C_6$ und $C_{12}$ des *Lennard-Jones-Potentials* (vgl. Gl.(3.17)). Stellt man sich auf den Standpunkt, daß Wechselwirkungszentren auch die Partialladungen tragen, wird ein wesentliches Problem umgangen: Es können keine Singularitäten in der elektrostatischen Wechselwirkung $U^{el}$ entsprechend Gln.(3.23), (3.24) und (3.25) auftreten. Werden zur besseren Beschreibung der Asymmetrie der Ladungsverteilung eines Moleküls die Koordinaten der Partialladungen als variable Parameter benutzt, muß durch den Einsatz spezieller Schalterfunktionen das Auftreten von Singularitäten verhindert werden. Ein klassisches Beispiel für diese Variante ist das von Rahman und Stillinger verwendete Modell des Wassers [5, 27].

### 3.7.1 Starre Molekülmodelle

Für die Beschreibung der Wechselwirkung starrer Moleküle benötigt man zwei Koordinatensysteme, das ortsfeste Laborsystem zur Angabe von Schwerpunkt $\vec{R}$ und Orientierung $\Omega$ und ein molekülfestes System für die Berechnung der Koordinaten $\vec{r}_i$ der Kraftzentren. Die gesamte

---

[3]Um sich nicht schon durch die Begriffsbildung auf ein bestimmtes molekulares Modell festzulegen, wird anstelle *Atom* der allgemeinere Terminus *Kraftzentrum* verwendet.

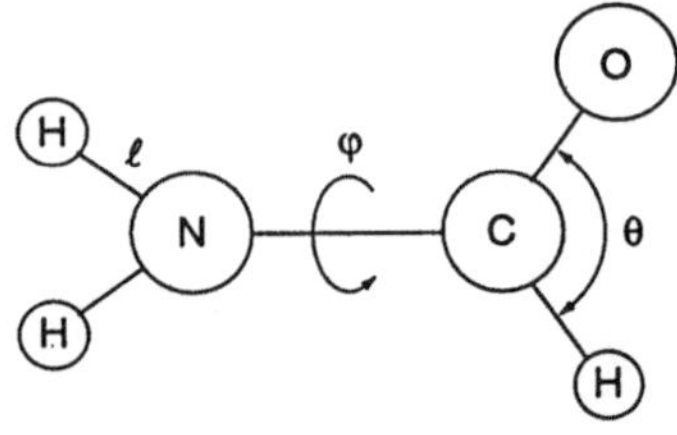

**Bild 3.6**
Die wichtigsten inneren Koordinaten eines Moleküls am Beispiel des
Formamid: Bindungslänge $l$, Bindungswinkel $\Theta$, Torsionswinkel $\varphi$

Wechselwirkungsenergie für das System $A\ldots B$ ist dann eine Summe der Paar-Beiträge[4] der Kraftzentren $i$ in Molekül $A$ und $j$ in Molekül $B$

$$U(\vec{R}_{AB},\Omega_A,\Omega_B) = \sum_i \sum_j U_{\mathrm{nb}}(r_{ij}).$$

(3.30)

$U_{\mathrm{nb}}(r)$ ist das Potential der nichtbindenden Wechselwirkung, z.B. in der Form von Gl.(3.17) auf Seite 48. Man muß beachten, daß in Abhängigkeit vom gewählten Potentialmodell, die Coulomb-Energie der Wechselwirkung der Partialladungen bzw. Multipolmomente andere Kraftzentren erfassen kann als die übrigen Beiträge. $r_{ij}$ ist der Abstand zwischen den Kraftzentren der verschiedenen Moleküle $r_{ij} = |\, \vec{r}_{Ai} - \vec{r}_{Bj}\,|$. $\vec{r}_{Ai}$ und $\vec{r}_{Bj}$ bezeichnen die Koordinaten der Kraftzentren in den Molekülen. Für das Beispiel zweiatomiger Moleküle ist die Situation im Bild 3.5 illustriert.


### 3.7.2 Molekülmodelle mit inneren Freiheitsgraden

Für größere Moleküle, insbesondere bei anwendungsrelevanten Fragestellungen, kann man sich nicht mehr auf das Modell der fixierten inneren Freiheitsgrade beschränken. Neben den Drehungen um Bindungen (Torsionsbewegung) – die zu überwindenden Barrieren liegen im Bereich der thermischen Energie $kT$ – sind Bindungs- und Knickschwingungen Die einfachste Variante eines Kraftfeldes, das auch den Vorstellungen der Chemiker zur Natur der in Molekülen wirkenden Kräfte entspricht, ist das sogenannte *Valenzkraftfeld*. Das Valenzkraftfeld wird durch innere Koordinaten[5] bestimmt, wobei es sich gewöhnlich um die Bindungslängen und einen Satz Bindungswinkel und Torsionswinkel handelt. Das Kraftfeld wird so angesetzt, daß rücktreibende Kräfte längs bzw. senkrecht kovalenter Bindungen wirken, um Gleichgewichtsbindungslängen $l_0$, -bindungswinkel $\Theta_0$ bzw. -torsionswinkel $\varphi_0$ zu sichern. Bild 3.6 veranschaulicht dieses Modell. Der einfachste Ansatz für ein solches Valenzkraftfeld vernachlässigt alle Nichtdiagonalglieder bei den Kraftkonstanten. Damit erhält man ein harmonisches Potential für die Valenzkräfte in einem Molekül

$$U(\vec{l},\vec{\Theta},\vec{\varphi}) = \frac{1}{2}\sum_i^{\mathrm{Bindungen}} f_i^l(l_i-l_0)^2 + \frac{1}{2}\sum_k^{\mathrm{Bind.winkel}} f_k^\Theta(\Theta_k-\Theta_0)^2$$

$$+ \frac{1}{2}\sum_m^{\mathrm{Tors.winkel}} f_m^\varphi(\varphi_m-\varphi_0)^2,$$

(3.31)

---

[4] Im folgenden wird grundsätzlich die paarweise Additivität der Wechselwirkungsenergie angenommen.
[5] Nicht zu verwechseln mit verallgemeinerten Koordinaten.

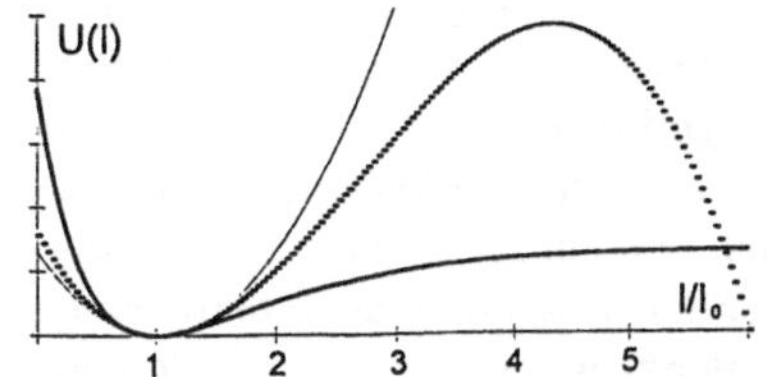


**Bild 3.7**
Potential der Bindungslängendeformationen: harmonische (dünne
Linie) und anharmonische Näherung (punktierte Linie),
Morse-Potential (dicke Linie)

das ein System unabhängiger Oszillatoren beschreibt (vgl. [81–83]). Mit $\vec{l}$, $\vec{\Theta}$ und $\vec{\varphi}$ werden
in Gl.(3.31) die Gesamtheit der Bindungslängen, -winkel bzw. Torsionswinkel bezeichnet. Die
Kraftkonstanten $f$ unterscheiden sich hinsichtlich der Freiheitsgrade $l$, $\Theta$ und $\varphi$, erkennbar am
entsprechenden Superskript und der chemischen Umgebung. In der Regel kann man davon ausgehen, daß die Kraftkonstanten von Molekül zu Molekül für bestimmte Bindungstypen transferabel
sind. Darauf bauen auch die häufig in der Literatur genutzten Potentialbibliotheken auf (siehe
z.B. [84, 85]).

Ein harmonisches Potential entsprechend dem Hookeschen Gesetz wie in Gl.(3.31) ist ungeeignet, um Moleküldeformationen bei großen Auslenkungen zu beschreiben. In diesem Falle
wäre z.B. das *Morse-Potential*

$$U^{\text{Morse}}(l) = D[1 - \exp{(-a(l - l_0))}]^2 \tag{3.32}$$

die geeignetere Form. In Gl.(3.32) ist $D$ die Dissoziationsenergie für die entsprechende Bindung
und $a$ ist ein Proportionalitätsfaktor. Den Zusammenhang zwischen den Potentialparametern und
der Bindungskraftkonstanten $f^l$ in Gl.(3.31 ) erkennt man leicht, wenn man Gl.(3.32) für kleine
Auslenkungen, d.h. für $(l - l_0) \ll 1$, in eine Reihe entwickelt

$$U^{\text{Morse}}(l) \approx D(1 - 1 + a(l - l_0))^2 = Da^2(l - l_0)^2. \tag{3.33}$$

Durch Vergleich erhält man

$$f^l = 2Da^2. \tag{3.34}$$

Die Kraftkonstante ist der Dissoziationsenergie, die der Bindungsenergie betragsgleich ist, proportional. Die Proportionalität ist aber nicht streng, da der Parameter $a$ ebenfalls von der Elek-
tronenstruktur und damit schließlich von $D$ abhängig ist. Anstelle der Exponentialfunktion in
Gl.(3.32) wird häufig das harmonische Potential der Bindungsschwingung durch ein kubisches
Glied in der Form

$$U(l) = \frac{1}{2}f^l(l - l_0)^2 + f'(l - l_0)^3 \tag{3.35}$$

ergänzt [86,87]. Im Bild 3.7 kann man den Verlauf der Funktionen vergleichen. Es ist zu erkennen,
daß die kubische Ergänzung in Gl. 3.35 für große Abstände zu einem unrealistischen Verlauf
führt. Ein derartiges Potential ist also nicht in der Lage, ein Molekül unter extremen Bedingungen
*zusammenzuhalten*. Beim Einsatz für Computersimulationen sollte man das kubische Glied erst
nach einer Einlaufphase *zuschalten*, wenn die Moleküle eine geeignete Struktur angenommen
haben.

Auch wenn sich die Argumentation und Ableitung der Potentialfunktionen molekularer Systeme stark an die Schwingungsanalyse anlehnt, ist sie mit dieser doch nicht identisch. Ein Molekül aus $n$ Atomen (Kraftzentren) hat $3n - 6$ unabhängige innere Koordinaten ($3n - 5$ bei linearen Molekülen). Im Kraftfeld des Moleküls werden aber *alle möglichen* Bindungen, Valenzwinkel und Torsionswinkel berücksichtigt. Zum Beispiel, *fünf* der *sechs* Valenzwinkel eines tetraedrischen Moleküls sind *unabhängig* und werden in der Schwingungsanalyse betrachtet. Im Kraftfeld des gleichen Moleküls werden aber *alle sechs* Valenzwinkel erfaßt. Das bedeutet, daß die Potentialfunktion der inneren Koordinaten für eine molekulare Simulation nicht identisch der Potentialfunktion im Sinne der vollständigen Schwingungsanalyse ist.

Die bisherigen Betrachtungen sind davon ausgegangen, daß die Deformationen der Bindungslängen und -winkel unabhängig voneinander erfolgen. Diese Annahme ist in vielen Fällen bei großen Auslenkungen nicht mehr gerechtfertigt. Für die Beschreibung solcher Zusammenhänge sind weitere Terme im Valenzkraftfeld notwendig, die Nichtdiagonalglieder der Matrix der Kraftkonstanten enthalten [88, 89], wie z.B.

$$U(l, \Theta) = \frac{1}{2} f^{l\Theta}(l - l_0)(\Theta - \Theta_0). \tag{3.36}$$

### 3.7.3 Torsionsenergie

Im allgemeinen Ansatz des Valenzkraftfeldes in Gl.(3.31) wurde die Variation der Torsionswinkel $\varphi$ in einem Molekül durch einen harmonischen Ansatz beschrieben. Bekanntlich ist dieser Ansatz nur für kleine Auslenkungen um die Gleichgewichtslage gültig. Da bei Zimmertemperatur die Torsionsbewegung eine behinderte Rotation und die Bedingung kleiner Auslenkungen nicht mehr gültig ist, muß der Ansatz entsprechend verändert werden. Das Torsionspotential für die behinderte Drehung um eine chemische Bindung läßt sich am einfachsten als Fourier-Reihe ausdrücken

$$U(\varphi) = \sum_j \frac{1}{2} U_j (1 - \cos(j\varphi - \delta)), \tag{3.37}$$

mit der gleichen Bedeutung von $\varphi$ wie in Gl.(3.31) und $\delta$ als Phasenverschiebung. Der Parameter $U_j$ in Gl.(3.37) beschreibt den energetischen Beitrag der einzelnen Terme zum resultierenden Potential. Für Moleküle mit $C_3$-Symmetrie, wie beispielsweise bei gesättigten Kohlenwasserstoffen, reicht es in der ersten Näherung aus, in der Reihe Gl.(3.37) nur Glieder mit der Periodizität $3n$ zu berücksichtigen. Da häufig die experimentellen Daten zur Bestimmung der Terme höherer Ordnung nicht ausreichen, beschränkt man sich auf ein Potential der Form

$$U(\varphi) = U_3 (1 - \cos(3\varphi - \delta)). \tag{3.38}$$

Bei Molekülen mit anderer Symmetrie sind die entsprechenden Terme in Gl.(3.37) zu berücksichtigen.

Um die Anpassung an experimentelle Ergebnisse noch weiter zu verbessern, wurden in der Vergangenheit eine Vielzahl weiterer Varianten für das Torsionspotential entwickelt. Dazu muß auf die entsprechende Originalliteratur verwiesen werden, wie z.B. [90–93]. Im Bild 3.8 sind zwei Varianten eines Torsionspotentials der $C - C$-Bindung in Butan dargestellt. Es wird deutlich, daß der einfachere Ansatz nach Gl.(3.38) alle gestaffelten Konformationen gleich wichtet, während das Potential von Ryckaert und Bellemans [92] deutlich zwischen trans- und gauche-Formen unterscheidet. Bei einer Bewertung der Potentiale darf man aber nicht außer acht lassen, daß das Torsionspotential durch den Beitrag der nichtbindenden Wechselwirkung $C_i \ldots C_{i+n}$ für $n > 3$ überlagert wird.

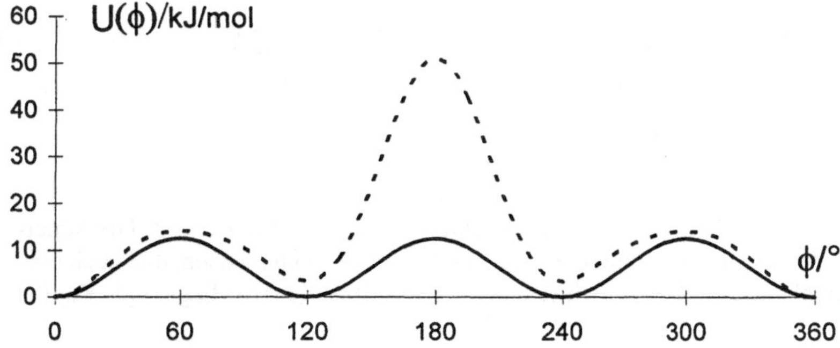

**Bild 3.8** Torsionspotential $U(\varphi)$ für n-Butan: der harmonische Ansatz (durchgehende Linie) und das Modell von Ryckaert und Bellemans (Strichlinie)

### 3.7.4 H-Brücken-Potential

Zur Beschreibung der stereospezifischen H-Brücken-Wechselwirkung [94, 95] wird das *weiche* Lennard-Jones-Potential zwischen dem beteiligten Atompaar, dem Wasserstoff und dem Protonenakzeptor, durch eine empirische Funktion

$$U^{\mathrm{HB}}(r) = \frac{A}{r^{12}} - \frac{B}{r^{10}} \tag{3.39}$$

ersetzt. Die Parameter $A$ und $B$ sind abhängig von der Art der Wasserstoff-Brücke und in der Regel an experimentelle Struktur- und Energiedaten angepaßt. Im Bild 3.9 kann man das LJ-(6,12)- mit dem LJ-(10,12)-Potential vergleichen.

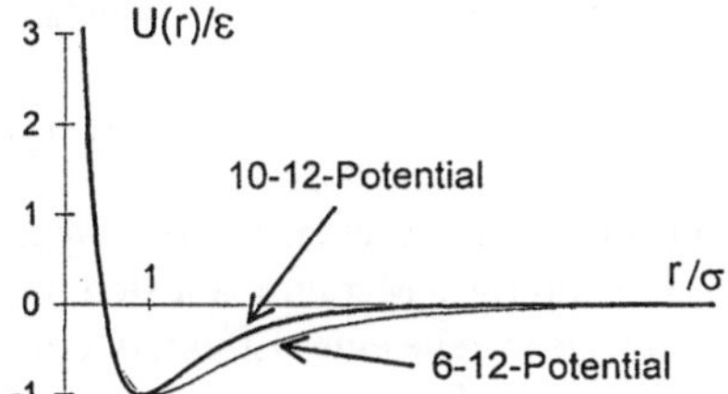

**Bild 3.9**
Vergleich des LJ-(6,12)- mit dem LJ-(10,12)-Potential

## 3.8  Zusammenfassung

Die intra- und intermolekularen Wechselwirkungen in einem molekularen Vielteilchensystem können nun in einem Ausdruck zusammengefaßt werden. Im Bild 3.10 sind die zu berücksichtigenden Freiheitsgrade für das Beispiel des Formamid-Dimers markiert. Das Potential eines solchen Systems hat die Form

$$U(\vec{R}, \vec{\Omega}, \vec{l}, \vec{\Theta}, \vec{\varphi}) = \frac{1}{2} \sum_{i}^{\text{Bindungen}} f_i^l (l_i - l_0)^2 + \frac{1}{2} \sum_{k}^{\text{Bind.winkel}} f_k^{\Theta} (\Theta_k - \Theta_0)^2$$

$$+ \sum_{j}^{\text{Torsionswink.}} \frac{1}{2} U_j \left(1 - \cos(j\varphi - \delta)\right) \tag{3.40}$$

$$+ \sum_{m<n}^{\text{nichtgeb.Paare}} \left( U^{\text{el}}(\vec{r}_{mn}) + \frac{C_{12}^{mn}}{r_{mn}^{12}} - \frac{C_6^{mn}}{r_{mn}^6} \right)$$

$$+ \sum_{a,d}^{H-\text{Bindungen}} \frac{A^{ad}}{r_{ad}^{12}} - \frac{B^{ad}}{r_{ad}^{10}} \,.$$

$r_{mn}$ und $r_{ad}$ sind die Abstände zwischen den Kraftzentren $m$ und $n$ bzw. $a$ und $d$. Die Superskripte $mn$ und $ad$ an den Potentialparametern $A$, $B$ und $C$ soll deutlich machen, daß auch eine Abhängigkeit von der Natur der Wechselwirkungpartner (Kraftzentren) vorliegt (vgl. Kapitel 3.9).

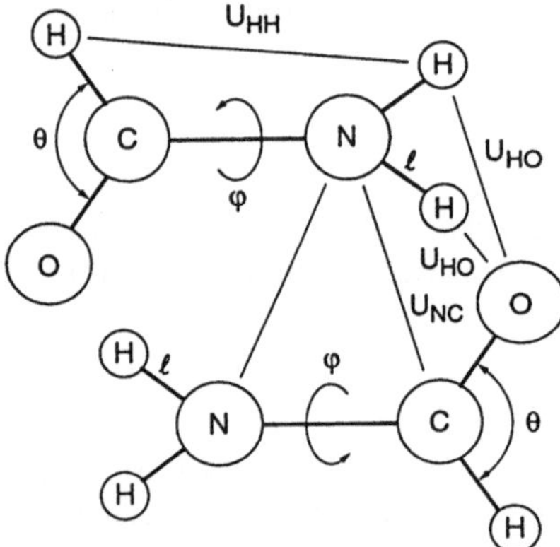


**Bild 3.10**
Veranschaulichung der inneren und äußeren Freiheitsgrade im Formamid-Dimer – ausgewählte Paar-Beiträge sind markiert

Für die Beschreibung der nichtbindenden Wechselwirkung in makromolekularen Systemen wird häufig das Coulomb-Potential durch die Einführung einer effektiven Dielektrizitätskonstanten $\varepsilon$ skaliert

$$U^{\text{el}}(r) = \frac{q_A q_B}{\varepsilon r}. \tag{3.41}$$

Durch die geeignete Wahl von $\varepsilon$ soll der Einfluß des Lösungsmittels beschrieben werden, wenn es nicht direkt im molekularen Modell berücksichtigt wird. Ein wäßriges Medium läßt sich mit $\varepsilon = 2\dots3,5$ gut erfassen [96,97]. Ausgefeiltere Modelle benutzen anstelle eines Effektivwertes $\varepsilon$ der Dielektrizitätskonstanten eine abstandsabhängige Funktion $\varepsilon(r)$. Überall, wo eine explizite molekulare Beschreibung eines Lösungsmittels nicht sinnvoll ist, bieten sich Ansätze der Form

$$\begin{aligned}
\varepsilon(r) &= 1 + \frac{3}{4}r^2 & 0 &< r \leq 4 \\
\varepsilon(r) &= 6r - 11 & 4 &< r \leq 15 \\
\varepsilon(r) &= 80 & r &> 15
\end{aligned} \tag{3.42}$$

an. Der Ansatz in Gl.(3.42) ist eine Größenbeziehung, bei der $r$ in Å anzugeben ist. Im Bild 3.11 ist das Coulomb-Potential ohne Abschirmung, mit $\varepsilon = 3$ und mit $\varepsilon(r)$ entsprechend Gl.(3.42) dargestellt. Ein Potential sollte man immer so auswählen, daß man sich auf die Paar-Näherung beschränken kann, also $u_2$ die wichtigsten Viel-Körper-Effekte berücksichtigt. In einem solchen Fall spricht man von einem *effektiven Paarpotential*. Kriterien für ein gutes effektives Paarpotential sind:

1. Die intra- und intermolekularen Potentialfunktionen haben eine möglichst einfache Form mit einer geringen Zahl von Parametern.

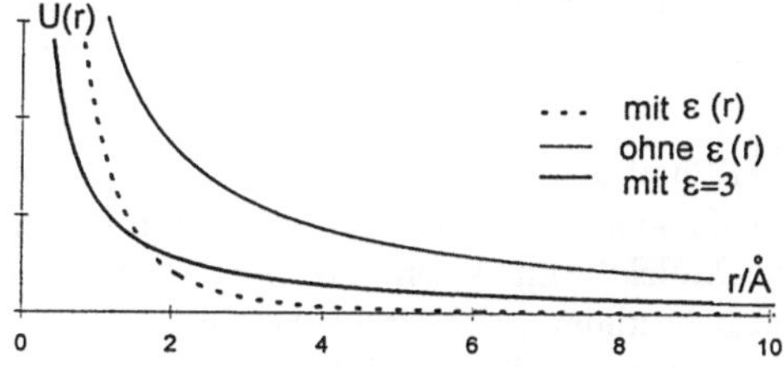


**Bild 3.11**
Skaliertes und nichtskaliertes Coulomb-Potential (in willkürlichen Einheiten)

2. Die Potentialfunktionen sind in einem größeren Bereich des Phasendiagramms anwendbar.

3. Die Transferabilität des Potentials ist durch einfache Kombinationsregeln, wie z.B. die Lorentz-Berthelot-Regel , gesichert.


## 3.9  Zur Bestimmung der Parameter empirischer Potentialfunktionen

### 3.9.1  Die Parameter des Lennard-Jones-Potentials

Wenn man für ein interessierendes System in anderen Arbeiten bewährte Wechselwirkungspotentiale findet, so sollte man diese verwenden. Oftmals ist das aber nicht der Fall. Für solche Fälle soll gezeigt werden, wie aus molekularen Daten Potentialfunktionen gewonnen werden können. Da aber die Umgebung Einfluß auf die Wechselwirkung haben kann – so sind die Eigenschaften eines Atoms in einem Kristallgitter sicher anders als die eines freien Atoms der gleichen Sorte – und die im folgenden vorgestellten Modelle Näherungscharakter tragen, sind die in dieser Weise ermittelten Potentiale stets kritisch zu betrachten. Falls es möglich ist, sollte man in Simulationsrechnungen viele verschiedene Eigenschaften der betrachteten Systeme mit Experimenten zu vergleichen, um eventuell die Potentiale korrigieren zu können. Es empfiehlt sich, die folgenden Berechnungen in sonst weniger üblichen cgs-Maßeinheiten durchzuführen, da Polarisierbarkeiten usw. in Tabellenwerken gewöhnlich in diesen Einheiten angegeben sind. Es wird aber stets gezeigt, wie man das ermittelte Potential in SI-Einheiten benutzen kann.

Man geht bei den folgenden Betrachtungen von den weiter oben bestimmten Potentialfunktionen der nichtbindenden Wechselwirkung aus, die in Gl.(3.17) zusammengefaßt sind. Da als Quelle für die eventuell zu berücksichtigende elektrostatische Wechselwirkung $U^{\mathrm{el}}$ – im einfachsten Fall die Coulombwechselwirkung zwischen Partialladungen entsprechend Gl.(3.23) – im wesentlichen quantenchemische Rechnungen genutzt werden können, wird dieser Teil der Wechselwirkung hier nicht betrachtet.

Der Parameter $C_6$ der attraktiven Dispersionswechselwirkung in Gl.(3.17) kann nach der Kirkwood-Müller-Formel in guter Näherung berechnet werden [20]:

$$C_6 = 6 m_e c^2 \frac{\alpha_i \alpha_j}{\dfrac{\alpha_i}{\chi_i} + \dfrac{\alpha_j}{\chi_j}} . \qquad (3.43)$$

Dabei ist $m_e$ die Elektronenmasse, $c$ die Lichtgeschwindigkeit, $\chi_i$ die diamagnetische Suszeptibilität und $\alpha_i$ die optische Polarisierbarkeit von Molekül $i$. Man kann reduzierte Variable $\tilde{\alpha} = \alpha/\alpha_0$ und $\tilde{\chi} = \chi/\chi_0$ einführen. Mit $\chi_0 = 10^{-6}$ cm$^3$/mol, $\alpha_0 = 10^{-24}$ cm$^3$ nimmt Gl.(3.43) die Form

$$C_6 = C_0 \frac{\tilde{\alpha}_i \tilde{\alpha}_j}{\dfrac{\tilde{\alpha}_i}{\tilde{\chi}_i} + \dfrac{\tilde{\alpha}_j}{\tilde{\chi}_j}} \qquad \text{mit} \qquad C_0 = 6 m_e c^2 \alpha_0 \chi_0 \tag{3.44}$$

an. Die Konstante hat den Wert $C_0 = 429.227\,\text{Å}^6\,\text{kJ/mol}$ und die reduzierten Einheiten sind dimensionslos. Damit hat man wieder SI-Einheiten. $C_6$ kann nach [20] in erster Näherung für jedes Teilchenpaar unabhängig vom Ort der restlichen Moleküle im System berechnet werden. Da die Polarisationswechselwirkung ohnehin nur ungenau bestimmbar ist, sind höhere Näherungen nicht sinnvoll. Der Abstandsparameter $\sigma$ des Lennard-Jones-(6,12)-Potentials nach Gl.(3.20) ist mit der Lage des Minimums $r_{\min}$ verknüpft entsprechend

$$r_{\min} = \sigma \sqrt[6]{2} = 1.12246\sigma. \tag{3.45}$$

Unter Ausnutzung des Zusammenhanges zwischen $C_6$ und $\sigma$ und $\epsilon$ kann man folgendermaßen vorgehen:

Mit der Kirkwood-Müller-Formel wird für zwei gegebene Moleküle $i$ und $j$ der Parameter $C_6$ berechnet. Die van-der-Waals-Radien der beiden Moleküle $r_i^w$ und $r_j^w$ hängen mit dem Minimumsabstand $r_{\min}$ über die Gleichung

$$r_{\min} = r_i^w + r_j^w \tag{3.46}$$

zusammen. So ist entsprechend Gl.(3.45)

$$\sigma_{ij} = \frac{r_i^w + r_j^w}{\sqrt[6]{2}}. \tag{3.47}$$

$\epsilon$ ergibt sich aus der Beziehung

$$4\epsilon_{ij}\sigma_{ij}^6 = C_6. \tag{3.48}$$

Als ein numerisches Beispiel soll das Wechselwirkungspotential zweier Argon-Atome auf diese Art ermittelt werden. Das Edelgas Argon wird oft als Beispiel für die Verwendbarkeit des Lennard-Jones-Potentials angeführt [99]. Bei MD-Rechnungen werden meist die Werte $\sigma = 0.3405$ nm $\epsilon = 0.9959$ kJ/mol benutzt [99]. Mit $r^w = 0.192$ nm, $\alpha = 1.63 \cdot 10^{-24}$ cm$^3$ und $\chi = -19.46 \cdot 10^{-6}$ cm$^3$/mol ergibt sich nach der obigen Methode $\sigma = 0.342$ nm und $\epsilon = 1.22$ kJ/mol.

Wenn sich ein beliebiges geladenes oder neutrales Teilchen im Feld von Ionen befindet, muß man außer den behandelten Termen auch die zusätzliche Polarisation berücksichtigen. Zur potentiellen Energie ist noch der Term

$$U_{\mathrm{p}} = -\frac{1}{2}\alpha\vec{E}^2 \tag{3.49}$$

zu addieren. $\vec{E}$ ist das resultierende elektrische Feld also die Summe der Feldbeiträge aller Ionen und äußerer Felder. Da beim Quadrieren auch Summanden entstehen, in denen Beiträge zweier verschiedener Ionen enthalten sind, läßt sich diese Wechselwirkung nicht mehr als Summe von Paarbeiträgen schreiben. Lediglich zur Bestimmung von Potentialparametern ist dieses vereinfachte Bild verwendbar. Anstatt den Beitrag in Gl.(3.49) zur gesamten potentiellen Energie zu addieren, wird im Lennard-Jones-Wechselwirkungsbeitrag zwischen jedem Ion und beliebigen Teilchen der $C_{12}$-Parameter durch einen anderen Wert ersetzt. Ein Maß für diese Korrektur findet man nach einigen Umformungen. Im Punktladungsmodell wird aus Gl.(3.49)

$$U_{\mathrm{p}} = -\frac{1}{2}\alpha\frac{q^2}{r^4}. \tag{3.50}$$

Dabei ist $q$ die Ladung des Ions, das das andere Teilchen polarisiert und $\alpha$ die Polarisierbarkeit dieses anderen Teilchens. Die Einführung von reduzierten Variablen $\tilde{r} = r/r_0$, $\tilde{\alpha} = \alpha/\alpha_0$ und $\tilde{q} = q/q_0$ mit $r_0 = 10^{-8}$ cm, $\alpha_0 = 10^{-24}$ cm$^3$ und der Ladung des Protons $q_0 = 4.80325 \cdot 10^{-10}$ esu bietet sich an. Damit wird aus Gl.(3.50) bezogen auf ein Mol

$$U_\mathrm{p} = -K\tilde{\alpha}\frac{\tilde{q}^2}{\tilde{r}^4}, \tag{3.51}$$

mit der Konstanten $K$

$$K = \frac{1}{2}\frac{\alpha_0 q_0^2 N_A}{r_0^4} = 694.69 \text{ kJ/mol.} \tag{3.52}$$

$N_A$ ist die Avogadrosche Konstante $N_A = 6.02204531 \cdot 10^{23}$ mol$^{-1}$. Den geänderten Parameter der repulsiven Wechselwirkung $C_{12}$ in Gl.(3.17) erhält man dann unter Beibehaltung der Forderung, daß das Potentialminimum bei der Summe der Van-der-Waals-Radien $d_\mathrm{min}$ aus Gl.(3.46) liegen soll,

$$C_{12} = \frac{1}{2}d_\mathrm{min}^6 C_6 \left(1 + \frac{K\tilde{\alpha}\tilde{q}^2}{3C_6}\right). \tag{3.53}$$

### 3.9.2  Die Mischungsregel von Lorentz-Berthelot

Kennt man nur die Parameter für die Wechselwirkung der beteiligten Teilchen jeweils mit Teilchen der gleichen Sorte, so kann man wenigstens näherungsweise auf die Wechselwirkungsparameter im Gemisch schließen. Dafür gibt es in der Literatur eine Vielzahl sogenannter *Mischungsregeln*, auf die hier nicht weiter eingegangen werden kann [17, 18, 98]. Die am meisten benutzten sind zweifellos die von Lorentz-Berthelot:

$$\epsilon_{kl} = \sqrt{\epsilon_k \epsilon_l}, \tag{3.54}$$

$$\sigma_{kl} = \frac{\sigma_k + \sigma_l}{2}. \tag{3.55}$$

Auf diese einfache Weise lassen sich die Potentialparameter aller auftretenden Paarwechselwirkungen bestimmen, vorausgesetzt die $\sigma_i$ und $\epsilon_i$ der Wechselwirkungspartner sind bekannt.

# 4 Molekulardynamik (MD) – Ziele, Aufgaben, Methoden

## 4.1 Molekulardynamische Simulationen – Grundgedanken –

Das Ziel molekulardynamischer Simulationen ist stets die numerische Lösung von mechanischen Bewegungsgleichungen für Systeme aus $N$ Teilchen und die Berechnung interessierender physikalischer Größen (Struktur, Thermodynamik, Transport, elektrische Größen).

Dabei sind folgende Aufgaben zu lösen:

1. Problemanalyse – Aufstellen von Bewegungsgleichungen (Newtonsche oder Nicht-Newtonsche) und Randbedingungen (z.B. periodische oder stochastische Randbedingungen, eventuell Wände, Kristallgitter)

2. Auswahl des Lösungs-Algorithmus bzw. eines vorhandenen Programmes

3. Wahl der auftretenden Wechselwirkungs-Potentiale einschließlich der enthaltenen Parameter

4. Wahl der Auswertverfahren und der während des Laufes zu speichernden Informationen (z.B. Kontrollgrößen)

5. Festlegung weiterer Bedingungen wie Anfangsbedingungen, Thermalisierung, Schrittweite, Auswertedauer

6. Durchführung der Rechnungen

7. Auswertung und Ergebnisdiskussion

## 4.2 Der prinzipielle Ablauf einer MD-Simulation

Im Bild 4.1 ist der prinzipielle Organisationsplan eines MD-Programmes zu sehen. In dieser Form entspricht er dem Ablauf beim ursprünglichen Verlet-Algorithmus (siehe Abschnitt 4.3). Das Programm, das im Anhang dieses Buches zu finden ist, folgt einem etwas modifizierten Schema. Der verwendete *velocity-Verlet*-Algorithmus erfordert für die Berechnung der Geschwindigkeiten in jedem Schritt die Kenntnis sowohl der schon berechneten Kräfte als auch derjenigen, die den neuen Orten entsprechen. Daher ist es üblich, so wie im Beispielprogramm durchgeführt, zunächst nur den Teil der Geschwindigkeitsberechnung, bei dem die bisherigen Kräfte gebraucht werden, vor der neuen Kraftberechnung vorzunehmen. Nach der Berechnung der neuen Kräfte werden dann die neuen Geschwindigkeiten endgültig berechnet. Die Berechnung der neuen Orte und Geschwindigkeiten mit der eingebetteten Kraftberechnung ist bei dem Beispielprogramm im Unterprogramm move zusammengefaßt.

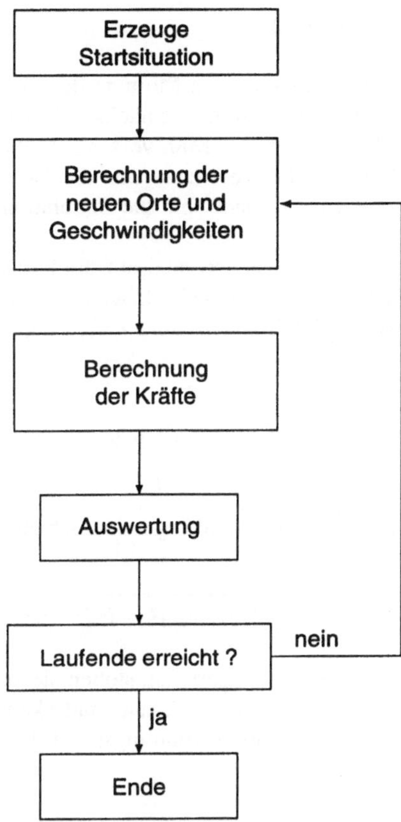


**Bild 4.1**  Ablaufplan einer MD-Simulation

## 4.3  Algorithmen zur Trajektorienberechnung

Die ersten Arbeiten zur Molekulardynamik (MD) [1, 2] wurden für Systeme von harten Kugeln durchgeführt, da in diesem Fall bei gleichem numerischen Aufwand längere physikalische Zeiträume oder größere Teichenzahlen untersucht werden können. Später wurden auch Rechnungen für Systeme von Lennard-Jones-Teilchen publiziert [3, 4]. 1971 erschien die erste Arbeit über eine Simulation komplexerer Moleküle [5]. Während bei Simulationen für Hartkugelsysteme die Trajektorien im wesentlichen bis jetzt immer nach der in [2] beschriebenen Methode berechnet werden, wurden für kontinuierliche Potentiale eine Reihe von verschiedenen Algorithmen (Runge-Kutta und viele andere) benutzt. In neueren Arbeiten werden meist Varianten des *Verlet-Algorithmus* [4] verwendet und für manche Anwendungen traditionsgemäß der *Gear-Algorithmus* [100]. Da man jeden der Algorithmen für kontinuierliche Potentiale durch Wahl der Schrittweite beliebig genau machen kann, ist letztlich der numerische Aufwand und die Übersichtlichkeit eines Algorithmus ausschlaggebend. Im Abschnitt 4.3.4 wird ein oft benutztes Kriterium beschrieben, die Erhaltung der Gesamtenergie bei Simulationen im mikrokanonischen Ensemble.

### 4.3.1  Harte Kugeln, *square-well*-Potential

Bei harten Kugeln finden Wechselwirkungen nur im Moment des Zusammenstoßes statt. Also braucht man immer nur zu wissen, wann im System der nächste Zusammenstoß zweier Teichen zu erwarten ist. Die Zeitdifferenz bis dahin sei $\tau$. Man verschiebt alle Teilchen ($i = 1, ..., N$) des Systems um $\tau \vec{v}_i$ zu neuen Orten und ändert dann nur die Geschwindigkeiten der zwei am Stoß beteiligten Teilchen. Das wiederholt sich, bis die Simulation einen genügend langen physikalischen Zeitraum erfaßt hat.

Die Frage, wann zwei Teilchen stoßen, reduziert sich auf die Frage, wann der Abstand der Teilchen gleich der Summe der Radien ist, wobei die Teilchen aufeinander zufliegen müssen.

$\vec{r}_{ij} = \vec{r}_i - \vec{r}_j$ sei der Abstandsvektor der Teilchen $i$ und $j$, $\vec{v}_{ij} = \vec{v}_i - \vec{v}_j$. Die Teilchen fliegen aufeinander zu, wenn

$$\vec{v}_{ij} \cdot \vec{r}_{ij} < 0. \tag{4.1}$$

Die Zeit $t_{ij}$ bis zu einem möglichen Stoß ist Lösung der quadratischen Gleichung

$$(\vec{r}_{ij} + \vec{v}_{ij} t_{ij})^2 = \sigma^2. \tag{4.2}$$

$\sigma$ ist der Abstand, in dem der Stoß stattfinden soll, also gewöhnlich die Summe der Hartkugelradien. Damit ergibt sich

$$t_{ij} = \frac{1}{v_{ij}^2}\left(-\vec{v}_{ij} \cdot \vec{r}_{ij} - \sqrt{(\vec{v}_{ij} \cdot \vec{r}_{ij})^2 - (r_{ij}^2 - \sigma^2)v_{ij}^2}\right). \tag{4.3}$$

Wenn der Ausdruck unter dem Wurzelzeichen negativ ist, stoßen die Teilchen niemals.

Die Geschwindigkeitsänderungen beim Stoß der Teilchen $i$ und $j$ kann man nach den Gesetzen des elastischen Stoßes berechnen. Aus dem Impulserhaltungssatz folgt

$$m_i \Delta \vec{v}_i = -m_j \Delta \vec{v}_j. \tag{4.4}$$

Diese Impulsänderungen liegen in der Richtung der Verbindungslinie beider Kugelzentren, so daß man nur noch den Betrag bestimmen muß. Im Falle eines rein elastischen Stoßes folgt aus der Energieerhaltung:

$$m_i \Delta \vec{v}_i = -2m_{ij}(\vec{e} \cdot \vec{v}_{ij})\vec{e}. \tag{4.5}$$

Dabei sind $m_i$ und $m_j$ die Teilchenmassen, $m_{ij}$ ist die reduzierte Masse

$$m_{ij} = \frac{m_i m_j}{m_i + m_j}. \tag{4.6}$$

$\vec{r}_{ij}$ ist hier der Abstandsvektor im Moment des Stoßes, $r_{ij}$ sein Betrag, so daß $\vec{e} = \vec{r}_{ij}/r_{ij}$ der Einheitsvektor der Verbindungslinie ist.

Statt eines harten elastischen Stoßes kann man auch eine andere Form der Änderung der Geschwindigkeiten festlegen, bei der die Summe der kinetischen Energien der beiden Teilchen keine Erhaltungsgröße ist. Das kann etwa bei der Modellierung reaktiver Stöße der Fall sein oder man nimmt an, die Wechselwirkung erfolge über ein sogenanntes *square-well*-Potential (vgl. Gl.(3.7)). Bei diesem ist der harten Kugel eine Potentialmulde mit rechteckigem Profil vorgelagert. Wenn die Summe der kinetischen Energien bei einem solchen Ereignis um $\epsilon$ gewachsen sein soll, dann gilt unter der Voraussetzung der Impulserhaltung

$$m_i \Delta \vec{v}_i = m_{ij}\left(-\vec{e} \cdot \vec{v}_{ij} \pm \sqrt{(\vec{e} \cdot \vec{v}_{ij})^2 + 2\epsilon/m_{ij}}\right)\vec{e}. \tag{4.7}$$

Auf das Vorzeichen vor der Wurzel kann man mit $\vec{e} \cdot \vec{v}_{ij} < 0$ aus dem physikalischen Kontext schließen.

*Beispiele:*

- Eintreten in ein *square-well*-Potential. $r_{ij}$ ist der Abstand der Teilchen im Moment des Eintretens in die Potentialmulde eines *square-well*-Potentials. Die Tiefe der Mulde sei $\epsilon$. Das Vorzeichen Minus ist zu wählen, damit für $\epsilon = 0$ die Geschwindigkeiten unverändert bleiben. Wenn der harten Kugel eine Schwelle der Höhe $-\epsilon$ vorgelagert ist, ist $\epsilon$ negativ und wenn der Ausdruck unter der Wurzel negativ ist, so reicht die kinetische Energie nicht, um die Schwelle zu überwinden. Dann findet an der Schwelle ein Hartkugelstoß statt.

- Will man einen reaktiven Hartkugelstoß simulieren, bei dem eine Reaktionsenergie $\epsilon$ frei wird, so muß das Vorzeichen vor der Wurzel positiv sein, weil für $\epsilon = 0$ der einfache Hartkugelstoß folgen muß.

Man kann leicht auf den Fall schließen, daß zwei auseinanderfliegende *square-well*-Teilchen die Grenze der Potentialmulde bzw. -schwelle erreichen.

### Harte Kugeln im konstanten Kraftfeld

Die Simulation von harten Kugeln in einem räumlich und zeitlich konstanten Kraftfeld ist ganz analog zu dem bisher beschriebenen Verfahren möglich. Die Zeit $t_{ij}$ bis zu einem möglichen Stoß folgt in diesem Fall aus

$$\left( \vec{r}_{ij} + \vec{v}_{ij} t_{ij} + \frac{\vec{b}_{ij}}{2} t_{ij}^2 \right)^2 = \sigma^2. \tag{4.8}$$

Dabei ist $\vec{b}_{ij} = \vec{b}_i - \vec{b}_j$ die Differenz der Beschleunigungen durch das Kraftfeld. Die Stoßgesetze werden durch das Feld nicht beeinflußt.

### Einige technische Details

Die Abfolge der Stöße organisiert man zweckmäßigerweise wie im Bild 4.2 zu sehen ist: Zuerst rechnet man für alle Teilchenpaare $ij$ im System die $t_{ij}$ aus. Für Teilchen, die nie stoßen, setzt man $t_{ij}$ auf irgendeinen Wert, der größer als die Dauer des Laufes ist. Man braucht aber nicht alle $t_{ij}$, sondern nur für jedes Teilchen $i$ den kleinsten Wert $t_{ij}$ und den zugehörigen Stoßpartner $j$ zu registrieren.

Dann sucht man aus allen registrierten $t_{ij}$ den kleinsten Wert heraus. Das ist die Zeit $\tau$ bis zum nächsten Stoß. $k$ und $l$ seien die Nummern der dann stoßenden Teilchen. Falls $t + \tau$ größer ist als die Dauer des ganzen Laufes $t_{\max}$, kann man an dieser Stelle abbrechen. Wenn nicht, hat man noch zu prüfen, ob die nächste Auswertung (zur Zeit $t_{\mathrm{ev}}$) vor dem Stoß zu erfolgen hat.

Dann verschiebt man alle Teilchen ($i = 1, ..., N$) des Systems um $\tau \vec{v}_i$ zu neuen Orten und führt den Stoß der Teilchen $i$ und $j$ aus. Weil hierdurch die Geschwindigkeiten dieser beiden Teilchen geändert werden, müssen für alle Teilchenpaare $ij$, bei denen einer der Indizes $i$ oder $j$ gleich $k$ oder $l$ ist, die $t_{ij}$ neu berechnet werden. Von den übrigen wird nur $\tau$ abgezogen.

Nun ermittelt man wieder das kleinste $t_{ij} = \tau$ usw..

Bei sehr großen Teilchenzahlen gibt es Tricks, um Rechenzeit zu sparen, von denen hier einige erklärt werden sollen. Die Anzahl der Stöße im System pro Zeiteinheit ist natürlich proportional zur Teilchenzahl $N$. Vor jedem Stoß muß man alle Teilchen verschieben. So hat man also während einer Zeitspanne, die der mittleren freien Flugzeit eines Teilchens entspricht, eine Zahl $\sim N^2$ Verschiebungen auszuführen, was bei großen Teilchenzahlen zu erheblichem Aufwand

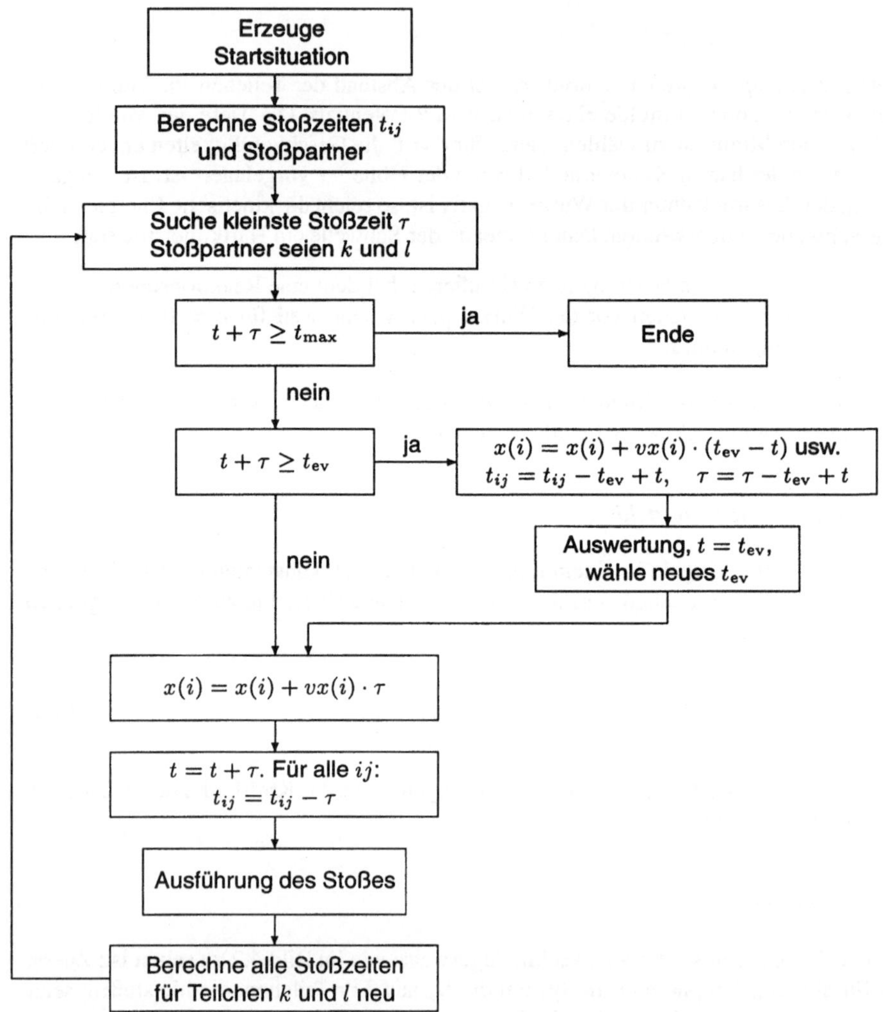


**Bild 4.2**  Ablaufplan einer Simulation für harte Kugeln

führt. Diesen kann man reduzieren, indem man nur die Orte der Teilchen zu $t = 0$ speichert. Zu jedem späteren Zeitpunkt $t$ weiß man dann natürlich, daß der Ort des Teilchens $i$ gleich $\vec{r}_i(t) = \vec{r}_i(0) + \vec{v}_i t$ ist, falls das Teilchen nicht inzwischen an einem Stoß beteiligt war. Nun kann man aber nach jedem Stoß die Orte der zwei beteiligten Teilchen zu $t = 0$ durch fiktive Orte $\vec{r}_i(0) = \vec{r}_i(t) - t\vec{v}_i(t)$ ersetzen. $\vec{v}_i(t)$ ist dabei die aktuelle Geschwindigkeit des Teilchens $i$. So kann man alle Teilchenorte nach dem gleichen Schema behandeln und hat eine Möglichkeit, die Verschiebungen aller Teilchen zu umgehen.

In dichten Systemen kann man davon ausgehen, daß sich die Teilchen praktisch niemals viel weiter als einige mittlere freie Fluglängen $l_f$ bewegen können ohne ihre Geschwindigkeit zu ändern. Es ist daher unnötig, die Zeiten $t_{ij}$ für Teilchen $i$ und $j$ zu berechnen, deren Abstand $r_{ij} \gg l_f$ ist. Die Wahrscheinlichkeit einer Begegnung dieser beiden Teilchen, bevor sie mit einem weiteren stoßen, ist proportional zu $\exp(-r_{ij}/l_f)$, erreicht also schon für $r_{ij} = 25\,l_f$ Werte von der Größenordnung $1 : 100\,000\,000\,000$. Wenn also die MD-Box größer als $50\,l_f$ ist, und das ist bei Flüssigkeitsdichten und Simulationen von mehreren hundert Teilchen gewöhnlich der Fall, reicht es aus, bei der Berechnung der $t_{ij}$ die sogenannte *minimum-image*-Konvention zu benutzen (siehe Abschnitt 4.5). Für verdünnte Systeme muß man aber davon ausgehen, daß Stoßpartner durchaus in *jedem* der periodischen Abbilder (siehe Abschnitt 4.4) der MD-Box gefunden werden können. Die künstliche Periodizität des Systems und die Frage nach dadurch bedingten Artefakten gewinnt damit auch ein viel größeres Gewicht.

In dichten Systemen kann man dagegen wegen der geringen freien Fluglänge sogar Teilchenpaare in einem Abstand vernachlässigen, der kleiner als die halbe MD-Box ist. Man kann sogar schon die Abstandsberechnung für zwei Teilchen abbrechen, wenn eine der Koordinatendifferenzen größer als beispielsweise $25\,l_f$ ist und das Teilchenpaar so behandeln, als wäre kein Stoß zu erwarten.

Es ist nahezu unmöglich, ein Computerprogramm von Beginn an fehlerfrei zu schreiben. Auch bei späteren Änderungen schleichen sich zuweilen Fehler ein, die zunächst unbemerkt bleiben. Deshalb ist es immer gut, gewisse Kontrollen im Programm zu haben, die bei Verletzung von normalerweise erfüllten Bedingungen einen Alarm auslösen. Für Hartkugelsysteme kann man bei jeder Abstandsberechnung ohne große Umstände testen, ob der berechnete Abstand größer als die Summe der Radien ist. Wenn sich Teilchen überlappen, ist ein fälliger Stoß nicht ausgeführt worden. Auch die Erhaltung der kinetischen Energie im gesamten System bietet eine gute Kontrollmöglichkeit.

### 4.3.2 Kontinuierliche Potentiale

Bei kontinuierlichen Potentialen hat man die Newtonschen Differentialgleichungen (2.12c) zu lösen. Dafür gibt es eine Reihe von Algorithmen, die Trajektorien stückweise mit einem Zeitinkrement $h$ zu berechnen. Der *Algorithmus von Verlet* [4] ist besonders leicht zu verstehen. Addiert man zu der Taylorreihe

$$\vec{r}_i(t + h) = \vec{r}_i(t) + \vec{v}_i h + \frac{h^2}{2}\ddot{\vec{r}}_i(t) + \dots \tag{4.9}$$

die analoge für $\vec{r}_i(t - h)$, so fallen alle ungeraden Potenzen von $h$ weg und bis auf Glieder vierter Ordnung findet man

$$\vec{r}_i(t + h) = 2\vec{r}_i(t) - \vec{r}_i(t - h) + h^2\ddot{\vec{r}}_i(t). \tag{4.10a}$$

Das ist der *Verlet-Algorithmus*. Die Geschwindigkeit der Teilchen tritt nicht explizit auf und wird gewöhnlich aus der Zentraldifferenz

$$\vec{v}_i(t) = \frac{\vec{r}_i(t + h) - \vec{r}_i(t - h)}{2h} \tag{4.10b}$$

ermittelt, um beispielsweise die kinetische Energie berechnen zu können. Beim sogenannten *Leapfrog-Algorithmus* [10]

$$\vec{r}_i(t + h) = \vec{r}_i(t) + h\vec{v}_i(t + h/2) \tag{4.11a}$$

$$\vec{v}_i(t + h/2) = \vec{v}_i(t - h/2) + \frac{h}{m_i}\vec{F}_i(t) \tag{4.11b}$$

werden dagegen Orte und Geschwindigkeiten für verschiedene Zeitpunkte berechnet. Den Namen (deutsch: Bocksprung) versteht man, wenn man sich auf der Zeitskala die Punkte vergegenwärtigt, an denen die Ortswerte und die Geschwindigkeitswerte berechnet werden. Wenn man potentielle und kinetische Energie zum gleichen Zeitpunkt $t$ berechnen will, muß man wieder eine Hilfskonstruktion verwenden

$$\vec{v}_i(t) = \frac{\vec{v}_i(t - h/2) + \vec{v}_i(t + h/2)}{2}. \tag{4.11c}$$

Diesen Nachteil vermeidet die sogenannte *velocity*-Version des Verlet-Algorithmus [101]:

$$\vec{r}_i(t + h) = \vec{r}_i(t) + h\vec{v}_i(t) + \frac{h^2}{2m_i}\vec{F}_i(t) \tag{4.12a}$$

$$\vec{v}_i(t + h) = \vec{v}_i(t) + \frac{h}{2m_i}[\vec{F}_i(t) + \vec{F}_i(t + h)]. \tag{4.12b}$$

Das wird in der Praxis so realisiert: Aus den bekannten Größen $\vec{r}_i(t), \vec{v}_i(t), \vec{F}_i(t)$ wird der Ort $\vec{r}_i(t + h)$ und ein vorläufiger Wert $\vec{v}_i(t + h) = \vec{v}_i(t) + h\vec{F}_i(t)/(2m_i)$ berechnet. Aus $\vec{r}_i(t + h)$ kann der neue Wert der Kraft $\vec{F}_i(t + h)$ ermittelt und $h\vec{F}_i(t + h)/(2m_i)$ zu $\vec{v}_i(t + h)$ addiert werden. Dieser Algorithmus erfreut sich zur Zeit der größten Beliebtheit. Diese Algorithmen sind dem *Verlet-Algorithmus* völlig äquivalent. Addiert man die Ausdrücke für $\vec{r}_i(t + h)$ und $\vec{r}_i(t - h)$ und eliminiert die Geschwindigkeiten mit Hilfe der jeweiligen Beziehungen zwischen ihnen, so erhält man den *Verlet-Algorithmus*. Es ist also nicht zwingend, einen bestimmten dieser Algorithmen zu benutzen. Eines der Kriterien für die Güte eines Algorithmus ist die *Erhaltung der Energie* bei Systemen ohne Thermalisierung oder äußere Kräfte. Alle diese einfachen Algorithmen zeigen eine ausgezeichnete Stabilität des Mittelwertes der Gesamtenergie. Dagegen kann der momentane Wert der Gesamtenergie durchaus durch Algorithmusfehler schwanken. Bei genaueren Algorithmen treten solche Schwankungen weniger auf, doch ist häufig ein Wegdriften des Mittelwertes zu beobachten.

Ein weiterer bekannter Algorithmus ist der von *Beeman:*

$$\vec{r}_i(t + h) = \vec{r}_i(t) + h\vec{v}_i(t) + \frac{h^2}{6}[4\ddot{\vec{r}}_i(t) - \ddot{\vec{r}}_i(t - h)] \tag{4.13a}$$

$$\vec{v}_i(t + h) = \vec{v}_i(t) + \frac{h}{6}[2\ddot{\vec{r}}_i(t + h) + 5\ddot{\vec{r}}_i(t) - \ddot{\vec{r}}_i(t - h)]. \tag{4.13b}$$

Natürlich kann man alle erwähnten Algorithmen durch kleinere Schrittweiten $h$ beliebig genau machen. Doch der nötige Aufwand setzt dem Grenzen. Als Faustregel gilt, daß man $h$ so wählen kann, daß die Gesamtenergie während des Laufes nie mehr als 1 Prozent vom Mittelwert abweicht. Das ist bei den bisher geschilderten Algorithmen für Lennard-Jones-Teilchen etwa mit dem Zeitinkrement $h = 10^{-14}$ s der Fall. Mehr zu den Maßeinheiten oder der Verwendung reduzierter (und damit dimensionsloser) Größen findet man im Anhang dieses Buches.

Das Glied vierter Ordnung der Taylorreihe (4.9), liefert eine von Toxvaerd [102] vorgeschlagene Korrektur zum Verlet-Algorithmus

$$\vec{r}_i(t + h) = 2\vec{r}_i(t) - \vec{r}_i(t - h) + h^2\ddot{\vec{r}}_i(t) + \frac{h^4}{12}\vec{r}_i^{(4)}(t). \tag{4.14}$$

Um $\vec{r}_i^{(4)}(t)$ zu bestimmen, differenziert man $\ddot{\vec{r}}_i(t) = \vec{F}_i(t)/m_i$ zweimal nach der Zeit. $\vec{F}_i(t)/m_i$ hängt nur über die Orte von $t$ ab

$$\vec{F_i}(t) = -\sum_{j \neq i} \frac{\vec{r}_{ij}}{r_{ij}} \frac{dU(r_{ij})}{dr_{ij}} \tag{4.15}$$

und $U(r_{ij})$ ist das Paarpotential. Mit den Definitionen

$$A(r) = -\frac{1}{r}\frac{dU(r)}{dr}, \qquad B(r) = \frac{1}{r}\frac{dA(r)}{dr}, \qquad C(r) = \frac{1}{r}\frac{dB(r)}{dr} \tag{4.16}$$

ergibt sich:

$$\vec{r}_i^{(4)}(t) = \frac{1}{m_i}\sum_{j\neq i} [A(r_{ij})\ddot{\vec{r}}_{ij} + B(r_{ij})(2\dot{\vec{r}}_{ij}\dot{\vec{r}}_{ij}\cdot\vec{r}_{ij} + \vec{r}_{ij}\ddot{\vec{r}}_{ij}\cdot\vec{r}_{ij} + \vec{r}_{ij}\dot{\vec{r}}_{ij}^2) \tag{4.17}$$

$$+ C(r_{ij})\vec{r}_{ij}(\vec{r}_{ij}\cdot\dot{\vec{r}}_{ij})^2].$$

Die dort auftretenden Geschwindigkeiten werden aus

$$h\cdot\dot{\vec{r}}(t) = \vec{r}(t) - \vec{r}(t-h) + \frac{h^2}{6}[2\ddot{\vec{r}}(t) + \ddot{\vec{r}}(t-h)] + O(h^4) \tag{4.18}$$

berechnet. Da diese Korrektur mit erheblichem rechnerischen Aufwand verbunden ist, wird sie nur für stoßende Teilchenpaare berechnet, zwischen denen also sehr große momentane Kräfte auftreten.

Auch der *Algorithmus von Gear* [100] wird in manchen Programmen benutzt. Er berechnet die Orte und Geschwindigkeiten in zwei Schritten. Im ersten, dem sogenannten Prädiktorschritt, entwickelt man den Ort, die Geschwindigkeit usw. in Taylorreihen. Dann werden aus den damit vorausgesagten Orten neue Beschleunigungen berechnet, die sich im allgemeinen von denen unterscheiden, die die Taylorreihe vorhergesagt hat. Aus der Differenz dieser Beschleunigungen werden Korrekturen zum Ort usw. berechnet. Je nachdem, wie viele Glieder der Taylorreihe berücksichtigt werden, erhält man *Gear-Algorithmen* verschiedener Ordnung. Es wird hier nur die Variante vorgestellt, die bis zur dritten Ableitung der Teilchenorte nach der Zeit geht.

Mit den Abkürzungen $\vec{a}_i = \ddot{\vec{r}}_i(t)$ und $\vec{b}_i = \dot{\vec{a}}_i$ setzt man im Prädiktorschritt an

$$\vec{r}_{i,p}(t+h) = \vec{r}_i(t) + \vec{v}_i(t)h + \frac{h^2}{2}\vec{a}_i(t) + \frac{h^3}{6}\vec{b}_i(t) \tag{4.19a}$$

$$\vec{v}_{i,p}(t+h) = \vec{v}_i(t) + h\vec{a}_i(t) + \frac{h^2}{2}\vec{b}_i(t) \tag{4.19b}$$

$$\vec{a}_{i,p}(t+h) = \vec{a}_i(t) + h\vec{b}_i(t). \tag{4.19c}$$

$\vec{b}_i(t)$ bleibt im Prädiktorschritt ungeändert. Aus den $\vec{r}_{i,p}(t+h)$ werden nun die Kräfte im System neu berechnet und die daraus resultierenden Beschleunigungen als korrigierte Werte $\vec{a}_{i,c}(t+h)$ genommen. Es sei

$$\Delta\vec{a}_i = \vec{a}_{i,c}(t+h) - \vec{a}_{i,p}(t+h), \tag{4.19d}$$

dann berechnet man nach *Gear* [100] die korrigierten Werte

$$\vec{r}_{i,c}(t+h) = \vec{r}_{i,p}(t+h) + \frac{h^2}{12}\Delta\vec{a}_i \tag{4.19e}$$

$$\vec{v}_{i,c}(t+h) = \vec{v}_{i,p}(t+h) + \frac{5h}{12}\Delta\vec{a}_i \tag{4.19f}$$

$$\vec{b}_{i,c}(t + h) = \vec{b}_i(t) + \frac{1}{h}\Delta\vec{a}_i. \tag{4.19g}$$

Man kann den Korrektorschritt wiederholen oder – in der Regel – die korrigierten Werte als die Werte der Variablen zum Zeitpunkt $t + h$ akzeptieren.

Wenn man eine andere Ordnung des *Gear-Algorithmus* benutzt, ist zu beachten, daß sich im Korrektorschritt alle Koeffizienten ändern, also nicht etwa nur einzelne Glieder dazukommen oder wegfallen.

### 4.3.3  Simulation mehratomiger Moleküle

In der bisherigen Darstellung wurde davon ausgegangen, daß die betrachteten Flüssigkeiten aus kugelförmigen Teilchen bestehen. Für ein weites Feld von Anwendungen ist diese Modellvorstellung völlig ausreichend, z. B. bei Flüssigkeiten von Edelgasen, kurzen Kohlenwasserstoffen, aus atomaren und molekularen Ionen. Für die Beschreibung realer molekularer Flüssigkeiten – insbesondere bei stark assoziierenden Spezies mit stereospezifischer Wechselwirkung– reicht diese vereinfachende Darstellung nicht aus. Grundsätzlich werden bei der MD-Simulation von Molekülen drei verschiedene Wege beschritten:

1. Unter Verwendung verallgemeinerter Koordinaten (drei Orts- und drei Winkelkoordinaten) wird die Lagrange-Gleichung zweiter Art schrittweise numerisch gelöst. Insgesamt sind also bei einem System von $N$ Molekülen $6N$ gekoppelte Differentialgleichungen zweiter Ordnung zu lösen [5]. Dieses Vorgehen setzt voraus, daß die Moleküle eine feste Geometrie besitzen. Diese Näherung ist aber nur für solche Moleküle gerechtfertigt, bei denen die intramolekularen Bewegungen von den intermolekularen, ähnlich der Born-Oppenheimer-Näherung der Quantenmechanik, getrennt behandelt werden können. Das trifft nur dann zu, wenn sich die intramolekularen Schwingungsmoden deutlich von den intermolekularen unterscheiden. Diese Voraussetzung ist für schwach wechselwirkende Moleküle ohne markante intramolekulare Freiheitsgrade als erfüllt anzusehen. $HCl$, $CH_4$, $CH_2Cl_2$ oder $N_2$ sind Beispiele dafür. Moleküle wie $H_2O$ oder $HF$ mit ihren starken richtungsabhängigen Wechselwirkungen sind Grenzfälle, während beispielsweise Kohlenwasserstoffketten mit ihrer großen inneren Beweglichkeit nicht als starre Körper betrachtet werden dürfen. Der numerische Aufwand derartiger MD-Simulationen ist dadurch hoch, daß im Laufe der Rechnung zeitintensive Winkelfunktionen benutzt werden müssen, die darüber hinaus noch zu Singularitäten führen können.

2. Ein äußerst konsequentes Modell einer Flüssigkeit stellt die Moleküle als ein Ensemble von Atomen dar, deren chemische Bindungen durch entsprechende Potentialfunktionen beschrieben werden (vgl. Kapitel 3) oder bei denen die molekularen Wechselwirkungen durch verallgemeinerte Paarpotentiale erfaßt werden [103]. Im zuletzt genannten Fall, dem sogenannten *central-force-Modell*, sind die Potentiale so konstruiert, daß sowohl die intramolekulare als auch die intermolekulare Bindung erfaßt wird. In diesem Fall wären für eine MD-Simulation von $N$ Molekülen mit je $n$ Atomen insgesamt $3 \times N \times n$ Differentialgleichungen zu lösen. Erschwerend kommt aber bei dieser Art der Simulation hinzu, daß zur Erfassung der intramolekularen Schwingungen die erforderlichen Zeitschrittweiten um etwa eine Größenordnung kleiner sein müssen als im ersten Fall. Das bedeutet bei gleicher statistischer Genauigkeit der Ergebnisse eine nochmalig um den Faktor 10 längere Rechenzeit.

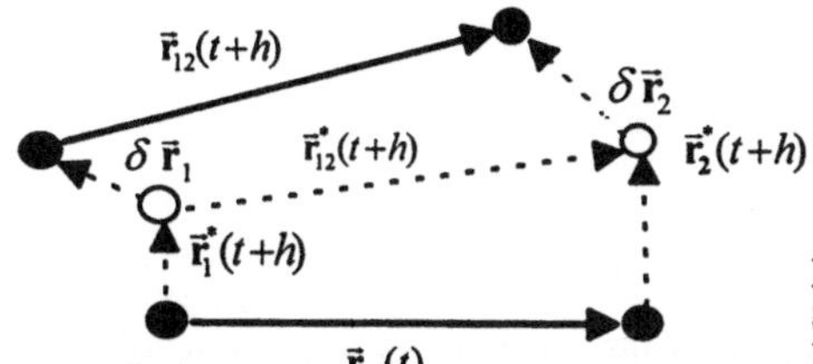


**Bild 4.3**
Schema des Lagrange-I-Verfahrens für ein zweiatomiges
Molekül

3. Einen Kompromiß zwischen den ersten beiden Methoden stellt die Lagrange-I-Methode
   dar. Hierbei wird – wie im zweiten Fall – die Flüssigkeit als ein Ensemble von Atomen
   dargestellt und zur Sicherung einer festen Geometrie (Bindungslängen, Bindungswinkel
   und Torsionswinkel) werden holonome Bindungen zwischen einzelnen Atompaaren eingeführt [104–108].

Als Beispiel für die Beschreibung der Lagrange-I-Methode wird ein 2 - atomiges Molekül mit
der festen Bindungslänge $l_0$ betrachtet. Es gilt die Bedingungsgleichung

$$f = \frac{1}{2}(|\,\vec{r}_{12}\,|^2 - l_0^{\,2}) = 0. \tag{4.20}$$

Die entsprechende Zwangskraft auf das Kraftzentrum $i$ zur Sicherung der Bindungslänge ist

$$\vec{Z}_i = -\lambda\nabla_i f = (-1)^{i+1}\lambda\vec{r}_{12}. \tag{4.21}$$

Für den Kernverbindungsvektor erhält man im Verlet-Algorithmus einen Ausdruck der Form

$$\vec{r}_{12}(t+h) = \vec{r}_{12}^{\,*}(t+h) - \lambda\frac{h^2}{\mu}\vec{r}_{12}. \tag{4.22}$$

Hier ist $\vec{r}^{\,*}(t+h)$ der Kernverbindungsvektor, wie er sich unter Einfluß der intermolekularen
Kräfte ohne Wirkung der Zwangskraft einstellt. $\mu$ ist die reduzierte Masse des Moleküls und $\lambda$
ist der noch zu bestimmende Lagrangesche Parameter. Für den zweiatomigen Fall ergibt sich aus
der Bedingungsgleichung (4.20) unter Verwendung von Gl.(4.22) eine quadratische Gleichung
in $\lambda$

$$\lambda^2\frac{h^4}{\mu^2}r_{12}^2 - 2\lambda\frac{h^2}{\mu}\vec{r}_{12}(t)\vec{r}_{12}^{\,*}(t+h) + (\vec{r}_{12}^{\,*}(t+h))^2 - l_0^2 = 0, \tag{4.23}$$

die exakt lösbar ist, da alle vorkommenden Koordinaten $\vec{r}_{12}(t)$ und $\vec{r}_{12}\,^*(t+h)$ bekannt sind. Am
besten läßt sich das Verfahren in einem Bild anschaulich machen (vgl. Bild 4.3). In einem Zwei-
Schritt-Verfahren wird die Bewegung der Moleküle verfolgt. Zuerst wird die Verschiebung aller
Massenpunkte unter dem Einfluß der intermolekularen Kräfte berechnet. Unter der Annahme,
daß sich die Richtung der Zwangskraft zur Realisierung der Bindungen im Zeitschritt $h$ nicht
geändert hat und kollinear mit dem Vektor $\vec{r}_{12}(t)$ ist, werden die gewichteten Verschiebungen $\delta r_i$
berechnet, die den gewünschten Abständen entsprechen. Diese Annahme ist meist nur genähert
erfüllt, so daß dieses Verfahren Komponenten der Zwangskraft in Bahnrichtung liefert, die die
Energieerhaltung beeinträchtigen können. Der Vorteil der Molakulardynamik mit holonomen
Bindungen besteht in der Möglichkeit der Verwendung großer Zeitschrittweiten im Bereich von
$10^{-15}$ s anstelle $2...4 \times 10^{-16}$ s wie beim ersten Verfahren.

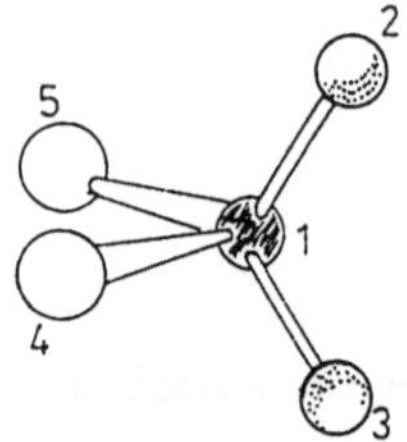

**Bild 4.4**
Das Tetraedermodell des Wassers (1 Sauerstoff, 2,3 Wasserstoff, 4,5 virtuelle Punkte)

*Lagrange-I-Dynamik für Moleküle mit virtuellen Kraftzentren*

In diesem Abschnitt soll das Prinzip der Lagrange-I-Dynamik, häufig auch als *constraint dynamics* bezeichnet, vorgestellt werden. Als Beispiel wurde ein Wasser-Modell gewählt. Daran lassen sich problemlos alle relevanten Fragen demonstrieren, einschließlich der Behandlung masseloser virtueller Kraftzentren, wie sie oft zur Beschreibung asymmetrischer Ladungsverteilungen notwendig sind. Grundgerüst des BNS-Modells [109] bzw. des ST2-Modells [27] ist ein Tetraeder, in dessen Zentrum sich das Sauerstoffatom befindet. Die O-H-Bindungslänge ist auf 0.1 nm festgelegt. Zur Beschreibung der asymmetrischen Ladungsverteilung des Wassermoleküls werden noch zwei masselose virtuelle Kraftzentren eingeführt, die sich in 0.1 nm (BNS) bzw. 0.08 nm (ST2) Abstand zum Sauerstoff befinden. Während der Sauerstoff als Lennard-Jones-Teilchen in die molekulare Wechselwirkung eingeht, wirken die Wasserstoffe und die virtuellen Punkte nur als Ladungsträger ohne eigene Ausdehnung. Die H-Atome tragen eine Ladung von $+q$ und die virtuellen Punkte von $-q$. Der Betrag der Ladung unterscheidet sich für die beiden genannten Modelle: 0.19 e (BNS) bzw. 0.2357 e (ST2). Zur Sicherung der Molekülgeometrie werden neun Bindungsbedingungen

$$f_{ij} = \frac{1}{2}(\mid \vec{r}_{ij} \mid^2 - d_{ij}^2)$$ (4.24)

für die Abstände $d_{ij}, (i = 1 \ldots 3, j = i + 1 \ldots 5)$ eingeführt. Damit reduziert sich die ursprüngliche Zahl der Freiheitsgrade der fünf Wechselwirkungszentren von 15 auf 6, die zur eindeutigen Bestimmung der Lage und Orientierung eines Wassermoleküls im Raum notwendig sind. Die Bewegungsgleichungen der fünf Punkte ergeben sich zu

$$m_i\ddot{\vec{r}}_i = \vec{F}_i + \sum_{j \neq i} \vec{z}_{ij},$$ (4.25)

wobei $\vec{F}_i$ die Kraft der umgebenden Wassermoleküle ist und $\sum_{j \neq i} \vec{z}_{ij}$ die Zwangskräfte zur Sicherung der Abstände der Punkte $j$ mit dem Punkt $i$ sind.

Im Detail ergibt sich folgendes Gleichungssystem:

für die Massenpunkte

$$m_1\ddot{\vec{r}}_1 = \vec{F}_1 + \lambda_{12}\vec{r}_{12} + \lambda_{13}\vec{r}_{13} + \lambda_{14}\vec{r}_{14} + \lambda_{15}\vec{r}_{15}$$
$$m_2\ddot{\vec{r}}_2 = \vec{F}_2 - \lambda_{12}\vec{r}_{12} + \lambda_{23}\vec{r}_{23} + \lambda_{24}\vec{r}_{24} + \lambda_{25}\vec{r}_{25}$$ (4.26)
$$m_3\ddot{\vec{r}}_3 = \vec{F}_3 - \lambda_{13}\vec{r}_{13} - \lambda_{23}\vec{r}_{23} + \lambda_{34}\vec{r}_{34} + \lambda_{35}\vec{r}_{35}$$

für die virtuellen Punkte

$$0 = \vec{F}_4 - \lambda_{24}\vec{r}_{24} - \lambda_{34}\vec{r}_{34} - \lambda_{14}\vec{r}_{14}$$ (4.27)
$$0 = \vec{F}_5 - \lambda_{25}\vec{r}_{25} - \lambda_{35}\vec{r}_{35} - \lambda_{15}\vec{r}_{15}.$$

Die Gln.(4.27) sind mit Hilfe der Cramerschen Regel exakt lösbar, so daß sich die Zahl der noch verbleibenden Lagrangeschen Parameter $\lambda_{ij}$ auf drei reduziert. Im Verlet-Algorithmus erhält man damit die Ausdrücke

$$\vec{r}_1(t+h) = \vec{r}_1^{\,*}(t+h) + \frac{h^2}{m_1}(\lambda_{12}\vec{r}_{12}(t) + \lambda_{13}\vec{r}_{13}(t))$$

$$\vec{r}_2(t+h) = \vec{r}_2^{\,*}(t+h) + \frac{h^2}{m_2}(-\lambda_{12}\vec{r}_{12}(t) + \lambda_{23}\vec{r}_{23}(t)) \tag{4.28}$$

$$\vec{r}_3(t+h) = \vec{r}_3^{\,*}(t+h) + \frac{h^2}{m_3}(-\lambda_{13}\vec{r}_{13}(t) - \lambda_{23}\vec{r}_{23}(t)).$$

Analoge Gleichungen ergeben sich auch für die zwischenatomaren Abstände, aus denen sich ein Iterationsschema zur Bestimmung der $\lambda_{12}$, $\lambda_{13}$ und $\lambda_{23}$ ableiten läßt. Mit der Zerlegung

$$\lambda_{ij}^{(\nu)} = \lambda_{ij}^{(\nu-1)} + \epsilon_{ij}^{(\nu-1)} \tag{4.29}$$

wird etwa

$$\vec{r}_{12}^{\,(\nu)}(t+h) = \vec{r}_{12}^{\,(\nu-1)}(t+h) + \epsilon_{12}^{(\nu-1)}\frac{h^2}{\mu}\vec{r}_{12}(t) \tag{4.30}$$

$$- \epsilon_{23}^{(\nu-1)}\frac{h^2}{m_2}\vec{r}_{23}(t) + \epsilon_{13}^{(\nu-1)}\frac{h^2}{m_1}\vec{r}_{13}(t). \tag{4.31}$$

Dabei bezeichnet $\nu$ die Nummer des Iterationszyklus. Im weiteren werden die Zeitangaben weggelassen und alle mit einer Iterationsnummer versehenen Größen beziehen sich auf den Zeitpunkt $t+h$, während alle anderen Größen zum vorhergehenden Zeitschritt $t$ gehören. Da die in den $r_{ij}$ quadratischen Gln.(4.24) nicht direkt lösbar sind, wird das Newton-Verfahren zur Linearisierung verwendet

$$2\vec{r}_{ij}^{\,(\nu)}\vec{r}_{ij}^{\,(\nu-1)} = \mid \vec{r}_{ij}^{\,(\nu-1)}\mid^2 + d_{ij}^2, \tag{4.32}$$

wodurch man das folgende Gleichungssystem erhält:

$$\epsilon_{12}^{(\nu-1)}\frac{h^2}{\mu}\vec{r}_{12}\vec{r}_{12}^{\,(\nu-1)} - \epsilon_{23}^{(\nu-1)}\frac{h^2}{m_2}\vec{r}_{23}\vec{r}_{12}^{\,(\nu-1)} + \epsilon_{13}^{(\nu-1)}\frac{h^2}{m_1}\vec{r}_{13}\vec{r}_{12}^{\,(\nu-1)} = b_1$$

$$\epsilon_{12}^{(\nu-1)}\frac{h^2}{m_1}\vec{r}_{12}\vec{r}_{13}^{\,(\nu-1)} + \epsilon_{23}^{(\nu-1)}\frac{h^2}{m_2}\vec{r}_{23}\vec{r}_{13}^{\,(\nu-1)} + \epsilon_{13}^{(\nu-1)}\frac{h^2}{\mu}\vec{r}_{13}\vec{r}_{13}^{\,(\nu-1)} = b_2 \tag{4.33}$$

$$-\epsilon_{12}^{(\nu-1)}\frac{h^2}{m_2}\vec{r}_{12}\vec{r}_{23}^{\,(\nu-1)} + \epsilon_{23}^{(\nu-1)}\frac{h^2}{\mu}\vec{r}_{23}\vec{r}_{23}^{\,(\nu-1)} + \epsilon_{13}^{(\nu-1)}\frac{h^2}{m_2}\vec{r}_{13}\vec{r}_{23}^{\,(\nu-1)} = b_3$$

mit

$$b_1 = \frac{1}{2}(d_{12}^2 - \mid \vec{r}_{12}^{\,(\nu-1)}\mid^2)$$

$$b_2 = \frac{1}{2}(d_{13}^2 - \mid \vec{r}_{13}^{\,(\nu-1)}\mid^2) \tag{4.34}$$

$$b_3 = \frac{1}{2}(d_{23}^2 - \mid \vec{r}_{23}^{\,(\nu-1)}\mid^2).$$

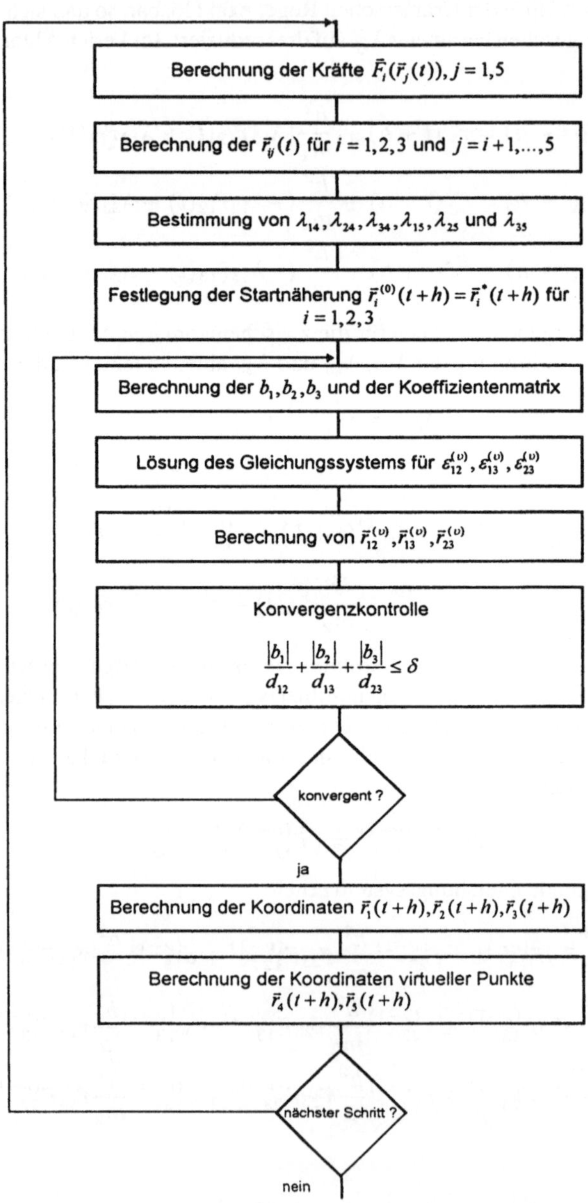



**Bild 4.5**
Ablaufdiagramm für die
Lagrange-I-Dynamik des Wassers

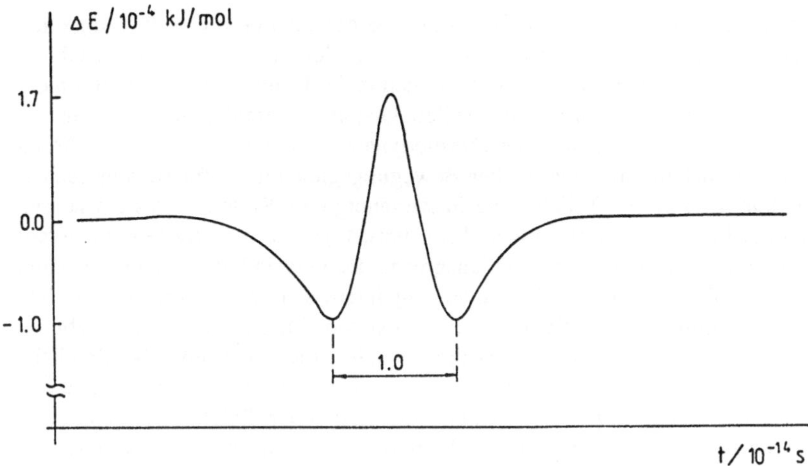



**Bild 4.6** Gesamtenergie bei einem zentralen Stoß zweier Lennard-Jones-Moleküle (Methan) bei 300 K (Die Schrittweite $h$ ist $10^{-15}$s)

Das so entstandene Gleichungssystem ist wiederum mit Hilfe der Cramerschen Regel lösbar, so daß das folgende Schema für den Lagrange-I-Formalismus des Wassermodells entsteht: Geht man davon aus, daß die Koordinaten $r_i(t - h)$ und $r_i(t)$ bekannt und die neuen Koordinaten $r_i(t + h)$ für alle $i$ zu bestimmen sind, müssen die Schritte abgearbeitet werden, wie sie in Bild 4.5 dargestellt sind. Das Verfahren läßt sich problemlos auf beliebige Moleküle anwenden, wenn man einen geeigneten Satz von Bindungen findet. Nicht in jedem Fall bietet sich die molekulare Struktur dazu an. Zum Beispiel lassen sich für ein lineares dreiatomiges Molekül nicht die erforderlichen vier Bedingungen aus den Atomkoordinaten bilden. Die Lösung besteht darin, einen Satz von *Atomen* zu definieren, aus deren Koordinaten sich durch Linearkombination die Koordinaten der übrigen Atome bestimmen lassen [105].

### 4.3.4 Die Gesamtenergie als Kontrollgröße

Unter den Tests für die Genauigkeit und Zuverlässigkeit eines MD-Programmes spielt die Prüfung der Konstanz der Gesamtenergie eine besondere Rolle. Man kann selbstverständlich die Auswertung jeder beliebigen physikalischen Größe zum Testen eines vorhandenen Programms benutzen. Man muß dazu nur genaue Werte für ein Referenzsystem zur Verfügung haben. Wenn aber keine äußeren Einwirkungen in die Simulation einbezogen werden, ist die Gesamtenergie bei der Lösung der Newtonschen Gleichungen (2.12c) eine Erhaltungsgröße. Man hat so ohne Referenzsystem eine einfache Kontrollmöglichkeit. Hinzu kommt, daß kinetische und potentielle Energie in der Regel ohnehin ausgewertet werden, so daß kein nennenswerter zusätzlicher Aufwand entsteht. Zuweilen wird auch vorgeschlagen, die Güte eines Programms und des verwendeten Algorithmus dadurch zu testen, daß man die Abweichungen der vom Programm gelieferten Trajektorien von exakt analytisch berechneten oder mit extrem kleiner Schrittweite numerisch ermittelten untersucht. Nun ist aber bekannt, daß in Folge der Ljapunov-Instabilität der Trajektorien schon kleinste Änderungen in den Geschwindigkeiten über geänderte Winkelverhältnisse bei den nächsten Stößen zu mit der Zeit exponentiell anwachsenden Abweichungen in den einzelnen Trajektorien führen [8]. Die physikalisch interessierenden Vielteilchengrößen wie Druck, Temperatur usw., ja selbst dynamische Eigenschaften wie Diffusionskoeffizienten oder Geschwindigkeits-Autokorrelationsfunktionen, sind aber davon weit weniger – in der Regel (außer bei instabilen Zuständen) gar nicht merklich – beeinflußt. Es existiert auch in der Natur kein System, das nicht pausenlos unzählige kleine Störungen durch Schallwellen, kosmische Strahlen und vieles andere mehr erleidet. Trotzdem gilt die makroskopische Thermodynamik mit hoher Genauigkeit. Wenn dagegen in einem Simulationslauf mit Newtonschen Bewegungsgleichungen für ein abgeschlossenes System nach jedem Stoß zweier Teilchen die Gesamtenergie im System etwas gewachsen ist, so ist ein makroskopisches Naturgesetz verletzt. Wenn diese *Aufheizung* des Systems nicht sehr langsam erfolgt, erreicht man eventuell die Stabilitätsgrenze des verwendeten Algorithmus und einen Abbruch des Laufes. Es ist in diesem Zusammenhang interessant, daß schon die einfachen Varianten des Verlet-Algorithmus bei relativ großen Schrittweiten eine ausgezeichnete Stabilität des Mittelwertes der Gesamtenergie aufweisen. Während eines Stoßes können dabei deutliche Abweichungen von der Energiekonstanz beobachtet werden. Bild 4.6 zeigt beispielsweise den zeitlichen Verlauf der Gesamtenergie für zwei isolierte Lennard-Jones-Teilchen während eines Stoßes. Man sieht, daß die Gesamtenergie nach dem Stoß trotz zeitweiliger Abweichung wieder recht genau den Anfangswert annimmt. Bei komplizierteren Algorithmen (Gear,Toxvaerd) sind keine so starken Verletzungen des Energiesatzes zu beobachten, aber der verbleibende Fehler nach dem Stoß ist erheblich größer. So ist bei diesen Algorithmen während des Laufes ein gewisses *Driften* der Gesamtenergie zu beobachten, das beim Verlet-Algorithmus nicht auftritt. Allerdings ist dieser Effekt bei der üblichen Wahl der Schrittweite gering. Immerhin mag er aber dazu beigetragen haben, daß die Verlet-Varianten sich weitgehend durchgesetzt haben.


## 4.4  Periodische Randbedingungen

Bei den Simulationen soll das MD-System in der Regel einen Ausschnitt aus einer ausgedehnteren Flüssigkeit oder einem Gas simulieren. In diesem Fall muß man eine geeignete Umgebung des simulierten Ausschnittes in die Rechnung einbeziehen um Oberflächeneffekte auszuschließen. Sonst verhält sich das Sytem von einigen hundert oder tausend Teilchen wie ein winziges Tröpfchen. Um zu erkennen, wie schwerwiegend das ist, braucht man sich nur klarzumachen, daß beispielsweise in einem kubischen Gitter von 512 Teilchen 296 Teilchen an der Oberfläche sitzen. Das sind 58 Prozent. Die Oberflächeneffekte würden also das molekulare Geschehen erheblich beeinflussen.

Man wendet deshalb folgenden Trick an (der hier nur für den Fall einer kubischen Simulationsbox erläutert werden soll): Man stellt sich vor, daß um das kubische Volumen der Kantenlänge $L$ identische Boxen mit identischem Inhalt existieren, die einfach durch Verschieben der ursprünglichen Box um Vielfache der Distanz $L$ entlang der Koordinatenachsen erzeugt werden. Man erhält damit ein (fiktives) unendliches System.

Wenn man nun die Wechselwirkung eines gegebenen Teilchens $i$ mit seiner Umgebung berechnet, so wechselwirkt es außer mit einem gegebenen Teilchen $j$ am Ort $\vec{r}_j(x, y, z)$ auch noch mit dessen *Abbildern* am Ort $\vec{r}_j(x + L, y, z)$ bzw. $\vec{r}_j(x, y + L, z)$ aber auch beispielsweise $\vec{r}_j(x + L, y - L, z + L)$ usw..

Weil nun in allen *Abbildern* der MD-Box stets das gleiche geschieht, braucht man die Teilchenorte und -geschwindigkeiten nur einmal, nämlich für die eigentliche MD-Box zu berechnen und zu speichern.

Es wird angenommen, daß die Werte jeder Koordinate in der zentralen Box zwischen 0 und $L$ liegen mögen. Wenn nun ein Teilchen in einer Koordinatenrichtung den Bereich der Box verläßt, dann wird es eines der *Abbilder* geben, das im gleichen Moment in die Box eintritt (Bild

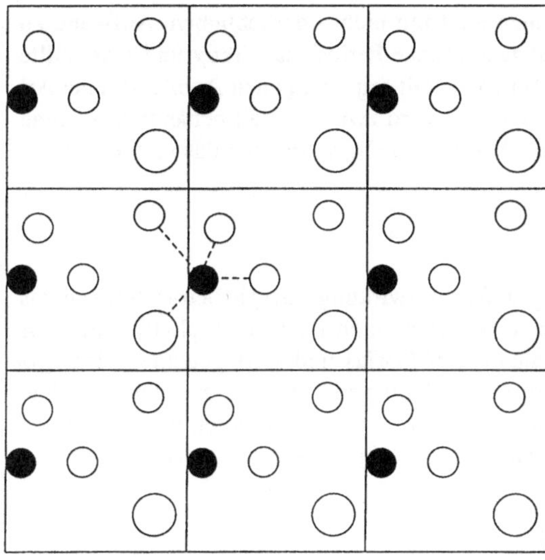

**Bild 4.7**
Periodische Randbedingungen

4.7). So wird also die Zahl der Teilchen in der zentralen Box immer exakt konstant bleiben. Zweckmäßigerweise speichert man immer die Koordinaten der Teilchen bzw. *Abbilder*, die sich gerade in der zentralen Box befinden.

Praktisch führt man nach jeder Veränderung der Teilchenorte während des MD-Laufes die folgenden Operationen aus (X(IMOL), Y(IMOL), Z(IMOL) seien die Koordinaten des Teilchens mit der Nummer IMOL, die Variable BOXL hat den Wert $L$)

```
IF ( X(IMOL) .GT.    BOXL   ) X(IMOL) = X(IMOL) - BOXL
IF ( X(IMOL) .LT.    0.0  ) X(IMOL) = X(IMOL) + BOXL
IF ( Y(IMOL) .GT.    BOXL   ) Y(IMOL) = Y(IMOL) - BOXL
IF ( Y(IMOL) .LT.    0.0  ) Y(IMOL) = Y(IMOL) + BOXL
IF ( Z(IMOL) .GT.    BOXL   ) Z(IMOL) = Z(IMOL) - BOXL
IF ( Z(IMOL) .LT.    0.0  ) Z(IMOL) = Z(IMOL) + BOXL.
```

Man beachte: Das *Abbild* des Teilchens, das in die Box eintritt, ist nicht *umgesetzt* worden, wie das manchmal formuliert wird, sondern einfach weitergelaufen. Mehr noch: alle identischen Abbilder eines gegebenen Teilchens erfahren auch stets identische Kräfte. Wenn also solch ein System wirklich existieren würde, dann würde diese Periodizität ohne äußere Eingriffe für alle Zeiten erhalten bleiben. Statt von periodischen Randbedingungen, wie man diesen Trick nennt, sollte man also besser von räumlich periodischen Anfangsbedingungen reden. Aber natürlich schließen wir uns dem üblichen Sprachgebrauch an.

## 4.5 Potential *cutoff* und *shifted forces*

Durch die periodischen Randbedingungen hat man die Kräfte strenggenommen in einem unendlichen System zu berechnen. Natürlich ist das nicht ausführbar und in der Regel auch gar nicht wünschenswert. Einerseits klingt beispielsweise der anziehende Teil des Lennard-Jones-Potentials mit der sechsten, der abstoßende Teil sogar mit der zwölften Potenz des Abstandes ab deshalb ist die potentielle Energie zweier Teilchen im Abstand $3\sigma$ nur noch rund ein halbes

Prozent des Minimums-Wertes $-\epsilon$. Diesen kleinen Rest mit nicht unerheblichem Aufwand zu berechnen, wäre sinnlos. Andererseits ist die angenommene Periodizität fiktiv und man sollte nicht unnötig durch die Wechselwirkung eines Teilchens mit seinen eigenen Abbildern eine Art Rückkopplung in das System bringen. Im Abschnitt 4.9 wird zwar ein Fall behandelt, wo man eine solche Rückkopplung in Kauf nehmen muß, aber wo es geht, sollte man das vermeiden.

### 4.5.1  Der *cutoff*-Radius

Werden neutrale Systeme mit schnell abklingender Wechselwirkungsenergie betrachtet, wie das für das Lennard-Jones-Potential der Fall ist, dann berechnet man Paar-Wechselwirkungen nur bis zu einem gewissen Abstand, dem sogenannten *cutoff*-Radius und setzt potentielle Energie und Kraft für größere Abstände gleich Null. Der *cutoff*-Radius soll mit $r_C$ bezeichnet werden. Oft wählt man $r_C \approx 2.5\sigma$ für das Lennard-Jones-Potential. In manchen Fällen muß man dann durchaus Korrekturen zu den berechneten Größen berücksichtigen. Wie das ausgeführt werden kann, ist im Abschnitt 7.1.3 beschrieben.

### 4.5.2  Die *minimum-image*-Konvention

Wenn die Reichweite $r_C$ der Teilchenpotentiale kleiner als die Hälfte der Boxlänge $L$ ist, kann man die sogenannte *minimum-image*-(MI)-Konvention anwenden. Dabei zieht man für jedes Teilchen $i$ nur die $N-1$ Teilchen bzw. Abbilder als Wechselwirkungspartner in Betracht, die innerhalb einer gedachten Box liegen, die die gleiche Größe und Form wie die Simulationsbox hat und deren Zentrum das entsprechende Teilchen ist. Dadurch werden die Teilchen in der zentralen MD-Box nur mit ebenfalls dort befindlichen Teilchen oder allenfalls mit solchen wechselwirken, die in jeder Koordinatenrichtung um höchstens $+L$ oder $-L$ verschoben sind. Man kann etwa die Wechselwirkung des Teilchens mit der Nummer IMOL und des Teilchens mit der Nummer JMOL betrachten. Die Koordinatendifferenzen seien XIJ, YIJ, ZIJ für die Teilchen IMOL und JMOL *in der Zentralbox*. In FORTRAN werden diese als

```
XIJ = X(IMOL) - X(JMOL)
YIJ = Y(IMOL) - Y(JMOL)
ZIJ = Z(IMOL) - Z(JMOL)
```

berechnet. Dann führen die Befehlsfolge

```
IF( XIJ .GT.   L/2  ) XIJ = XIJ - L
IF( XIJ .LT. (-L/2) ) XIJ = XIJ + L
```

und die entsprechenden Befehle für YIJ und ZIJ dazu, daß aus der unendlichen Zahl der Abbilder des Teilchens JMOL das *einzige* ausgewählt wird, dessen Abstand von IMOL kleiner als $r_C$ sein kann. Das nennt man die *minimum-image-(MI)-Konvention*.

```
RIJ = SQRT(XIJ*XIJ + YIJ*YIJ + ZIJ*ZIJ)
```

ist dann der entsprechende Paarabstand.

Bei der MI-Konvention wechselwirkt jedes der $N$ Teilchen eines Simulationssystems jeweils mit genau $N-1$ Teilchen. Insbesondere für ionische Systeme ist das wichtig, damit die Elektroneutralität nicht verletzt wird.

### 4.5.3 *shifted forces*

Eine alternative Möglichkeit zum einfachen *cutoff*-Verfahren ist die Verwendung von leicht modifizierten Potentialfunktionen, bei denen das Potential und die Kraft beim Abstand $r = r_C$ stetig sind, was am Beispiel des Lennard-Jones-Potentials erläutert wird. Aus Gl.(3.20) erhält man die Kraft $F_{LJ}(r) = -\mathrm{d}U_{LJ}/\mathrm{d}r$ in der Form

$$F_{LJ}(r) = 24\epsilon \left[ 2\frac{\sigma^{12}}{r^{13}} - \frac{\sigma^6}{r^7} \right]. \tag{4.35}$$

Das Potential und die Kraft sollen so modifiziert werden, daß beide beim Abstand $r = r_C$ stetig zu Null werden. Für $r = r_C$ sei $F_{LJ}(r) = \Delta F$ also

$$\Delta F = 24\epsilon \left[ 2\frac{\sigma^{12}}{r_C{}^{13}} - \frac{\sigma^6}{r_C{}^7} \right]. \tag{4.36}$$

Für $r < r_C$ wird

$$F(r) = F_{LJ}(r) - \Delta F \tag{4.37}$$

gesetzt und $F(r) = 0$ für $r > r_C$. Die zugehörige potentielle Energie $U(r)$ findet man aus

$$U(r) = - \int_r^\infty F(\xi)\, \mathrm{d}\xi. \tag{4.38}$$

Es ergibt sich

$$U(r) = U_{LJ}(r) - (r_C - r)\Delta F - U_{LJ}(r_C). \tag{4.39}$$

Für $r > r_C$ ist $U(r) = 0$. In [110] und [111] wird dieses Modell getestet und die Korrekturen zum Druck und der inneren Energie gegenüber dem vollen Lennard-Jones-Potential werden angegeben. Diese Korrekturen sind größer als beim einfachen *cutoff*-Verfahren. Das ist der Preis, den man für die Stetigkeit der Kräfte und des Potentials zu zahlen hat. Der Gewinn besteht in der verbesserten Gültigkeit des Energieerhaltungssatzes und besserer numerischer Stabilität.

## 4.6 Nachbarschaftstabellen, *linked-cell*-Technik

Die Berechnung der Paar-Wechselwirkungen erfordert bei Teilchenzahlen $N > 100$ den größten Teil der Computerzeit bei einem MD- oder MC-Lauf, weil die Zahl der Teilchenpaare $N(N - 1)/2$ mit dem Quadrat der Teilchenzahl wächst. Aber bei vielen Teilchenpaaren ist der Abstand größer als der *cutoff*-Radius (siehe Abschnitt 4.5). Die Berechnung dieser Abstände ist eigentlich überflüssig und es gibt Techniken, die Zahl dieser unnötigen Berechnungen zu reduzieren. Die gebräuchlichste Methode dafür ist das Anlegen von Nachbarschaftstabellen. Man geht davon aus, daß sich im Verlauf weniger Zeitschritte die räumliche Anordnung anderer Teilchen in der Nachbarschaft eines beliebigen Teilchens nicht wesentlich ändern wird. Man legt daher für jedes Teilchen eine Liste an, in der man vermerkt, welche Teilchen während der nächsten Zeitschritte als Wechselwirkungspartner in Frage kommen, das heißt, innerhalb des *cutoff*-Radius liegen oder nur wenig außerhalb davon. Man muß dann die Abstände (und falls diese innerhalb des *cutoff* liegen, die Wechselwirkung) nur für diese Teilchen berechnen. Diese Nachbarschaftstabelle wird von Zeit zu Zeit (etwa alle 10 MD-Schritte) aktualisiert. Die praktische Ausführung kann man im Beispielprogramm, das diesem Buch als Anhang beigefügt ist, sehen. Die Technik soll am Beispiel dieses Programmes erläutert werden.

Man schreibt in ein eindimensionales Feld `molij` nacheinander die Nummern aller Teilchen, die als Nachbarn gefunden werden. In einem weiteren Feld `neighb(imol)` ist vermerkt, wieviele Nachbarn zum Teilchen mit der Nummer `imol` gehören. Ist etwa `neighb(1)=5`, so sind die ersten fünf Teilchen in der Nachbarschaftstabelle die Nachbarn des Teilchens 1 usw. Um jedes Teilchenpaar nur einmal zu erfassen, prüft man beim Aufstellen der Tabelle grundsätzlich nur die Abstände vom Teilchen `imol` zu solchen mit größerer Nummer. Diese werden in die Tabelle aufgenommen, wenn der Abstand kleiner ist als ein Radius $r_T$. Hat man beispielsweise den *cutoff*-Radius $r_C$ gleich $2.5\sigma$ gewählt, so ist eine sehr sichere Wahl $r_T = 3\sigma$. Natürlich riskiert man immer, daß ein extrem schnelles Teilchen, das nicht als Nachbar registriert ist, in den Bereich merklicher Wechselwirkung kommt bevor die Nachbarschaftstabelle aktualisiert wird. Aber bei geeigneter Wahl von $r_T$ ist die Wahrscheinlichkeit dafür verschwindend klein. Zudem ist die Wechselwirkung sehr schwach, wenn $r_C$ nur wenig unterschritten wird. Man kann die untere Grenze für die Wahl von $r_T - r_C$ aus der mittleren Teilchengeschwindigkeit $v_m$, der MD-Schrittweite $h$ und der Zahl $n_T$ abschätzen, die angibt, nach wieviel Schritten die Nachbarschaftstabelle aktualisiert wird. Es muß

$$r_T - r_C > v_m h n_T \tag{4.40}$$

sein. Für Methan bei Zimmertemperatur ist $v_m \approx 500$ m/s. Mit $h = 10^{-14}$ s und $n_T = 10$ ergibt sich $r_T - r_C > 0.5$ Å. Da für Methan $\sigma = 3.8$ Å ist, sieht man, daß $r_T - r_C = 0.5\sigma$ relativ sicher ist, da Teilchen mit dem Vierfachen der mittleren Geschwindigkeit in der Boltzmann-Verteilung geringe Wahrscheinlichkeit haben.

Der Aufwand an Rechenzeit für die Berechnung der Wechselwirkungs-Kräfte und Energien wächst bei der Verwendung von Nachbarschaftstabellen nur linear mit der Teilchenzahl. Allerdings wächst der Aufwand für die Berechnung der Nachbarschaftstabelle weiter mit dem Quadrat der Teilchenzahl. Da diese Berechnung nur alle ca. 10 Schritte erfolgt, ist das bei Teilchenzahlen von einigen hundert Teilchen nicht entscheidend. Es empfiehlt sich nicht, $n_T$ wesentlich größer als 10 zu wählen, da dann $r_T - r_C$ größer sein muß und die Zahl der Nachbarn mit der dritten Potenz von $r_T$ wächst.

Mit wachsender Teilchenzahl nimmt die Berechnung der Nachbarschaftstabelle einen immer größeren Anteil der Rechenzeit in Anspruch. Für Teilchenzahlen von mehreren tausend Teilchen bedient man sich daher anderer Techniken. Eine solche Methode ist etwa die sogenannte *linked-cell*-Technik. Dabei wird die MD-Box in kleinere Zellen unterteilt. Der Aufwand, die Teilchen den Zellen zuzuordnen, ist gering und wächst nur linear mit der Teilchenzahl. Als mögliche Wechselwirkungspartner betrachtet man dann die Teilchen in den benachbarten Zellen. Man unterteilt beispielsweise eine kubische MD-Box durch $M$ gedachte Trennwände in jeder Dimension in $M^3$ kleinere kubische Zellen. Sollen nur die unmittelbar benachbarten Zellen Wechselwirkungspartner enthalten, so muß deren Kantenlänge $L/M > r_C$ sein, wenn $L$ die Kantenlänge der MD-Box ist. Man hat für jedes Teilchen die Nachbarn in 9 Zellen zu suchen. Nimmt man etwa $r_C = 10$ Å an, so umfaßt der Bereich der Nachbarn ein Volumen von $27000$ Å$^3$. Die mittlere Zahl der Nachbarn ist gleich diesem Volumen multipliziert mit der Dichte. Eine Nachbarschaftstabelle mit $r_T = 12$ Å erfaßt dagegen um jedes Teilchen ein Volumen von $\frac{4}{3}\pi r_T^3 \approx 7238$ Å, also wesentlich weniger. Die Zahl der Abstände, die in jedem MD-Schritt berechnet werden müssen, ist also bei dieser Variante der *linked-cell*-Technik fast viermal so groß wie bei Verwendung einer gewöhnlichen Nachbarschaftstabelle. Deshalb lohnt sich die Anwendung dieser Technik nur bei extremen Teilchenzahlen, wo die Berechnung der Nachbarschaftstabelle sehr aufwendig ist. Technische Einzelheiten zur *linked-cell*-Technik kann man in der Spezialliteratur, beispielsweise in [7], nachlesen. Zur Effektivität der Methode siehe auch [112].

## 4.7 *multiple-time-step*-**Methode**

Die Berechnung der Wechselwirkungs-Kräfte kostet in der Regel den größten Teil der Rechenzeit. Das ist selbst dann so, wenn man durch Nachbarschaftstabellen oder ähnliche Methoden diesen Teil der Rechenzeit erheblich reduzieren kann. Aus diesem Grund versucht man, diese Kräfte so selten wie möglich zu berechnen, das heißt, das Zeitinkrement pro Simulationsschritt so groß wie möglich zu wählen. Andererseits kann die Genauigkeit der berechneten Trajektorien und die Stabilität des Simulationslaufes nur dann vorausgesetzt werden, wenn das Zeitinkrement weit genug unter der Zeit liegt, in der sich die Kräfte auf ein Teilchen des Systems wesentlich ändern.

In der Regel setzen sich die Kräfte, die auf ein Teilchen wirken, aus langsam und schnell veränderlichen Anteilen zusammen. So muß man das Zeitinkrement kleiner als $10^{-15}$ s wählen, wenn man die Oszillationen der Atome in einem Molekül in Folge der Bindungskräfte berechnet. In einem reinen Lennard-Jones-Fluid kann man dagegen oft mit einer Schrittweite von $10^{-14}$ s arbeiten. Die Wechselwirkungs-Kräfte zwischen Teilchen, die sich weit voneinander entfernt (aber innerhalb des Abschneideradius) aufhalten, ändern sich dabei noch wesentlich langsamer, weil die Ortsabhängigkeit des Potentials mit wachsender Entfernung immer kleiner wird.

Um diese Umstände auszunutzen, wurden von Streett, Tildesley und Saville [113] sowie von Finney [114] Verfahren entwickelt, die man *multiple-time-step*-Algorithmen nennt. Bei diesen Verfahren benutzt man statt einer Nachbarschaftstabelle mehrere. In jeder dieser Tabellen sind Wechselwirkungspartner zu Kräften zusammengefaßt, die sich in einer bestimmten Zeitskala ändern. So kann die erste Nachbarschaftstabelle zu jedem Teilchen diejenigen Nachbarn enthalten, mit denen es durch starke Kräfte (innermolekulare Kräfte oder abstoßende Lennard-Jones-Kräfte) verbunden ist. Das sind solche, die nicht viel weiter als einen Teilchendurchmesser entfernt sind. Eine zweite Nachbarschaftstabelle kann die übrigen Moleküle enthalten, die sich innerhalb des Abschneideradius $r_T$ für die übliche Nachbarschaftstabelle befinden. Man berechnet dann die schnell veränderlichen Kräfte in jedem Zeitschritt und die langsam veränderlichen Kräfte seltener. Dabei wird in der Arbeit [113] die Veränderung der langsam veränderlichen Kräfte näherungsweise mit Hilfe einer Taylorreihe in jedem Zeitschritt berücksichtigt, während in [114] diese Kräfte jeweils über mehrere Zeitschritte als konstant angenommen werden.

In der Arbeit [115] wird eine neuere Variante eines solchen Verfahrens vorgestellt, bei dem jeweils über kurze Zeiten die zeitliche Entwicklung eines Referenzsystems mit Kräften kurzer Reichweite berechnet wird. Jeweils nach einer bestimmten Anzahl von Zeitschritten wird dann ein Integrationsschritt für die vollständigen Bewegungsgleichungen ausgeführt.

*multiple-time-step*-Algorithmen bringen oft eine beträchtliche Steigerung der Rechengeschwindigkeit. Der Gewinn ist umso größer, je unterschiedlicher die Zeitskalen der einzelnen beteiligten Prozesse sind. Besonders für die Simulation von Makromolekülen und Vorgängen in Kristallen sowie ähnlich gearteten Systemen sind solche Methoden empfehlenswert.

## 4.8 Vorgabe von Druck und Temperatur

Durch die Größe der MD-Box sowie die Orte und Geschwindigkeiten der Teilchen zu einem beliebigen Zeitpunkt eines MD-Laufes sind die thermodynamischen Parameter des Gleichgewichtszustandes eindeutig festgelegt, dem das System zustrebt, wenn man es lange genug sich selbst überläßt. Während man aber die (im NVE-Ensemble zeitlich konstante) Gesamtenergie als Summe von potentieller und kinetischer Energie zu einem beliebigen Zeitpunkt leicht angeben kann, ist die Angabe von Druck und Temperatur nicht so einfach. Die kinetische Energie und das

Virial, aus denen diese Größen berechnet werden, schwanken während des Laufes um Mittelwerte, die man erst aus einem längeren Lauf bestimmen kann. Resultate von Experimenten werden aber fast immer als Funktion von Temperatur und Druck und nicht von Teilchenzahl, Volumen und Gesamtenergie publiziert. So ist es für Vergleiche nötig, MD-Läufe für genau vorgegebene Temperaturen auszuführen. Das gleiche gilt im Prinzip für den Druck, wobei hier durch Angabe der Dichte anstatt des Druckes noch eher ein Kompromiß möglich ist.

Die einfachste Art, die Temperatur konstant auf einem vorgegebenen Wert $T_0$ zu halten, ist die Multiplikation der Geschwindigkeiten mit $\sqrt{T_0/T}$ in jedem Zeitschritt. Dabei ist $T$ die Temperatur, die sich in dem betreffenden Zeitschritt ohne diese Multiplikation ergeben hätte.

Eine ebenfalls sehr einfache und weit weniger gewaltsame Methode besteht darin, die Geschwindigkeit des $i$-ten Teilchens ($i = 1, \ldots, N$) je nach dem Verhältnis $T_0/T$ nur leicht im gewünschten Sinne zu verändern

$$\vec{v}_i = \vec{v}_i + \xi\left(\frac{T_0}{T} - 1\right)\vec{v}_i. \tag{4.41}$$

Dabei ist $\xi = h/(2\tau)$, wobei $h$ das Zeitinkrement der MD-Simulation und $\tau$ eine geeignet zu wählende Relaxationszeit der Temperatur ist. Diese Methode wurde 1984 von Berendsen et al. [116] vorgeschlagen. Ihre Idee ist aus der Untersuchung der Thermalisierung des Systems im Kontakt mit einem Bad, bestehend aus sehr leichten Teilchen, hervorgegangen. Die Auswirkungen dieser Thermalisierung auf statische und auch auf empfindliche dynamische Größen wie die Geschwindigkeits-Autokorrelationsfunktion oder den dynamischen Strukturfaktor sind in [116] untersucht worden. Es wurde ermittelt, daß bei $\tau > 0.1$ ps keine Auswirkungen mehr nachweisbar sind. Bei eigenen Anwendungen ergab sich, daß sogar ein um den Faktor 10 kleinerer $\xi$-Wert ausreicht, um den Mittelwert der Temperatur auf etwa 0.5 Kelvin genau einzustellen. Um ganz sicher zu gehen, kann man für konkrete Anwendungen einige Testläufe ohne Thermalisierung durchführen, deren mittlere Temperatur man erst am Ende des Laufes erhält. Dann kann man zu jedem dieser Testläufe einen thermalisierten Lauf zur gleichen mittleren Temperatur durchführen und sehen ob die interessierenden Meßgrößen (Druck, Diffusionskoeffizienten usw.) im Rahmen der ohnehin vorhandenen Fluktuationen übereinstimmen.

Ganz analog kann man den Druck im System auf einen gewünschten Mittelwert regeln. Man muß nur die Ortskoordinaten und die Boxgröße (nicht aber die Moleküldurchmesser) in gewissen Zeitabständen mit einem Faktor multiplizieren, der in ähnlicher Weise aus dem gewünschten Druck $p_0$ und dem aktuellen Druck $p$ berechnet wird [116].

Neben der am weitesten verbreiteten Form von MD-Simulationen, die einem NVE-Ensemble entspricht, sind auch Verfahren vorgeschlagen worden, bei denen die Bewegungsgleichungen so modifiziert sind, daß beispielsweise die Temperatur anstelle der Gesamtenergie konstant ist [117, 118] (siehe dazu auch Kapitel 5). Diese Verfahren lassen sich exakt aus der statistischen Mechanik ableiten, sind aber komplizierter und weniger anschaulich als das in [116] vorgeschlagene.


## 4.9  Langreichweitige Wechselwirkungen

Bei Potentialen, die nur langsam mit der Entfernung abklingen, wie zum Beispiel elektrostatischen Wechselwirkungen, tritt im Zusammenhang mit den periodischen Randbedingungen (siehe Abschnitt 4.4) ein Problem auf. Wenn das Potential etwa über Entfernungen von der Größenordnung der Boxlänge noch Wirkungen ausübt, die nicht vernachlässigt werden können, ist die *minimum-image*-Konvention nicht mehr haltbar. Wie in solchen Fällen zu verfahren ist, soll am

Beispiel der elektrostatischen Wechselwirkungen beschrieben werden. Es gibt eine Reihe von Techniken für solche Fälle wie beispielsweise die Reaktionsfeldmethode oder die der Gittersummen (eine Übersicht und ausführlichere Informationen findet man in [7]). Die am meisten genutzte Technik ist die *Ewald-Kornfeld-Methode*, und nur diese soll hier beschrieben werden. Wegen der Ableitung der hier wiedergegebenen Beziehungen sei auf [119] verwiesen, wo eine Darstellung gewählt wurde, die den physikalischen Hintergrund der Methode anschaulich illustriert und auch den im folgenden benutzten Namen *Abschirmfunktion* verständlich werden läßt. Bei der Ewald-Kornfeld-Methode nimmt man die künstliche Periodizität des Systems, die aus den periodischen Randbedingungen folgt, ernst und berechnet langreichweitige Wechselwirkung für ein unendliches Gitter von periodischen Fortsetzungen der MD-Box. Es sollen beispielsweise das Potential $U$ des elektrischen Feldes am Ort $\vec{r}$ in einem System, bestehend aus Ladungen $q_j, (j = 1, ..., N)$ in einer Box der Kantenlänge $L$ im dreidimensionalen Raum berechnet werden. Es sei vorausgesetzt, daß die Summe der Ladungen gleich Null ist. Es ist

$$U(\vec{r}) = \sum_n \sum_{j=1}^N \frac{q_j}{\mid \vec{r} - \vec{r}_j + \vec{n} \mid}. \tag{4.42}$$

Dabei bedeutet die Summe über $n$, daß über die Zentralbox und alle periodischen Fortsetzungen summiert wird. $\vec{n}$ ist der Vektor um den die Zentralbox zu verschieben ist, um die jeweilige *Abbildbox* zu erhalten. Seine Komponenten sind ganzzahlige Vielfache der Boxlänge $L$.

Das Prinzip der *Ewald-Methode* ist einfach: Man führt eine *Abschirmfunktion* $\gamma(r)$ ein, die für kleine Werte ihres Arguments gleich Eins ist und dann so abklingt, daß sie für Werte, die größer als die halbe Länge der MD-Box sind, praktisch gleich Null ist. Dann spaltet man jeden Summanden in (4.42) auf

$$\frac{q_j}{\mid \vec{r} - \vec{r}_j + \vec{n} \mid} = \gamma(\mid \vec{r} - \vec{r}_j + \vec{n} \mid)\frac{q_j}{\mid \vec{r} - \vec{r}_j + \vec{n} \mid} + (1 - \gamma(\mid \vec{r} - \vec{r}_j + \vec{n} \mid))\frac{q_j}{\mid \vec{r} - \vec{r}_j + \vec{n} \mid}. \tag{4.43}$$

Der erste Summand trägt nur für $\vec{n} = 0$ bei. Man berechnet ihn wie für andere Potentiale bereits beschrieben mit der *minimum-image*-Konvention. Der andere langreichweitige Anteil würde nun außer der Summation über die Teilchen in der eigentlichen MD-Box auch die aufwendige Summation über die entsprechenden Teilchen in den umliegenden (nicht bloß den direkt benachbarten) Abbildboxen erfordern. Man stellt ihn deshalb als Fourier-Reihe dar und macht von zwei Eigenschaften der Fourier-Reihe Gebrauch: Einerseits reproduzieren bei räumlich langsam veränderlichen Funktionen wenige Summanden der Fourier-Reihe die Funktion schon ziemlich genau, andererseits enthält die Fourier-Reihe für eine in einer kubischen Box definierte Funktion bei formaler Verwendung für Orte außerhalb dieser Box automatisch die periodischen Fortsetzungen. Die am häufigsten benutzte Abschirmfunktion ist

$$\gamma(r) = \mathrm{erfc}(\eta r), \tag{4.44}$$

wobei

$$\mathrm{erfc}(x) = \frac{2}{\pi^{1/2}} \int_x^\infty \exp\{-\rho^2\}\, d\rho \tag{4.45}$$

die übliche Definition des Fehlerintegrales ist. $\eta$ ist ein frei wählbarer Parameter, der die Reichweite des abgeschirmten Potentials bestimmt. Man sollte einen geeigneten Wert in jedem speziellen Fall durch Probieren herausfinden, wobei man beispielsweise mit $\eta = 0.25$ beginnen kann. Für einige andere Abschirmfunktionen sind in [119] die Ergebnisse der analogen Ableitungen angegeben. Mit der Wahl in Gl.(4.44) findet man für die potentielle Energie der elektrostatischen Wechselwirkung

$$\Phi = \frac{1}{2} \sum_{i=1}^{N} q_i U(\vec{r}_i) + \Phi_{\mathrm{D}} \tag{4.46}$$

der Ionen untereinander

$$\begin{aligned}
\Phi = \; & \frac{1}{2} \sum_{j=1}^{N} \sum_{i=1}^{N} \frac{q_j q_i}{|\,\vec{r}_i - \vec{r}_j\,|} \operatorname{erfc}(\eta\,|\,\vec{r}_i - \vec{r}_j\,|) \\
& + \frac{2\pi}{L^3} \sum_{k} \sum_{j=1}^{N} \sum_{i=1}^{N} q_j q_i \frac{1}{k^2} \exp\{-k^2/(4\eta^2)\} \cos\{\vec{k} \cdot (\vec{r}_i - \vec{r}_j)\} \\
& - \frac{\eta}{\sqrt{\pi}} \sum_{i=1}^{N} q_i^2 + \Phi_{\mathrm{D}},
\end{aligned} \tag{4.47}$$

wobei $\vec{k} = (2\pi j/L, 2\pi l/L, 2\pi m/L)$ ist. Die Summe über die $k$ bedeutet, daß $j, l$ und $m$ alle ganzzahligen Werte von $-\infty$ bis $+\infty$ durchlaufen. Die letzten zwei Summanden nennt man *Selbstwechselwirkungsterm* und *Oberflächenterm*. Nimmt man an, das System sei von einer geerdeten Metallhülle eingeschlossen, so ist der Oberflächenterm

$$\Phi_{\mathrm{D}} = 0. \tag{4.48a}$$

Nimmt man dagegen an, das System sei von Vakuum umgeben, so ist nach [119]

$$\Phi_{\mathrm{D}} = \frac{2\pi}{3L^3} \left( \sum_{i=1}^{N} q_i \vec{r}_i \right)^2 . \tag{4.48b}$$

Bei der Verwendung von Gl.(4.47) ist es üblich, etwa $5^3 = 125$ $k$-Vektoren in die Rechnung einzubeziehen.

Die Kräfte, die aus der elektrostatischen Wechselwirkung folgen, erhält man durch Differentiation der potentiellen Energie (4.47) nach den Teilchenorten. Auf das Teilchen $i$ wirke die Kraft $F_i$

$$\vec{F}_i = -\frac{\partial \Phi}{\partial \vec{r}_i}. \tag{4.49}$$

Mit der Kettenregel der Differentiation sowie

$$\frac{\partial |\,\vec{r}_i - \vec{r}_j\,|}{\partial \vec{r}_i} = \frac{\vec{r}_i - \vec{r}_j}{|\,\vec{r}_i - \vec{r}_j\,|} \tag{4.50}$$

und $\vec{r}_i - \vec{r}_j = \vec{r}_{ij}$ sowie der Definition

$$\tilde{\gamma}(x) = \operatorname{erfc}(x) - \frac{2}{\eta \pi^{1/2}} x \exp\{-(\eta x)^2\} \tag{4.51}$$

folgt

$$\begin{aligned}
\vec{F}_i = \; & q_i \sum_{j=1}^{N} q_j \frac{\vec{r}_{ij}}{r_{ij}^3} \tilde{\gamma}(\eta r_{ij}) \\
& + \frac{4\pi q_i}{L^3} \sum_{k} \sum_{j=1}^{N} q_j \frac{\vec{k}}{k^2} \exp\{-k^2/(4\eta^2)\} \sin\{\vec{k} \cdot (\vec{r}_{ij})\} + \vec{F}_{\mathrm{D}}.
\end{aligned} \tag{4.52}$$

Dabei ist $\vec{F}_D$ der Anteil an der Kraft, der vom Oberflächenterm in Gl.(4.47) resultiert. Für eine geerdete Oberfläche ist

$$\vec{F}_D = 0 \qquad (4.53a)$$

und für umgebendes Vakuum

$$\vec{F}_D = -\frac{4\pi q_i}{3L^3} \sum_{j=1}^{N} q_j \vec{r}_j. \qquad (4.53b)$$

Dabei ist im ersten und zweiten Summanden in Gl.(4.52) nicht aber im dritten (dem Oberflächenterm) der Summand $i = j$ auszulassen.

*Die Berechnung des elektrischen Feldes und der Polarisationswechselwirkung*

Auf das elektrische Feld am Ort des Teilchens $i$ kann man durch

$$\vec{F}_i = q_i \vec{E}(\vec{r}_i) \qquad (4.54)$$

schließen. Das Feld an einem beliebigen Ort $\vec{r}$ muß dann

$$\vec{E}(\vec{r}) = \sum_{j=1}^{N} q_j \frac{\vec{r} - \vec{r}_j}{\mid \vec{r} - \vec{r}_j \mid^3} \tilde{\gamma}(\eta \mid \vec{r} - \vec{r}_j \mid)$$

$$+ \frac{4\pi}{L^3} \sum_{k} \sum_{j=1}^{N} q_j \frac{\vec{k}}{k^2} \exp\{-k^2/(4\eta^2)\} \sin\{\vec{k} \cdot (\vec{r} - \vec{r}_j)\} \vec{E}_D \qquad (4.55)$$

sein. Die Summen sind jetzt über alle Teilchen zu erstrecken. Für ein geerdetes System ist

$$\vec{E}_D = 0 \qquad (4.56a)$$

und für umgebendes Vakuum

$$\vec{E}_D = -\frac{4\pi}{3L^3} \sum_{j=1}^{N} q_j \vec{r}_j. \qquad (4.56b)$$

Der Anteil der potentiellen Energie $U_p$ eines Teilchens $i$, der aus der Deformation der Elektronenhülle im elektrischen Feld resultiert, berechnet sich dann aus dem elektrischen Feld der Ionen Gl.(4.55)

$$U_p = -\frac{1}{2}\alpha E^2(\vec{r}_i). \qquad (4.57)$$

$\alpha$ ist die Polarisierbarkeit des Teilchens.

Man beachte, daß sich $U_p$ nicht als Summe von Paarbeiträgen darstellen läßt. Das liegt an den gemischten Gliedern im Quadrat der Summe über die Ionen $j$. Als entsprechende Kraft findet man

$$-\nabla U_p = \alpha \vec{E} \cdot \nabla \vec{E}. \qquad (4.58)$$

Auch die Kraft läßt sich nicht als Summe von Paarbeiträgen darstellen.

$\nabla \vec{E}$ ist ein Tensor, dessen Komponenten noch für den Fall angeben werden, daß nur der Ortsraumanteil des Feldes Gl.(4.55) berücksichtigt wird. Sehr häufig ist das eine brauchbare Näherung.

$$\vec{E}_j(r_i) = \tilde{\gamma}(r_{ij}) \frac{q_j}{r_{ij}^3} \vec{r}_{ij} + \vec{E}_{\mathrm{D}}. \tag{4.59}$$

Man erhält mit

$$\nabla \frac{1}{r^3} = -3 \frac{\vec{r}}{r^5}, \qquad \nabla r = \frac{\vec{r}}{r}, \qquad \nabla \vec{r} = I, \tag{4.60}$$

wobei $I$ der Einheitstensor ist, sowie mit der Kettenregel

$$\nabla \tilde{\gamma}(r) = \frac{\mathrm{d}\tilde{\gamma}(r)}{\mathrm{d}r} \frac{\vec{r}}{r} \tag{4.61}$$

schließlich

$$\nabla \vec{E}_j(r_i) = -3q_j \frac{\tilde{\gamma}(r_{ij})}{r_{ij}^5} \vec{r}_{ij}\vec{r}_{ij} + q_j \frac{\tilde{\gamma}'(r_{ij})}{r_{ij}^4} \vec{r}_{ij}\vec{r}_{ij} + q_j \frac{\tilde{\gamma}(r_{ij})}{r_{ij}^3} I \tag{4.62}$$

und es ist $\nabla \vec{E}(r_i) = \sum_j \nabla \vec{E}_j(r_i)$.

# 5 Erweiterte Molekulardynamik-Methoden

In diesem Kapitel soll kurz auf Möglichkeiten der Erweiterung der im Kapitel 4 dargestellten *konventionellen* Molekulardynamik eingegangen werden, die auf dem mikrokanonischen $(E, V, N)$-Ensemble basiert.

Allgemeinere physikalische Situationen können durch Berücksichtigung des Einflusses

- der Umgebung auf das System (u.a. als Thermostat, Teilchenreservoir (vgl. Abschnitt 2.4.4)) – angekoppelt durch Lagrange-Parameter $\lambda$ – und

- der äußeren Felder $\mathcal{F}(t)$, die Nicht-Gleichgewichte durch Gradienten verursachen – angekoppelt durch Phasenraumfunktionen $\mathcal{A}(q, p), \mathcal{B}(q, p)$ –

untersucht werden.

Man erhält dann Bewegungsgleichungen folgender Art

$$\dot{q} = \frac{p}{m} + \mathcal{A}(q, p; t) \cdot \mathcal{F}(t), \tag{5.1a}$$

$$\dot{p} = F - \mathcal{B}(q, p; t) \cdot \mathcal{F}(t) - \lambda p, \tag{5.1b}$$

die bei Verschwinden der äußeren Felder und des Einflusses der Umgebung wieder in die konventionellen Newtonschen Bewegungsgleichungen (2.12c) der Molekulardynamik übergehen.

Zunächst werden einige Beispiele für allgemeinere physikalische Situationen und entsprechende Bewegungsgleichungen angegeben. Dann werden Nicht-Gleichgewichtssituationen erörtert. Schließlich werden Verfahren zur molekulardynamischen Berechnung von nicht-klassischen Systemen skizziert, die nicht durch klassische Verteilungsfunktionen, sondern durch ihre quantenstatistischen Analoga bzw. Dichtematrizen oder Wellenpakete beschrieben werden.

Ausführlichere Betrachtungen zu diesen Problemkreisen, die den Rahmen dieses Buches sprengen würden, entnimmt man der immer zahlreicher werdenden Literatur. Übersichten findet man beispielsweise in [6, 7, 35, 118, 120–122].

## 5.1 Erweiterte klassische Gleichgewichtsensemble

Während bei Monte-Carlo-Verfahren (s. Kapitel 8) schon frühzeitig verschiedene Ensemble (vgl. Abschnitt 2.4.4) als Ausgangspunkt der Berechnungen dienten [123–126], ist für molekulardynamische Verfahren sehr lange der *konventionelle* Weg mit der mikrokanonischen Gesamtheit als Ausgangspunkt beschritten worden. Es wurden isolierte Systeme betrachtet, d.h. Gesamtenergie $E$, Volumen $V$ und Teilchenzahl $N$ sind vorgegeben. Bei Abwesenheit äußerer Störungen ist auch der Gesamtimpuls eine Bewegungsgröße. Die Bewegung dieser Systeme wird durch die Newtonschen Bewegungsgleichungen (2.12c) beschrieben, die gelöst werden müssen (Kapitel 4).

Entsprechend allgemeinerer physikalischer Situationen lassen sich für molekulardynamische Simulationen (MD) neben dem mikrokanonischen Ensemble auch andere Ensemble verwenden [6, 7, 35, 122], die zu modifizierten Bewegungsgleichungen führen und auch zur Behandlung von Nicht-Gleichgewichtssituationen herangezogen werden können.

Die Einführung neuer Gesamtheiten kann auf folgenden Wegen erfolgen:

1. Durch geeignete *Erweiterung* des Originalsystems (*extended systems method, EM*) – vgl. Abschnitt 2.4.4, Bilder 2.4 - 2.6.

   Das ursprünglich abgeschlossene (isolierte) System (Originalsystem der mikrokanonischen Gesamtheit) wird durch Einbeziehung der Umgebung (Wärmebad, Teilchenreservoir, ...) erweitert, wobei das Gesamtsystem wieder abgeschlossen sein soll [15] (s. Abschnitt 2.4.4, S.19). Das neue (Original-) System wird – nach Integration über die *nicht-relevanten* Parameter der *Bäder* – durch die bisherigen und durch die zusätzlichen dynamischen Variablen (*äußere Parameter* wie Volumen, Drucktensor, ...) beschrieben. Dafür werden Bewegungsgleichungen hergeleitet und gelöst.

2. Durch Einführung zusätzlicher Erhaltungsgrößen, d.h. Auferlegung äußerer Zwänge (*constraint method, CM*).

   Das zu behandelnde System wird durch auferlegte Zwänge (durch Erfüllung von Nebenbedingungen) veranlaßt, vorgegebene Größen wie z.B. Druck $p$ oder Temperatur $T$ anzunehmen [127] (s. Abschnitt 5.1.3, S.90).

In beiden Fällen ist die Änderung der Freiheitsgrade der neuen zu betrachtenden Systeme gegenüber dem ursprünglichen System zu beachten.
Einige Beispiele mögen die Bildung dieser Gesamtheiten illustrieren.

### 5.1.1  Bildung nicht-mikrokanonischer Ensemble

*MD-Ensemble bei konstantem Druck*

- Von Andersen [122] werden ein oder mehrere zusätzliche Freiheitsgrade für das zu behandelnde System eingeführt. Bei konstantem Druck $p$ beispielsweise fluktuiert das Volumen $V$ eines Systems aus $N$ Teilchen. Daher wird das Volumen $V$ als zusätzliche dynamische Variable eingeführt. Es ist mit den Koordinaten der Teilchen des Systems gekoppelt, da eine Volumenveränderung einer homogenen Skalierung aller Positionen der Massenmittelpunkte entspricht. Mit dieser *extra Koordinate* sind ein neuer *Impuls* und eine neue *Masse* verbunden. Die Newtonschen Bewegungsgleichungen werden für das *erweiterte* System ($N$ Teilchen und zusätzliche Variable) gelöst. Eine der Enthalpie verwandte Größe $\tilde{H}$ ersetzt dann die Gesamtenergie $E$ als Erhaltungsgröße des Systems. Man spricht von einem $(N, p, \tilde{H})$-Ensemble. Die resultierenden Trajektorien ermöglichen die Simulation des Systems bei konstantem Druck, der als Parameter in den Bewegungsgleichungen erscheint.

- Parrinello und Rahman [128] führen ein *erweitertes* $(N, p, \tilde{H})$-Ensemble ein. In Ergänzung des $(N, p, \tilde{H})$-Ensembles von Andersen wird durch Berücksichtigung von Veränderungen der Form des Volumens zusätzlich zu Fluktuationen des Volumens selbst ein (*extended* $N, p, \tilde{H}$)-Ensemble gebildet und eine erste Anwendung auf Phasenübergänge in kristallinen Festkörpern vorgestellt. Nosé und Klein erweitern diese Methode auf molekulare Systeme [129].

Wünschenswert wäre die Simulation bei konstanter Temperatur statt konstanter Enthalpie, für die nun Beispiele gegeben werden.

*MD für kanonische Ensemble*

- Ciccotti und Tenenbaum [130] benutzen stochastische Randbedingungen bei der Beschreibung kanonischer Gesamtheiten im Gleichgewicht sowie zur Darstellung thermischer Gradienten in Nicht-Gleichgewichtssituationen.

- Nosé [131] und Hoover [132] führen verschiedene Möglichkeiten der Behandlung kanonischer Gesamtheiten ein. Für diese – in der Literatur als Nosé-Hoover-Thermostaten bezeichneten – Systeme werden von Toxvaerd [133] zusammenfassend Algorithmen diskutiert.

*MD-Ensemble bei konstantem Druck und konstanter Temperatur*

- Andersen [122] erweitert sein isobar-isenthalpisches zu einem isobar-isothermischen Ensemble, indem er mittels einer stochastischen Störung die Temperatur konstant hält. Seine $(N, p, T)$-Dynamik ist daher nicht mehr strikt deterministisch.

- Alternativ zu Andersens stochastischer Methode hat Nosé [131] auch eine dynamische Methode zur Fixierung der Temperatur $T$ angegeben. Es wird eine weitere dynamische Variable eingeführt, die die Impulskoordinaten mit dem Wärmebad koppelt und die Wirkung einer Zeitskalierung hat. Weiter werden die Methoden mittels *erweiterter Systeme* für konstanten Druck bzw. konstante Temperatur zu einer rein dynamischen $(N, p, T)$-Simulation vereinheitlicht.

Der nächste Schritt ist die Einführung molekulardynamischer Methoden für Systeme mit veränderlicher Teilchenzahl.

*MD-Ensemble für offene Systeme*

Çağin und Pettitt [134] vergleichen zwei Gesamtheiten offener Systeme

- adiabatisch offene Systeme $\qquad\qquad\qquad\qquad (\mu, V, E - \mu N)$-Ensemble
  Das Originalsystem der betrachteten Gesamtheit ist im Kontakt mit einem Teilchenvorratsbehälter, so daß sich in Erweiterung des mikrokanonschen Ensembles die Teilchenzahl der Systeme verändern kann.

- großkanonische Gesamtheit $\qquad\qquad\qquad\qquad\qquad\quad (\mu, V, T)$-Ensemble
  Die gleichzeitige Veränderung von Energie und Teilchenzahl wird durch Ankopplung sowohl eines Wärmebades als auch eines Teilchenvorratsbehälters erreicht.

Als Anwendungsmöglichkeiten werden flüssiges Argon $(110\,K)$, osmotische Gleichgewichte, die Bestimmung des mittleren Potentials in starken Kraftfeldern und Fluktuationen in der Nähe thermodynamischer Tripelpunkte diskutiert.

Durch die gegenüber der mikrokanonischen Gesamtheit erweiterten Gesamtheiten müssen die bisher verwendeten Bewegungsgleichungen (2.12c) durch veränderte Gleichungen ersetzt werden.

### 5.1.2  Bewegungsgleichungen für erweiterte Systeme

Für den Nosé-Hoover-Thermostat mit $N$ (verallgemeinerten) Koordinaten erhält man folgende Bewegungsgleichungen [131–133]

$$\dot{q}_i = \frac{p_i}{m_i}, \tag{5.2a}$$

$$\dot{p}_i = F_i - \eta p_i, \tag{5.2b}$$

$$\dot{\eta} = \frac{1}{Q}\left(\sum_i \frac{p_i^2}{m_i} - \eta p_i\right), \tag{5.2c}$$

$$Q = gkT\tau^2, \tag{5.2d}$$

wobei $q_i, p_i$ die generalisierten Koordinaten und Impulse, $m_i$ die Massen der Teilsysteme, $g$ die Zahl der Freiheitsgrade, $F_i$ die Kraftkomponenten, $T$ die Temperatur und $\eta$ bzw. $\tau$ charakteristische Parameter (Reibungskoeffizient, Relaxationszeit) bei der Ankopplung an das Wärmebad sind. Çaǧin und Pettitt [134] erhalten Bewegungsgleichungen für fluide Systeme mit veränderlicher Teilchenzahl auf folgendem Weg:

Bei den hier zu behandelnden offenen Systemen gibt es Teilchenzahländerungen, d.h. Teilchen aus einem angekoppelten Teilchenreservoirs werden zugefügt bzw. weggenommen. Die Teilchenzahl $N(t)$ fluktuiert zeitlich. Der Übergang zu einer großkanonischen Gesamtheit $(\mu, V, T)$ erfolgt durch zusätzliche Ankopplung eines Wärmebades. Ein solches *fraktionierendes* Teilchen sei an der Position $x_f$ mit der Geschwindigkeit $\dot{x}_f$. Es wird im Fluktuationsprozeß entweder ein *volles* Teilchen oder es *verschwindet*. Die zeitliche Entwicklung des Prozesses der Erzeugung bzw. Vernichtung von Teilchen wird durch Gleichungen bestimmt, die den Teilchenveränderungsprozeß mit dem Rest des Systems koppeln, dabei wird ein fiktiver *massenähnlicher* Parameter $W$ eingeführt, der die zeitliche Veränderungsrate von $N(t)$ bestimmt. Der ganzzahlige Anteil gibt die aktuelle Zahl der Teilchen $N(t)$ an und ihr Dezimal-Teil $\xi(t)$ steht in Beziehung zum Kopplungsparameter des zusätzlichen Teilchens.

Damit ergibt sich für den betrachteten adiabatischen Fall folgender Ansatz für die Lagrange-Funktion

$$\mathcal{L}_A = \sum_{a=1}^{N(t)} \frac{1}{2} m_a \dot{x}_a^2 + g(\nu) \frac{1}{2} m_a \dot{x}_f^2 + \frac{1}{2} W \dot{\nu}^2 -$$
$$\sum_{a=1}^{N-1} \sum_{b<a}^{N(t)} U(x_{ab}) - h(\nu) \sum_{a=1}^{N(t)} U(x_{af}) - k(\nu)\mu, \tag{5.3}$$

wo die Indices $a, b$ bzw. $f$ die wirklichen bzw. *fraktionierenden* Teilchen bezeichnen und $U$ das Wechselwirkungspotential zwischen den Teilchen ist. Weitere Parameter, die eine Nicht-Newtonsche Dynamik hervorrufen, sind die *Erweiterungsvariablen* $\nu, \dot{\nu}$, ihre Skalierungsfunktionen $g, h, k$ sowie die massenähnliche Größe $W$.

Diese Größen können in verschiedener Weise gewählt werden, aber immer so, daß die Mittelwerte der berechneten Trajektorien der adiabatischen großkanonischen Verteilung entsprechen. Natürlich sollten $g(\nu)$ und $h(\nu)$ Funktionen des Kopplungsparameters $\xi$ sein. Als einfachste Möglichkeit kann gewählt werden:

$$g(\nu) = \nu - N = \xi, \tag{5.4a}$$

$$h(\nu) = \nu - N = \xi. \tag{5.4b}$$

Jedoch kann auch irgend ein Polynom $P(\xi)$ von $\xi$, das die *Schalt*bedingungen $P(0) = 0$ für das Herausnehmen und $P(1) = 1$ für das Einfügen des *fraktionierenden* Teilchens erfüllt, verwendet werden. Die Größe $k(\nu)$ muß so gewählt werden, daß man – abgesehen von einer willkürlichen Konstante – die gewünschte Zustandssumme erhält. Möglichkeiten sind z.B.:

$$k(\nu) = \nu \qquad \text{oder} \qquad k(\nu) = \nu \exp\left[\left(\frac{\nu}{N_0}\right)^2 - 1\right]. \tag{5.5}$$

In der Praxis wird diese Wahl durch die numerische Stabilität der Bewegungsgleichungen bestimmt, für die man schließlich folgende gekoppelten Differentialgleichungen erhält:

$$m_a \ddot{x}_{ai} = -\sum_{b \neq a} \frac{\partial U(x_{ab})}{\partial x_{ai}} - (\nu - N)\frac{\partial U(x_{af})}{\partial x_{ai}}, \tag{5.6a}$$

$$m_a \ddot{x}_{fi} = -\sum_a \frac{\partial U(x_{af})}{\partial x_{fi}} - \frac{m_a \dot{\nu} \dot{x}_{fi}}{\nu - N}, \tag{5.6b}$$

$$W\ddot{\nu} = \frac{1}{2}m_a \dot{x}_f^2 - \sum_a U(x_{af}) + \mu \frac{\partial k}{\partial \nu}, \tag{5.6c}$$

wobei erstere bei verschwindendem zweiten Term der rechten Seite auf die Newtonsche Bewegungsgleichung (2.12c) und damit auf das übliche mikrokanonische Ensemble führt. Sowohl das Prädiktor-Korrektor-Verfahren von Gear (in 5. Ordnung) als auch der Verlet-Algorithmus (vgl. Abschnitt 4.3) führen zu guter numerischer Stabilität. In der *großen* Moleculardynamik (*grand molecular dynamics*) werden die Standardalgorithmen der MD für abgeschlossene Systeme durch Algorithmen zur Wegnahme bzw. Zugabe von Teilchen ergänzt. Es wird eine Operation *Wegnahme* ($\xi \to 0$) und eine Operation *Zugabe* ($\xi \to 1$) durchgeführt. Der Ort, wo diese Operationen stattfinden, wird aus energetischen Überlegungen festgelegt. Eine Abschätzung der erforderlichen Arbeit zur vollständigen Entfernung eines Teilchens bzw. zu seiner vollständigen Einführung erhält man aus dem Wert der potentiellen Energie des vorher extrahierten Teilchens. Vor der Einfügung eines Teilchens wird das System abgesucht, um den favorisierten Platz zu finden, wo das Teilchen die wenigsten Nachbarn hat. Das Teilchen wird an einen Punkt gebracht, wo sich seine potentielle Energie gegenüber der des gerade vorher extrahierten Teilchen (innerhalb einer gewissen Toleranzgrenze) kaum unterscheidet. Um ein Teilchen zur Extraktion auszuwählen, sucht man das Teilchen mit der potentiellen Energie, die der des letzten extrahierten sehr nahe ist. Die erfolgreiche Durchführung dieser Prozedur führt zu einer geglätteten Veränderung der Variablen $\nu$ und ihrer Zeitableitungen $\dot{\nu}$ und $\ddot{\nu}$. Dies ist ähnlich wie bei Veränderung der Teilchenzahl beim Monte-Carlo-Algorithmus (vgl. Kapitel 8). Es wird bei diesem Vorgehen kein exaktes Erhalten des Gesamtimpulses gefunden, was aber angesichts der ständigen Teilchenfluktuation nicht verwunderlich ist. Man muß jedoch bei der Anwendung der Methode der *erweiterten* Systeme beachten, daß sie nicht die wahre Dynamik des physikalischen Vielteilchensystems darstellen. Bei allen Verfahren taucht ein *Koeffizient* für jeden der zusätzlich eingeführten Freiheitsgrade auf. Falls die *Massen* groß sind, gibt es nur eine kleine Veränderung in der Dynamik, aber die Äquilibrierungsrate hin zur *realen* Dynamik ist klein.

### 5.1.3 Bewegungsgleichungen bei zusätzlichen Zwängen

Die Simulationen können auch mit modifizierten Bewegungsgleichungen ausgeführt werden, die durch Berücksichtigung äußerer Zwänge entstehen. Eine Reihe dieser Verfahren kann man in der folgenden – in [118, 127] angegebenen – Ableitung zusammenfassen. Der Zweck eines solchen Verfahrens ist stets die Erfüllung einer oder mehrerer Nebenbedingungen während des ganzen Laufes, die durch die Lagrangesche Methode der unbestimmten Multiplikatoren $\lambda$ erreicht wird.

Beispiele dafür sind etwa die Forderung, daß der Druck oder die Temperatur während des MD-Laufes konstant bleiben sollen.

Nimmt man die nicht-holonome Forderung für den Ortsvektor $\vec{r}$ und den Geschwindigkeitsvektor $\dot{\vec{r}}$

$$g(\vec{r}, \dot{\vec{r}}, t) = 0 \tag{5.7}$$

an, so ergibt sich durch Differentiation

$$\frac{\mathrm{d}}{\mathrm{d}t} g = \frac{\partial g}{\partial \vec{r}} \cdot \dot{\vec{r}} + \frac{\partial g}{\partial \dot{\vec{r}}} \cdot \ddot{\vec{r}} + \frac{\partial g}{\partial t} = 0. \tag{5.8}$$

Gl.(5.8) läßt sich auf die Form bringen

$$\vec{n}(\vec{r}, \dot{\vec{r}}, t) \cdot \ddot{\vec{r}} = S(\vec{r}, \dot{\vec{r}}, t); \tag{5.9}$$

$\vec{n}(\vec{r}, \dot{\vec{r}}, t)$ kann als Normalenvektor einer Hyperebene im $\ddot{\vec{r}}$-Raum interpretiert werden. Für den Teil von $\ddot{\vec{r}}$, der in dieser Hyperebene liegt, gilt (Gaußsches Prinzip des kleinsten Zwanges)

$$\ddot{\vec{r}} = \frac{\vec{F}}{m} - \lambda \vec{n} \tag{5.10}$$

in Erweiterung von Gl.(2.12c). Mit Gl.(5.9) folgt

$$\vec{n} \cdot \left( \frac{\vec{F}}{m} - \lambda \vec{n} \right) = S \tag{5.11a}$$

und daraus

$$\lambda = \frac{1}{n^2} \left[ \frac{1}{m} (\vec{n} \cdot \vec{F}) - S \right]. \tag{5.11b}$$

Betrachtet man als Beispiel die Erhaltung der Temperatur, für die man die Bedingung

$$\sum \frac{m}{2} \dot{r}_i^2 - \frac{3}{2} NkT = 0 \tag{5.12}$$

formulieren kann, so liefert Differentiation $\sum \dot{\vec{r}}_i \cdot \ddot{\vec{r}}_i = 0$ für $\ddot{\vec{r}}$. Der Ansatz

$$\ddot{\vec{r}}_i = \frac{\vec{F}_i}{m} - \lambda \dot{\vec{r}}_i \tag{5.13}$$

führt nach Multiplikation mit $\dot{\vec{r}}_i$ und Summation über alle $i$ zu

$$\lambda = \frac{\sum \dot{\vec{r}}_i \cdot \vec{F}_i}{m \sum \dot{r}_i^2}. \tag{5.14}$$

Der MD-Lauf ist mit der Nicht-Newtonschen Bewegungsgleichung (5.13) – in den Gln.(5.1) für verschwindende Gradienten enthalten – unter Benutzung von Gl.(5.14) auszuführen.

## 5.2 Klassische Nicht-Gleichgewichtsensemble

Mit Hilfe der Molekulardynamik kann man – wie bereits erläutert – wegen der vorhandenen
Zeitskala auch Nicht-Gleichgewichtsphänomene beschreiben.

In der Nähe des Gleichgewichts – im linearen Bereich – kann die übliche (Gleichgewichts-)
Molekulardynamik angewandt werden.

Die Transportgrößen werden unter Nutzung der linearen Response-Theorie aus Korrelationsfunktionen berechnet, die man durch Mittelung über *Gleichgewichts*ensemble erhält (vgl.
Abschnitt 2.4.9).

Zur Behandlung nicht-linearer Phänomene könnte die Theorie der linearen Antwort verallgemeinert werden. Sie wird dann jedoch wesentlich komplizierter. Die nicht-linearen Koeffizienten
müßten durch zeitliche Korrelationsfunktionen *höherer Ordnung* ausgedrückt werden. Solche
Korrelationsfunktionen sind schwer bestimmbar. Genauere Rechnungen [135] und Situationen
im nicht-linearen Bereich fernab vom Gleichgewicht erfordern daher eine *neue* Version der Molekulardynamik – die *Nicht-Gleichgewichts-Molekulardynamik (NEMD)* –, die allgemeinere
Transportvorgänge effizienter zu berechnen gestattet.

Diese Methoden können etwa folgende Probleme beschreiben:

1. Ein System sei infolge einer äußeren Störung oder einer Fluktuation außerhalb des Gleichgewichts und wird nun sich selbst überlassen. Es relaxiert dann ins Gleichgewicht zurück.
   Allgemeiner gesagt, es geht um Fragen wie Verständnis der Annäherung des Systems an das
   Gleichgewicht, Einstellung einer Boltzmann-Verteilung, H-Theorem, Temperaturausgleich
   und chemische Relaxation.

2. Untersuchung der (mikroskopischen) Gültigkeit der linearen Gesetze für die Diffusion von
   Masse, Impuls oder Energie.

3. Bestimmung der Grenzen des linearen Regimes und Korrektur der linearen Beziehungen
   zwischen den Flüssen und den thermodynamischen Kräften, durch die die Flüsse entstehen.

4. Verbesserung der Bestimmung von Transportkoeffizienten im allgemeinen nicht-linearen
   Fall fernab vom Gleichgewicht.

5. Untersuchung der Antwort des Systems auf eine große Störung.

6. Untersuchungen bei höheren Dichten (Navier-Stokes-Transportkoeffizienten sind keine
   analytischen Funktionen der Dichte) [53, 54].

7. Klärung von *long-time-tail* Verhaltensweisen [7, 53, 54], bei denen kein exponentieller
   Abfall auftritt. Weitere Ergebnisse werden in [55, 57] beschrieben. Auch bei chemischen
   Reaktionen wird molekulardynamisch ein $t^{-d/2}$-Verlauf gefunden [56].

Zur numerischen Berechnung von dynamischen Größen aus Korrelationsfunktionen mittels
Computersimulationen wird das Ensemblemittel im Phasenraum in der Regel durch ein Zeitmittel
über ein endliches Zeitintervall $\tau$ ersetzt. Die statistische Ungenauigkeit dieser Art der Mittelung
ist von der Größenordnung $\tau^{-1/2}$ [135]. Die Größe $\tau$ steht in Beziehung zur charakteristischen
Relaxationszeit der Korrelationsfunktion.

Die NEMD hat eine günstigere statistische Abhängigkeit von der Teilchenzahl $N$ als sie bei
der Berechnung der Transportkoeffizienten über die Kubo-Theorie existiert [135]. Diskussionen
um das Für und Wider der NEMD entnimmt man einem Artikel von Hanley [58].

Jetzt sollen also auch Nicht-Gleichgewichtssituationen außerhalb des *linearen* Bereichs betrachtet werden. Prinzipiell lassen sie sich durch zwei Methoden behandeln:

1. NEMD-Algorithmen durch Einführung eines äußeren Feldes als *Störung* – damit ist die gleichzeitige Behandlung linearer und nicht-linearer Phänomene möglich – von der Methode her ergeben sich Parallelen zu der nicht-mikrokanonischen MD

2. *Modellierung* der *echten* NE Situation (vgl. Kapitel 9.3) durch ein physikalisch plausibles Modell mittels Einführung von Gradienten – unter gleichzeitigem Verzicht auf die lineare Response-Theorie.

Man beachte aber, die Kopplung äußerer Systeme (Wärmebad, Teilchenreservoir) an mikrokanonische MD-Ensemble ändert in der Regel *Gleichgewichts*situationen nicht, da die Veränderungen meist keine Flüsse einführen.

Man kann sich drei Arten der Störung der Bewegungsgleichungen vorstellen:

1. Zur Zeit $t = 0$ wird eine Störung eingeschaltet, die anschließend konstant bleibt. Die gemessene *Antwort* ist in diesem Fall der zeitintegrierten Korrelationsfunktion proportional.

2. Betrachtet man eine $\delta$-funktionsartige Störung zur Zeit $t = 0$ und anschließend normale Zeitevolution, so ist die Antwort proportional zu den Korrelationsfunktionen, die Transportkoeffizienten werden durch numerische Integration berechnet.

3. Bei einer sinus-förmig oszillierenden Störung ist nach gewisser Zeit die gemessene Antwort der Fourier-Laplace-transformierten Korrelationsfunktion proportional. Die Transportkoeffizienten erhält man durch mehrere Experimente bei verschiedenen Frequenzen und durch Extrapolation zur Frequenz Null.

Entsprechend den Gln.(5.1) wird die Art der Störung in den Bewegungsgleichungen in kompakter verallgemeinerter Schreibweise dargestellt [118]

$$\dot{q} = \frac{p}{m} + \mathcal{A}_p(t) \cdot \mathcal{F}(t) \tag{5.15a}$$

$$\dot{p} = F - \mathcal{A}_q(t) \cdot \mathcal{F}(t), \tag{5.15b}$$

wobei $\mathcal{A}_p(t), \mathcal{A}_q(t)$ Funktionen der $q, p$ sind, die das äußere Feld – dargestellt durch den $3N$-komponentigen Vektor $\mathcal{F}(t)$ – ankoppeln.

Die Ankopplung an ein Wärmebad liefert einen zusätzlichen Term in Gl.(5.15b) [59, 118] $\lambda p$ mit

$$\lambda = \lambda_0 + \lambda_1 \cdot \mathcal{F}(t). \tag{5.16}$$

Läßt sich im Fall der linearen Response-Theorie die Störung als zusätzlicher Term in der Hamilton-Funktion darstellen, so kann man schreiben

$$\mathcal{H}_{NE} = \mathcal{H} + \mathcal{A}(q,p) \cdot \mathcal{F}(t)$$

$$= \mathcal{H} + \sum_i \mathcal{A}_i(q,p) \cdot \mathcal{F}_i(t) \tag{5.17a}$$

mit

$$\mathcal{A}_q = \nabla_p \mathcal{A} \tag{5.17b}$$

$$\mathcal{A}_p = \nabla_q \mathcal{A}. \tag{5.17c}$$

Nicht jede Störung muß aber notwendigerweise aus einer Hamilton-Funktion herleitbar sein.

Wenn eine Störung während eines MD-Laufes wirkt, heizt sich das System üblicherweise auf. Dieses *Aufheizen* kann in gleicher Weise behandelt (vermieden) werden wie bei *isothermer* MD.

*Ebener Scherfluß*

Am Beispiel des Scherflusses (ebenes Couette-Problem) sollen einige Bemerkungen zu den Bewegungsgleichungen gemacht werden (Detailliertere Angaben entnimmt man [7, 40, 59, 118]). Zur Berechnung der Viskosität $\eta$ wird dem System – entsprechend Bild 5.1 – eine Scherrate $\mathcal{F}(t)$

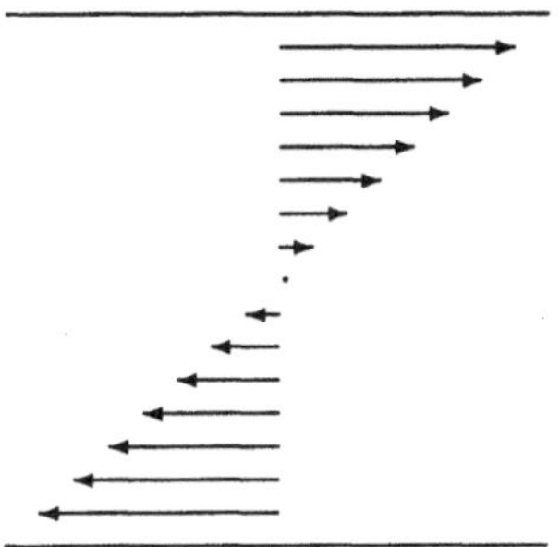

**Bild 5.1**
Geschwindigkeitsfeld für einen ebenen Scherfluß

so aufgeprägt, daß sich die Geschwindigkeiten $v_i(x_i, y_i, z_i)$ der Teilchen $i$ wie folgt ändern

$$\dot{x}_i \rightarrow \dot{x}_i + \mathcal{F}(t)y_i \tag{5.18a}$$

$$\dot{y}_i \rightarrow \dot{y}_i \tag{5.18b}$$

$$\dot{z}_i \rightarrow \dot{z}_i. \tag{5.18c}$$

Für die Bewegungsgleichungen erhält man unter Beachtung der dem System zugeführten Energie, die durch Geschwindigkeitsreskalierung ausgeglichen werden muß,

$$\dot{x}_i = \frac{p_{xi}}{m} + \mathcal{F}(t)y_i \qquad \dot{p}_{xi} = F_{xi} - \mathcal{F}(t)p_{yi}$$

$$\dot{y}_i = \frac{p_{yi}}{m} \qquad \dot{p}_{yi} = F_{yi}$$

$$\dot{z}_i = \frac{p_{zi}}{m} \qquad \dot{p}_{zi} = F_{zi},$$

wobei die $F_i$ die Kraftkomponenten, die auf das Teilchen $i$ wirken und die $p_i$ die Impulskomponenten relativ zum Scherfluß sind. Die Eliminierung letzterer liefert schließlich

$$\ddot{x}_i = \frac{f_{xi}}{m} + \dot{\mathcal{F}}(t)y_i \tag{5.19a}$$

$$\ddot{y}_i = \frac{f_{yi}}{m} \tag{5.19b}$$

$$\ddot{z}_i = \frac{f_{zi}}{m}. \tag{5.19c}$$

Die Gleichungen (5.19) sind Ausgangspunkt für den SLLOD-Algorithmus. Sie sind nicht mit Hilfe einer Hamilton-Funktion herleitbar, liefern aber korrekte nicht-lineare und lineare Eigenschaften [118].

Falls man nach der ursprünglichen Störung $\mathcal{F}(t)$ für $t > 0$ konstant hält, brauchen die Gln.(5.19) nur über ein infinitesimal kleines Zeitintervall bei $t = 0$ integriert zu werden. Wegen $\dot{\mathcal{F}}(t) = 0$ erfolgt die Bewegung danach nach den üblichen Newtonschen Bewegungsgleichungen (2.12c) unter Berücksichtigung der veränderten Randbedingungen. Lediglich im allgemeinen Fall zeitlich veränderlichen Feldes ($\dot{\mathcal{F}}(t) \neq 0$) ist eine schrittweise Integration der Bewegungsgleichungen (5.19) erforderlich.

*NEMD-Algorithmen – Schematische Beispiele*

**Tabelle 5.1**   Transportkoeffizienten

| | | |
|---|---|---|
| (Selbst-) Diffusion | $D = \frac{1}{3} \int\limits_0^\infty \langle v_i(t)v_i(0)\rangle \, dt$ | Gl.(2.74a) |
| (Scher-) Viskosität | $\eta = \dfrac{V}{k_\mathrm{B}T} \int\limits_0^\infty \langle \mathcal{P}_{\alpha\beta}(t)\mathcal{P}_{\alpha\beta}(0)\rangle \, dt$ | Gl.(2.75a) |
| Wärmeleitfähigkeit | $\kappa = \dfrac{V}{k_\mathrm{B}T^2} \int\limits_0^\infty \langle j_\alpha^\epsilon(t)j_\alpha^\epsilon(0)\rangle \, dt$ | Gl.(2.76a) |
| Geschwindigkeitskonstante chemischer Reaktionen | $k_R = \dfrac{1}{k_\mathrm{B}T} \int\limits_0^\infty \langle \dot{N}(t)\dot{N}(0)\rangle \, dt$ | Gl.(2.77) |

Während man mit der Gleichgewichts-MD und der linearen Response-Theorie für kleine Abweichungen die Transportgrößen (z.B. Gln.(2.74a,2.75b,2.76a,2.77)) berechnen kann (vgl. Tabelle 5.1), soll nun – in Anlehnung an die ausgezeichnete Darstellung von Evans und Morriss [40] – kurz der Aufbau von Algorithmen der Nicht-Gleichgewichts-Molekulardynamik (NEMD) skizziert werden, die auch im Fall nicht-linearer Abweichungen Aussagen gestattet.

Dazu wird entweder das reale Nicht-Gleichgewicht nachgestaltet oder ein *synthetischer* Algorithmus aufgebaut.

In [40] wird dazu folgender Weg skizziert:

1. Green-Kubo Relationen (vgl. Gl.(2.72c)) etablieren, für die hier in Tabelle 5.1 Beispiele zusammengestellt sind,

2. Einführung eines echten bzw. fiktiven äußeren Feldes $\mathcal{F}(t)$ für mechanische bzw. thermische Störungen,

3. Annahme adiabatischer Inkompressibilität des Phasenraums und homogener Bewegungsgleichungen mit konsistenten periodischen Randbedingungen,

4. Einführung eines Thermostaten,

5. isotherme bzw. isoenergetische Ankopplung des Systems und schließlich

6. Berechnung des gewünschten Grenzwertes

$$L_{ij} = \lim_{\mathcal{F} \to 0} \lim_{t \to \infty} \frac{\langle J_i(t) \rangle}{\mathcal{F}}. \tag{5.20}$$

Neue Versionen von Algorithmen für die Wärme- bzw. die elektrische Leitfähigkeit werden von Evans et al. [136, 137] angegeben.

## 5.3 Quanten-Molekulardynamik

*Allgemeines*

Mit Hilfe neuentwickelter Methoden – der *Quanten-Molekulardynamik* (QMD) –, die die Behandlung der klassischen Bewegungsgleichungen durch entsprechende quantenmechanische bzw. quantenstatistische Verfahren ersetzen, kann man auch Quantenphänomene beschreiben bzw. wenigstens abschätzen. Hier kann auf das Gebiet der Quanten-Molekulardynamik nur kurz eingegangen werden [7].

Es bieten sich verschiedene Möglichkeiten an, nämlich Verwendung der Wigner-Funktion, Pfad-Integral-Methoden, direkte Verfolgung der Wellenpakete sowie gegebenfalls Einsatz der Dichtefunktional-Methode.

*QMD mittels Wigner-Funktion*

Die *Wigner-Funktion* $f_W(q,p)$, die im Phasenraum der verallgemeinerten Koordinaten $q = (q_1, \ldots q_{3N})$ und Impulse $p = (p_1, \ldots p_{3N})$ als *Fourier-Transformierte der Dichtematix* $\rho(q, q')$ definiert ist

$$f_W(q,p;\beta) = \left(\frac{1}{\pi\hbar}\right)^{3N} \int \cdots \int \exp\left(\frac{2i}{\hbar} p \cdot y\right) \rho(q+y, q-y)\, \mathrm{d}y, \tag{5.21}$$

spielt die Rolle einer quantenstatistischen (Quasi-) Verteilungsfunktion, da sie praktisch alle Eigenschaften einer üblichen klassischen Verteilungsfunktion besitzt [32, 138, 139], wie

- Integration über den Ortsraum liefert Verteilung im Impulsraum

- Integration über den Impulsraum liefert Verteilung im Ortsraum (Slater-Summe) (s. Gl.(2.24))

- Mittelwertbildung erfolgt wie im klassischen Phasenraum

- Integration über Ortsraum und Impulsraum liefert die Zustandssumme $Q$.

Für fast-klassische Systeme mit kleiner De-Broglie-Wellenlänge $\Lambda$ (Gl.(2.44)) können die Wigner-Funktion und damit die thermodynamischen Quantenkorrekturen berechnet werden.

Ein möglicher Ausgangspunkt für ihre Berechnung ist die Fourier-transformierte Blochsche Gleichung

$$\frac{\partial f_W}{\partial \beta} = \left(\frac{\hbar^2}{\nabla_q^2} - \frac{p^2}{2m}\right) f_W(q,p;\beta) - \cos\left(\frac{1}{2}\nabla_q \cdot \nabla_p\right) U(q) f_W(q,p;\beta) \tag{5.22a}$$

mit

$$\nabla_q = \frac{\partial}{\partial q} = \sum_{i=1}^{3N} \frac{\partial}{\partial q_i}, \quad \nabla_q^2 = \frac{\partial^2}{\partial q^2} = \sum_{i=1}^{3N} \frac{\partial^2}{\partial q_i^2}, \quad \nabla_p = \frac{\partial}{\partial p} = \sum_{i=1}^{3N} \frac{\partial}{\partial p_i}, \tag{5.22b}$$

wobei $\nabla_q$ nur auf $U(q)$ wirkt. Gl.(5.22) kann durch folgenden Ansatz

$$f_{\mathrm{W}} = \sum_{n=0}^{i} f_{kl} \hbar^{2n} \Phi_n \qquad \Phi_0 = 1 \tag{5.22c}$$

gelöst werden, wobei die $\Phi_n$ die Quantenkorrekturen der klassischen Verteilungsfunktion $f_{kl}$ darstellen und bis zur dritten Ordnung berechnet worden sind [32, 138, 139]. Die klassische MD-Simulation liefert die interessierenden thermodynamischen und Transport-Größen über Paarverteilungsfunktionen, Zustandssummen bzw. Korrelationsfunktionen.

Bei Kenntnis der Wigner-Funktion lassen sich die entsprechenden Quantenkorrekturen nach folgendem Muster auch durch Simulation bestimmen:

$$Q_{\mathrm{qu}}(T, V, N) = \int\int f_{\mathrm{W}}(q, p)\, \mathrm{d}q \mathrm{d}p \tag{5.23}$$

$$Q_{\mathrm{qu}}(T, V, N) = \sum_{n=0}^{i} Q_{kl} \hbar^{2n} Q_n \qquad Q_0 = 1 \tag{5.24}$$

$$F(T, V, N) = -NkT \ln Q(V, N, T) \tag{5.25}$$

$$F_{\mathrm{qu}}(T, V, N) = \sum_{n=0}^{i} F_{kl} \hbar^{2n} F_n \qquad F_0 = 1. \tag{5.26}$$

Berücksichtigt man jeweils nur die quantenmechanischen Korrekturen in der Ordnung $\hbar^2$ und vernachlässigt höhere Ordnungen sowie quantenstatistische Korrekturen, so erhält man zu den klassischen MD-Simulationen Korrekturen folgender Art: [138, 139]):

1. Für die Zustandssumme

$$Q_{\mathrm{qu}} = \frac{1}{\Lambda^{3N} N!} \int \left(1 - \frac{\beta \hbar^2}{24m} \sum_{i=1}^{N} (\nabla_{r_i} \beta U(r))^2 \right) \exp(-\beta U(r))\, \mathrm{d}^3 r. \tag{5.27}$$

2. Für die Freie Energie

$$\Delta F = F_{\mathrm{qu}} - F_{kl} \tag{5.28a}$$

Freie Energie - Translation

$$\Delta F_{\mathrm{trans}} = \frac{N\Lambda^2 \rho}{48\pi} \int g(r) \nabla^2 u(r)\, \mathrm{d}^3 r$$

$$= \frac{N\Lambda^2 \rho}{12} \int_0^{\infty} r^2 g(r) \left( \frac{\mathrm{d}^2 u(r)}{\mathrm{d}r^2} + \frac{2}{r} \frac{\mathrm{d}u(r)}{\mathrm{d}r} \right)\, \mathrm{d}r \tag{5.28b}$$

### Freie Energie - Rotation, lineare Moleküle

$$\Delta F_{\text{rot}} = \frac{1}{24} N \hbar^2 \beta^2 \left( \frac{\langle \tau_i^2 \rangle}{I} - \frac{N \hbar^2}{6I} \right) \tag{5.28c}$$

### Freie Energie - Rotation, nicht-lineare Moleküle

$$\Delta F_{\text{rot}} = \frac{1}{24} N \hbar^2 \beta^2 \left( \frac{\langle \tau_{ix}^2 \rangle}{I_{xx}} + \frac{\langle \tau_{iy}^2 \rangle}{I_{yy}} + \frac{\langle \tau_{iz}^2 \rangle}{I_{zz}} \right)$$

$$- \left( \frac{N \hbar^2}{24} \sum_{cyclic} \left( \frac{2}{I_{xx}} - \frac{I_{xx}}{I_{yy} I_{zz}} \right) \right). \tag{5.28d}$$

3. Für die Korrelationsfunktionen

(*detailed balance*)

$$\hat{C}_{vv}(\omega) = \int_{-\infty}^{\infty} \frac{\langle v_i(t) \cdot v_i(0) \rangle}{\langle v_i^2 \rangle} e^{i \omega t} \, dt$$

$$= \frac{m}{3 k_{\text{B}} T} \int_{-\infty}^{\infty} \langle v_i(t) \cdot v_i(0) \rangle e^{i \omega t} \, dt \tag{5.29a}$$

$$\hat{C}_{\mathcal{A}\mathcal{A}}(\omega) = \exp(\beta \hbar \omega) \hat{C}_{\mathcal{A}\mathcal{A}}(-\omega) \tag{5.29b}$$

$$\hat{C}_{\mathcal{A}\mathcal{A}}(t) \rightarrow \hat{C}_{\mathcal{A}\mathcal{A}}(t - \frac{1}{2} i \hbar \beta). \tag{5.29c}$$

Die folgenden Ausgangsgrößen sind in diesem Rahmen zu berechnen:

- Mittlere quadratische Kraft $\langle f_i^2 \rangle$ auf Teilchen $i$.

- Mittleres quadratisches Drehmoment $\langle \tau_i^2 \rangle$ auf Teilchen $i$.

- Frequenzspektrum $\omega$.

Singer und Singer [141] führen die Quantenkorrekturen als einen zusätzlichen Term in die Hamilton-Funktion ein

$$\mathcal{H}_{\text{qu}} = \mathcal{H}_{\text{kl}} + \frac{\hbar^2 \beta}{24m} \left[ -\frac{\beta}{m} \left( \sum_i p_i \cdot \nabla_{r_i} \right)^2 V_{\text{kl}} + 3 \sum_i \nabla_{r_i}^2 V_{\text{kl}} - \beta \sum_i (\nabla_{r_i} V_{\text{kl}})^2 \right] \tag{5.30}$$

und untersuchen dann mit dem üblichen MD-Verfahren als Modell ein System aus $Ne$-Molekülen. Alternativ kann ein *Quantenpotential*

$$V_{\text{qu}} = V_{\text{kl}} + \frac{\hbar^2 \beta}{24m} \left[ 2 \sum_i \nabla_{r_i}^2 V_{\text{kl}} - \beta \sum_i (\nabla_{r_i} V_{\text{kl}})^2 \right], \tag{5.31}$$

das man durch Integration über die Impulse erhält, verwendet werden.

*Weitere Quanten-Molekulardynamik-Methoden*

Nur genannt werden können folgende Methoden:

- Pfad-Integral-Methoden [142] zur Behandlung von Quantenphänomenen werden nicht nur in Monte-Carlo-Verfahren [143], sondern auch in der Molekulardynamik verwendet [7, 144].

- Die Behandlung Gaußscher Wellenpakete mittels der Schrödinger-Gleichung wird von Singer et al. [145, 146] in die Molekulardynamik eingeführt.

- Die Anwendung der *Dichtefunktional-Methode* in der Molekulardynamik geht auf Car und Parrinello [147] zurück. Sie vermeidet die Verwendung von vorher zu wählenden Paar-Potentialen durch quantenmechanische *ab-initio*-Verfahren zur Bestimmung elektronischer Strukturen.

Weitere Einzelheiten zu methodischen Fragen der Quanten-Molekulardynamik und zu ihrer Anwendung (vgl. auch Kapitel 9.1) entnimmt man der Literatur.

# 6 Direkte Simulation der Boltzmann-Gleichung

## 6.1 Allgemeines

Die Methode der MD-Simulationen arbeitet am effektivsten für dichte Fluide. Bei Gasen sind die Zeiten, während derer ein Molekül zwischen zwei Stößen frei fliegt, lang im Vergleich zur Dauer eines Stoßes. Da das Zeitinkrement bei MD-Simulationen durch die großen Kräfte beim Stoß limitiert ist, werden also für jedes Teilchen oft neue Orte und Abstände zu anderen Teilchen während es frei fliegt berechnet, physikalisch also nichts passiert. Statt Molekulardynamik bietet sich dann oft das sogenannte *dynamische Monte-Carlo*-Verfahren an. Der grundlegende Unterschied zwischen Molekulardynamik- und Metropolis-Monte-Carlo-Simulationen (MMC) besteht darin, daß beim MMC-Verfahren *Situationen* in einem Ensemble von beispielsweise einigen hundert Teilchen mit repräsentativen Wahrscheinlichkeiten angenommen werden, während bei MD die *zeitliche Entwicklung* eines solchen Systems durch Berechnung der Teilchenbahnen nachgestaltet wird (s. Kapitel 8). So ist MD auch direkt zur Modellierung von Nichtgleichgewichtsvorgängen geeignet. Bei *dynamischem Monte-Carlo*-Verfahren werden nicht Situationen, sondern Zufallsfolgen von Ereignissen (Stößen der Teilchen) erzeugt, so daß ebenfalls zeitabhängige Vorgänge simuliert werden können.

## 6.2 Die Boltzmann-Gleichung

Wenn man die Orte $\vec{r}_i$ und die Geschwindigkeiten $\vec{v}_i$ der Teilchen einführt, so lautet der Liouvillesche Satz, der im Abschnitt 2.4.3) in verallgemeinerten Koordinaten eingeführt wurde,

$$\frac{\partial \rho}{\partial t} + \sum_{i=1}^{N} \left( \vec{v}_i \cdot \frac{\partial \rho}{\partial \vec{r}_i} + \frac{\vec{F}_i}{m} \frac{\partial \rho}{\partial \vec{v}_i} \right) = 0. \tag{6.1}$$

Nach Integration über die $N - 1$ Orte und Geschwindigkeiten der Teilchen zwei bis $N$ im einkomponentigen System ohne äußere Kräfte erhält man

$$\frac{\partial f}{\partial t} + \vec{v}_1 \cdot \frac{\partial f}{\partial \vec{r}_1} = \mathcal{F}. \tag{6.2}$$

Dabei sind im Term $\mathcal{F}$ die Integrale über alle Ausdrücke zusammengefaßt, in denen Funktionen der Orte und Geschwindigkeiten des Teilchens Nummer 1 mit solchen anderer Teilchen gleichzeitig auftritt. In unserem Fall sind das die Paarwechselwirkungen des Teilchens Nummer 1 mit anderen Teilchen. $f(\vec{r}_1, \vec{v}_1, t)$ ist die Wahrscheinlichkeitsdichte dafür, am Ort $\vec{r}_1$ das Teilchen 1 mit der Geschwindigkeit $\vec{v}_1$ zu finden (vgl. Gl.(2.21c). Der Index 1 wird im folgenden beim Ortsvektor weggelassen. Außerdem wird das dynamische Monte-Carlo-Verfahren nur für den einfachsten Fall der Hartkugelsysteme beschrieben. Entsprechend wird auch die Boltzmann-Gleichung hier nur für diesen Fall behandelt. Für allgemeinere Fälle findet man Ableitungen in der einschlägigen Literatur [148–152].

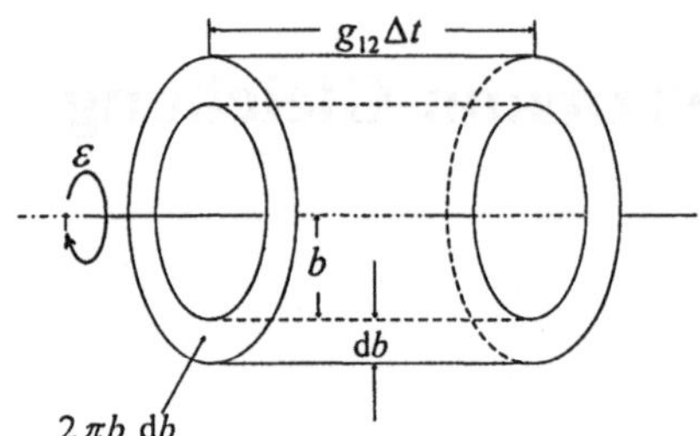


**Bild 6.1**
Der sogenannte Stoßzylinder

Der Ausdruck

$$\vec{v}_1 \cdot \frac{\partial f}{\partial \vec{r}} \tag{6.3}$$

heißt der Strömungsterm und $\mathcal{F}$ heißt Stoßterm, weil er die Veränderung der Verteilungsfunktion durch Stöße beschreibt. Unter der Annahme, daß die Bewegungen der Teilchen im System unkorreliert erfolgen (*molekulares Chaos*), läßt sich für $\mathcal{F}$ ein Ausdruck ableiten, in den nur Einteilchenfunktionen eingehen (siehe etwa [18,153,154]). Man findet die sogenannte *Boltzmann-Gleichung*, die für das Hartkugelsystem die Form hat:

$$\frac{\partial f}{\partial t} + \vec{v}_1 \cdot \frac{\partial f}{\partial \vec{r}} = - \int (f_1 f_2 - f_1' f_2')\, gb\, d\epsilon\, d\vec{v}_2\, db. \tag{6.4}$$

Die Bedeutung der verwendeten Bezeichnungen $g$, $b$ und $\epsilon$ ist aus Bild 6.1 zu ersehen. Es soll über alle möglichen Stoßpartner (Teilchen 2) des Teilchens 1 integriert werden. Zunächst werden alle Stoßpartner mit Geschwindigkeiten im Intervall $d\vec{v}_2$ um $\vec{v}_2$ ermittelt, die im Zeitintervall $\Delta t$ auf Teilchen 1 treffen werden. Diese erhält man aus dem Volumen des im Bild gezeigten sogenannten Stoßzylinders multipliziert mit $\vec{v}_2 d\vec{v}_2$ und den Teilchenzahldichten. Die Achse des Stoßzylinders geht durch das Teilchen 1, ihre Richtung ist die der Relativgeschwindigkeit $\vec{g}_{12}$. Dann ist über $b$ und den Winkel $\epsilon$ zu integrieren. $b$ ist der sogenannte Stoßparameter, über den von Null bis zur Summe der Teilchenradien integriert werden muß. Die Schreibweise $(f_1 f_2 - f_1' f_2')$ ist so zu verstehen: sind $\vec{v}_1$ und $\vec{v}_2$ die Geschwindigkeiten zweier Teilchen vor einem Stoß mit dem Stoßparameter $b$, der Relativgeschwindigkeit g und dem Winkel $\epsilon$, so seien $\vec{v}_1{}'$ und $\vec{v}_2{}'$ die Geschwindigkeiten derselben Teilchen nach dem Stoß und es sei

$$(f_1 f_2 - f_1' f_2') = (f(\vec{r},\vec{v}_1,t)f(\vec{r},\vec{v}_2,t) - f(\vec{r},\vec{v}_1{}',t)f(\vec{r},\vec{v}_2{}',t)). \tag{6.5}$$

Weiteres zur Boltzmann-Gleichung und ihrer Ableitung findet man z.B. in [18,153,154] und allen Lehrbüchern über kinetische Theorie. Aus der Lösung der Boltzmann-Gleichung in der Form (6.4) kann man im Prinzip die Beschreibung aller Nichtgleichgewichtsphänomene in verdünnten Gasen ableiten. Die exakte analytische Lösung ist jedoch bisher nur für wenige Ausnahmefälle bekannt. Man muß daher in der Regel die Gleichung (6.4) durch Näherungen vereinfachen oder sie auf numerischem Wege lösen. Dazu können beispielsweise Computersimulationen verwendet werden, wie sie in den nächsten Abschnitten beschrieben werden.

Bei der Ableitung analytischer Resultate aus der Boltzmann-Gleichung setzt man gewöhnlich voraus, daß die Abweichungen der Verteilungsfunktionen vom Gleichgewicht klein sind. Die Gleichgewichtslösung der Boltzmann-Gleichung ist die Maxwell-Boltzmannsche Geschwindigkeitsverteilung:

$$f_0(\vec{v}, T) = \left( \frac{m}{2\pi k_{\mathrm{B}} T} \right)^{3/2} \exp \left( \frac{mv^2}{2 k_{\mathrm{B}} T} \right). \tag{6.6}$$

Man setzt für beliebige Zeiten die Lösung der Boltzmann-Gleichung in der Form

$$f(\vec{r},\vec{v},t) = n(\vec{r})f_0(\vec{v},T)(1 + h(\vec{v},t)) \tag{6.7}$$

an. Dann ersetzt man in der Boltzmann-Gleichung überall $f$ durch diesen Ausdruck und vernachlässigt Glieder, die Produkte von $h$-Funktionen enthalten. Der Summand des Stoßterms, der keine $h$-Funktion enthält, fällt weg, weil $f_0$ die Lösung der Boltzmann-Gleichung ist. Übrig bleibt vom Stoßterm ein Ausdruck, der linear in $h$ ist. Diese Gleichung heißt die linearisierte Boltzmann-Gleichung. Aber selbst diese ist analytisch im allgemeinen nicht lösbar. Man entwickelt statt dessen den Stoßterm mit Hilfe einer Funktionenreihe, der sogenannten Sonine-Polynome und bricht diese nach wenigen (gewöhnlich ein oder zwei) Summanden ab. Ein großer Vorteil der Simulationsmethoden, die im folgenden beschrieben werden, ist dagegen, daß sie die numerische Lösung der vollständigen Boltzmann-Gleichung ohne Linearisierung oder andere Näherungen liefern.

## 6.3 Abkoppeln des Strömungsterms

Bei allen Simulationen zeitabhängiger Vorgänge wird jeweils die Lösung zur Zeit $t + \Delta t$ aus der als bekannt angenommenen Lösung zur Zeit $t$ berechnet. Es soll nun, wie in [152] beschrieben, der Strömungsterm abgekoppelt und so die Aufgabe auf die Behandlung eines homogenen Systems reduziert werden. Formal werden Operatoren $D$ und $J$ durch

$$\frac{\partial f}{\partial t} = -Df + Jf \tag{6.8}$$

eingeführt, wobei $Df$ der Strömungsterm, $Jf$ der Stoßterm ist. Für kleine $\Delta t$ gilt näherungsweise

$$f(\vec{r},\vec{v},t + \Delta t) = f(\vec{r},\vec{v},t) + \left(\frac{\partial f}{\partial t}\right)_t \Delta t, \tag{6.9}$$

also wegen Gl.(6.8)

$$f(\vec{r},\vec{v},t + \Delta t) = (1 - \Delta tD + \Delta tJ)f(\vec{r},\vec{v},t). \tag{6.10}$$

Unter Vernachlässigung von Gliedern höherer Ordnung gilt

$$(1 - \Delta tD + \Delta tJ) \approx (1 - \Delta tD)(1 + \Delta tJ) \approx (1 + \Delta tJ)(1 - \Delta tD). \tag{6.11}$$

Das bedeutet, daß man die zeitliche Entwicklung von $f$ in einem sehr kleinen Zeitraum $\Delta t$ beschreiben kann, indem man die zwei infinitesimalen Veränderungen von $f$ durch Strömen einerseits und Ausführung der Teilchenstöße andererseits nacheinander ausführt. Nennt man etwa

$$(1 + \Delta tJ)f(\vec{r},\vec{v},t) = H(\vec{r},\vec{v},t), \tag{6.12}$$

so ist schließlich

$$f(\vec{r},\vec{v},t + \Delta t) \approx (1 - \Delta tD)H(\vec{r},\vec{v},t) = H(\vec{r} - \vec{v}\Delta t,\vec{v},t). \tag{6.13}$$

Gl.(6.13) beschreibt, wie bei diesem Vorgehen jedes simulierte Teilchen $i$ um $\vec{v}_i \Delta t$ verschoben wird, wobei dieses $\vec{v}_i$ nicht die Geschwindigkeit zur Zeit $t$ ist, sondern diejenige, die nach der Ausführung der im Zeitraum $\Delta t$ erfolgenden Stöße vorliegt. Die Verteilung $f$ wird bei der Simulation durch eine repräsentative möglichst große Schar Teilchen ersetzt. Man geht praktisch so vor, daß man das System in kleine Zellen aufteilt, die man als homogen ansieht und in diesen die im Zeitraum $\Delta t$ fälligen Stöße ausführt. Dabei nimmt man an, daß in jeder Zelle nur Stöße mit Teilchen aus der gleichen Zelle stattfinden und diese Stöße zufällig und unabhängig vom Ort des Teilchens in der Zelle sind. Man mache sich dazu klar, daß die Teilchen nur Repräsentanten der Verteilung $f$ und keine wirklichen Teilchen sind. Dann läßt man sich die Teilchen mit den aktuellen Geschwindigkeiten um $\vec{v}_i \Delta t$ verschieben, gegebenfalls über die Zellgrenzen hinweg. Der Teil des Verfahrens, in dem Stöße ausgeführt werden, beschränkt sich also auf Zellen, in denen die Teilchen als gleichmäßig verteilt angenommen werden. Damit ist das ganze Verfahren auf die Simulation von homogenen Systemen zurückgeführt worden.

## 6.4  Dynamisches Monte-Carlo -Verfahren, zufällige Stöße

Die Relativgeschwindigkeit der Teilchen $i$ und $j$ sei $\vec{g}_{ij} = \vec{v}_i - \vec{v}_j$. Diese sollen sich in einer Zelle mit dem Volumen $V$ befinden, wo insgesamt $N$ solche Teilchen vorhanden sind. $N/V$ muß dabei der Dichte des realen durch die Simulation beschriebenen Systems entsprechen. Es sei $\sigma_{ij} = \pi(d_i + d_j)^2/4$ der sogenannte *totale Wirkungsquerschnitt* für einen Stoß der harten Kugeln $i$ und $j$ mit den Durchmessern $d_i$ und $d_j$. Dann wird bei den behandelten Verfahren angenommen, daß die Wahrscheinlichkeit eines Stoßes zwischen diesen beiden Teilchen proportional zu $\sigma_{ij} g_{ij}/V$ ist. Zur Entscheidung, ob dieser Stoß stattfindet, wird ein Zufallszahlengenerator benutzt.

## 6.5  Die Algorithmen von Nanbu und Bird

Für verdünnte Gase sind in den letzten zwei Dekaden eine Reihe von Verfahren zur direkten Simulation von Lösungen der Boltzmann-Gleichung entwickelt worden, die manchmal als *dynamisches Monte-Carlo-Verfahren* bezeichnet werden. Hier sollen nur zwei Vertreter dieser Verfahren beschrieben und kurz ihre Anwendung bei Systemen von harten Kugeln erläutert werden. Beide Systeme benutzen die Stoßgesetze für harte Kugeln in einer speziellen Form.

Bezeichnet man mit $\vec{v}_i, \vec{v}_j$ die Geschwindigkeiten der Teilchen $i$ und $j$ vor und mit $\vec{v}_i', \vec{v}_j'$ die nach dem Stoß, so gilt

$$\vec{v}_i' = \vec{v}_{ij} + \frac{m_j}{m_i + m_j} g_{ij} \vec{e}' \qquad (6.14\text{a})$$

$$\vec{v}_j' = \vec{v}_{ij} - \frac{m_i}{m_i + m_j} g_{ij} \vec{e}'. \qquad (6.14\text{b})$$

$\vec{v}_{ij} = (m_i \vec{v}_i + m_j \vec{v}_j)/(m_i + m_j)$ ist die Schwerpunktsgeschwindigkeit, die vom Stoß nicht beeinflußt wird. $\vec{e}'$ ist der Einheitsvektor in Richtung der Relativgeschwindigkeit der harten Kugeln nach dem Stoß. $\vec{g}_{ij} = \vec{v}_i - \vec{v}_j$, $g_{ij}$ ist der Betrag von $\vec{g}_{ij}$ und $m_i$ sowie $m_j$ sind die Teilchenmassen.

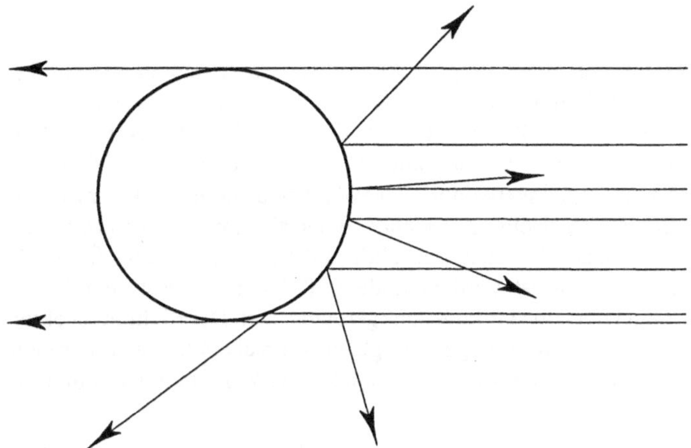

**Bild 6.2**
Relativgeschwindigkeiten nach
einem Hartkugelstoß

Die Teilchenorte treten bei diesen Verfahren im homogenen System nicht explizit auf. Für
Anwendungen auf inhomogene Systeme koppelt man wie beschrieben die Strömung von den
Stößen ab. Wenn nun ein Stoß stattfinden soll (die Entscheidung darüber wird bei den verschiedenen Verfahren in unterschiedlicher Weise getroffen), dann wird der Einheitsvektor $\vec{e}\,'$ zufällig
gewählt, wobei alle Raumwinkel gleichwahrscheinlich sein müssen. Damit wird einer speziellen
Eigenschaft stoßender glatter Kugeln Rechnung getragen: Wenn für alle Teilchen, die mit genau derselben Geschwindigkeit auf ein gegebenes Teilchen zufliegen, die Startpunkte im Raum
gleichverteilt sind, dann sind nach dem jeweiligen Stoß die Richtungen der Relativgeschwindigkeit nach dem Stoß gleichverteilt. Das Bild 6.2 soll veranschaulichen, was damit gemeint ist:
Als einfachstes Beispiel stelle man sich vor, daß Teilchen 1 eine unendlich große Masse hat und
ruht, so daß die Geschwindigkeit des Stoßpartners jeweils gleich der Relativgeschwindigkeit ist.
Der Radius des gezeichneten Kreises ist die Summe der beiden Teilchenradien. Die Linien bzw.
Pfeile zeigen die Bahnen der Mittelpunkte stoßender leichter Teilchen.

Ein solches Simulationsverfahren, das Bird einführte [148–151], hat inzwischen weite Verbrei-
tung gefunden. Obwohl nur heuristisch ableitbar, ist dieses Verfahren das am häufigsten benutzte
direkte Simulationsverfahren zur Lösung der Boltzmann-Gleichung.

Nanbu [152] schlug ein anderes Verfahren vor, das exakt aus der Boltzmann-Gleichung ableitbar ist [152], [155]. Der Algorithmus ist in [152] für harte Kugeln, elastische Kugeln (d.h.
Potenzgesetz wie etwa beim Lennard-Jones-Potential) und rauhe elastische Kugeln beschrieben.
Ein Nachteil von Nanbus ursprünglicher Variante lag in einem wesentlich höheren Rechenzeit-
verbrauch für die Simulation eines identischen Problems gegenüber Birds Algorithmus. Babovsky [155] schlug eine einfache Verbesserung vor, die die Effektivität von Nanbus Methode
erheblich verbesserte. Trotzdem arbeitet auch jetzt Birds Algorithmus noch etwas schneller.

Hier sollen nur der Algorithmus von Bird und der von Nanbu (in der von Babovsky [155]
vorgeschlagenen effektiven Variante) für den Fall eines Gemisches harter Kugeln in einem als
homogen betrachteten Volumen V beschrieben werden. Die Orte der Teilchen gehen in beiden
Fällen nicht in den Algorithmus ein.

$\sigma_{ij} = \pi(r_i + r_j)^2$ sei der totale Wirkungsquerschnitt für einen Stoß der Teilchen $i$ und $j$.

*Der Algorithmus von Bird*

Vor dem eigentlichen Simulationslauf muß eine Zahl $g^*$ bestimmt werden, so daß für alle $i$ und $j$ die Relation $g^* > \sigma_{ij}g_{ij}$ gilt. Das geschieht während eines kurzen Testlaufes. Diese Zahl sollte aber auch nicht allzu groß gewählt werden, weil sonst die Effektivität des Verfahrens sinkt. Hier können nur Erfahrung und Tests helfen. Dann geht die Simulation folgendermaßen vor sich:

Ein Teilchenpaar $i$ und $j$ wird vom Zufallsgenerator ausgewählt und mit einer Wahrscheinlichkeit, die proportional zu $\sigma_{ij}g_{ij}$ ist, als nächstes stoßendes Paar akzeptiert. Technisch geht das so vor sich, daß man eine Zufallszahl $R_f$ zwischen Null und Eins erzeugt und fragt, ob $\sigma_{ij}g_{ij}/g^* > R_f$ ist. Wenn dies nicht der Fall ist, wird ein anderes Teilchenpaar bestimmt. Sonst findet der Stoß entsprechend den angegebenen Hartkugelstoßgesetzen statt. Der Richtungsvektor $\vec{e}\,'$ wird dabei zufällig gewählt, wobei alle Richtungen als gleichwahrscheinlich angenommen werden. Das wurde schon erwähnt und läßt sich exakt ableiten. Zu der Zeit, die im simulierten Prozeß verflossen ist, wird

$$\tau = \frac{2}{Nn\sigma_{ij}g_{ij}} \tag{6.15}$$

addiert. Dann wird ein neues Teilchenpaar $i$ und $j$ gewählt usw.. $N$ ist die Zahl aller Teilchen im simulierten System und $n$ die Teilchenzahldichte. Bei jedem Stoß wird getestet, ob der Zeitpunkt, der nach dem Stoß und der Addition von $\tau$ erreicht sein wird, nach dem Zeitpunkt für die nächste Auswertung liegt. Wenn ja, muß die Auswertung vor der Ausführung des Stoßes erfolgen.

*Das modifizierte Nanbu-Verfahren*

Die Wahrscheinlichkeit $P_{ij}$ dafür, daß während der Zeit $\Delta t$ im Volumen $V$ ein Stoß zwischen den Teilchen $i$ und $j$ stattfindet, ist

$$P_{ij} = \frac{\sigma_{ij}g_{ij}\Delta t}{V}. \tag{6.16}$$

Das entspricht gerade dem *Stoßzylinder*, wie er aus der Ableitung der Boltzmann-Gleichung bekannt ist, geteilt durch das Volumen des simulierten Systems.

Die Simulation geht nun für jedes Zeitintervall $\Delta t$ so vor sich:

Für jedes Teilchen $i$ wird eine Zufallszahl $R_f$ zwischen Null und Eins erzeugt. Wenn $R_f$ zwischen $(j-1)/N$ und $j/N$ liegt, dann wird Teilchen $j$ als möglicher Stoßpartner angenommen. Der Stoß findet statt, wenn $R_f > j/N - P_{ij}$, sonst stößt das Teilchen $i$ nicht in diesem Zeitschritt. Wenn der Stoß stattfindet, wird nur die Geschwindigkeit $\vec{v}_i'$ des Teilchens $i$ nach dem Stoß notiert, aber $\vec{v}_i$ wird erst nach dem Zeitintervall $\Delta t$ durch $\vec{v}_i'$ ersetzt (damit alle Teilchen während $\Delta t$ auf Stoßpartner aus derselben unveränderten Verteilung treffen, die am Ende des vorigen Zeitintervalls entstand). Ist das für alle Teilchen $i$ erfolgt, werden die $\vec{v}_i$ für die Teilchen $i$, die gestoßen haben, durch die notierten $\vec{v}_i'$ ersetzt und die Zeit für den simulierten Prozeß wird um $\Delta t$ erhöht. Dann beginnt die Prozedur für das nächste Intervall $\Delta t$ von vorn.

Bei den in [156] beschriebenen Anwendungen von Nanbus Methode zeigte sich, daß man den Stoß für beide Stoßpartner ausführen und die Geschwindigkeiten sofort durch die neuen Werte ersetzen darf, wenn das Zeitinkrement $\Delta t$ klein genug ist. Das ist dann der Fall, wenn ein Teilchen nur selten mehr als einen Stoß während $\Delta t$ erfährt. Auch Bird [149] geht davon aus, daß dieser Punkt in Nanbus Algorithmus ohne Einfluß auf die Ergebnisse ist. Zudem hat man dann Energieerhaltung bei elastischen Stößen, was sonst bei Nanbus Algorithmus nicht der Fall ist, da jeweils einer der beiden Stoßpartner gar nicht ausgewertet wird.

Bei beiden Algorithmen gibt es keine Erhaltung des Drehimpulses (z.B. in Gaswirbeln), da die Teilchenorte bei der Wechselwirkung nicht berücksichtigt werden. Das kann bei stark inhomogenen Systemen zu Problemen führen [157]. Beide Simulationsverfahren scheinen gleichwertig zu sein. Zweifel an der Zuverlässigkeit der Birdschen Methode [158] scheinen für die praktisch üblichen Teilchenzahlen (mindestens mehrere hundert) unerheblich zu sein. Bei der Simulation technischer Systeme scheint Birds Algorithmus flexibler zu sein [159], während bei der Unterteilung des Raumes in Zellen Nanbus Methode zwangloser ein gleiches Zeitinkrement für alle Zellen liefert. Insbesondere können unwahrscheinliche Stoßereignisse, die aber doch manchmal auftreten, in Birds Methode zu einem großen *Zeitsprung* führen (siehe Gl.(6.15)). Bird [150] hat eine Möglichkeit beschrieben, diese Gefahr zu verringern. Nanbus Algorithmus ist exakt ableitbar. Simulationen mit Birds Algorithmus benötigen in der Regel geringere Rechenzeiten als solche die Nanbus Algorithmus (auch die von Babovsky verbesserte Form) benutzen. In [160] ist dargestellt, wie man ausgehend von Birds Algorithmus auch Rotations- und Vibrationsfreiheitsgrade der Gasmoleküle in die Simulation einbeziehen kann.

Einen Vergleich beider Methoden findet man in [159], [161], [162]. Auf die zahlreichen Anwendungen beider Verfahren kann hier nicht im einzelnen eingegangen werden. Es sei bemerkt, daß diese Anwendungen ein sehr weites Feld umspannen. Als sehr verschiedenartige Beispiele seien etwa Nichtgleichgewichtseffekte bei chemischen Reaktionen in der Gasphase [163] und die Behandlung der Umströmung von Raumfahrzeugen in der höheren Atmosphäre [164] genannt.

# 7 Auswertung

Es wurde schon dargelegt, daß der Zweck der MD-Simulation darin besteht, aus den Bewegungs-abläufen und der räumlichen Anordnung einiger hundert oder tausend simulierter Teilchen auf makroskopische Eigenschaften eines Fluids zu schließen. Die Techniken der Auswertung, die man dabei benutzt, sollen im folgenden dargestellt werden.

## 7.1 Gleichgewichtseigenschaften

### 7.1.1 Thermodynamische Größen

Die innere Energie $U$ ist einfach die Gesamtenergie des Systems, also die Summe der kinetischen und der potentiellen Energien aller simulierten Teilchen.

*Temperatur*

Nach dem Gleichverteilungssatz für die Energie muß im Gleichgewicht auf jeden Freiheits-grad im System die kinetische Energie $\frac{1}{2}k_\mathrm{B}T$ entfallen (Gl.(2.34)). Also ist bei $N$ Teilchen im Dreidimensionalen die kinetische Energie der Translation

$$\left\langle \sum_{i=1}^{N} \frac{m_i}{2} v_i^2 \right\rangle = \frac{3}{2} N k_\mathrm{B} T. \tag{7.1}$$

$k_\mathrm{B}$ ist die Boltzmannkonstante. Bei Atomen ohne innere Freiheitsgrade und unter Vernachlässi-gung der Rotation ist das die gesamte kinetische Energie, sonst nur der Anteil, der die reine Translationsenergie der Molekülschwerpunkte enthält. Bei Molekülen soll also die Summation in Gl.(7.1) nicht über die Atome, sondern über die Moleküle erfolgen. Entsprechend sind die $\vec{v}_i$ die Schwerpunktsgeschwindigkeiten der Moleküle. Da man den Ausdruck auf der linken Seite von Gl.(7.1) im MD-Lauf leicht auswerten kann, hat man eine Möglichkeit, die Temperatur zu ermitteln.

*Druck*

Den Druck kann man aus dem Virialsatz (Gl.(2.35b)) bestimmen, den man auch in der Form

$$\langle E_\mathrm{kin} \rangle = -\frac{1}{2} \left\langle \sum_i \vec{F}_i \cdot \vec{r}_i \right\rangle \tag{7.2}$$

schreiben kann. Die Kräfte kann man nun unterteilen in die Paarwechselwirkungskräfte $\vec{F}_{ij}$ der Teilchen des Gases oder der Flüssigkeit und die von den Gefäßwänden ausgeübten Kräfte

$$\left\langle \sum_i \vec{F}_i \cdot \vec{r}_i \right\rangle = \left\langle \sum_i \vec{F}_i^{\text{Wand}} \cdot \vec{r}_i \right\rangle + \left\langle \sum_{i<j} \vec{F}_{ij} \cdot \vec{r}_{ij} \right\rangle. \tag{7.3}$$

Führt man die makroskopische Definition des Druckes ein, wonach an jedem Flächenstück $d\vec{f}$ der Oberfläche die Kraft $-p\,d\vec{f}$ auf das Fluid wirkt, so ist

$$\left\langle \sum_i \vec{F}_i^{\text{Wand}} \cdot \vec{r}_i \right\rangle = - \oint p\vec{r} \cdot d\vec{f}. \tag{7.4}$$

$d\vec{f}$ ist der nach außen gerichtete Normalenvektor, dessen Betrag gleich der Größe des infinitesimalen Flächenstückes ist. Die Integration läuft über die gesamte Gefäßoberfläche. Nun ist aus der Vektoranalysis bekannt, daß

$$\oint \vec{r} \cdot d\vec{f} = 3V \tag{7.5}$$

ist, woraus schließlich

$$p = \frac{2}{3V} \langle E_{\text{kin}} \rangle + \frac{1}{3V} \left\langle \sum_{i<j} \vec{F}_{ij} \cdot \vec{r}_{ij} \right\rangle \tag{7.6}$$

folgt. Diese Gleichung ist für Hartkugelsysteme nicht verwendbar. Man kann aber davon Gebrauch machen, daß das Zeitintegral der Kraft auf ein Teilchen gerade dessen Impulsänderung ist. Wenn man also über eine Zeit $\Delta t$ mittelt, findet man einen Ausdruck, der auch auf Hartkugelsysteme anwendbar ist

$$\frac{1}{\Delta t} \int_{\Delta t} p\,dt = \frac{1}{3V} \left[ 2\langle E_{\text{kin}} \rangle + \sum_{\Delta t} m_i \Delta \vec{v}_i \cdot \vec{r}_{ij} \right]. \tag{7.7}$$

Die Summe $\sum_{\Delta t}$ ist so auszuführen, daß bei jedem Hartkugelstoß, der im Zeitraum $\Delta t$ stattfindet, das Skalarprodukt der Impulsänderung des einen Stoßpartners $i$ mit dem Abstandsvektor $\vec{r}_{ij} = \vec{r}_i - \vec{r}_j$ zum anderen Stoßpartner zur Summe zu addieren ist.

*Chemisches Potential*

Zur Ermittlung des chemischen Potentials gibt es verschiedene Wege (vgl. Abschnitte 2.1-2.4.8). So läßt es sich beispielsweise aus der Zustandsgleichung berechnen. Man erhält – wie im Abschnitt 2.4.6 beschrieben – Gl.(2.38)

$$\frac{\mu}{k_{\text{B}}T} = \ln(n\Lambda^3) + \left( \frac{pV}{NkT} - 1 \right) + \int_{n_0}^{n} \left( \frac{pV}{NkT} - 1 \right) \frac{dn}{n}. \tag{7.8}$$

$k_{\text{B}}T \ln(n\Lambda^3)$ ist das chemische Potential, das das Fluid bei der Dichte $n$ hätte, wenn es auch dann noch ein ideales Gas wäre. Die Anwendung bei Simulationsrechnungen sieht so aus, daß man die *Kompressibilität* $Z = pV/(NkT)$ für verschiedene Dichten ermittelt, so daß man numerisch eine glatte Kurve $Z = Z(n)$ konstruieren kann. Über $Z(n) - 1$ wird dann numerisch integriert.

Wenn man die freie Energie bei verschiedenen Teilchenzahlen $N$ im gleichen Volumen und bei der gleichen Temperatur kennt, dann kann man auch die thermodynamische Relation

$$\mu = \left( \frac{\partial F}{\partial N} \right)_{V,T} \tag{7.9}$$

aus Tabelle 2.1 (Seite 24) benutzen. Wenn $F(N)_{T,V}$ nicht ohnehin verfügbar ist, ist dieser Weg nicht sehr ökonomisch.

Ein besserer Weg ist die MC-Simulation im großkanonischen Ensemble , die im Abschnitt 8.3.3 erläutert wird. Auch MD-Simulationen im großkanonischen Ensemble sind vorgeschlagen worden [134] (vgl. Abschnitt 5.1.1). Für Gase und Flüssigkeiten (auch solche in Hohlräumen von Festkörpern wie sie im Abschnitt 9.3 behandelt werden) ist die verbreiteste Methode die Methode der Testteilchen von Widom [37], die häufig bei Monte-Carlo-Verfahren (Seite 134) und auch bei MD-Läufen Verwendung findet. Man geht bei MD-Läufen so vor, daß man jeweils nach einigen MD-Schritten (10, 100 o. ä.) den Lauf anhält und einige Male ein fiktives Testteilchen einfügt. Aus der daraus folgenden Änderung der potentiellen Energie bestimmt man das chemische Potential.

*Thermodynamische Funktionen*

Die Freie Energie $F$ ist nicht auf direktem Wege aus mikroskopischen Daten bestimmbar. Man greift häufig auf die Integration der Zustandsgleichung zurück und macht – wie beim chemischen Potential – von Gl.(2.37) Gebrauch. Aus ihr läßt sich der sogenannte *Exzeßanteil* ableiten

$$F^{ex}(n) = Nk_{\mathrm{B}}T \int\limits_{0}^{n} \left( \frac{p}{nk_{\mathrm{B}}T} - 1 \right) \frac{\mathrm{d}n}{n}. \qquad (7.10)$$

$F^{ex}(n)$ ist die Differenz der freien Energie bei der Dichte $n$ zu der eines idealen Gases der gleichen Dichte. Bei Simulationen im kanonischen Ensemble nach der Methode von Nosé [117] (vgl. auch Kapitel 5.1.1) kann die Differenz der freien Energie zwischen Zuständen verschiedener Temperatur des gleichen Systems aus den Fluktuationen des Parameters berechnet werden, den Nosé als zusätzlichen Freiheitsgrad einführt [140].

Wenn man die innere Energie, die freie Energie und die Temperatur kennt, kann man auch die Entropie aus der Beziehung

$$S = \frac{U - F}{T} \qquad (7.11)$$

ermitteln.

Es gibt aber auch direktere Verfahren zur Auswertung der Entropie. Bekanntlich hatte Kirkwood [165] eine Entwicklung der $N$-Teilchen-Verteilungsfunktion in eine Summe von Produkten von Ein-, Zwei-, Dreiteilchen- , $\cdots$ , Beiträge angegeben. Diese Art der Entwicklung wurde von Green auf die Berechnung der Entropie angewandt [166]. Die Methode ist in [167–169] für die Auswertung von MD-Simulationen weiterentwickelt worden. Es scheint, daß schon Berücksichtigung des Zweiteilchenbeitrages eine recht gute Näherung liefert.

### 7.1.2 Auswertung von radialen Verteilungsfunktionen

Die im Abschnitt 2.4.2 durch Gl.(2.23) definierte *radiale Verteilungsfunktion* kann im homogenen System durch

$$g(r) = \frac{\rho(r)}{\rho_0} \qquad (7.12)$$

dargestellt werden. Dabei ist $\rho(r)$ die Wahrscheinlichkeitsdichte, im Abstand $r$ von einem Teilchen ein weiteres zu finden. $\rho_0$ ist die mittlere Teilchenzahldichte im System. Da in Fluiden nur eine Nahordnung existiert, hängt $\rho(r)$ für Entfernungen, die größer als drei bis fünf Teilchendurchmesser sind, praktisch nicht mehr von $r$ ab. Also wird dort $\rho(r) = \rho_0$ und $g(r) = 1$ sein.

Bei der Auswertung von $g(r)$ in MD- und MC-Läufen gewinnt man die Wahrscheinlichkeit aus der relativen Häufigkeit, das heißt, man registriert während des Laufes die Häufigkeit, mit der die interessierenden Abstände zwischen den Teilchen auftreten. Es soll beispielsweise $g(r)$ für $0 < r < 3\sigma$ ausgewertet werden. Dabei kann $\sigma$ ein Hartkugeldurchmesser oder Lennard-Jones-Parameter sein. Man teilt die Strecke $3\sigma$ etwa in 100 Teile $i = 1, \cdots, 100$ der Länge $\Delta r = 3\sigma/100$. Die entsprechende Variable im FORTRAN- Programm sei `deltar`. In der $i$-ten Kugelschale, die zwischen $(i-1)\Delta r$ und $i\Delta r$ um ein gegebenes Teilchen liegt, würden bei $\rho(r) = \rho_0$ – in einem idealen Gas – im Mittel bei jeder Auswertung

$$\Delta N(i) = \frac{4(N-1)\pi}{3V}[i^3 - (i-1)^3]\Delta r^3 \tag{7.13}$$

Teilchen gefunden (Dichte $\times$ Volumen der Kugelschale). Durch diese Zahl teilt man die Zahl der wirklich gefundenen Partner pro Teilchen und pro Auswertung. Die Zahl der Auswertungen (Aufrufe der Subroutine `radial`) wird durch die Variable `ireval` gezählt.

Man legt ein Feld `irad(i)` an. Nun prüft man jeweils nach einigen Simulationsschritten (z.B. 10, die Teilchen müssen sich merklich verschoben haben) alle Paarabstände im System und zählt auf `irad(i)` die Partner in der $i$-ten Kugelschale. Im FORTRAN- Quelltext könnte das für das Programm im Anhang 10.3 so aussehen:

```fortran
      subroutine radial
      implicit real*8 (a-h,o-z)

c  Hier common - Bloecke einfuegen

      ireval = ireval + 1

      do imol = 1, nmol-1
        do jmol = imol+1, nmol
          xx = x(imol)-x(jmol)
          yy = y(imol)-y(jmol)
          zz = z(imol)-z(jmol)
C         /* Periodische Randbedingungen */
          if( xx .gt.    box12 ) xx = xx - boxl
          if( xx .lt. (-box12)) xx = xx + boxl
          if( yy .gt.    box12 ) yy = yy - boxl
          if( yy .lt. (-box12)) yy = yy + boxl
          if( zz .gt.    box12 ) zz = zz - boxl
          if( zz .lt. (-box12)) zz = zz + boxl
          r2 = xx*xx + yy*yy + zz*zz
          r = sqrt(r2)
          i = idint(r/deltar) + 1
          if( i .le. 100 ) irad(i) = irad(i) + 2
        end do
      end do
```

```
    return
    end
```

Auf `irad(i)` wird immer zwei statt eins addiert, weil Teilchenpaare nur einmal gezählt werden. Um Rechenzeit zu sparen, kann man diese Auswertung statt in einer Subroutine `radial`, im Programm an einer Stelle einbauen, wo die Paarabstände ohnehin berechnet werden. Das ist beispielsweise in der Routine zur Berechnung der Kräfte der Fall oder, wenn Nachbarschaftstabellen verwendet werden, in der Routine zur Aktualisierung der Nachbarschaftstabellen. Das ist zu empfehlen (aber nicht unbedingt nötig) da diese Auswertung nur einmal in beispielsweise 10 oder 20 MD-Schritten erfolgt. Hier ist sie der Übersichtlichkeit halber separat dargestellt.

Am Ende des Laufes normiert man dann die gezählten Häufigkeiten.

```
    write(*,*) 'Die Paarkorrelationsfunktion:'
    do i = 1, 100
      deltan = 4*3.14159265d0*(nmol-1)/(3*volume)
    : *(i**3-(i-1)**3) * deltar**3
      rad = irad(i) / (ireval*deltan*(nmol-1))
      rr = (i-0.5d0)*deltar
      write(*,*) rr, rad
    end do
```

Als Beispiel wurde die Paarverteilungsfunktion hier für ein einkomponentiges System berechnet. Für mehrkomponentige Systeme kann man entsprechende Paarkorrelationen innerhalb jeder Sorte sowie zwischen den Sorten ermitteln.


### 7.1.3  *cutoff*-Korrekturen

Bei Verwendung eines *cutoff*-Radius $r_C$ werden in den Summen über die Teilchenpaare nur die Paare berücksichtigt, deren Abstand kleiner als $r_C$ ist. Das kann bei der Auswertung thermodynamischer Größen durchaus zu merklichen Fehlern führen. In Fluiden, in denen nur eine Nahordnung zwischen den Teilchen existiert, kann man relativ einfach Korrekturen berechnen. Für die potentielle Energie und den Druck sollen diese Korrekturen angeben werden. Man ersetzt für große Entfernungen die Summe durch ein Integral und nimmt dort die Dichte der Wechselwirkungspartner als konstant an. Für die potentielle Energie hat der korrigierte Ausdruck die Form

$$U = \left\langle \sum_{i<j} U(r_{ij}) \right\rangle + \frac{Nn}{2} \int_{r_C}^{\infty} U(r)4\pi r^2 \, \mathrm{d}r. \tag{7.14}$$

Für den Druck findet man als korrigierten Ausdruck, der aus dem Virialsatz (Gl.2.35b) berechnet wird,

$$p = nk_{B}T - \frac{1}{3V} \left\langle \sum_{i<j} \vec{F}_{ij}\vec{r}_{ij} \right\rangle + \frac{n^2}{6} \int_{r_C}^{\infty} F(r)4\pi r^3 \, \mathrm{d}r. \tag{7.15}$$

Wenn die Teilchen über ein Lennard-Jones-Potential wechselwirken, braucht man in der Korrektur nur den weiterreichenden $r^6$-Anteil zu berücksichtigen. Die Korrekturintegrale lassen sich dann analytisch berechnen. Ein Beispiel ist die Korrektur für den Druck in einem homogenen Gasgemisch nach Gl.(7.15). Diese liefert für ein Gemisch von $M$ Sorten für die Anteile am Druck, den die Potentialteile für $r > r_C$ erbringen würden,

$$\Delta p = \frac{2\pi}{3} \sum_{k=1}^{M} \sum_{l=k}^{M} n_k n_l \int_{r_{Ckl}}^{\infty} g_{kl}(r) F_{kl}(r) r^3 \, \mathrm{d}r. \tag{7.16}$$

Man kann in guter Näherung die radiale Verteilungsfunktion bei $r = r_C$ und größeren Abständen gleich Eins setzen. Dann enthält das Integral nur noch bekannte Funktionen und kann ausgeführt werden. Beim Lennard-Jones-Potential ergibt sich beispielsweise

$$\Delta p = \frac{16\pi}{3} \sum_{k=1}^{M} \sum_{l=k}^{M} \epsilon_{kl} \sigma_{kl}^3 n_l n_k \left( \frac{\sigma_{kl}}{r_{Ckl}} \right)^3. \tag{7.17}$$

Diese Gleichungen gelten natürlich auch im Falle des einkomponentigen Systems, d.h. für $M = 1, k = 1, l = 1$. Man sieht, daß die Größe der Korrektur mit dem Produkt der Dichten wächst (im einkomponentigen System mit dem Quadrat der Dichte). Sie ist also vor allem für dichte Fluide von Bedeutung, wo ihr Anteil am Wert des Druckes durchaus 10 Prozent übersteigen kann. Wenn man die Resultate von Simulationen mit Messungen vergleicht, sind oft die Lennard-Jones-Parameter nur ungenau bekannt und der Nutzen solcher Korrekturen ist zweifelhaft. Wenn man eine analytische Theorie durch Simulationen testet, kann man in beiden Fällen exakt das gleiche Potential verwenden und die Korrektur kann durchaus wichtig sein.

## 7.2 Dynamische Größen aus Gleichgewichtssimulationen

Wie im Abschnitt 2.4.9 erläutert wurde, sind zeitabhängige Korrelationsfunktionen und Differenzenquadrate wichtige Instrumente zur Beschreibung dynamischer Vorgänge. Typisch ist dafür die Berechnung des Diffusionskoeffizienten aus der Geschwindigkeits-Autokorrelationsfunktion $C(\tau)$

$$C(\tau) = \langle \vec{v}(\tau) \vec{v}(0) \rangle, \tag{7.18}$$

die im folgenden als VACF bezeichnet wird, oder aus dem Verschiebungsquadrat. $\vec{v}(\tau)$ ist die Geschwindigkeit eines Teilchens. Die Mittelung erfolgt über alle Teilchen und Auswertungen zu verschiedenen Zeiten.

Mit Hilfe der Kubo-Formel (2.97)

$$D = \frac{1}{3} \int_{0}^{+\infty} \langle \vec{v}(\tau) \cdot \vec{v}(0) \rangle \, \mathrm{d}\tau \tag{7.19}$$

kann daraus der Diffusionskoeffizient $D$ ermittelt werden. Andererseits kann der Diffusionskoeffizient auch aus der sogenannten Einstein-Relation bestimmt werden. Für große Zeiten gilt asymptotisch

$$\langle [\vec{r}(t) - \vec{r}(0)]^2 \rangle = 6Dt \tag{7.20}$$

oder

$$D = \frac{1}{6} \lim_{t \to \infty} \frac{\mathrm{d}}{\mathrm{d}t} \langle [\vec{r}(t) - \vec{r}(0)]^2 \rangle. \tag{7.21}$$

Es läßt sich zeigen, daß beide Wege für die Ermittlung von $D$ völlig äquivalent sind. Es ist

$$\frac{\mathrm{d}}{\mathrm{d}t}[\vec{r}(t) - \vec{r}(0)]^2 = 2\vec{v}(t) \cdot (\vec{r}(t) - \vec{r}(0)) = 2 \int\limits_{0}^{t} \vec{v}(t) \cdot \vec{v}(\tau)\,\mathrm{d}\tau.$$

Daraus folgt wegen der Symmetrieeigenschaften von $\langle\vec{v}(\tau) \cdot \vec{v}(0)\rangle$ für beliebige Zeiten $t$

$$\frac{\mathrm{d}}{\mathrm{d}t}\langle[\vec{r}(t) - \vec{r}(0)]^2\rangle = 2 \int\limits_{0}^{t} \langle\vec{v}(\tau) \cdot \vec{v}(0)\rangle\,\mathrm{d}\tau, \qquad (7.22)$$

woraus sofort die Behauptung folgt. Übrigens sieht man daraus auch, daß

$$\frac{\mathrm{d}^2}{\mathrm{d}t^2}\langle[\vec{r}(t) - \vec{r}(0)]^2\rangle = 2\langle\vec{v}(t) \cdot \vec{v}(0)\rangle \qquad (7.23)$$

ist. Prinzipiell sind die Bestimmung von $D$ aus Gl.(7.20) und Gl.(2.97) gleichwertig. Allerdings erspart man sich bei Verwendung von Gl.(7.20) die numerische Integration der Geschwindigkeits-Autokorrelationsfunktion, die zudem nur an einer gewissen Zahl von Stützstellen (z.B. alle 10 MD-Schritte) gegeben ist. In die Ortsdifferenz, die in Gl.(7.20) eingeht, ist dagegen die exakte Dynamik des Systems in jedem Zeitschritt zwischen den Zeitpunkten 0 und $t$ eingeflossen. Beide Vorgehensweisen sind durchaus gebräuchlich.

### 7.2.1  Auswertung von Korrelationsfunktionen im MD-Lauf

Es soll nun beschrieben werden, wie die praktische Berechnung einer Korrelationsfunktion erfolgt. Als Beispiel diene die Geschwindigkeits-Autokorrelationsfunktion, die $C(t)$ genannt werden soll. Zu ihrer Berechnung gibt es zwei Vorgehensweisen:

1. Auswertung der Korrelationen während des MD-Simulationslaufs selbst

2. Berechnung aus aufgezeichneten Geschwindigkeiten nach dem eigentlichen Lauf.

Die Speicherung und nachträgliche Auswertung hat den Vorteil, daß man variabel bleibt, um zum Beispiel bei der Auswertung zunächst verschiedene Tests bezüglich der Korrelationslänge zur Optimierung der eigentlichen Auswertung durchzuführen. Als Korrelationslänge bezeichnet man den Zeitabschnitt, in dem die Geschwindigkeits-Autokorrelationsfunktion praktisch auf Null abklingt. Man kann sich auch nachträglich dazu entschließen, noch weitere Korrelationsfunktionen zu berechnen, wenn man nicht nur die Geschwindigkeiten gespeichert hat. Der Nachteil solcher Aufzeichnungen ist der sehr große Bedarf an Speichermedien. Man muß für jeden Simulationslauf zum Aufzeichnen der Orte und Geschwindigkeiten einige dutzend Megabyte einplanen.

Es wird vorausgesetzt, daß die zu behandelnden Systeme ergodisch sind, das heißt, daß Schar- und Zeitmittel gleich sind (vgl. Abschnitt 2.4.5).

Hier wird die Auswertung während des Laufes erläutert, die Auswertung von gespeicherten Daten folgt dem gleichem Schema. Es werden Felder `vxc( ist, imol )`, `vyc( ist, imol )`, `vzc( ist, imol )` eingeführt, auf denen die Geschwindigkeitswerte zu verschiedenen Zeiten gespeichert werden. `imol` sei die Nummer eines Moleküls und läuft jeweils von 1 bis `NMOL`, der Zahl aller vorhandenen Moleküle. `IST` sei die Nummer einer Stützstelle. Sollen beispielsweise die Korrelationen über einen Zeitraum von 20 ps verfolgt und der Verlauf von $C(t)$ durch 100 Stützstellen wiedergeben werden, so läuft `IST` von 1 bis 100. Um das Programmbeispiel nicht durch Einführung von zusätzlichen Variablen zu komplizieren, wird die Stützstellenzahl 100 und eine Glättung über 20 Stützstellen einfach angenommen. Es ist trivial, hier nach Belieben andere Werte einzusetzen.

Bei einer MD-Schrittweite von 0.05 ps sind also die Geschwindigkeiten in jedem vierten MD-Schritt zu registrieren. Die Zahl der ausgeführten Registrierungen sei NVACF. Es ist klar, daß der statistische Fehler in der Autokorrelationsfunktion durch möglichst großes NVACF zu minimieren ist. Die Zeitdauer, nach der man erwarten kann, daß die Korrelationen abgeklungen sind, also die Korrelationslänge, sei als 20 ps angenommen.

Praktisch muß sie durch Tests ermittelt werden, wenn man ihre Größe nicht durch bekannte Eigenschaften des Systems (z.B. mittlere freie Flugdauer der Teilchen) abschätzen kann.

Angenommen, man ist bei einem der MD-Schritte angekommen, in dem die aktuellen Geschwindigkeiten in die Felder VXC, VYC, VZC eingebracht werden sollen, dann werden die schon registrierten Geschwindigkeiten jeweils zu einem um eins verminderten ist-Wert verschoben (wodurch die bisherigen Werte für ist=1 herausfallen) und die vxc(100,imol), vyc(100,imol) und vzc(100,imol) mit den aktuellen Werten der Geschwindigkeiten aufgefüllt. Im FORTRAN-Programm könnte das etwa so aussehen:

```
      nvacf = nvacf + 1
      do 1 imol = 1, nmol
      do 1 ist   = 1, 99
         vxc( ist, imol ) = vxc( ist + 1, imol )
         vyc( ist, imol ) = vyc( ist + 1, imol )
         vzc( ist, imol ) = vzc( ist + 1, imol )
  1   continue
      do 2 imol = 1, nmol
         vxc( 100, imol ) = vx(imol)
         vyc( 100, imol ) = vy(imol)
         vzc( 100, imol ) = vz(imol)
  2   continue
```

vx, vy und vz sind die aktuellen Geschwindigkeiten im MD-Lauf.

Danach sammelt man die Produkte zwischen Feldelementen zu gleichen imol aber verschiedenen ist Werten auf dem Feld vc(ist). In der folgenden Schleife hat ist die Bedeutung eines Stützstellenabstandes.

```
      ncmax = min0(nvacf,100)
      do 3 ist   = 1, ncmax
       ivc(ist) = ivc(ist) + 1
       do 3 imol = 1, nmol
         vc(ist) = vc(ist) +
     :      vxc(1,imol) * vxc(ist,imol) +
     :      vyc(1,imol) * vyc(ist,imol) +
     :      vzc(1,imol) * vzc(ist,imol)
  3   continue
```

In ivc(ist) wird notiert, wie oft die Korrelation für den Stützstellenabstand ist-1 ausgewertet wurde. Es liegt auf der Hand, daß das z.B. für den Stützstellenabstand 50 erst dann erfolgen kann, wenn vxc usw. mindestens 50 mal registriert worden sind, während die Korrelation für den Stützstellenabstand 1 schon bei nvacf=2 ausgewertet werden kann.

Es versteht sich von selbst, daß die Felder vc und ivc zu Beginn des Laufes mit Nullen zu füllen sind, wenn das der verwendete Compiler nicht ohnehin tut, sowie auch nvacf anfangs gleich Null sein muß.

Am Ende des Laufes braucht man dann nur noch die Mittelwerte zu bilden:

```
do ist  = 1, 100
  c(ist) = vc(ist)/ivc(ist)
end do
```

Damit hat man die Werte von $C(t)$ an den gewünschten Stützstellen, die in diesem Beispiel einen Abstand von 0.2 ps haben. $C(1)$ ist der Wert von $C(t)$ für $t = 0$. Gewöhnlich normiert man $C(t)$, indem man alle $C(t)$ durch $C(t = 0)$ teilt.

### 7.2.2  Auswertung der Teilchenverschiebungen im MD-Lauf

Zur Auswertumg der Teilchenverschiebungen kann man außer Gl.(7.20) noch andere analoge Ausdrücke verwenden, um $D$ zu berechnen [170].

Die Lösung der Diffusionsgleichung

$$w(\vec{r}, t) = (4\pi Dt)^{-3/2} \exp\left\{ \frac{-(\vec{r} - \vec{r}_0)^2}{4Dt} \right\} \tag{7.24}$$

liefert die Wahrscheinlichkeit $w(\vec{r}, t)$ dafür, ein Teilchen zur Zeit $t$ am Ort $\vec{r}$ zu finden, wenn es zu $t = 0$ am Ort $\vec{r}_0$ war. Mit der Definition

$$\langle | (\vec{r} - \vec{r}_0)^n | \rangle = \int w(\vec{r}, t) \, | (\vec{r} - \vec{r}_0)^n | \, \mathrm{d}\vec{r} \tag{7.25}$$

findet man für die ersten vier Potenzen $n$:

$$\langle | \vec{r} - \vec{r}_0 | \rangle = 4\sqrt{\frac{Dt}{\pi}} \tag{7.26}$$

$$\langle (\vec{r} - \vec{r}_0)^2 \rangle = 6Dt \tag{7.27}$$

$$\langle | (\vec{r} - \vec{r}_0)^3 | \rangle = \frac{32(Dt)^{3/2}}{\sqrt{\pi}} \tag{7.28}$$

$$\langle (\vec{r} - \vec{r}_0)^4 \rangle = 60(Dt)^2. \tag{7.29}$$

Aus jedem dieser Ausdrücke kann man $D$ gewinnen. Die erste Potenz liefert

$$D = \frac{\pi}{16} \frac{\mathrm{d}}{\mathrm{d}t} \langle | \vec{r} - \vec{r}_0 | \rangle^2 \tag{7.30}$$

und die zweite

$$D = \frac{1}{6} \frac{\mathrm{d}}{\mathrm{d}t} \langle (\vec{r} - \vec{r}_0)^2 \rangle \tag{7.31}$$

und so weiter. Falls die Diffusionsgleichung gilt, müssen alle aus verschiedenen Potenzen bestimmten $D$ Werte übereinstimmen. Das ist beispielsweise in porösen Festkörpern keinesfalls trivial [170] und man hat durch diese Auswertung mit geringem Aufwand eine zusätzliche Methode, die Ergebnisse zu prüfen. Zudem prüft man auf diese Art, wann die Werte zusammenlaufen und ob man die Auswertung über genügend lange Zeiträume erstreckt hat.

Programmtechnisch erfolgt die Auswertung analog zum Vorgehen bei der Geschwindigkeits-Autokorrelationsfunktion. Eine Besonderheit kommt allerdings dazu, wenn man periodische Randbedingungen verwendet und immer nur die Koordinaten der Teilchen in der Zentralbox speichert. Man muß berücksichtigen, wie oft man zu den Koordinaten eines anderen Abbildes desselben Teilchens gewechselt ist. Man zählt dazu während des Laufes diese Wechsel unter Berücksichtigung ihres Vorzeichens. Wenn man also die Verschiebungen der Teilchen auswerten will, können die Programmzeilen, die jeder Änderung der Koordinaten folgen, so aussehen:

```fortran
            if( x(imol) .gt.      boxl    ) then
               x(imol) = x(imol) - boxl
               ishifx(imol) = ishifx(imol) + 1
            endif
            if( x(imol) .lt.    0.0  ) then
               x(imol) = x(imol) + boxl
               ishifx(imol) = ishifx(imol) - 1
            endif
            if( y(imol) .gt.      boxl    ) then
               y(imol) = y(imol) - boxl
               ishify(imol) = ishify(imol) + 1
            endif
            if( y(imol) .lt.    0.0  ) then
               y(imol) = y(imol) + boxl
               ishify(imol) = ishify(imol) - 1
            endif
            if( z(imol) .gt.      boxl    ) then
               z(imol) = z(imol) - boxl
               ishifz(imol) = ishifz(imol) + 1
            if( z(imol) .lt.    0.0  )then
               z(imol) = z(imol) + boxl
               ishifz(imol) = ishifz(imol) - 1
            endif
```

`boxl` sei die Kantenlänge der kubischen MD-Box.

Zur Auswertung der Verschiebung legt man nun wieder Felder der Orte für beispielsweise 100 verschiedene Zeitpunkte an. Diese sollen `xst(imol)` usw. heißen. Analog zur Auswertung der Geschwindigkeits-Autokorrelationsfunktion hat man Felder (jetzt heißen sie `xst` usw.) mit den aktuellen Orten zu verschiedenen Zeiten zu füllen:

```fortran
      nsq = nsq + 1
      do 1 imol = 1, nmol
      do 1 ist  = 1, 99
         xst( ist, imol ) = xst( ist + 1, imol )
         yst( ist, imol ) = yst( ist + 1, imol )
         zst( ist, imol ) = zst( ist + 1, imol )
    1    continue
      do 2 imol = 1, nmol
         xst( 100, imol ) = x(imol) + ishifx(imol) * boxl
         yst( 100, imol ) = y(imol) + ishify(imol) * boxl
         zst( 100, imol ) = z(imol) + ishifz(imol) * boxl
    2    continue
```

Dann folgt die Auswertung der Verschiebungen zwischen verschiedenen Zeitpunkten, wobei statt Produkten von Geschwindigkeiten jetzt Differenzen von Orten auszuwerten sind. `shft` sei der Absolutbetrag der Verschiebung und `shft2`, `shft3` und `shft4` seien die zweite, dritte und vierte Potenz davon.

```fortran
      nsmax = min0(nsq,100)
      do 3 ist  = 1, nsmax-1
```

```
         isr(ist) = isr(ist) + 1
         dxq = 0.0
         do 3 imol = 1, nmol
           dxq = dxq +
    :        (xst(1,imol) - xst(ist+1,imol) )**2 +
    :        (yst(1,imol) - yst(ist+1,imol) )**2 +
    :        (zst(1,imol) - zst(ist+1,imol) )**2
           dx = sqrt( dx )
           shft(ist)  = shft(ist)  + dx
           shft2(ist) = shft2(ist) + dxq
           shft3(ist) = shft3(ist) + dxq*dx
           shft4(ist) = shft4(ist) + dxq*dxq
   3     continue
```

Um aus den Potenzen der Verschiebung den Diffusionskoeffizienten zu erhalten, muß man nach Beendigung des Laufes die Einteilchen-Mittelwerte bilden, indem man durch `isr(ist)*nmol` teilt. Aus den resultierenden Feldern kann man die Kurven erhalten, deren numerische Differentiation Werte für den Diffusionskoeffizienten liefert. Die Differentiation statt einer einfachen Teilung durch die Zeit führt zu schneller konvergierenden Ergebnissen.

```
      do ist = 1, 100
        shft1(ist) = shft1(ist)/(isr(ist)*nmol)
        shft1(ist) = pi * (shft1(ist)**2)/16.0
        shft2(ist) = shft2(ist)/(isr(ist)*nmol)
        shft2(ist) = shft2(ist)/6.0
        shft3(ist) = shft3(ist)/(isr(ist)*nmol)
        shft3(ist) = (sqrt(pi)*shft3(ist)/32.0)**(2.0/3.0)
        shft4(ist) = shft4(ist)/(isr(ist)*nmol)
        shft4(ist) = sqrt(shft4(ist)/60.0)
      end do
```

Mit `deltat` als Zeitabstand der Stützstellen wird die numerische Differentiation, geglättet über beispielsweise `2*iglatt` Stützstellen, in folgender Weise vorgeschlagen:

```
    do k = iglatt+1, 100-iglatt
      dk1 = (shft1(k+iglatt)-shft1(k-iglatt))/(2*iglatt*deltat)
      dk2 = (shft2(k+iglatt)-shft2(k-iglatt))/(2*iglatt*deltat)
      dk3 = (shft3(k+iglatt)-shft3(k-iglatt))/(2*iglatt*deltat)
      dk4 = (shft4(k+iglatt)-shft4(k-iglatt))/(2*iglatt*deltat)
      write(*,'(i4, 4(1pe15.5))') k, dk1, dk2, dk3, dk4
    end do
```

Wenn man die Zeit in der Einheit $10^{-13}$ s und Längen in Å angibt, ergeben sich die $D$-Werte in $10^{-7}$ m²/s. Wenn die Diffusionsgleichung gilt und der Stützstellenabstand groß genug gewählt ist, müssen `dk1` bis `dk4` für große k sowohl übereinstimmen als auch nicht mehr von k abhängen.

### 7.2.3  Zur Fehlerabschätzung bei MD- und MC- Simulationen

Die momentanen Werte für die kinetische Energie, das Virial oder andere Größen schwanken während der Simulation eines stationären Zustandes um ihre Mittelwerte. Es seien $Z_1$ bis $Z_M$

eine Folge momentaner Werte irgendeiner Gleichgewichtsgröße, die nacheinander in gleichen Zeitabständen während eines Simulationslaufes registriert wurden.

Eine Fehlerabschätzung ist deshalb schwierig, weil aufeinanderfolgende $Z_i$ in der Regel nicht statistisch unabhängig sind. Wenn beispielsweise alle zehn oder hundert Simulationsschritte ein neues $Z_i$ registriert wurde, dann ist der Abstand jeweils zweier Auswertungen in der Regel kleiner als die Zerfallszeit der Fluktuationen. Der Ausweg, diese Zerfallszeit zu ermitteln und dann den Abstand zwischen den Auswertungen größer als diesen Abstand zu wählen, ist möglich aber sehr unökonomisch. Man versucht deshalb, den Fehler unter Berücksichtigung der Korrelationen aufeinander folgender Meßwerte abzuschätzen.

Man stelle sich vor, das Computerexperiment mit der Auswertung der $Z_i$ werde viele Male durchgeführt, um Wahrscheinlichkeitsaussagen für den Mittelwert und die Schwankung zu erhalten. Der Mittelwert $\overline{Z}$ aus einem der Läufe sei

$$\overline{Z} = \frac{1}{M} \sum_{i=1}^{M} Z_i. \tag{7.32}$$

Der Mittelwert über alle Läufe sei dann $\langle \overline{Z} \rangle$. Es sei Ergodizität vorausgesetzt, so daß Scharmittel gleich Zeitmittel ist (vgl. Kapitel 2.4.5)

$$\lim_{M \to \infty} \overline{Z} = \langle \overline{Z} \rangle. \tag{7.33}$$

Im stationären Zustand ist außerdem für jedes $i$

$$\langle Z_i \rangle = \langle \overline{Z} \rangle. \tag{7.34}$$

Es sei

$$\mathrm{var}(\overline{Z}) = \left\langle \left(\overline{Z} - \langle \overline{Z} \rangle\right)^2 \right\rangle = \left\langle \overline{Z}^2 \right\rangle - \langle \overline{Z} \rangle^2 \tag{7.35}$$

die *Varianz*, das heißt

$$\mathrm{var}(\overline{Z}) = \frac{1}{M^2} \sum_{i=1}^{M} \sum_{j=1}^{M} \gamma_{i,j} \tag{7.36}$$

mit

$$\gamma_{i,j} = \langle Z_i Z_j \rangle - \langle Z_i \rangle \langle Z_j \rangle. \tag{7.37}$$

Im stationären Zustand dürfen die $\langle Z_i \rangle$ bzw. $\langle Z_j \rangle$ nicht von $i$ bzw. $j$ und die $\langle Z_i Z_j \rangle$ sowie die $\gamma_{i,j}$ nur von $|i - j|$ abhängen. Mit $\gamma_k = \gamma_{i,i+k}$ kann man deshalb Gl.(7.36) in der Form schreiben:

$$\mathrm{var}(\overline{Z}) = \frac{1}{M} \left( \gamma_0 + 2 \sum_{k=1}^{M-1} \left[ 1 - \frac{k}{M} \right] \gamma_k \right) \tag{7.38}$$

mit

$$\gamma_0 = \frac{1}{M} \sum_{i=1}^{M} \gamma_{i,i} = \frac{1}{M} \sum_{i=1}^{M} \mathrm{var}(Z_i). \tag{7.39}$$

Allerdings wird man nicht wirklich viele MD- oder MC-Läufe durchführen, um die Mittelung $\langle ... \rangle$ auszuführen und den Fehler genau angeben zu können. Stattdessen wird man die verfügbare Rechenzeit für einen Lauf nutzen, um $M$ möglichst zu vergrößern und den Fehler in $Z$ zu verringern. Die $\gamma_k$ wird man näherungsweise aus Größen berechnen, die aus diesem Lauf berechnet sind. Es ist üblich, statt $\gamma_k$ näherungsweise

$$c_k = \frac{1}{M-k} \sum_{i=1}^{M-k} (Z_i - \overline{Z})(Z_{i+k} - \overline{Z}) \tag{7.40}$$

zu verwenden und die Summe in Gl.(7.38) bei einer geeignet gewählten Obergrenze $K$ abzubrechen. In [171] ist abgeleitet, daß es dann bei ausreichend großen $M$ und $K$ genügt, in Gl.(7.38) $\gamma_k$ durch $c_k$ zu ersetzen. Noch etwas genauer ist nach [171]

$$\text{var}(\overline{Z}) \approx \frac{c_0 + 2\sum_{i=1}^{K} \left(1 - \frac{k}{M}\right) c_k}{M - 2K - 1 + \frac{K(K+1)}{M}}. \tag{7.41}$$

In [171] wird noch ein anderes Verfahren vorgeschlagen, das weniger Rechenaufwand erfordert und eleganter ist. Man faßt jeweils zwei der gefundenen Werte zusammen

$$Z_i' = \frac{Z_{2i-1} + Z_{2i}}{2} \tag{7.42}$$

und definiert mit $M' = M/2$

$$\overline{Z}' = \frac{1}{M'} \sum_{i=1}^{M'} Z_i'. \tag{7.43}$$

Man kann zeigen, daß

$$\overline{Z}' = \overline{Z} \tag{7.44}$$

und

$$\text{var}(\overline{Z}') = \frac{1}{(M')^2} \sum_{i=1}^{M'} \sum_{j=1}^{M'} \gamma_{i,j}' = \text{var}(\overline{Z}) \tag{7.45}$$

ist. Dieses Zusammenfassen kann man mehrfach wiederholen, bis die Zahl der in jedem $Z_i'$ zusammengefaßten Summanden so groß ist, daß die $Z_i'$ praktisch unkorreliert sind und die Varianz nach Gl.(7.38) durch $\gamma_0'/M'$ gegeben ist. Während bei korrelierten $Z_i$ der erste Summand in Gl.(7.38) einen zu niedrigen Wert liefert, konvergiert dieser bei mehrmaligem Ausführen der Transformation Gl.(7.42) gegen den richtigen Wert der Varianz, der einen Fixpunkt dieser Transformation bildet. Praktisch geht man so vor, daß man das Anwachsen der Größe

$$V = \frac{c_0'}{M' - 1} \tag{7.46}$$

bei mehrfachem Ausführen der Transformation Gl.(7.42) bis zu einem konstanten Wert $V_l$ beobachtet. $c_0$ ist durch

$$c_0 = \frac{1}{M} \sum_{i=1}^{M} (Z_i - \overline{Z})^2 \tag{7.47}$$

wie in Gl.(7.40) definiert. Man braucht also keine weiteren $c_k$ zu berechnen, um die Varianz zu ermitteln. Es ist aber zu beachten, daß die Transformation nicht so oft wiederholt werden darf, daß nur noch wenige $Z_i'$ übrig sind. Man erkennt das daran, daß das in Gl.(7.46) definierte $V$ bei Ausführen weiterer Transformationen stark abfällt. Dann hat man den Stabilitätsbereich des Verfahrens verlassen. Die Standardabweichung $\sigma$ erhält man aus dem Plateauwert $V_l$

$$\sigma = \sqrt{V_l}. \tag{7.48}$$

Als Resultat der Auswertung für die Größe $Z$ ergibt sich: $Z = \overline{Z} \pm \sigma$.

# 8    Abriß der Monte-Carlo-Methode (MC)

## 8.1  Grundbegriffe

Obwohl im Zentrum dieses Buches die Behandlung molekulardynamischer Simulationen steht, soll im folgenden Kapitel ein Überblick über die zweite bedeutende Gruppe von Simulationstechniken in der Statistischen Physik – die Monte-Carlo-Verfahren (MC) – gegeben werden. Der Begriff MC-Methode faßt eine Vielzahl numerischer Verfahren zur Lösung mathematischer und physikalischer Probleme zusammen, die auf Erkenntnissen der Wahrscheinlichkeitstheorie (genauer: der Theorie der Zufallsprozesse) beruhen.

Bei aller Vielfalt kann ein allgemeines Schema, das allen MC-Verfahren gemeinsam ist, angeben werden. Eine MC-Simulation läßt sich in der Regel in die folgenden vier Grundschritte einteilen:

1. Aufbau eines dem vorliegenden Problem adäquaten stochastischen Modells

2. Durchführung einer großen Zahl von Zufallsexperimenten (Simulation unter Verwendung von Zufallszahlen)

3. Auswertung der Zufallsexperimente mit Methoden der mathematischen Statistik (Schätzung von statistischen Parametern, Erwartungswerten u. ä.)

4. Interpretation der erhaltenen Schätzwerte als Lösung des vorliegenden Problems.

Die mathematischen Grundlagen für derartige Simulationsverfahren werden durch die Theorie stochastischer Prozesse gegeben. Eine besondere Rolle bei der Begründung (Untersuchung des Konvergenzverhaltens der Ergebnisse einer Kette von Zufallsexperimenten) spielen

- das Gesetz der großen Zahlen und

- der zentrale Grenzwertsatz der Wahrscheinlichkeitstheorie.

Typische Anwendungsgebiete von MC-Methoden in der Mathematik sind die Berechnung komplizierter insbesondere hochdimensionaler Integrale sowie die numerische Behandlung von nicht analytisch lösbaren algebraischen und Differential-Gleichungen.

Nach der Art der durchgeführten Zufallsexperimente werden die MC-Simulationen in die folgenden zwei Gruppen eingeteilt

1. die einfachen oder *naiven* Verfahren, die durch die Verwendung gleichverteilter Zufallszahlen charakterisiert sind und

2. die sogenannten *importance-sampling*-Techniken, die spezielle dem jeweiligen Problem angepaßte Verteilungen von Zufallszahlen benutzen.

Im folgenden Abschnitt werden eine Reihe physikalisch wichtiger Beispiele für Simulationen mit einfachen MC-Methoden vorgestellt. Dem Problem der Simulation wechselwirkender Vielteilchensysteme mit Hilfe einer speziellen *importance-sampling*-Technik, dem Metropolis-Algorithmus, sind die weiteren Abschnitte dieses Kapitels gewidmet.

Weitergehende Informationen über Monte-Carlo-Verfahren in der statistischen Physik findet man in den Monographien [11] und [12]. Eine ausführliche Darstellung der Grundlagen der MC-Methoden wird in [13] gegeben.

## 8.2  Einfaches (naives) MC

Zur Erläuterung der einfachen MC-Verfahren, deren Zufallsexperimente unter Verwendung von gleichverteilten Zufallszahlen durchgeführt werden, sollen zwei physikalisch interessante Problemkreise dargestellt werden.

Zunächst wird auf die numerische Berechnung von Molekülvolumina und -oberflächen mittels MC-Integration eingegangen. Dabei handelt es sich um eine direkte Anwendung der in der numerischen Mathematik seit langem gebräuchlichen näherungsweisen Berechnung mehrdimensionaler Integrale mit MC-Methoden.

Im weiteren soll die Problematik der Simulation von Gittersystemen behandelt werden, die fundamental für viele Probleme der Festkörperphysik (Spinsysteme, Ising-Modell, Transport) ist und in Verbindung mit der Perkolationstheorie die Beschreibung des strukturellen und Transport-Verhaltens poröser Medien erlaubt sowie einen Zugang zum Verständnis kritischer Phänomene eröffnet.

### 8.2.1  Berechnung der Volumina und Oberflächen von Molekülen

In der statistischen Mechanik ist die Darstellung vom mehratomigen Molekülen als im allgemeinen nicht-sphärische Mehrzentren-Modelle (*interaction-site*-Moleküle) üblich. Im einfachsten Falle handelt es sich dabei um Moleküle aus verschmolzenen harten Kugeln, deren Zentren sich an den Orten der Kerne der das Molekül bildenden Atome befinden. Die Kenntnis der Volumina und Oberflächen dieser Moleküle ist fundamental für die molekularstatistische Behandlung des Verhaltens von molekularen Fluiden. Die Ermittlung der genannten Volumina und Oberflächen ist zwar prinzipiell elementargeometrisch möglich, wird aber mit steigender Zahl beteiligter Atome (Kugeln) – insbesondere bei Auftreten von Mehrfach-Überlappungen der verschmolzenen Hartkugeln – sehr schnell unübersichtlich und ineffizient. Als Alternative bietet sich eine MC-Integration zur approximativen Bestimmung der Volumina und Oberflächen an.

Als Beispiel werde die Bestimmung des Volumens und der Oberfläche eines $CCl_4$-Moleküls betrachtet, das ein tetraedrisches Atomgerüst besitzt. Als Molekülmodell dienen verschmolzene harte Kugeln, deren Zentren in den Ecken des Tetraeders (Cl-Atome) bzw. in dessen Mittelpunkt (C-Atom) angeordnet sind. Das beschriebene Modell wurde in MC-Simulationen der Struktur und des Zustandsverhaltens von Tetrachlorkohlenstoff benutzt [172]. Die Volumenberechnung wird dabei durch folgendes Zufallsexperiment realisiert:

1. Das Molekül wird in ein Grundgebiet bekannten Volumens (Würfel, Kugel o. ä.) eingeschlossen.

2. Es wird eine (möglichst lange) Folge von Zufallskoordinaten (Tripel gleichverteilter Zufallszahlen) im Inneren des Grundgebietes *ausgewürfelt*.

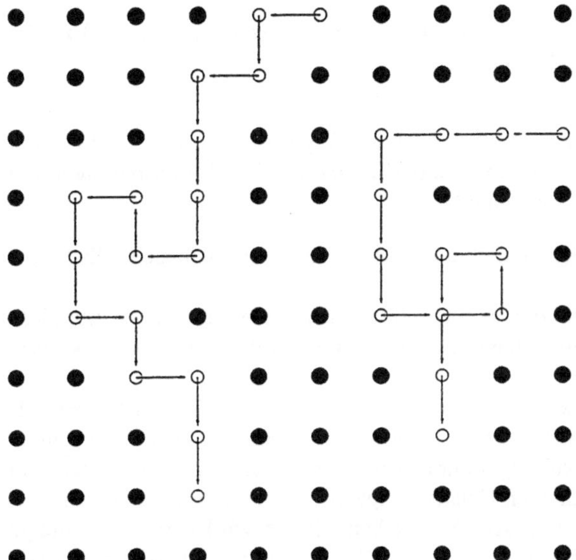

**Bild 8.1**
Irrfahrt auf einem zweidimensionalen Gitter

3. Die relative Häufigkeit, mit der Zufallskoordinaten im Inneren des Moleküls gefunden werden, ist ein Schätzwert für das Molekülvolumen relativ zum (bekannten) Volumen des Grundgebietes. Es läßt sich beweisen, daß für eine unendliche Reihe von Zufallskoordinaten die relative Häufigkeit gegen das exakte relative Molekülvolumen konvergiert.

Analog lassen sich auch die Oberflächen komplizierter Moleküle bestimmen (vgl. ( [172])). Ähnliche Fragestellungen treten bei der Berechnung von Virialkoeffizienten von *interaction-site*-Fluiden auf ( [173]).

### 8.2.2 Zufällig besetzte Gitter, *random walk* und Perkolation

Im folgenden Abschnitt sollen stochastische Simulationen auf regulären Gittern beschrieben werden. Zur Vereinfachung soll hier nur der Fall zweidimensionaler quadratischer Gitter betrachtet werden. Für allgemeinere insbesondere dreidimensionale Gittertypen sei auf die Literatur [13, 174] verwiesen.

Von großem physikalischen Interesse ist die Simulation von zufälligen Wegen auf dem Gitter, das Problem der sogenannten Irrfahrten (oder des *random walk*)
Ein Irrweg der Länge $K$ auf einem Gitter ist die zufällige Verbindung von $K$ jeweils benachbarten Gitterpunkten (vgl. Bild 8.1).
Realisiert wird ein solcher Weg durch eine Folge von Zufallsexperimenten (Sprünge auf benachbarte Gitterplätze mit vorgegebener Wahrscheinlichkeit). Es existieren folgende wichtige Typen von Irrfahrten:

- unbeschränkter Irrweg
  beim Übergang vom $i$-ten zum $(i + 1)$-ten Schritt des Weges ($i = 1, 2, \ldots, K$) sind Übergänge zu allen nächsten Nachbarn (mit gleicher Wahrscheinlichkeit) zulässig (Simulation von Transport/Diffusion auf dem Kristallgitter)

- nichtumkehrbarer Irrweg
  beim Übergang vom $i$-ten zum $(i + 1)$-ten Schritt des Weges $(i = 1, 2, \ldots, K)$ ist die Rückkehr zum $(i - 1)$-ten Gitterpunkt nicht zulässig

- sich selbst nicht schneidender Irrweg
  beim Übergang vom $(i)$-ten zum $(i + 1)$-ten Schritt des Weges $(i = 1, 2, \ldots, K)$ ist kein Gitterpunkt zulässig, der schon zur Kette gehört (Simulation der Konformationen von Kettenmolekülen mit $K$ Atomen (Segmenten)).

Bild 8.1 zeigt jeweils ein Beispiel für einen nichtumkehrbaren und für einen sich selbst nicht schneidenden Irrweg.

Von besonderem Interesse sind *random walks* auf partiell (zufällig) besetzten Gittern. Auf diese Problematik wird im weiteren im Zusammenhang mit der Simulation der Diffusion in porösen Medien eingegangen.

Im allgemeinen wird die zufällige Besetzung eines Gitters mit Objekten (Teilchen) ebenfalls durch eine stochastische Simulation erreicht, wobei im einfachsten Fall die gleiche Besetzungswahrscheinlichkeit $p$ für alle Gitterpunkte angenommen wird. Die besetzten *sites* können in zusammenhängende Gruppen, die sogenannten Cluster, eingeteilt werden, deren Größe mit zunehmender Besetzung des Gitters anwächst. Als $N$-Teilchen-Cluster wird dabei eine Menge von $N$ benachbarten besetzten Gitterpunkten bezeichnet. Die sogenannte *Perkolationstheorie* untersucht allgemein das Verhalten von Clustern auf Gittern und liefert Zusammenhänge zwischen Besetzungswahrscheinlichkeit $p$ und Clustereigenschaften (z.B. normierte und mittlere Clustergröße, Perimeter, usw.).

Zentrale Größe ist der sogenannte perkolierende oder unendliche Cluster, der spontan oberhalb einer für den jeweiligen Gittertyp charakteristischen *kritischen* Besetzung (Perkolationsschwelle $p_c$) des Gitters auftritt und durch eine das gesamte System durchdringende zusammenhängende Menge von besetzten Gitterplätzen gekennzeichnet ist. Dies führt zu Besonderheiten (Singularitäten) im Verhalten der Clustergröße als Funktion des Besetzungsgrades im Bereich der Perkolationsschwelle.

Als Beispiel werde die normierte Clustergröße $n_s$ betrachtet. $n_s$ ist definiert als Anzahl der Cluster mit $s$ *sites* dividiert durch die Gesamtzahl der Gitterplätze. Untersucht wird das Verhalten von $n_s$ in Abhängigkeit vom Besetzungsgrad $p$ des Gitters. Man findet im allgemeinen keine analytischen Lösungen für mittlere und höhere Besetzungen, bei denen Mehr- und Vielteilchen-Cluster auftreten, insbesondere im Bereich der Perkolationsschwelle $p \approx p_c$.

Ein einfacher Spezialfall, für den eine exakte Lösung angegeben werden kann, ist das eindimensionale reguläre Gitter (lineare Kette). Hier gilt exakt:

$$p_c = 1 \quad \text{und} \quad n_s(p) = p^s(1 - p)^2. \tag{8.1}$$

Allgemein findet man sogenannte Skalierungsrelationen:

$$n_s(p) = s^{-\tau} f[(p - p_c)s^{\sigma}] \quad \text{für} \quad p \to p_c, s \to \infty. \tag{8.2}$$

In Gl.(8.2) sind $\tau$ und $\sigma$ dimensionsabhängige Parameter. Die exakte Form von $f(z)$ muß durch Experiment oder Simulation bestimmt werden.

Typisch ist das Auftreten von Termen $(p - p_c)^A$, die auf *kritisches* Verhalten hinweisen ($A$ wird als kritischer Exponent bezeichnet.). Gebrochene Exponenten sind meist mit fraktalem Verhalten verknüpft.

Exakte Resultate liegen nur für wenige einfache Beispiele vor (eindimensionaler Fall, Bethe-Gitter).

*Computersimulationen* liefern numerische Realisierungen zufällig verteilter Cluster auf Gittern. Sie gestatten quantitative Untersuchungen dieser Cluster in Abhängigkeit von Besetzungswahrscheinlichkeit, Gittertyp und Gittergröße.

Clusterklassifizierung und -analyse erbringen Schätzwerte für die freien Parameter der Skalierungsrelationen (Perkolationsschwelle, kritische Exponenten u. a.). Gebrochene kritische Exponenten beschreiben dabei Erscheinungen wie Maßstabverhalten, Selbstähnlichkeit und fraktale Geometrie. Derartige Untersuchungen sind fundamental für das Verständnis kritischer Phänomene (Phasenübergänge).

Eine weitergehende Einführung in die Perkolationstheorie wird z.B. in [174] gegeben.

### 8.2.3 Statistische Geometrie und poröse Medien

*Statistisch-geometrische Modelle*

Zur Beschreibung von porösen Medien (Tone, Sedimentgesteine u.ä.) sind durch stochastische Simulation erzeugte zufällige Strukturen geeignet, die folgende wesentlichen Merkmale: aufweisen:

- Das poröse Material wird durch ein reguläres Gitter mit zufällig besetzten Plätzen (zwei- oder dreidimensional) beschrieben.

- Besetzte *sites* modellieren das Hohlraumsystem der Mikroporen des Materials, unbesetzte Gitterplätze stellen die Gesteinsmatrix dar.

- Der Abstand der Gitterpunkte ist klein gegen die mittlere Größe der Feinporen.

- Mesoporen (evtl. Makroporen oder Klüfte) werden durch nachträgliche zufällige Einbringung zusammenhängender Gruppen von besetzten Stellen im Gitter erfaßt.

- Zusätzliche Wechselwirkungszentren (Haftstellen) werden auf die entsprechenden Gitterpunkte aufgebracht.

- Die typische behandelbare Modellgröße beträgt für heute übliche Rechner (Workstations) ca.:
  10000 · 10000 sites (im zweidimensionalen Fall)
  500 · 500 · 500 sites (im dreidimensionalen Fall).

- Größere Systeme werden durch Aneinanderfügen mehrerer Grundgebiete (Schichtmodell) erfaßt.

- Die Modellparameter sind anpaßbar an experimentelle Strukturdaten (Korn- und Hohlraumverteilungen, Kluftgrößen und -formen).

Man erhält ein Modell des Porenraumes, das sowohl die Speicherfähigkeit derartiger Medien als auch den Transport (*random walk*, s.u.) von Fremdmolekülen (Gasen) durch das Material beschreibt.

*Erzeugung diskret-stochastischer Strukturen*

Durch eine Kette von Zufallsexperimenten (MC-Simulation) werden diverse Repräsentanten des oben genannten diskret-stochastischen Modelles generiert, deren numerisch-mathematische Analyse zu einer statistisch-geometrischen Strukturbeschreibung führt.

Im einzelnen wird folgendermaßen vorgegangen:

1. Simulation eines Gitters, dessen Plätze zufällig mit einer vorgegebenen Wahrscheinlichkeit $p$ besetzt sind.

2. Klassifizierung der entstehenden Cluster nach der Anzahl der beteiligten *sites*.

3. Auffinden der kleinsten Besetzungswahrscheinlichkeit (Perkolationsschwelle $p_c$), bei der erstmals ein *unendlicher* Cluster auftritt, der das Gitter vollständig durchdringt.

4. Mittelung über eine Kette zufälliger Realisierungen von Gitterbesetzungen.

5. Berechnung von Mittelwerten der Perkolationswahrscheinlichkeit $\langle p_c \rangle_{MC}$, der Clustergrößen-Verteilungen u. ä. für gewählten Gittertyp und Gittergröße.

zu 1.) Clustergeneration als Zufallsexperiment

- Betrachtet werde ein Gitterplatz eines quadratisches Gitters der Größe $(L, L)$. (Die Gesamtzahl der Gitterplätze ist $L \cdot L = M$.)

- Vorgegeben werde eine Besetzungswahrscheinlichkeit $p$.

- Erzeugt werde eine Zufallszahl $Z \in [0, 1]$.

- Falls $Z < p$ gilt, wird *site* als besetzt (1) sonst als leer (0) angenommen.

Diese Prozedur wird für alle $M$ *sites* des Gitters durchgeführt. Es entstehen zufällig besetzte Gitter mit statistischen Schwankungen des Besetzungsgrades um $p$, die mit der Gittergröße $M$ abnehmen.

Ähnlich können auch komplizertere zufällige Gitterbelegungen realisiert werden, indem eine nochmalige Durchmusterung des Gitters erfolgt, bei der mit einer (im allgemeinen von $p$ abweichenden) Wahrscheinlichkeit $p_1$ jedem Gitterplatz (gegebenenfalls einer Gruppe benachbarter Gitterplätzen) das Attribut *besetzt* oder *leer* zugeordnet wird.

zu 2.) Clusteranalyse

Als Cluster werde die Menge aller besetzten benachbarten *sites* bezeichnet.
Die Klassifizierung derartiger Cluster erfolgt durch eindeutige Zuordnung der besetzten *sites* durch Zuweisung derselben Marke (Zahl) an alle zu einem Cluster gehörigen *sites*.
Die Verteilung von Clustergrößen und -formen wird in Abhängigkeit vom Besetzungsgrad $p$ studiert.

*Beispiel:*

Gegeben sei ein zufällig besetztes quadratisches Gitter mit $5 \cdot 5 = 25$ Plätzen:

```
●   ○   ●   ○   ●
●   ○   ●   ●   ●
●   ●   ●   ●   ○
○   ○   ○   ○   ●
●   ●   ○   ●   ○
```

Besetzte Plätze sind durch gefüllte Kreise ● dargestellt, leere durch ○. Die Clusterzählung erfolgt durch (zeilenweise) Durchmusterung des Gitters, wobei besetzte *sites*, die zum gleichen Cluster gehören, die gleiche Clusternummer erhalten. Für diese Clusterklassifizierung gibt es eine Reihe effizienter numerischer Algorithmen. Die hier benutzte Technik lehnt sich an den Algorithmus von *Hoshen und Kopelman* an. Einzelheiten dazu sind z.B. in [174] ) dargestellt.

Als Resultat erhält man für dieses Beispiel (unbesetzte *sites* sind als Nullen dargestellt):

$$
\begin{array}{ccccc}
1 & 0 & 1 & 0 & 1 \\
1 & 0 & 1 & 1 & 1 \\
1 & 1 & 1 & 1 & 0 \\
0 & 0 & 0 & 0 & 4 \\
5 & 5 & 0 & 6 & 0
\end{array}
$$

Die Analyse ergibt folgende vier Cluster:

- Cluster 1 bestehend aus 11 Elementen

- Cluster 5 aus 2 Elementen

- Cluster 4 und 6 sind isolierte besetzte Stellen (Einteilchen-Cluster).

Ein das Gitter vollständig durchlaufender Cluster existiert nicht, d.h. der erzeugte Repräsentant eines Gitters mit der Besetzungswahrscheinlichkeit $p$ zeigt keine Perkolation.

## zu 3.) Perkolationsschwelle

Wiederholte Erhöhung der Besetzungswahrscheinlichkeit $p$ um $\Delta p$ bis erstmals ein Cluster auftritt, dessen Label sowohl in der ersten und $L$-ten Zeile als auch in der ersten und $L$-ten Spalte des Gitters vorkommt.

Dann ist $p \approx p_c$. Nach Mittelung über eine größere Zahl von zufälligen Repräsentanten des Gitters ergibt sich ein Schätzwert für die Lage der Perkolationsschwelle des entsprechenden Gittertyps.

*Maßstabverhalten poröser Medien und fraktale Dimension*

Gesteine (Sedimente) werden – entsprechend dem oben angegebenen Modell – als zufällig besetzte Gitter mit einem Besetzungsgrad (einer Porosität) $p$ aufgefaßt, d.h. das Porensystem wird durch die besetzten und die Gesteinsmatrix durch die freien Gitterplätze dargestellt. Betrachtet werden nun Cluster der Hohlräume (d.h. Gruppen miteinander verbundener Gitterplätze). In der Nähe der Perkolationsschwelle ($p \approx p_c$) wird der Porenraum im wesentlichen durch einen *unendlichen* Cluster, der das gesamte System durchdringt, gebildet. Für die Zahl $M(L)$ der zu diesem Cluster gehörigen *sites* in einem Grundgebiet der Länge $L$ (zweidimensional: Quadrat; dreidimensional: Würfel) um einen beliebigen Punkt dieses Clusters findet man dann

$$M(L) \propto L^{\delta}, \tag{8.3}$$

wobei im zweidimensionalen Fall $\delta = 1.9$ und für drei Dimensionen $\delta = 2.5$ gefunden wird. $\delta$ stellt eine – von der geometrischen Dimension abweichende – fraktale Dimension dar.

Dieses Verhalten führt dazu, daß bei der Extrapolation der Speicher- und Transportvorgänge von kleinen Ausschnitten eines porösen Mediums (z.B. Probekörpern) auf geologisch relevante Dimensionen Maßstabeffekte auftreten, deren Größen durch Verwendung der fraktalen anstelle der geometrischen Dimension abgeschätzt werden können. Die fraktale Dimension ist abhängig von der konkreten stochastischen Struktur und wird durch Simulation entsprechender Modelle bestimmt.

*MC-Simulationen zur Diffusion in ungeordneten Medien (random walk)*

Untersucht wird die Diffusion von Molekülen in einem ungeordneten (porösen) Medium, das durch ein statistisch-geometrisches Strukturmodell beschrieben wird. Wir beschränken uns auf den einfachen Fall eines zufällig (partiell) besetzten Gitters, wobei das für das diffundierende Molekül zugängliche Transportbahnsystem (Porenraum) durch die besetzten Gitterplätze gegeben sei.

Die Diffusion wird als zufällige Bewegung von Molekülen auf dem Gitter wie folgt simuliert:

1. Ein Molekül wird auf einen besetzten Gitterplatz gesetzt.

2. Ein benachbartes *site* wird zufällig ausgewählt (*ausgewürfelt*).

3. Wenn dieser Platz besetzt ist, springt das Molekül dorthin.

4. Wenn der Platz frei ist, verbleibt das Molekül am vorherigen Platz.

Ein Platzwechsel-Versuch (auch wenn er nicht erfolgreich ist!) benötige jeweils eine Zeiteinheit. Das Teilchen werde nun über eine große Anzahl von Sprungversuchen $t$ verfolgt und die zurückgelegte Bahn analysiert.

Nach Bewegung über $t$ Schritte (ausgehend von verschiedenen Start-*sites* und auf verschiedenen Repräsentanten zufällig besetzter Gitter gleicher Größe und Besetzungswahrscheinlichkeit $p$) wird jeweils das Quadrat des Abstandes $s^2$ vom Startpunkt bestimmt und über die Anzahl der durchgeführten Versuche gemittelt sowie das Verhalten des mittleren quadratischen Abstandes $R$

$$R = \sqrt{\overline{s^2}} \qquad\qquad (8.4)$$

untersucht.

Dabei ergibt sich näherungsweise die folgende Beziehung

$$R = Ct^{k(p)} \quad (C = \text{const.}), \qquad\qquad (8.5)$$

d. h., die Größe von $R$ als Funktion der Zahl der Sprungversuche $t$ hängt vom Besetzungsgrad $p$ des Gitters ab. Für ein vollständig besetztes Gitter gilt:

$$p = 1 \text{ ist exakt } k = 1/2 \qquad (\text{normalen Diffusion}) \,.$$

Im Bereich der Perkolationsschwelle

$$p \approx p_\mathrm{c} \text{ ergibt sich dagegen } k \approx 1/3 \,.$$

Für

$$p \ll p_\mathrm{c} \text{ geht } k \to 0 \,,$$

falls $t$ genügend groß ist. Dieses Verhalten wird als anomale Diffusion bezeichnet. Wird $t$ als Zahl der Zeitschritte des *random walk* interpretiert, weist die Relation

$$t \propto R^{1/k} \tag{8.6}$$

auf fraktales Verhalten in der Umgebung der Perkolationsschwelle hin. Die Größe der fraktalen Koeffizienten (hier $k$) hängt vom betrachteten Modell (Dimension, Gittertyp) ab und muß in der Regel durch Simulation bestimmt werden.

Das für den Fall eines zufällig besetzten zweidimensionalen quadratischen Gitters gefundene Transportverhalten ist charakteristisch für die Diffusion in ungeordneten Materialien.

## 8.3 MC-Simulation von Viel-Teilchensystemen (*importance sampling*)

Das Ziel der MC-Simulation wechselwirkender Viel-Teilchensysteme besteht in der Ermittlung der sogenannten Ensemblemittelwerte, die die Mittelwerte physikalischer (thermodynamischer) Größen repräsentieren. Derartige Mittelwerte lassen sich in der Regel als vieldimensionale Integrale

$$\int \int A(q,p,t)\rho(q,p,t)\,\mathrm{d}p\mathrm{d}q$$

darstellen, wobei $\rho(q,p,t)$ die Phasendichte des betrachteten statistischen Ensembles ist (vgl. Gl.(2.32a)).

Charakteristisch für Ensemblemittelwerte ist:

- Sie sind hochdimensionale Integrale, die im allgemeinen von allen Impulsen und Ortskoordinaten eines $N$-Teilchensystems abhängen (z. B. $6N$-dimensional für ein einatomiges Gas).

- Sie variieren über viele Größenordnungen, aber nur eng begrenzte Phasenraumgebiete liefern Beiträge zu den Mittelwerten. Zum Beispiel ist im mikrokanonischen Ensemble die Phasendichte eine $\delta$-Funktion.

Aus den genannten Eigenschaften ergibt sich, daß konventionelle numerische Integrationsverfahren ungeeignet zur Berechnung derartiger Mittelwerte sind, da für hochdimensionale Probleme die Algorithmen zu kompliziert und unübersichtlich werden. Die bisher behandelten einfachen (*naiven*) MC-Methoden, die gleichverteilte Zufallszahlen benutzen, sind ebenfalls ineffizient wegen der extremen Variation der Phasendichte.

Die Berechnung von Phasenmittelwerten erfordert die Einführung spezieller Techniken, die mit *importance sampling*, d. h. mit Verteilungen speziell gewichteter Zufallszahlen arbeiten, die die Gebiete des Phasenraums, die die größten Beiträge zu den Phasenintegralen liefern, am häufigsten überstreichen.

### 8.3.1 Kanonisches Ensemble und Metropolis-Algorithmus

*1. Grundlagen*

Die statistische Mechanik leitet für den Phasenmittelwert einer Größe $A(q,p)$ in einem kanonischen ($NVT$-)Ensemble die folgende Beziehung ab (vgl Gl.(2.33)):

$$\langle A \rangle = \frac{\int\int A(q,p)\exp[-\beta H(q,p)]\,\mathrm{d}p\mathrm{d}q}{\int\int \exp[-\beta H(p,q)]\,\mathrm{d}p\mathrm{d}q} \qquad \beta = \frac{1}{kT} \tag{8.7}$$

mit der Hamilton-Funktion

$$H(p,q) = \frac{1}{2m}\sum_{i=1}^{N} |\,\vec{p}_i\,|^2 + U_N(q), \tag{8.8}$$

worin $\vec{p}_i$ der Impulsvektor des Teilchens $i$ und $U_N(q)$ die totale potentielle Energie der intermolekularen Wechselwirkung ist.

Für ein ideales Gas gilt $U_N = 0$. Für eine Hamilton-Funktion der oben angegebenen Form läßt sich im allgemeinen der Idealgasanteil abseparieren. Die Integration über die Impulse liefert explizit einen Faktor $(2\pi mkT)^{1/2}$ pro Freiheitsgrad (vgl. Tab.2.2).

Eine thermodynamische Größe $A$ läßt sich i.allg. als Summe $A = A_{\mathrm{id}} + A_{\mathrm{ex}}$ schreiben, wobei der Idealgasterm analytisch gegeben ist (wegen Einzelheiten vgl. Abschnitt 2.4.6). Die Berechnung des Phasenmittelwertes reduziert sich somit auf die Bestimmung des Exzeßanteiles, der durch das sogenannte Konfigurationsmittel (vgl. Gl.( 2.43c)) bestimmt ist:

$$\langle A \rangle_{\mathrm{ex}} = \frac{\int A(q)\exp[-\beta U_N(q)]\,\mathrm{d}q}{\int \exp[-\beta U_N(q)]\,\mathrm{d}q}. \tag{8.9}$$

Beispielsweise ergibt sich für die Innere Energie eines N-Teilchensystems

$$U \equiv \langle U_N \rangle_{kan} = \frac{3}{2}NkT + U_{\mathrm{ex}}$$

mit

$$U_{\mathrm{ex}} \equiv \langle U_N \rangle_{\mathrm{ex}} = \frac{\int U_N(q)\exp[-\beta U_N(q)]\,\mathrm{d}q}{\int \exp[-\beta U_N(q)]\,\mathrm{d}q}. \tag{8.10}$$

## 2. importance sampling

Betrachtet wird ein $N$-Teilchensystem in einem Volumen $V$ bei einer vorgegebenen Temperatur $T$. Jedes Teilchen $i$ ($i = 1,\ldots,N$) sei charakterisiert durch einen Satz dynamischer Variabler $\{\alpha_i\}$ (Ortsvektoren $\vec{r}_i$, Orientierungen $\vec{\Omega}_i$, Spinvektoren $\vec{S}_i$ o.ä.).

Die Menge $\{\{\alpha_1\}, \{\alpha_2\}, \ldots, \{\alpha_N\}\}$ wird Konfiguration oder Phasenraumpunkt $X$ genannt. Bezeichnet $H_N(X)$ im folgenden den Konfigurationsanteil der Hamilton-Funktion (meist potentielle Energie), ergibt sich das Konfigurationsmittel einer Größe $A(X)$ zu

$$\langle A \rangle = \frac{\int A(X)\exp[-\beta H_N(X)]\,\mathrm{d}X}{\int \exp[-\beta H_N(X)]\,\mathrm{d}X}. \tag{8.11}$$

Falls die $\{\alpha_i\}$ nur diskrete Werte annehmen können, sind die Integrale durch die entsprechenden Summen zu ersetzen, wobei näherungsweise gilt:

$$\langle A \rangle \approx \bar{A} = \frac{\sum\limits_{j=1}^{M} A(X_j)P^{-1}(X_j)\exp[-\beta H_N(X_j)]}{\sum\limits_{j=1}^{M} P^{-1}(X_j)\exp[-\beta H_N(X_j)]}. \tag{8.12}$$

Die $M$ Punkte $\{X_j\}$ im Phasenraum wurden dabei zufällig entsprechend einer vorgegebenen Wahrscheinlichkeitsverteilung $P(X)$ ausgewählt (importance sampling).

### 3. Metropolis-Algorithmus

Nach Metropolis konstruiert man eine Kette von Konfigurationen zur Realisierung des *importance sampling* wie folgt:

Man benutze als Wahrscheinlichkeitsverteilung für die zufällige Auswahl der Phasenraumpunkte

$$P(X_j) = P_{eq}(X_j) \propto \exp[-\beta H_N(X_j)] , \tag{8.13}$$

woraus (vgl. Gl. (2.4a))

$$\bar{A} = \frac{1}{M} \sum_{j=1}^{M} A(X_j) \quad \text{(arithmetisches Mittel)} \tag{8.14}$$

folgt.

Da $P_{eq}$ nicht explizit bekannt ist, wird ein Irrweg von Punkten $\{X_j\}$ durch den Phasenraum (*Markoff-Kette*) mit der Eigenschaft $P(X_j) \rightarrow P_{eq}(X_j)$ für $M \rightarrow \infty$ konstruiert. Hinreichend hierfür ist (Prinzip des Mikrogleichgewichtes – *detailed balance*), daß die Übergangswahrscheinlichkeit $W(X_j \rightarrow X_{j'})$ für $X_j \rightarrow X_{j'}$ die Bedingung

$$P_{eq}(X_j)W(X_j \rightarrow X_{j'}) = P_{eq}(X_{j'})W(X_{j'} \rightarrow X_j) \tag{8.15}$$

erfüllt. Hieraus folgt:

$$\frac{W(X_j \rightarrow X_{j'})}{W(X_{j'} \rightarrow X_j)} = \exp[-\beta\delta H] \quad \text{mit} \quad \delta H = H_N(X_{j'}) - H_N(X_j) , \tag{8.16}$$

d.h., der Quotient hängt *nur* von der *Differenz* der Hamilton-Funktionen der Konfigurationen $j$ und $j'$ ab.

Die Forderung des detaillierten Gleichgewichts bestimmt die Übergangswahrscheinlichkeit $W(X_j \rightarrow X_{j'})$ nicht eindeutig.

Man wählt nach Metropolis die einfachste Form von $W$, die mit der *detailed balance* verträglich ist:

$$W(X_j \rightarrow X_{j'}) = \begin{cases} \exp[-\beta\delta H] & \text{für} \quad \delta H_N > 0 \\ 1 & \text{sonst} . \end{cases}$$

Der Beweis der gewünschten Konvergenz zum kanonischen Phasenmittel kann mathematisch exakt mit Hilfe des zentralen Grenzwertsatzes der Wahrscheinlichkeits-Theorie geführt werden. Metropolis et. al [123] geben physikalische Argumente für das korrekte Konvergenzverhalten.

Das *importance sampling* läßt sich auf quantenmechanische Probleme verallgemeinern, wenn der das System beschreibende Hamiltonoperator $\hat{H}_N$ die (bekannten) Eigenzustände $| X \rangle$ und Eigenwerte $H_N(X)$ hat, d.h.

$$\hat{H}_N | X \rangle = H_N(X) | X \rangle \tag{8.17}$$

gilt.

Im Bild 8.3.1 ist ein Schema für den Ablauf des Metropolis-Algorithmus angegeben.

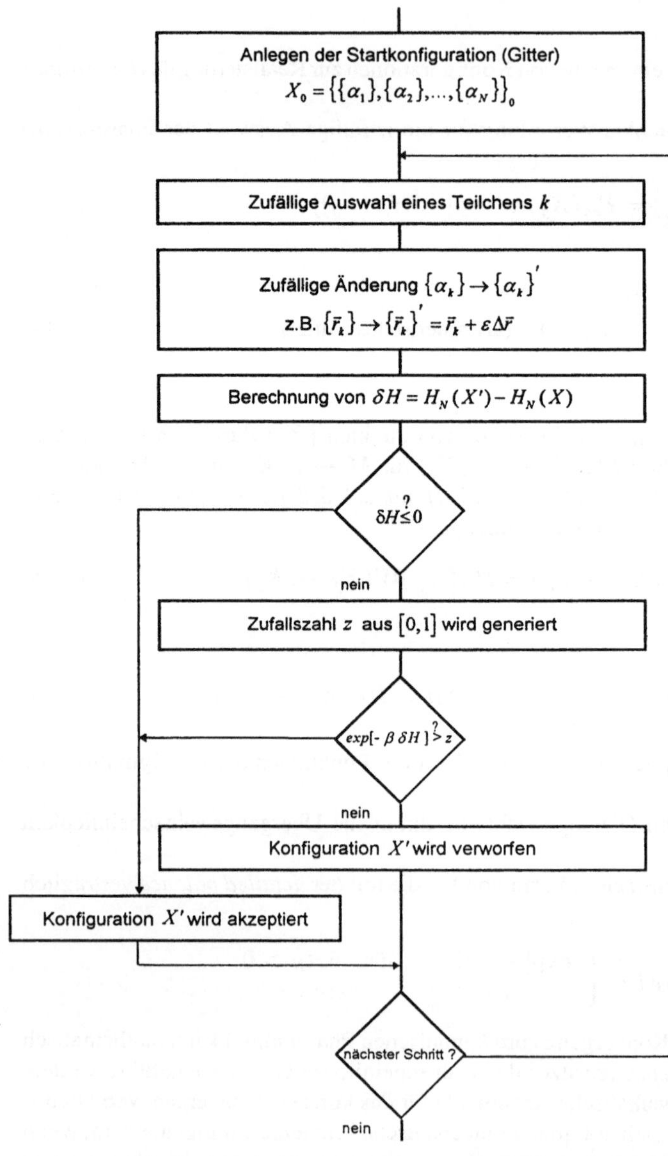



**Bild 8.2**
Schema: *Metropolis*-Algorithmus

## 8.3.2 Praktische Realisierung: Hartkugelfluid

Betrachtet wird ein Fluid aus $N$ Teilchen die über das folgende Paarpotential $u(r)$ (Hartkugel-Potential miteinander wechselwirken (vgl. Gl.(3.6)):

$$u(r) = \begin{cases} \infty & \text{für} \quad r \leq \sigma \\ 0 & \text{für} \quad r > \sigma \end{cases} \qquad U_N = \sum_{i<j} u(r_{ij}) \quad . \tag{8.18}$$

Für die praktische Durchführung der Simulation werden die Teilchen in ein würfelförmiges Grundgebiet (Simulationsbox) eingeschlossen.

Ganz analog zu den molekulardynamischen Simulationen werden zur Vermeidung von Fehlern, die auf die im Vergleich zu realen makroskopischen Systemen sehr kleine Teilchenzahl zurückzuführen sind, periodische Randbedingungen benutzt. Zur Bestimmung der Teilchenabstände untereinander wird die *minimum-image*-Bedingung angewendet (vgl. Abschnitte 4.4, 4.5.2)

Die betrachtete Teilchenzahl hängt in erster Linie von der zur Verfügung stehenden Computertechnik ab. Für grobe Abschätzungen genügen etwa 100 Teilchen. Zur quantitativen Ermittlung struktureller und thermodynamischer Größen sollte ein System von wenigstens 500 ... 1000 Teilchen in der Simulationsbox simuliert werden. Moderne Workstations erlauben das Studium von Systemen von einigen zehntausend bis hunderttausend Teilchen.

Als Anfangskonfiguration für die Simulation wird in der Regel eine reguläre Anordnung (z.B. kubisches Gitter $N = 8 \cdot 8 \cdot 8 = 512$) der Teilchen verwendet, wobei die Bedingung $\sigma < a$ (a - Gitterkonstante) einzuhalten ist, damit die Teilchen sich nicht überlappen.

Die Generierung der Kette der Konfigurationen ist für harte Kugeln besonders einfach, da jede zufällige Translation eines Teilchens entsprechend des Metropolis-Tests genau dann akzeptiert wird, wenn keine Überlappung der Teilchen eintritt. Dies ist ein Audruck dafür, daß in einem fernwirkungsfreien Hartkugelsystem alle Konfigurationen (Mikrozustände des Systems), die geometrisch möglich sind, auch mit gleicher Wahrscheinlichkeit auftreten. Typisch ist die Mittelung der zu berechnenden Größen über Kettenlängen von zwei bis fünf Millionen Konfigurationen.

Berechnet werden strukturelle und thermodynamische Größen. Bei Kenntnis der räumlichen Verteilungsfunktionen des Systems kann mit Hilfe der Beziehungen der statistischen Mechanik auf das thermodynamische Verhalten geschlossen werden (vgl. Abschnitt 2.4.8).

Im Falle eines reinen (einkomponentigen) Hartkugelsystems läßt sich die Struktur im thermodynamischen Gleichgewicht durch die radiale (Zweiteilchen-) Verteilungsfunktion beschreiben, die definiert werden kann als (vgl. Abschnitt 7.1.2, insbesondere Gl.(7.12))

$$g(r) = \frac{\rho(r)}{\rho_0} \qquad \text{mit} \qquad \rho = N/V \quad . \tag{8.19}$$

$g(r)$ stellt demnach das Verhältnis der Teilchendichte $\rho(r)$ in einer Kugelschale vom Radius $r$ und der Dicke d$r$ zur mittleren Teilchendichte $\rho_0$ dar (zur statistisch-mechanischen Definition von $g(r)$ (vgl. Abschnitt 2.4.2). Die radiale Verteilungsfunktion wird ermittelt durch Bestimmung der Zahl der Teilchenpaare mit einem Abstand zwischen r und $r + \Delta r$ aus den MC-Konfigurationen. Diese werden in sogenannte Histogramme eingetragen und daraus Näherungen für $g(r)$ berechnet Bild 8.3 zeigt $g(r)$ eines Hartkugelfluids bei verschiedenen Packungsdichten y). Die radiale Verteilungsfunktion $g(r)$ und der Druck $p$ des Systems (und damit die Zustandsgleichung $p(N, V, T)$ des Fluids) sind verknüpft über die sogenannte Druckgleichung der statistischen Mechanik (zur Herleitung vgl. Gl.(2.54b)):

$$\frac{\beta p}{\rho} = 1 + \frac{2}{3}\pi\beta\rho \int_0^\infty u'(r)g(r)r^3 \, \mathrm{d}r = 1 + \frac{2}{3}\pi\beta\rho\sigma^3 g(r \to \sigma) \, , \tag{8.20}$$

die die Berechnung des Druckes bei Kenntnis des Paarpotentials und der radialen Verteilungsfunktion gestattet und für das Hartkugelfluid die Bestimmung des Druckes allein aus der Extrapolation des Wertes der Paarverteilungsfunktion zum Kontaktabstand zweier Kugeln ($r \to \sigma$) erlaubt.

Das zweidimensionale Hartkugelsystem war historisch das erste Viel-Teilchensystem, das durch MC-Simulation behandelt wurde (Metropolis et. al. [123]).

Obwohl das Hartkugelfluid das einfachste nichttriviale Viel-Teilchensystem darstellt, ist es nicht nur von akademischem Interesse, sondern fundamental für das theoretische Verständnis realer Flüssigkeiten. Insbesondere repräsentiert es die Struktur realer dichter Fluide in guter Näherung, da diese durch die kurzreichweitigen Abstoßungskräfte (harter Kern) bestimmt sind.

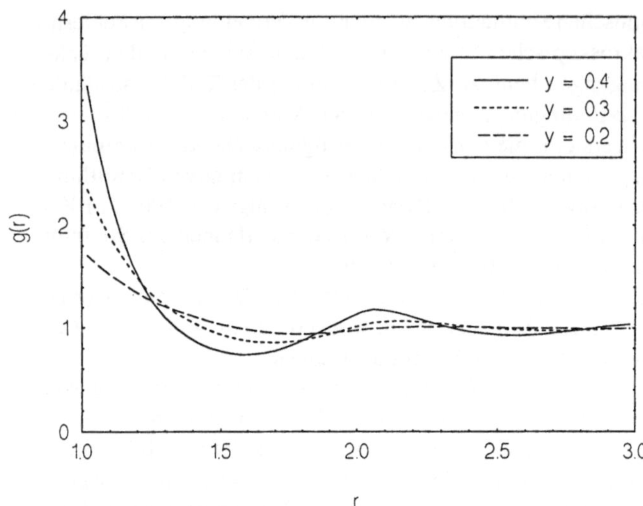



**Bild 8.3**
Radiale Verteilungsfunktion eines
Hartkugelfluids. Der Abstand $r$ ist
auf den Kugeldurchmesser reduziert.

Hartkugelfluide werden deshalb als Referenzsysteme in thermodynamischen Störungstheorien benutzt, und sie spielen eine wichtige Rolle als Startnäherungen in den Integralgleichungstheorien für Flüssigkeiten. Monte-Carlo-Simulationen trugen entscheidend dazu bei, daß heute genaue analytische Zustandsgleichungen für Hartkugelfluide vorliegen (Carnahan-Starling [175], 1969).

Analog der Rolle harter Kugeln bei der theoretischen Behandlung einfacher Flüssigkeiten nehmen Simulationen allgemeiner Hartkörperfluide aus nichtsphärischen Teilchen (konvexe Körper, verschmolzene harte Kugeln) eine grundlegende Stellung beim Aufbau der Theorie molekularer Fluide ein [173].

### 8.3.3  Simulationen in anderen Ensembles

*NpT-Ensemble*

Es wird ein System betrachtet, bei dem die Teilchenzahl $N$, der Druck $p$ und die Temperatur $T$ vorgegeben sind (vgl. Abschnitt 2.4.4). Das Konfigurationsmittel einer Größe $A$ in einem solchen Ensemble ergibt sich zu

$$\langle A \rangle = \frac{\int\limits_{0}^{\infty} \int A(X) \exp\{-\beta[pV + H_N(X)]\}\, \mathrm{d}X\, \mathrm{d}V}{\int\limits_{0}^{\infty} \int \exp\{-\beta[pV + H_N(X)]\}\, \mathrm{d}X\, \mathrm{d}V} \, . \tag{8.21}$$

Dieser Mittelwert hat formal dieselbe Struktur wie das kanonische Mittel mit einer zusätzlichen Variablen $V$ und einem modifizierten Gewichtsfaktor.

Betrachtet man $V$ formal als dynamische Variable, d.h. setzt man

$$X = \{\{\alpha_1\}, \{\alpha_2\}, ..., \{\alpha_N\}, V\},$$

so gelten die Beziehungen für das kanonische Mittel ganz analog. Insbesondere ist

$$W(X_j \to X_{j'}) = \left\{ \begin{array}{ll} \exp\{-\beta[\delta V p + \delta H_N]\} & \text{für} \quad \delta H_N > 0 \\ 1 & \text{sonst} . \end{array} \right. \tag{8.22}$$

Als zusätzlicher MC-Schritt kommt beim Übergang von $X$ zu $X'$ in der MC-Kette eine zufällige Volumenänderung

$$V \to V' = V + \lambda \delta V$$

hinzu, wobei der Metopolis-Akzeptanztest mit dem nach Gl.(8.22) modifizierten Boltzmann-Faktor durchzuführen ist (vgl. McDonalds [125]).

Für die Anwendung ist besonders wichtig, daß das Volumen $V$ direkt als MC-Mittel darstellbar ist, d.h. die thermische Zustandsgleichung

$$\langle V \rangle_{NpT} = f(p, T, N) \tag{8.23}$$

ergibt sich in volumen-expliziter Form direkt als Ensemblemittel des $NpT$-Ensembles, ohne daß wie im kanonischen Ensemble die Berechnung von Verteilungsfunktionen erforderlich ist. Das isobar-isotherme Ensemble stellt für die Simulation thermodynamischer Exzeßgrößen von Mischungen die natürliche Variablenwahl dar, da diese Größen in volumen-expliziter Form definiert sind, d.h. der Druck dient als unabhängige Variable [176].

### *Großkanonisches ($\mu VT$)-Ensemble*

Im Gegensatz zu den bisher behandelten kanonischen und isobar-isothermen Ensembles, bei denen die Teilchenzahl $N$ fest vorgegeben ist, handelt es sich bei dem jetzt zu besprechenden groß-kanonischem Ensemble um ein offenes System mit Teilchenzahl-Fluktuationen (vgl. Abschnitt 2.4.4), bei dem sich eine dem thermischen Gleichgewicht entsprechende mittlere Teilchenzahl $\langle N \rangle$ als Monte-Carlo-Mittelwert einstellt.

Das Konfigurationsmittel hat im $\mu VT$-Ensemble die folgende Form:

$$\langle A \rangle = \frac{1}{\Xi} \sum_{N=0}^{\infty} \frac{\Lambda^{3N}}{N!} \exp[N\beta\mu] \int A(X) \exp\{-\beta H_N(X)\} \, dX \tag{8.24}$$

mit dem großkanonischen Konfigurationsintegral $\Xi$

$$\Xi = \sum_{N=0}^{\infty} \frac{\Lambda^{3N}}{N!} \exp[N\beta\mu] \int \exp\{-\beta H_N(X)\} \, dX \, . \tag{8.25}$$

Neben den dynamischen Variablen ist die Teilchenzahl $N$ veränderlich.

Als zusätzlicher MC-Schritt (neben der zufälligen Änderung der dynamischen Variablen) kommt somit eine ebenfalls zufällige Variation der Teilchenzahl $N$ hinzu. Da $N$ im Gegensatz zu den dynamischen Variablen nur diskrete (ganzzahlige) Werte annehmen kann, sind (mindestens) zwei Änderungen zu betrachten:

1. Hinzufügen eines Teilchens (an einem zufällig gewählten Ort), wobei der Übergang $X_N \to X_{N+1}$ mit der Wahrscheinlichkeit

$$W(N \to N+1) \propto \exp -\beta[H_N - H_{N+1}]$$

   akzeptiert wird.

2. Entfernen eines (zufällig ausgewählten) Teilchens, wobei der Übergang $X_N \to X_{N-1}$ mit einer Wahrscheinlichkeit

$$W(N \to N-1) \propto \exp \beta[H_N - H_{N-1}]$$

   akzeptiert wird.

Die mittlere Teilchenzahl $\bar{N}$ im Gleichgewicht erhält man als großkanonischen Mittelwert

$$\bar{N} = \langle N \rangle_{\mu V T}$$

über die Kette der erzeugten Konfigurationen.

Besondere Bedeutung besitzen Simulationen im großkanonischen Ensemble für das Studium von Gleichgewichten verschiedener koexistierender Phasen.

*Simulation chemischer Potentiale (Widom-Methode)*

Die Freie Energie bzw. die chemischen Potentiale sind nicht direkt als Ensemblemittelwerte darstellbar, so daß die Simulation dieser Größen mittels der üblichen Metropolis-Methode nicht möglich ist. Neben den oben besprochenen großkanonischen Simulationen, bei denen die chemischen Potentiale als Parameter vorgegeben werden, bietet die sogenannte Testteilchenmethode von Widom [37] einen Zugang zur direkten Simulation chemischer Potentiale.

Der Exzeß des chemischen Potentials $\mu_r$ gegenüber dem eines idealen Gases gleicher Dichte und Temperatur $\mu_{\mathrm{id}}$ ist gegeben durch die Änderung der Freien Energie bei Hinzunahme eines $(N + 1)$-ten Teilchens zum System (vgl. Abschnitt 2.4.8, Gln.(2.39a, (2.39h), (2.40b)).

$$\beta \mu_r = \beta(\mu - \mu_{\mathrm{id}}) = - \ln \frac{Z_{N+1}}{V Z_N} = - \langle \exp[-\beta(U_{N+1} - U_N)] \rangle_N. \qquad (8.26)$$

$Z_N$ ist das (kanonische) Konfigurationsintegral für $N$ Teilchen (vgl. Gl.(2.43c)). $\langle ... \rangle_N$ stellt das entsprechende Ensemblemittel dar.

Die Testteilchenmethode (nach Widom) geht in der folgenden Weise vor:

1. Generierung von $N$ Konfigurationen entsprechend dem Metropolis-Algorithmus (im $NVT$- oder $NpT$-Ensemble) oder Ausführung einer entsprechenden Anzahl von Zeitschritten in einer MD-Simulation.

2. Durchführung einer gewissen Anzahl (meist in der Größenordnung von $N$) von Versuchen ein $(N + 1)$tes Testteilchen an einem zufälligen Ort in der Simulationsbox einzubringen und jeweils Berechnung von $\exp[-\beta(U_{N+1} - U_N)]$.

3. weiter mit Schritt 1.

Berechnung des mittleren Boltzmann-Faktors eines Testteilchens durch häufige Iteration des Algorithmus. Daraus ergibt sich nach den obigen Relationen unmittelbar der Exzeß des chemischen Potentials $\mu_r$.

Probleme ergeben sich bei höheren Dichten bzw. bei Fluiden aus nicht-kugelförmigen Molekülen, da die Akzeptanzwahrscheinlichkeit für die zufällige Einsetzung eines Testteilchens so klein werden kann, daß die Konvergenz des Verfahrens zusammenbricht. Zur Behandlung von dichten Fluiden und/oder von Systemen aus stark von der Kugelsymmetrie abweichenden Teilchen sind deshalb Modifikationen der konventionellen Widom-Methode erforderlich (z.B. Simulationstechniken mit gradueller Testteilchen-Einsetzung [177–179]).

### 8.3.4  Gibbs-Ensemble-Simulationen (Phasengleichgewichte)

In den letzten Abschnitten wurden einige Simulationsmethoden (großkanonisches MC, Widom-Methode) vorgestellt, die die Behandlung des Verhaltens koexistierender Phasen auf indirektem Wege (über Kenntnis der chemischen Potentiale) ermöglicht.

In neuerer Zeit wurde von Panagiotoupulos [180] ein Computerexperiment vorgeschlagen, daß die direkte Simulation von Gleichgewichten zwischen koexistierenden Phasen ohne aufwendige Berechnungen der chemischen Potentiale gestattet. Im folgenden soll diese Technik – die sogenannte *Gibbs-Ensemble*-Simulation – für den Fall des Flüssig-Dampf-Gleichgewichtes eines einfachen monoatomaren Fluids dargestellt werden. Der Grundgedanke der Gibbs-Ensemble-Simulationen besteht darin, ein makroskopisches System (Fluid) mit zwei koexistierenden Phasen (Dampf $I$, Flüssigkeit $II$) im thermodynamischen Gleichgewicht, d.h. unter den geltenden Gleichgewichtsbedingungen

$$T_I = T_{II} \qquad p_I = p_{II} \qquad \mu_I = \mu_{II} \tag{8.27}$$

zu simulieren, indem zwei mikroskopische Gebiete innerhalb der jeweiligen Phasen des *bulk*-Fluids (zwei Simulationsboxen mit periodischen Randbedingungen) weit entfernt von der Phasengrenze betrachtet werden. Simulationsbox $I$ repräsentiert dabei die Gasphase $I$, analog steht Box $II$ für die Flüssigkeit $II$.

Das Computerexperiment besteht nun darin, eine Kette von Konfigurationen durch zufällige Teilchenbewegungen in den Boxen, Volumenfluktuationen und Teilchentransfers zwischen $I$ und $II$ zu erzeugen, die zum Phasengleichgewicht konvergiert. Aus der statistischen Mechanik läßt sich die Phasendichte eines solchen Gibbs-Ensembles aus der Zustandssumme herleiten (wegen Einzelheiten vgl. Originalarbeit *Panagiotoupulos* [181]). Im einfachsten Falle eines Flüssig-Gas-Gleichgewichtes kann die Phasendichte $\rho_G$ als Funktion der Teilchenzahl $N_I$ im Gas, dem Volumen der Gasphase $V_I$, dem Gesamtvolumen $V$, der Gesamtteilchenzahl $N$ sowie von der Systemtemperatur $T$ dargestellt werden.

Es gilt:

$$\rho_G(N_I, V_I, N, V, T) \propto \exp[\ln \frac{N!}{N_I! N_{II}!}$$
$$+ N_I \ln V_I + N_{II} \ln V_{II} - \beta U_I(N_I) - \beta U_{II}(N_{II})] \tag{8.28}$$

unter den Nebenbedingungen

$$N_I + N_{II} = N \qquad \text{und} \qquad V_I + V_{II} = V \ . \tag{8.29}$$

Aus der Struktur der Phasendichte ergibt sich, daß in einem Gibbs-Ensemble drei Grundtypen von MC-Schritten ausgeführt werden müssen:

1. Teilchenverschiebung

   In beiden Boxen werden unabhängig voneinander zufällig ausgewählte Teilchen wie im kanonischen Ensemble um einen zufälligen (kleinen) Vektor verrückt, wobei eine solche Verrückung mit der folgenden Wahrscheinlichkeit akzeptiert wird:

$$p_d = \min\{1, \exp(-\beta \Delta U)\} \ . \tag{8.30}$$

   $\Delta U$ stellt die infolge der Teilchenverschiebung auftretende Änderung der potentiellen Energie dar.

2. Volumenänderung

   Das Volumen der Gasphase $V_I$ wird um einen zufällig gewählten Wert $\Delta V$ verändert. Um die geforderte Konstanz des Gesamtvolumens nicht zu verletzen, muß gleichzeitig das Volumen der Flüssigkeit $V_{II}$ um $-\Delta V$ verändert werden. Eine solche Änderung wird akzeptiert mit der Wahrscheinlichkeit

$$p_v = \min \left\{ 1, \exp(-\beta \Delta U_I - \beta \Delta U_{II} + N_I \ln \frac{V_I + \Delta V}{V_I} + N_{II} \ln \frac{V_{II} - \Delta V}{V_{II}}) \right\} .$$
(8.31)

3. Teilchentransfer

Zur Einstellung der unterschiedlichen Dichten der koexistierenden Phasen werden Teilchenübertragungen zwischen beiden Simulationsboxen mit einer gewissen Wahrscheinlichkeit zugelassen. So wird die Übertragung eines Teilchens von Region $II$ nach Region $I$ an einen zufällig gewählten Ort in $I$ mit der folgenden Wahrscheinlichkeit akzeptiert

$$p_{tf} = \min \left\{ 1, \exp(-\beta \Delta U_I - \beta \Delta U_{II} + N_I \ln \frac{(N_I + 1)V_{II}}{N_{II}V_I} \right\} .$$
(8.32)

Bisher wurde angenommen, daß das Gesamtsystem eine vorgegebene Temperatur, ein vorgegebenes Volumen und eine konstante Teilchenzahl besitzt. Für einkomponentige Fluide stellt ein solches *kanonisches* Gibbs-Ensemble die einzige mit der Phasenregel verträgliche Wahl der Variablen dar. Es ist nur die intensive unabhängige Variable $T$ erlaubt bei zwei koexistierenden Phasen.

Für mehrkomponentige Systeme ist dagegen die unabhängige Vorgabe von Teilchenzahl, Druck und Temperatur möglich, was zu einem *isotherm-isobaren* Gibbs-Ensemble führt. Die Phasendichte eines solchen Ensembles hat die Form:

$$\rho_G(N_I, V_I, N, p, T) \propto \rho_G(N_I, V_I, N, V, T) \exp[-\beta p V_I - \beta p V_{II}].$$
(8.33)

Der wesentliche Unterschied zum $NVT$-Gibbs-Ensemble besteht bei den MC-Schritten darin, daß die Volumenänderungen jetzt in beiden Gebieten (Simulationsboxen) unabhängig voneinander erfolgen. Das Gesamtvolumen $V$ bleibt nicht mehr konstant.

Die praktische Durchführung von Simulationen im Gibbs-Ensemble unterscheidet sich nur wenig von den oben beschriebenen kanonischen Simulationen.

Als Startkonfiguration werden in der Regel in beiden Simulationsboxen (Phasen) die Teilchen auf regulären Gittern angeordnet, wobei die Teilchendichte in beiden Boxen möglichst nahe der Dichten in den entsprechenden koexistierenden Phasen gewählt werden sollte.

Wie schon oben festgestellt wurde, soll angenommen werden, daß beide Boxen weit von der Phasengrenze entfernt sind. Deshalb ist die Anwendung periodischer Randbedingungen für beide Grundgebiete unabhängig voneinander zulässig.

Zur Erfüllung des Prinzips der mikroskopischen Reversibilität (Bedingung des detaillierten Gleichgewichtes) ist die Folge der Grundschritte in der Markoff-Kette bei vorgegebener Wahrscheinlichkeit für jeden der drei Grundtypen zufällig zu wählen. Die Vorgabe dieser Wahrscheinlichkeiten bestimmt die Effizienz (das Konvergenzverhalten) der Simulation. Generell gilt, daß diese Wahrscheinlichkeiten so gewählt werden sollten, daß nach etwa $N$ Teilchenverrückungen der Versuch einer Volumenänderung erfolgt und nach einer Anzahl von Volumenfluktuationen ein Teilchentransfer versucht wird.

Besonders wichtig ist aus praktischer Sicht die Aufzeichnung sogenannter *control plots* zur Konvergenzüberwachung. Das bedeutet, es sollte das Verhalten wichtiger Zielgrößen der Simulation wie Energie, Druck, Dichte und Teilchenzahl als Funktion der Kettenlänge ständig beobachtet werden. Besonders aufschlußreich ist die Aufzeichnung der Dichten der koexistierenden Phasen (Gas- und Flüssigkeitsdichte) in Abhängigkeit von der Zahl der Konfigurationen, da aus deren Verlauf die Einstellung des Phasengleichgewichtes direkt verfolgt werden kann.

Weiterhin ist die Abhängigkeit der Lage des Phasengleichgewichtes von der Systemgröße zu beachten. Bei zu kleiner Teilchenzahl treten sogenannte *finite-size*-Effekte auf, die die Ergebnisse verfälschen können. Um zu verläßlichen Resultaten zu kommen, sollten wenigstens etwa 500 Teilchen pro Phase (Simulationsbox) benutzt werden. Über die genaue Größe der *finite-size*-Effekte liegen in der Literatur zum Teil widersprüchliche Resultate vor.

Die wichtigsten Resultate, die durch Simulationen im Gibbs-Ensemble erzielt wurden, sind die Ermittlung kritischer Daten und die Konstruktion von Phasendiagrammen. Die untersuchten Systeme reichen dabei von einfachen Modellfluiden (*square-well*-Fluid, Lennard-Jones-Fluid) über dipolare und quadrupolare Systeme (Stockmayer-Fluid) bis zu praktisch wichtigen wäßrigen Systemen.

Gegenwärtig steht die Anwendung derartiger Simulationstechniken auf inhomogene Systeme (Fluide an Grenzflächen und in beschränkten Geometrien, wie porösen Medien und Hohlräumen) im Zentrum des Interesses.

Eine vielversprechende Erweiterung der Gibbs-Ensemble-Simulationen stellt die Einbeziehung von chemischen Reaktionsgleichgewichten dar, die kürzlich vorgeschlagen wurde [182].

# 9 Anwendungen

## 9.1 Allgemeines

Seit den bahnbrechenden Arbeiten von Alder, Wainright, Rahman, Verlet und Stillinger [1–5] sowie weiteren klassischen Arbeiten, die in [6] zusammengestellt und kommentiert sind (vgl. auch [7,183]), hat es zahlreiche Anwendungen für eine Vielzahl von Systemen auf den verschiedensten Gebieten – dargestellt auf Tagungen – gegeben [184,185].

In diesem Abschnitt kann nur eine kurze – naturgemäß nicht ganz willkürfrei ausgewählt und gegliederte – Orientierung über Anwendungen der Molekulardynamik gegeben werden:

- Die Vielzahl der behandelten Systeme mit kurz- und langreichweitiger intermolekularer Wechselwirkung reicht von

  - einfachen Gasen bis zu komplizierten Fluiden

  - Kernmaterie über einfach strukturierte Moleküle, Metalle und Halbleiter bis zu chemischen Clustern einschließlich Fullerenen

  - einfachen Kristallen über poröse Medien (Zeolithe) bis zu komplizierten nematischen Kristallstrukturen

  - ein-und mehrphasigen Systemen – einschließlich wäßriger Lösungen – über reaktive Systeme bis zu porösen Medien (Zeolithen) und Systemen an Grenzflächen

  - Polymeren und Biomolekülen bis hin zu

  - Plasmen.

- Dabei wurden neben der Behandlung allgemeiner Fragen zahlreiche wichtige Größen bestimmt, darunter vor allem

  - strukturelle und thermodynamische

  - spektroskopische und dynamische sowie

  - chemische.

- Die Breite der Anwendungen überstreicht daher die verschiedensten – sich häufig überlappenden – Gebiete wie Physik, Chemie, Biologie, Materialwissenschaften und die Industrie.

- Zu den dabei verwendeten Verfahren zählen

  - *konventionelle* MD-Methoden (s. Kapitel 4,7)

  - *erweiterte* klassische MD-Methoden (s. Kapitel 5.1,5.2)

  - *Quanten*-MD-Methoden (s. Kapitel 5.3) und

  - ergänzungsweise sowie zum vertieften Verständnis analytische Methoden der statistischen Theorie, etwa unter Verwendung von *Korrelationsfunktionen* (s. Kapitel 2.4.9) [17,39] oder *Memory-Funktionen* [17,39,45,186]

> – vergleichsweise sowie zur Erweiterung verschiedene experimentelle – vorzugsweise spektroskopische – Methoden [39, 187].

- Für die *Nicht-Gleichgewichts-Molekulardynamik* (NEMD) [40] (s. Kapitel 5), deren erste 25 Jahre Hoover [120] referiert, seien nur einige jüngere Arbeiten angeführt [136, 137, 188–207]. Die Arbeiten der NEMD dienen im wesentlichen zur

  - Verbesserung der Verfahren, Entwicklung neuer Algorithmen
  - Ausdehnung auf die Behandlung weiterer Systeme mit verschiedenen Transportvorgängen sowie
  - Untersuchung allgemeinerer Fragestellungen.

- Für das Gebiet der *Quanten-Molekulardynamik* (QMD) [7] (s. Kapitel 5) sollen hier stellvertretend nur einige der jüngeren Arbeiten zitiert werden [208–219]. Die QMD beschäftigt sich mit den vielfältigsten Problemen wie etwa

  - Adsorption, Phasenübergängen, Grenzflächenfragen,
  - Stoßprozessen, Protonen-Transfer, photo- und Laser-chemischen Prozessen
  - Behandlung stochastischer Gleichungen,
  - Berücksichtigung quantenstatistischer bzw. relativistischer Effekte.

Ausführliche Angaben zu Anwendungen entnimmt man Monographien bzw. zusammenfassenden Darstellungen wie z.B. [6, 7, 25, 184, 185] sowie der umfangreichen Spezialliteratur.

In den beiden folgenden Abschnitten werden am Beispiel von *wäßrigen Lösungen* und *Zeolithen* Anwendungen auf zwei interessante Problemkreise mit allen dabei auftretenden Fragen detailliert diskutiert.

## 9.2  Wäßrige Elektrolytlösungen

### 9.2.1  Potentiale

Wasser und wäßrige Lösungen sind ohne Zweifel die wichtigsten Flüssigkeiten in Chemie und Biologie. Deshalb wurde in den letzten hundert Jahren eine große Anzahl experimenteller Daten zusammengetragen. Einer analytischen theoretischen Behandlung stehen aber große Schwierigkeiten entgegen, denn Wasser unterscheidet sich von den einfachen Flüssigkeiten im wesentlichen durch die Fähigkeit, Wasserstoffbrückenbindungen einzugehen. In wäßrigen Lösungen werden die Schwierigkeiten noch verstärkt durch die zusätzlichen starken Coulomb-Wechselwirkungen.

Es ist deshalb nicht verwunderlich, daß Wasser die erste molekulare Flüssigkeit war, die mit Hilfe der molekulardynamischen Simulation untersucht wurde. Die große Zahl makroskopischer Größen, die aus den Experimenten bekannt sind, ermöglichen eine umfassende Überprüfung der verwendeten Potentiale. Die Simulation übernimmt dann die Aufgabe der Theorie in dem Sinne, daß sie es ermöglicht, die makroskopischen Eigenschaften von Wasser und wäßrigen Lösungen auf molekularer Ebene zu verstehen. Es ist die Aufgabe dieses Kapitels, diese Behauptung im einzelnen zu belegen.

Das Wassermodell, mit dem am umfassendsten MD-Simulationen durchgeführt wurden, ist ein rein empirisches Modell. Es wurde von Rahman und Stillinger vorgeschlagen [27] und

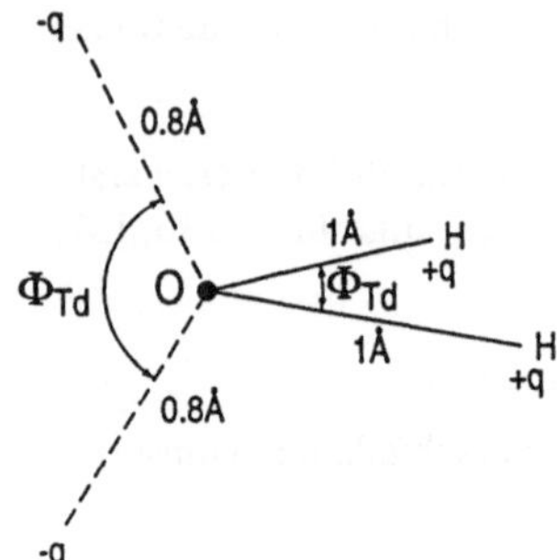

**Bild 9.1**
Das ST2-Punktladungsmodell für Wasser mit dem Tetraederwinkel
$\Phi_{\mathrm{TD}} = 109°28'$ und der Ladung $q = 0.23 \mid e \mid$.

ist als ST2-Modell bekannt geworden. Es ist im Bild 9.1 dargestellt. Vier Punktladungen sind tetraedrisch um das Sauerstoffatom angeordnet. Die positiven Ladungen befinden sich an den Orten der Wasserstoffatome, 1 Å vom Sauerstoffatom entfernt, was etwa dem wirklichen Abstand im Wassermolekül entspricht. Die beiden negativen Ladungen befinden sich an den beiden anderen Ecken des Tetraeders. Sie sind nur 0.8 Å vom Sauerstoff entfernt, um der Tatsache Rechnung zu tragen, daß die freien Elektronenpaare weniger stark gerichtet sind als die O-H Bindungen. Die Ladungen wurden mit 23% einer Elementarladung so gewählt, daß sich bei der Wassermolekülgeometrie in etwa das Dipolmoment des Wassermoleküls ergibt. Die tetraedrisch angeordneten Punktladungen ermöglichen die Bildung von Wasserstoffbrückenbindungen in den richtigen Richtungen. Das ST2-Modell wird vervollständigt durch ein (12,6) Lennard-Jones-Potential (LJ), dessen Zentrum mit dem Sauerstoffatom zusammenfällt.

Sehr bald nach der ersten Veröffentlichung der Simulation von Wasser mit dem ST2-Modell wurden MD-Rechnungen von Alkalihalogenidlösungen durchgeführt [28]. In Anlehnung an das ST2-Modell wurden die kugelsymmetrischen Ionen dieser Lösungen durch (12,6) LJ-Potentiale mit einer Elementarladung im Zentrum beschrieben. Mit diesen Modellen für die beiden Arten von Teilchen – Wasser und Ionen – lassen sich leicht die effektiven Paarpotentiale für die sechs verschiedenen Wechselwirkungen hinschreiben: Kation-Kation, Anion-Anion, Kation-Anion, Kation-Wasser, Anion-Wasser und Wasser-Wasser. Jedes der sechs Paarpotentiale besteht aus einem LJ-Term (vgl. Gl.(3.20))

$$V_{ij}^{\mathrm{LJ}}(r) = 4\varepsilon_{ij} \left[ \left( \frac{\sigma_{ij}}{r} \right)^{12} - \left( \frac{\sigma_{ij}}{r} \right)^{6} \right], \tag{9.1}$$

wobei $i$ und $j$ entweder Wassermoleküle oder Ionen bezeichnen und einem Coulomb-Anteil, der für die Wasser-Wasser-, Ion-Wasser- und Ion-Ion-Wechselwirkungen verschieden und gegeben ist durch

$$V_{\mathrm{ww}}^{\mathrm{C}}(r, d_{11}, d_{12}, \ldots) = S_{\mathrm{ww}}(r) \cdot q^2 \sum_{\alpha,\beta=1}^{4} \frac{(-1)^{\alpha+\beta}}{d_{\alpha\beta}} \tag{9.2}$$

$$V_{\substack{+\mathrm{w}\\(-\mathrm{w})}}^{\mathrm{C}} \left( d_{\substack{+1\\(-1)}}, d_{\substack{+2\\(-2)}}, \ldots \right) = \mathop{-}_{(+)} \sum_{\alpha=1}^{4} (-1)^\alpha \frac{q \cdot e}{d_{\substack{+\alpha\\(-\alpha)}}} \tag{9.3}$$

$$V_{\substack{\pm\pm\\(+-)}}^{\mathrm{C}}(r) = \mathop{+}_{(-)} \frac{e^2}{r}. \tag{9.4}$$

In diesen Gleichungen bezeichnet $r$ den Abstand zwischen zwei LJ-Mittelpunkten und $d$ den zwischen Punktladungen. $q$ ist die Ladung im ST2-Modell. Das Vorzeichen für den Coulomb-Term ist dann richtig, wenn für $\alpha$ und $\beta$ vereinbart wird, daß sie ungeradzahlig für positive und gradzahlig für negative Ladungen sind.

Die Abschneidefunktion $S_{ww}(r)$ im Coulomb-Anteil des Wasser-Wasser-Potentials wurde von Rahman und Stillinger nur deshalb eingeführt, um unrealistisch hohe Coulomb-Kräfte zu verhindern, die dann auftreten, wenn sich zwei Wassermoleküle gegenseitig zu stark annähern. Eine solche Möglichkeit kann deshalb nicht ausgeschlossen werden, weil der abstoßende $r^{-12}$-Term im Sauerstoffatom zentriert ist, die Ladungen aber im festen Abstand von 0.8 bzw. 1 Å vom Sauerstoffatom fixiert sind.

**Tabelle 9.1**  Lennard-Jones-Parameter der Potentiale für die Kation-Kation, Anion-Anion, Kation-Wasser und Anion-Wasser Wechselwirkungen. Im ST2 Modell ist $\sigma = 3.10$ und $\varepsilon = 0.317\,\mathrm{kJ/mol}$.

| Ion | Pauling radius [Å] | $\sigma_{II}$ [Å] | $\varepsilon_{II}$ [kJ mol$^{-1}$] | $\sigma_{IW}$ [Å] | $\varepsilon_{IW}$ [kJ mol$^{-1}$] |
|---|---|---|---|---|---|
| Li$^+$ | 0.60 | 2.37 | 0.149 | 2.77 | 0.224 |
| Na$^+$ | 0.95 | 2.73 | 0.358 | 2.92 | 0.330 |
| F$^-$ | 1.36 | 4.00 | 0.050 | 3.53 | 0.123 |
| K$^+$ | 1.33 | 3.36 | 1.120 | 3.25 | 0.568 |
| Cl$^-$ | 1.81 | 4.86 | 0.168 | 4.02 | 0.185 |
| R.B$^+$ | 1.48 | 3.57 | 1.602 | 3.39 | 0.641 |
| Br$^-$ | 1.95 | 5.04 | 0.270 | 4.16 | 0.215 |
| Cs$^+$ | 1.69 | 3.92 | 2.132 | 3.61 | 0.662 |
| I$^-$ | 2.16 | 5.40 | 0.408 | 4.41 | 0.228 |

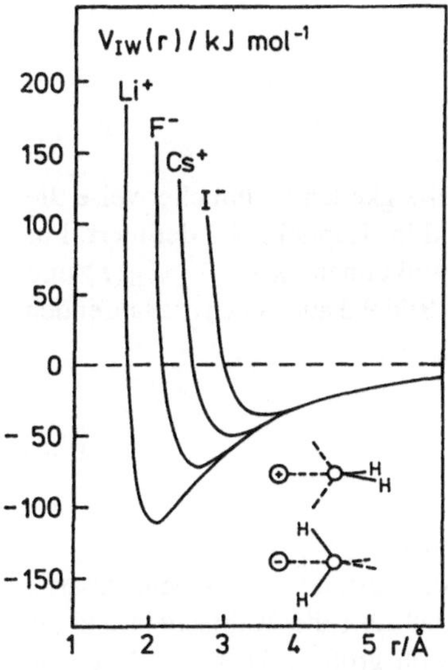


**Bild 9.2**
Ausgewählte Ion-Wasser-Potentiale als Funktion des Ion-Sauerstoff-Abstandes und Orientierungen wie angezeigt. Diese Orientierungen führen zum tiefsten Potentialminimum.

Um die Simulationen durchführen zu können, fehlen nur noch die LJ-Parameter für das ST2-Modell, die zu $\sigma = 3.10$ Å und $\epsilon = 0.317$ kJ/mol gewählt wurden, und die für die Ionen. Für die Alkali- und Halogenionen sind die LJ-Parameter nicht bekannt. Experimentelle Werte liegen aber für die Edelgase vor [220]. Deshalb wurden für die LJ-Parameter für die Kation-Kation-Wechselwirkungen die der isoelektronischen Edelgase verwendet. Aus den Pauling-Radien ist bekannt, daß die isoelektronischen Anionen wesentlich größer sind als die Kationen. Aus diesem Grund wurden unter Verwendung der Pauling-Radien die LJ-Parameter für die Anion-Anion-Wechselwirkungen aus denen für die Kationen berechnet. Auf Einzelheiten soll hier nicht eingegangen werden. Die Methode ist in [221] beschrieben. Aus der Kenntnis der Parameter für die Wechselwirkungen zwischen gleichen Teilchen wurden dann die für ungleiche Teilchen unter Verwendung der Kombinationsregeln nach Kong berechnet [222]. Die LJ-Parameter für die Alkalihalogenidlösungen sind in Tabelle 9.1 zusammengestellt.

Einige ausgewählte Ion-Wasser-Paarpotentiale, die entsprechend den Gln.(9.1) und (9.2) unter Verwendung der Parameter in Tabelle 9.1 berechnet wurden, sind im Bild 9.2 dargestellt. Die Tiefe und die Verschiebung des Potentialminimums zeigen die erwartete Veränderung mit der Ionengröße. Alle gezeigten Kurven sind oberhalb von 4 Å identisch. Für größere Abstände verschwinden also die Unterschiede zwischen den einzelnen Ionen, und es bleibt nur die Coulomb-Wechselwirkung übrig.

Mit diesen Potentialen wurden MD-Simulationen von reinem Wasser und von 2.2-molalen Alkalihalogenidlösungen für ein (N,V,E)-Ensemble durchgeführt. In allen Fällen waren im Grundkasten (MD-Box) 216 Teilchen. Bei den Lösungen waren davon 8 Kationen und 8 Anionen. Die Seitenlänge der Grundkästen wurde aus den experimentellen Dichten bestimmt. Es ergab sich in allen Fällen eine Länge von etwa 20 Å. Periodische Randberechnungen wurden eingeführt (Kap. 4.4). Die klassischen Bewegungsgleichungen wurden in Zeitschritten von $2 \cdot 10^{-16}$s numerisch integriert. Der kurze Zeitschritt ist wegen der Rotationen der Wassermoleküle erforderlich, die im Frequenzbereich zwischen 400-600 cm$^{-1}$ liegen (s. unten). Für die Berechnung des Coulomb-Anteils der Ion-Ion-Wechselwirkung wurde die Ewald-Methode verwendet (Kap. 4.9). Die Wasser-Wasser und Ion-Wasser-Potentiale wurden bei der halben Seitenlänge des Grundkastens (ca. 10 Å) abgeschnitten, und die *shifted-force-potential*-Methode wurde benutzt (Kap. 4.5). Die Simulationen erstreckten sich über etwa 10 ps.

### 9.2.2 Struktur der Lösungen

Der erste Schritt zur Beschreibung der Struktur isotroper Flüssigkeiten ist üblicherweise die Berechnung der radialen Verteilungsfunktionen $g_{xy}(r)$. Sie sind im Kapitel 2.4.2 definiert. Für reines Wasser existieren drei verschiedene radiale Verteilungsfunktionen: $g_{OO}(r)$, $g_{OH}(r)$ und $g_{HH}(r)$. Sie sind im Bild 9.3 dargestellt. Außer den $g(r)$ sind im Bild 9.3 auch noch die laufenden Integrationszahlen $n(r)$ eingezeichnet, die definiert sind durch

$$n_{xy}(r) = 4\pi\rho_{\mathrm{y}} \int_0^r g_{xy}(r)r'^2 \, \mathrm{d}r', \qquad (9.5)$$

wo $\rho_y$ die mittlere Anzahldichte der Atome der Sorte $y$ bezeichnet.

Man kann aus Bild 9.3 erkennen, daß der wahrscheinlichste Abstand zweier benachbarter Sauerstoffatome in reinem Wasser etwa 2.85 Å beträgt und daß dort die Wahrscheinlichkeit, ein Sauerstoffatom zu finden, um einen Faktor 3 größer ist als für größere Abstände. Nach ca. 7 Å kann man bereits eine Gleichverteilung der Sauerstoffatome erkennen. In Wasser existiert also eine Nahordnung, die nicht wesentlich über die übernächsten Nachbarn hinausreicht. Die Zahl der nächsten Nachbarn ist üblicherweise als $n_{OO}(r)$ am ersten Minimum, $r_{\mathrm{m1}}$, von $g_{OO}(r)$ definiert. Aus Bild 9.3 ergibt sich dafür ein Wert von 4.8, merklich größer also als für Eis.

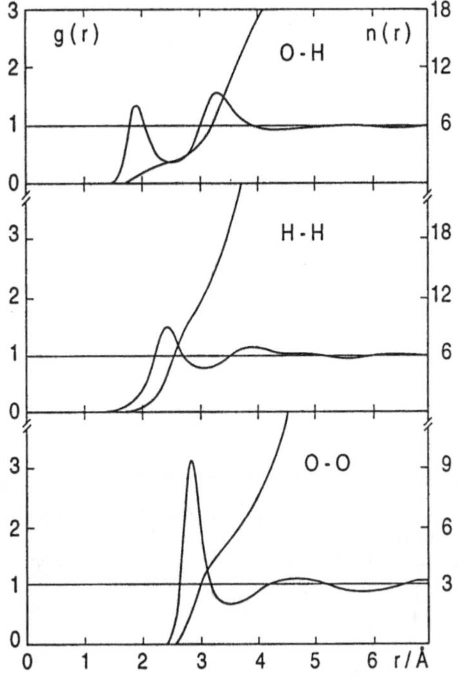


**Bild 9.3**
Die radialen Verteilungsfunktionen für
Sauerstoff-Wasserstoff, Wasserstoff-Wasserstoff und
Sauerstoff-Sauerstoff und laufende Integrationszahlen, die
aus einer Simulation mit dem ST2-Modell für Wasser bei
Zimmertemperatur berechnet wurden.

Die Integration über das erste Maximum in $g_{OH}(r)$ liefert die Zahl zwei. Diese beiden Wasserstoffatome sind die über die freien Elektronenpaare gebundenen. Die Schärfe des Maximums ist ein Maß für die Stärke der Wasserstoffbrückenbindung. Zum zweiten Maximum gehören die anderen Wasserstoffatome der im Mittel 4.8 nächsten Nachbarn. Dieses Maximum ist nicht sehr ausgeprägt, es geht auf der Seite großer Abstände direkt in die Gleichverteilung über. In gleicher Weise beschreibt das erste Maximum in $g_{HH}(r)$ die Verteilung dieser Wasserstoffatome relativ zu den Wasserstoffatomen des zentralen Wassermoleküls.

Fügt man nun Ionen zu reinem Wasser hinzu, dann ist die bedeutendste strukturelle Änderung verbunden mit der Bildung von Hydratschalen um die Ionen. Die quantitative Beschreibung der Hydratschalen erfolgt durch die radialen Verteilungsfunktionen für Ion-Sauerstoff und Ion-Wasserstoff. Sie sind im Bild 9.4 zusammen mit den laufenden Integrationszahlen für verschiedene Alkali- und Halogen-Ionen dargestellt [235].

Das Bild 9.4 zeigt, daß mit wachsendem Ionenradius die Hydratschalen immer weniger ausgeprägt sind. Das ist erkenntlich daran, daß die Höhen der Maxima in den $g_{IO}(r)$ abnehmen und die Minima aufgefüllt werden. In Analogie zur Zahl der nächsten Nachbarn beim Wasser wird zweckmäßigerweise $n_{IO}(r_{m1})$ als Hydratzahl definiert. Mit dem Auffüllen der Minima verschwinden die Plateaus in $n_{IO}(r)$ und die Hydratzahlen werden unbestimmter. Es ist zum Beispiel beim Jod praktisch unmöglich, eine verläßliche Hydratzahl anzugeben. Aus diesem Ergebnis wird verständlich, warum bei den großen Ionen die aus verschiedenen Experimenten bestimmten Hydratzahlen stark voneinander abweichen. Beim $Li^+$ existiert eine deutlich erkennbare zweite Hydratschale mit zwölf Wassermolekülen. Auch bei $Na^+$, $K^+$ und $F^-$ ist eine zweite Schale erkennbar, aber bereits wesentlich schwächer ausgeprägt.

Die Positionen der Maxima in den radialen Verteilungsfunktionen für Ion-Sauerstoff fallen bei den Alkali- und Halogen-Ionen zusammen mit denen der Minima der Paarpotentiale (s. Bild 9.2). Bei den höherwertigen Ionen ist das nicht mehr der Fall (s. unten), weil die gegenseitige Behin-

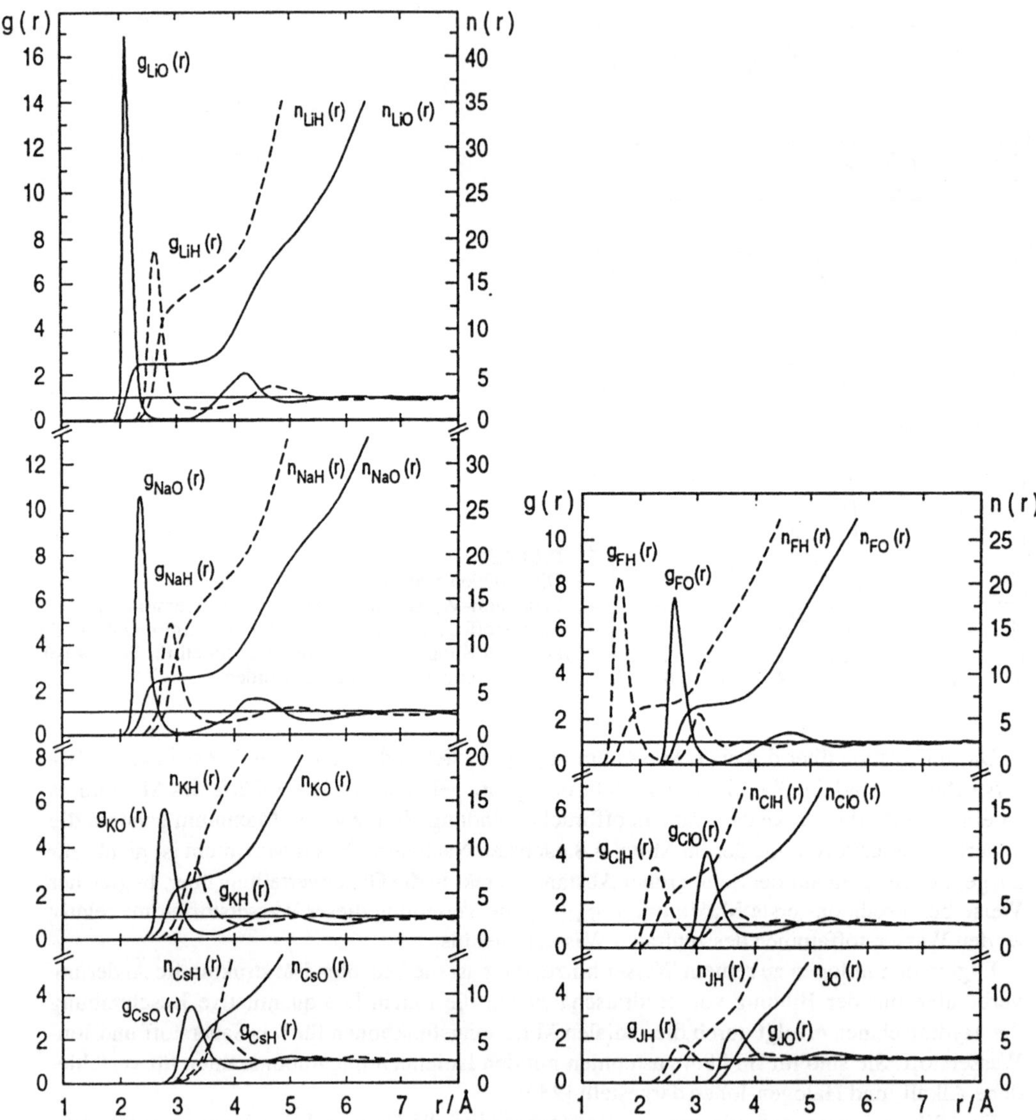

**Bild 9.4**  Die radialen Verteilungsfunktionen für Ion-Sauerstoff und Ion-Wasserstoff und die laufenden Integrationszahlen für verschiedene Alkali- und Halogen-Ionen.

derung der Wassermoleküle in der ersten Hydratschale es nicht zuläßt, daß sie den energetisch günstigsten Abstand zum Ion einnehmen. Erwartungsgemäß findet man bei den Kationen die negativ geladenen Sauerstoffatome und bei den Anionen die positiv geladenen Wasserstoffatome der Wassermoleküle näher am Ion.

Grundsätzlich könnte man aus den Abständen der ersten Maxima in $g_{IO}(r)$ und $g_{IH}(r)$ die Orientierung der Wassermoleküle in der ersten Hydratschale eines Ions bestimmen. Wegen der Halbwertsbreite der Maxima würden die Ergebnisse aber sehr ungenau sein. Es ist einfacher, diese Orientierungen aus den Trajektorien direkt zu berechnen. Dazu verwendet man einen

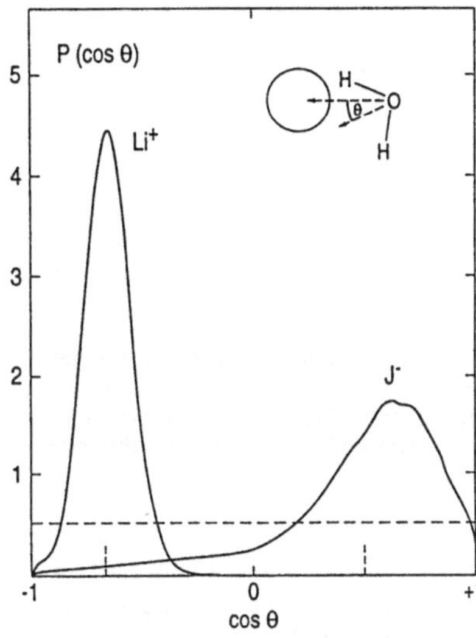



**Bild 9.5**
Verteilungen von $\cos\theta$ für die ersten Hydratschalen der Lithium-
und Jodionen. Die Definiton von $\theta$ ist eingefügt. Die
Verteilungen sind normiert. Bei Gleichverteilung würde sich die
gestrichelte Linie ergeben. Die Mittelwerte der Verteilungen sind
auf der Abszisse markiert.

Winkel $\theta$, der definiert ist als der Winkel zwischen dem Dipolmoment des Wassermoleküls und
dem Vektor, der vom Sauerstoffatom zum Ion zeigt (s. Bild 9.5). Die Verteilungen des $\cos\theta$ für
die ersten Hydratschalen von $Li^+$ und $J^-$ sind im Bild 9.5 gezeigt. Die Verteilungen sind für $\cos\theta$
angegeben und nicht für $\theta$, weil in erster Linie hier die Abweichung von der Gleichverteilung
von Interesse ist, die bei der Auftragung über dem $\cos\theta$ als waagerechte Linie bei 0.5 gegeben
ist [223].

Die Verteilungen im Bild 9.5 zeigen, daß vorzugsweise die freien Elektronenpaare (negative Ladungen im ST2-Modell) zum $Li^+$ zeigen und die Wasserstoffatome zum $J^-$ gerichtet sind (lineare
Wasserstoffbrücke). Die Verteilung ist im Falle des Lithiumions wesentlich schmaler als beim Jodion. Der Grund dafür ist die stärkere Wechselwirkung mit der ersten Hydratschale aufgrund des
kleineren Radius des $Li^+$. Die schwache Wechselwirkung des großen $J^-$ mit seiner Hydratschale
führt dazu, daß man dort auch Wassermoleküle finden kann mit energetisch äußerst ungünstiger
Orientierung ($\cos\theta$ <0). In diesem Falle sind entweder die Wechselwirkungen zwischen den
Wassermolekülen für die Orientierung wichtiger als die Jod-Wasser-Wechselwirkungen oder es
existieren in der 2.2-molalen Lösung Wassermoleküle, die gleichzeitig zur ersten Hydratschale
beider Ionen gehören und bei denen selbstverständlich das $Li^+$ die Ausrichtung bestimmt.

Im Bild 9.6 ist dargestellt, wie sich die Orientierung der Wassermoleküle mit dem Abstand
vom Lithium- und Jodion ändert. Der Mittelwert von $\cos\theta$ ist aufgetragen als Funktion des
Ion-Sauerstoff-Abstandes. Im Falle von $Li^+$ ist $\langle\cos\theta\rangle$ konstant über den gesamten Bereich des
ersten Maximums in $g_{LiO}(r)$, in Übereinstimmung mit der schmalen Verteilung $P(\cos\theta)$, wie
sie im Bild 9.5 aufgetragen ist. Beim $J^-$ dagegen fällt der Mittelwert im Bereich des ersten
Maximums von $g_{IO}(r)$ bereits stark ab, was zeigt, daß nur die Wassermoleküle, die dem Jodion
sehr nahe sind, mit ihm lineare Wasserstoffbrücken bilden. Die bevorzugte Orientierung der
Wassermoleküle fällt jenseits der ersten Hydratschale rasch ab. Lediglich im Bereich der zweiten
Hydratschale von $Li^+$ ist noch eine gewisse Vorzugsorientierung erkennbar [223].

Die geometrische Anordnung der Wassermoleküle um ein zentrales Wassermolekül ist aus der
über alle Winkel gemittelten radialen Verteilungsfunktion nicht zu erkennen. Sie kann aber aus
den Trajektorien der Teilchen ermittelt werden. Zu ihrer Berechnung wird ein Koordinatensystem
eingeführt, bei dem die Ebene des zentralen Wassermoleküls mit der $yz$-Ebene zusammenfällt,
sein Massenmittelpunkt mit dem Ursprung des Koordinatensystems und das Sauerstoffatom die

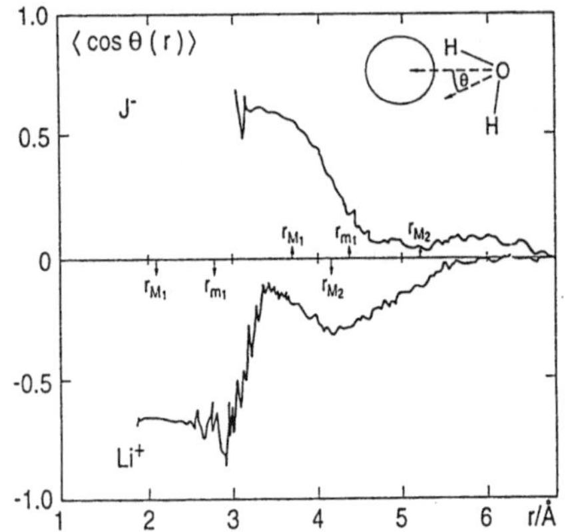


**Bild 9.6**
Mittelwert von $\cos\theta$ als Funktion des Abstandes von einem Lithium- und einem Jodion. $r_{M1}$, $r_{M2}$ und $r_{m1}$ markieren die Positionen, wo die Ion-Sauerstoff radiale Verteilungsfunktion ihr erstes und zweites Maximum beziehungsweise ihr erstes Minimum haben.

positive $z$-Richtung festlegt (s. Bild 9.7). Die Positionen der Sauerstoffatome der acht nächsten Wassermoleküle wurden für dieses Koordinatensystem berechnet und in die $xy$-Ebene projiziert. Die Projektionsdichten der Sauerstoffatome für diese acht Wassermoleküle, sowie getrennt für die ersten und die zweiten vier Nachbarmoleküle, sind in der linken Spalte von Bild 9.7 für Wasser unter Normaldruck gezeigt [231].

Es ist offensichtlich, daß die vier nächsten Nachbarmoleküle eine tetraedrische Anordnung bevorzugen. Die Verteilung der Sauerstoffatome gegenüber den Wasserstoffatomen sind wesentlich schmaler als die gegenüber den freien Elektronenpaaren. Das resultiert aus der Tatsache, daß die O-H Bindungen wesentlich stärker ausgerichtet sind als die freien Elektronenpaare. Dieser Befund wurde im ST2-Modell dadurch berücksichtigt, daß die negativen Ladungen nur 0.8 Å vom Sauerstoffatom entfernt sind, gegenüber 1 Å bei den positiven. Die zweite Gruppe, bestehend aus den 4 entfernteren Nachbarmolekülen, zeigt eine Gleichverteilung in entsprechend größerem Abstand.

Für die Frage nach der geometrischen Anordnung der Wassermoleküle in den Hydratschalen der Ionen bietet sich wegen der Kugelsymmetrie der hier betrachteten Ionen kein natürliches Koordinatensystem an. Deshalb wurde ein Koordinatensystem eingeführt, derart, daß das jeweilige Ion den Koordinatenursprung definiert, eines der Sauerstoffatome der Hydratwassermoleküle die $z$-Achse und ein zweites die $xz$-Ebene. Für mehrere hundert Konfigurationen, gleichmäßig über den gesamten Simulationslauf verteilt, wurden die Koordinaten der Sauerstoffatome aller anderen Wassermoleküle der ersten Hydratschale bestimmt. Die Dichte der Projektionen der Sauerstoffatome auf die $xy$-Ebene des Koordinatensystems, gemittelt über alle Ionen der gleichen Sorte, sind im Bild 9.8 für die meisten der Alkali- und Erdalkali-Ionen gezeigt. Zur Verdeutlichung der geometrischen Anordung sind bei den Alkali-Ionen im Bild 9.8 die Sauerstoffatome, die die $z$-Achse und die $xy$-Ebene definieren, nicht berücksichtigt [235].

Für die Alkali-Ionen ist aus Bild 9.8 ersichtlich, daß die 6 Wassermoleküle in der ersten Hydratschale von $Li^+$ zwar bevorzugt Oktaederpositionen einnehmen, aber die Verteilungen um diese Positionen ziemlich breit sind. Für alle größeren Alkali-Ionen sind die Hydratwassermoleküle gleichverteilt. Die Wassermoleküle in den ersten Hydratschalen aller untersuchten Halogen-Ionen zeigen ebenfalls Gleichverteilung. Sie sind deshalb im Bild 9.8 nicht gezeigt.

Für die Erdalkali-Ionen (rechte Spalte von Bild 9.8) ergibt sich ein ganz anderes Bild. Hier kommt wegen der starken Ion-Wasser-Wechselwirkung die gegenseitige Behinderung der Wassermoleküle in der ersten Hydratschale zum Tragen. Die Sauerstoffatome der vier Hydratwassermoleküle von $Be^{2+}$ bilden die Ecken eines Tetraeders, während die sechs Wassermoleküle der ersten Hydratschale von $Mg^{2+}$ oktaedrisch angeordnet sind. Die Verteilung der Sauerstoffatome

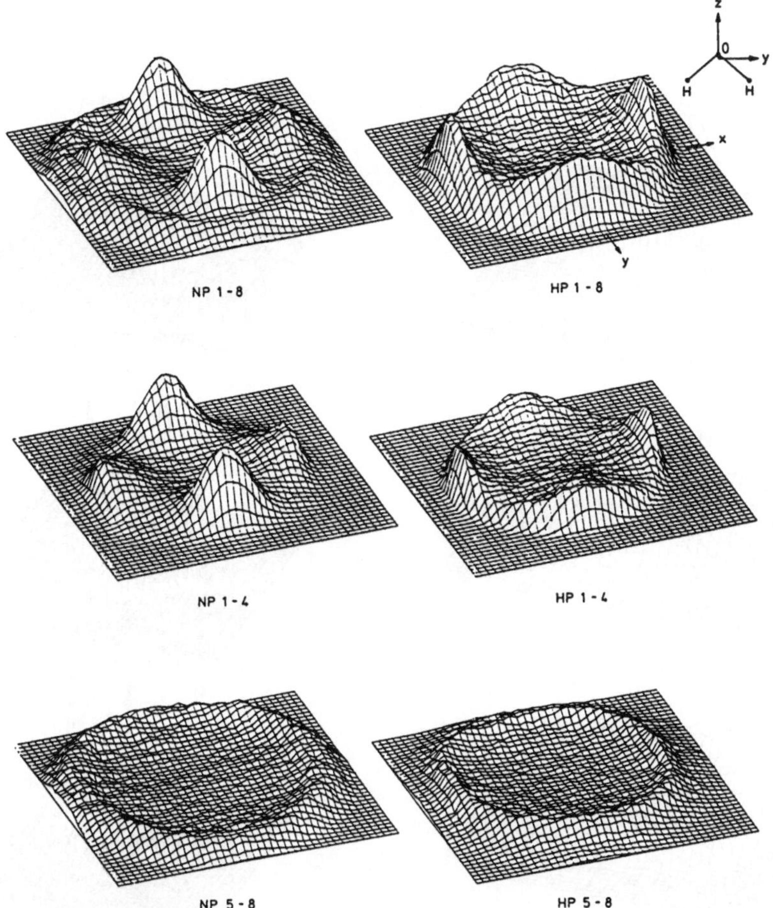



**Bild 9.7**  Perspektivische Darstellung der Projektionsdichten der Sauerstoffatome der acht nächsten Wassermoleküle – sowie getrennt für die ersten und die zweiten vier – um ein zentrales Wassermolekül in der $xy$-Ebene eines Koordinatensystems wie rechts oben definiert für Wasser bei 1 bar (links) und 22 kbar (rechts).

um die Oktaederpositionen ist beim $Mg^{2+}$ wesentlich schmaler als beim $Li^+$, weil bei etwa gleichen Ionenradien die Ladungen sich um den Faktor zwei unterscheiden. Mit zunehmendem Ionenradius stellt sich im Gegensatz zu den Alkali-Ionen bei $Ca^{2+}$ und $Sr^{2+}$ keine Gleichverteilung ein, obwohl die Hydratzahlen (im Mittel 9.5 und 9.8 für $Ca^{2+}$ bzw. $Sr^{2+}$) größer sind als die für $J^-$. Für beide Erdalkali-Ionen findet man eine wohldefinierte Struktur für die erste Hydratschale, aber keine reguläre Symmetrie.

Die mehr qualitative Beschreibung der geometrischen Anordnungen der Wassermoleküle in den ersten Hydratschalen der Ionen und um ein zentrales Wassermolekül in Bild 9.7 und 9.8 kann quantifiziert werden durch die Berechnung der Wahrscheinlichkeitsdichten für den Polarwinkel $\vartheta$ und den Azimutwinkel $\varphi$ in den Koordinatensystemen, die oben definiert sind. Im Bild 9.9 sind $P(\cos\vartheta)$ und $P(\varphi)$ für $Mg^{2+}$, $Cl^-$ und reines Wasser als Beispiel gezeigt. Die Gleichverteilungen sind durch gestrichelte Linien markiert. Im Falle der Ionen ist für das Sauerstoffatom, das die positive $x$-Achse definiert, $\vartheta \equiv 0$. Deshalb ist dieses Wassermolekül bei der Verteilung $P(\cos\vartheta)$

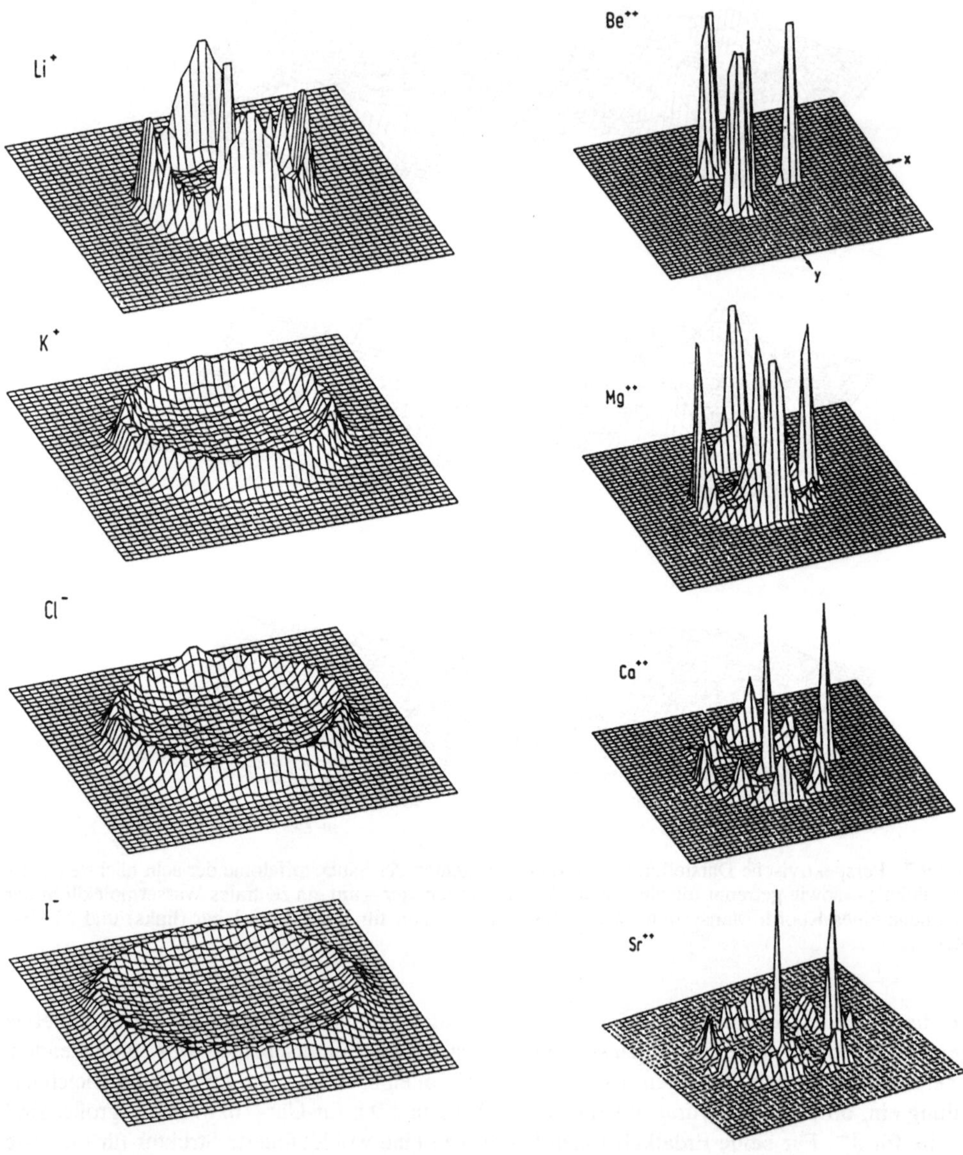



**Bild 9.8** Perspektivische Darstellung der Projektionsdichten der Sauerstoffatome der Wassermoleküle in den ersten Hydratschalen verschiedener Alkali- und Erdalkali-Ionen in der $xy$-Ebene eines Koordinatensystems, das im Text definiert ist. Die Hydratzahlen reichen von 4 für $Be^{2+}$ bis 10 für $Sr^{2+}$.

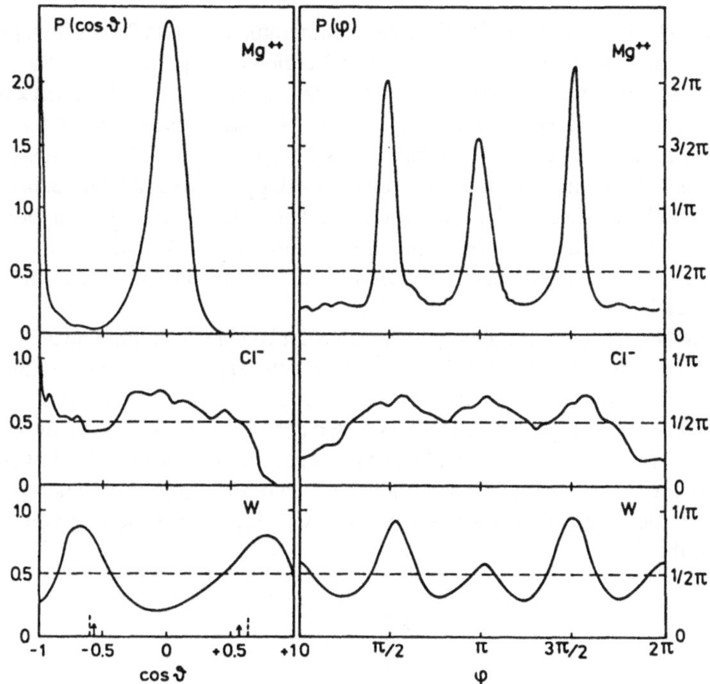

**Bild 9.9**  Wahrscheinlichkeitsdichten für den Polarwinkel $\vartheta$ und den Azimutwinkel $\varphi$ der Positionen der Sauerstoffatome der sechs Wassermoleküle in den ersten Hydratschalen von $Mg^{2+}$ und $Cl^-$ und der vier nächsten Nachbarmoleküle um ein zentrales Wassermolekül in den im Text definierten Koordinatensystemen. Die gestrichelte Linie zeigt die Gleichverteilung an.

nicht berücksichtigt. Der $\varphi$-Wert für dieses Wassermolekül ist nicht definiert und wiederum definitionsgemäß ist für das Sauerstoffatom, das die $xz$-Ebene festlegt, $\varphi \equiv 0$. Deshalb sind diese beiden Wassermoleküle bei der Verteilung $P(\varphi)$ nicht berücksichtigt. Da bei Wasser ein mit dem zentralen Wassermolekül verbundenes Koordinatensystem eingeführt wurde, sind bei den Verteilungen $P(\cos\vartheta)$ und $P(\varphi)$ keine Nachbarmoleküle ausgelassen.

Bild 9.9 bestätigt quantitativ die oben bereits qualitativ diskutierten Ergebnisse. Es existiert eine wohldefinierte oktaedrische Anordnung der sechs Wassermoleküle in der ersten Hydratschale von $Mg^{2+}$. Eine bevorzugte Besetzung oktaedrischer Positionen im Falle von $Cl^-$ ist nur schwach angedeutet. Die vier Sauerstoffatome um ein zentrales Wassermolekül besetzen bevorzugt tetraedrische Positionen. Die Verteilungen der Sauerstoffatome gegenüber den Wasserstoffatomen sind wesentlich schmaler als die gegenüber den freien Elektronenpaaren [228].

Eine interessante Frage ist ohne Zweifel die nach der Abhängigkeit der Struktur wäßriger Lösungen von Druck, Temperatur und Konzentration. Die Druckerhöhung wurde bei den hier diskutierten Simulationen durch Vergrößerung der Dichte realisiert, die Temperaturerhöhung durch Zugabe kinetischer Energie und die Konzentrationsänderung dadurch, daß Wassermoleküle durch Ionen ersetzt wurden. Jede dieser Änderungen bringt das (N,V,E)-Ensemble aus dem Gleichgewicht. Es hängt entscheidend von der Geschicklichkeit ab, mit der diese Änderungen vorgenommen werden, wieviel Rechenzeit für die erneute Gleichgewichtseinstellung erforderlich ist.

Die Wirkung eines stark erhöhten Druckes auf die Nahordnung im Wasser ist aus Bild 9.7 ersichtlich. Dort sind die Projektionsdichten aus Simulation von reinem Wasser mit den Dichten von 0.9718 und 1.346 g/cm$^3$ dargestellt. Bei einer Temperatur von etwa 70$^{irc}$ C entsprechen diese Dichten Drücken von etwa 1 bar und 22 kbar. Der Vergleich zeigt, daß bei hohen Drücken die Tendenz für die tetraedrische Anordnung der vier nächsten Nachbarmoleküle stark reduziert ist. Das ist eine Folge des teilweisen Zusammenbruchs der Wasserstoffbrückenstruktur. Der Abstand der zweiten vier Wassermoleküle vom zentralen Molekül ist bei hohem Druck wesentlich kleiner als bei Normaldruck. Erste und zweite Hydratschale überlappen. Die Zahl der nächsten Nachbarn eines Wassermoleküls bei 22 kbar ist praktisch acht. Auch die Wirkung hohen Druckes auf die radialen Verteilungsfunktionen, die Verteilung der Wasserstoffbrückenwinkel und andere strukturelle Eigenschaften wurden untersucht. Die Ergebnisse sind in den Originalveröffentlichungen ausführlich beschrieben [231].

Die Wirkung hohen Druckes auf die Hydratschalen der Ionen wurde für eine 2.2-molale NaCl-Lösung bei Dichten von 1.079 und 1.307 g/cm$^3$ untersucht. Bei Zimmertemperatur entsprechen diesen Dichten Drücke von etwa 1 bar und 10 kbar. Im Gegensatz zur Nahordung in Wasser werden als Folge des hohen Druckes die ersten Hydratschalen der Ionen nur relativ wenig verändert. Die radialen Verteilungsfunktionen sind deshalb hier nicht gezeigt. Nur bei den Hydratzahlen ist eine geringe Veränderung bemerkbar. Für Na$^+$ erhöht sie sich bei 10 kbar im Mittel um 0.5, während sich bei der wesentlich weicheren Hydratschale von Cl$^-$ eine Vergrößerung von zwei aus den Simulationen ergibt [229].

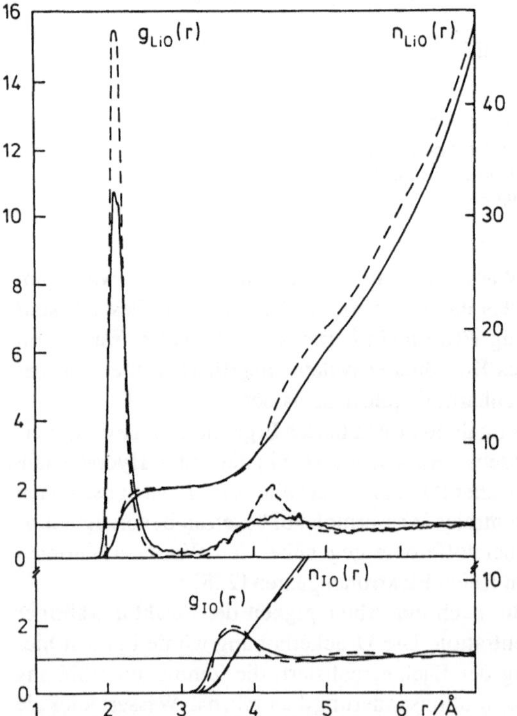



**Bild 9.10**
Radiale Verteilungsfunktionen für Ion-Sauerstoff und laufende Integrationszahlen aus Simulationen einer 0.55-molalen LiI-Lösung bei 508 K (ausgezogen) und 308 K (gestrichelt) und der gleichen Dichte von 1.05 g/cm$^3$. Der höheren Temperatur entspricht ein Druck von etwa 3 kbar.

Die Struktur der Hydratschale der Ionen wird dagegen stark beeinflußt von einer Temperaturerhöhung. Zur Untersuchung dieses Effektes wurde eine 0.55-molale LiJ-Lösung bei Temperaturen von 308 K und 508 K simuliert. Die Dichte von 1.05 g/cm$^3$ war die gleiche bei beiden Simulationen. Das entspricht Drücken von 1 bar und 3 kbar. Die radialen Verteilungsfunktionen für Ion-Sauerstoff zusammen mit den laufenden Integrationszahlen sind im Bild 9.10 dargestellt [230].

Es ist offensichtlich, daß die Temperaturerhöhung eine starke Reduktion der Höhe des ersten Maximums in $g_{\mathrm{LiO}}(r)$ bewirkt. Da es sich gleichzeitig verbreitert und die Lücke zwischen dem ersten und dem zweiten Maximum sich aufzufüllen beginnt, bleibt die Hydratzahl von sechs unverändert. Die zweite Hydratschale um Li$^+$ verschwindet praktisch. Das hat zur Folge, daß sich die beiden Kurven für $n_{\mathrm{LiO}}(r)$ oberhalb von etwa 4.5 Å wesentlich unterscheiden und sich erst für größere Abstände langsam wieder annähern. Die erste Hydratschale von J$^-$ ist bei Normalbedingungen nicht besonders ausgeprägt. Deshalb tritt bei Temperaturerhöhung keine wesentliche Veränderung auf (Bild 9.10). Das erste Maximum in $g_{\mathrm{JO}}(r)$ wird lediglich noch etwas breiter und flacher.

Bei den bisher besprochenen 2.2-molalen Alkalihalogenidlösungen bildeten sich keine Kontaktionenpaare. Deshalb sind die Ion-Ion-Paarpotentiale für kleine Abstände nicht sehr wichtig. Für hohe Ionenkonzentrationen sollten dagegen für die Ion-Ion-Wechselwirkung die Potentiale verwendet werden, die sich bei der Simulation geschmolzener Salze bewährt haben. Sie werden als Born-Mayer-Huggins-Potentiale bezeichnet und haben die Form

$$V_{ij} = \frac{z_i z_j e^2}{r} + A_{ij} b \, \exp\left[(\sigma_{\mathrm{i}} + \sigma_{\mathrm{j}} - r)/\rho\right] - \frac{C_{ij}}{r^6} - \frac{D_{ij}}{r^8}. \qquad (9.6)$$

Sie unterscheiden sich von den oben diskutierten LJ-Potentialen mit einer Elementarladung im Mittelpunkt dadurch, daß der $r^{-12}$-Term durch eine exponentielle Abstoßung mit den Pauling-Radien $\sigma_i$ ersetzt und ein Polarisationsterm mit $r^{-8}$ hinzugefügt wurde. Beide Potentialformen sind im Bild 9.11 für Li$^+$ und Cl$^-$ als Beispiel gezeigt. Sie unterscheiden sich erwartungsgemäß nur für kleine Abstände.

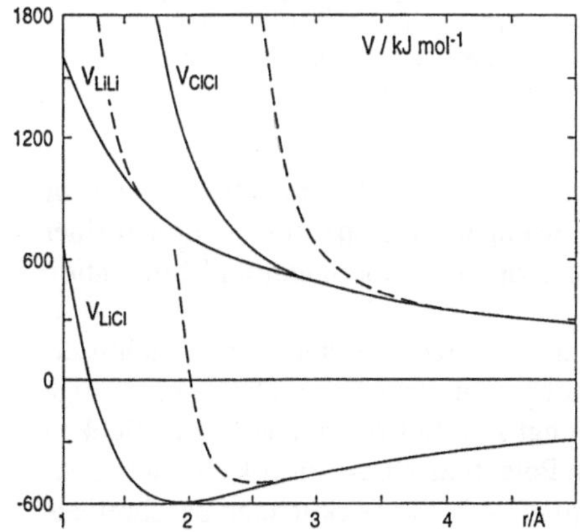


**Bild 9.11**
Ion-Ion-Paarpotentiale nach Born-Mayer-Huggins (Gl.(9.6), ausgezogen) und nach Lennard-Jones mit einer Elementarladung im Mittelpunkt (Gln.(9.1) und (9.4), gestrichelt).

Die Born-Mayer-Huggins-Potentiale sind weicher als die LJ-Potentiale. Mit diesen Potentialen wurden 18.5-molale wäßrige LiCl-Lösungen simuliert. Von den Ergebnissen soll hier nur auf die Unterschiede in den radialen Verteilungsfunktionen eingegangen werden. Sie sind im Bild 9.12 dargestellt. Die geringsten Unterschiede treten bei $g_{\mathrm{LiLi}}(r)$ auf, da sich die entsprechenden Potentiale erst für Abstände kleiner 1.5 Å unterscheiden. Daß trotzdem auch bei größeren Abständen Veränderungen auftreten, ist eine Folge der geänderten Ionenpaarbildung, die zu einer anderen Überlappung der ersten Hydratschalen der Ionen führt. Die Position des ersten Maximums in $g_{\mathrm{LiCl}}(r)$ ist wegen der weicheren Wechselwirkung beim $V_{\mathrm{LiCl}}(r)$ nach Born-Mayer-Huggins um etwa 0.5 Å zu kürzeren Abständen verschoben. Seine Höhe hat sich fast verdoppelt, was zu einer Vergrößerung der Zahl der nächsten Nachbarn auf 1.5 führt. Bei $g_{\mathrm{ClCl}}(r)$ verschwindet praktisch das erste Maximum zwischen 4.5 und 5 Å. An seiner Stelle erstreckt sich jetzt die radiale

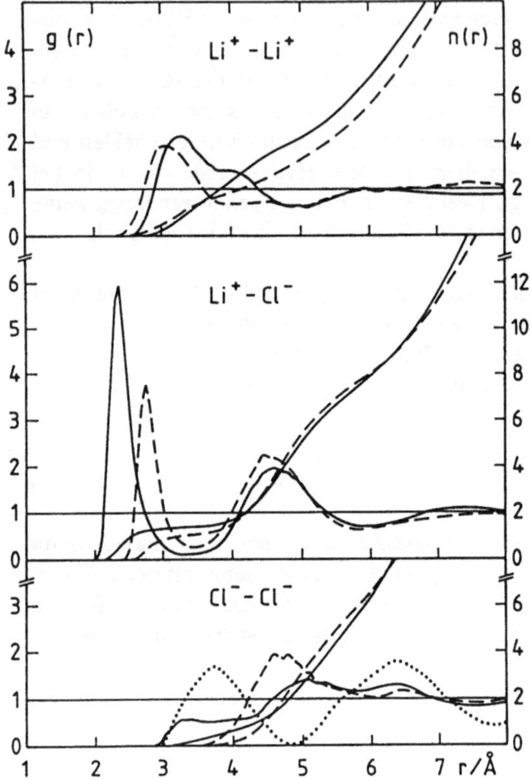

**Bild 9.12**
Radiale Verteilungsfunktionen für die Ionen und
laufende Integrationszahlen aus den Simulationen
von 18.5-molalen wäßrigen LiCl-Lösungen mit
den Ion-Ion-Paarpotentialen nach
Born-Mayer-Huggins (Gl.(9.6), ausgezogen) und
nach Lennard-Jones mit einer Elementarladung
im Mittelpunkt (Gl.(9.1) und (9.4), gestrichelt).
Die punktierte Linie zeigt das Ergebnis einer
Neutronenbeugungsuntersuchung mit
Isotopensubstitution an einer 14.9-molalen
wäßrigen LiCl-Lösung.

Verteilungsfunktion für $Cl^-$-$Cl^-$ herunter bis zu Abständen von 3 Å. Die punktierte Linie für
$g_{ClCl}(r)$ zeigt das Ergebnis einer Neutronenbeugungsmessung mit Isotopensubstitutionan einer
14.9-molalen wäßrigen LiCl-Lösung. Die Unterschiede zwischen Experiment und Simulation
werden im nächsten Abschnitt diskutiert [232].

An dieser Stelle ist es angebracht zu fragen, inwieweit die bis jetzt vorgestellten Simulationsergebnisse die Struktur wäßriger Elektrolytlösungen korrekt beschreiben. Es gibt keine eindeutige
Antwort auf diese Frage. Die Qualität der Ergebnisse hängt zweifelsfrei von der Verläßlichkeit
der bei den Simulationen als Eingabedaten verwendeten Potentiale ab. A priori kann nicht festgestellt werden, ob sie qualitativ oder vielleicht sogar quantitativ die Wirklichkeit beschreiben.
Man kann sicher die Vereinfachungen, die in den Modellen stecken, diskutieren, aber ihr Einfluß
auf die Ergebnisse läßt sich nur schwer abschätzen.

Das ST2-Modell enthält mindestens zwei wesentliche Vereinfachungen. Es ist starr und nicht
polarisierbar. Da es ein empirisches Modell ist, ist die Polarisierbarkeit – mindestens teilweise –
indirekt in den Parametern berücksichtigt, die durch Anpassung an experimentelle Daten genommen wurden. In den auf die erste Simulation von Wasser mit dem ST2-Modell folgenden Jahren
wurden immer wieder neue Modell vorgeschlagen. Die Suche nach verbesserten Potentialen zur
Beschreibung der Wasser-Wasser-Wechselwirkung ist noch nicht zu Ende. Auf einen Vergleich
der einzelnen Modelle kann im Rahmen dieses Buches nicht eingegangen werden.

Am Beispiel der Positionen der ersten Maxima in den $g_{IO}(r)$ und den Hydratzahlen einiger
Alkali- und Halogen-Ionen, die in Tabelle 9.2 zusammengestellt sind, soll die Schwankungsbreite
der Ergebnisse als Folge verschiedener Potentiale und Simulationsdetails verdeutlicht werden
[235].

**Tabelle 9.2** Vergleich der Positionen der ersten Maxima in den Ion-Sauerstoff radialen Verteilungsfunktionen $r_{IO}^{(M)}$ und der Hydratzahlen $n(r_{IO}^{(m)})$ verschiedener Alkali- und Halogen-Ionen. Die Hydratzahl ist definiert als $n_{IO}(r)$ an der Stelle des ersten Minimums von $g_{IO}(r)$.

| Ion | $r_{IO}^{(M)}$ | | | | $n(r_{IO}^{(m)})$ | | | |
|---|---|---|---|---|---|---|---|---|
| | MD[a] | MC[b] | MD[c] | MD[d] | MD[a] | MC[b] | MD[c] | MD[d] |
| $Li^+$ | 2.13 | 2.10 | 1.98 | 2.05 | 6.1 | 6.0 | 5.3 | 5.8 |
| $Na^+$ | 2.36 | 2.35 | 2.29 | 2.30 | 6.5 | 6.0 | 6.0 | 5.8 |
| $K^+$ | 2.80 | 2.71 | 2.76 | 2.69 | 7.8 | 6.3 | 7.5 | 7.5 |
| $F^-$ | 2.64 | 2.60 | 2.67 | – | 6.8 | 4.1 | 5.8 | – |
| $Cl^-$ | 3.22 | 3.25 | 3.29 | 3.18 | 8.2 | 8.4 | 7.2 | 7.7 |

a) 2.2-molale Lösungen (200 Wassermoleküle, 8 Kationen, 8 Anionen); ST2 Modell für Wasser; Ionen modelliert als LJ-Kugeln mit Elementarladung im Mittelpunkt.

b) Ein Ion umgeben von 215 starren Wassermolekülen; Wasser-Wasser- und Wasser-Ion-Potentiale aus quantenmechanischen Rechnungen ermittelt.

c) Ein Ion umgeben von 64 oder 125 starren Wassermolekülen; die gleichen Wasser-Wasser- und Ion-Wasser-Potentiale wie in b).

d) 2.2-molale Lösungen wie in a); empirisches, flexibles BJH-Modell für Wasser; Ion-Wasser-Potentiale aus quantenmechanischen Rechnungen ermittelt.

Von wenigen Ausnahmen abgesehen weichen die Werte für $r_{IO}^{(M)}$ um nicht mehr als 0.1 Å und die Hydratzahlen um eins voneinander ab. Es ist keine Abhängigkeit von der Methode, nach der die Potentiale gewonnen wurden, der Zahl der Moleküle im Grundkasten und der Simulationsmethode erkennbar. Es ist anzunehmen, daß längere Simulationszeiten zu statistisch signifikanteren Ergebnissen und schließlich geringeren Abweichungen führen würden.

Die Orientierung der Wassermoleküle in den ersten Hydratschalen der Kationen ist der einzige bekannte Fall, bei dem das Simulationsergebnis eindeutig von den verwendeten Potentialen abhängt. Im Bild 9.13 ist die Verteilung von $\cos\theta$ in den Hydratschalen von $Na^+$ und $Cl^-$ für die Simulation mit dem starren ST2-Modell für Wasser und den LJ-Kugeln mit einer Punktladung im Mittelpunkt verglichen mit den Ergebnissen für das flexible BJH-Modell [227] und Ion-Wasser-Potentiale, die aus quantenmechanischen Rechnungen ermittelt wurden. Für $Cl^-$ findet man übereinstimmend die vorzugsweise Bildung linearer Wasserstoffbrücken. Für $Na^+$ zeigt die Simulation mit dem BJH-Modell eine Präferenz für trigonale Orientierung (das Dipolmoment des Wassermoleküls zeigt vom Kation weg), während für das ST2-Modell bevorzugt freie Elektronenpaare zum Kation zeigen. Das Ergebnis, das für das BJH-Modell gefunden wurde, ergibt sich auch aus Simulationen mit anderen Wassermodellen. Der Grund für die im Bild 9.13 gezeigte Diskrepanz ist deshalb beim ST2-Modell zu suchen, bei dem die Modellierung der freien Elektronenpaare durch negative Punktladung, auch wenn sie nur 0.8 Å vom Sauerstoff entfernt sind, eine ungerechtfertigt starke Vorzugsrichtung zur Folge hat [226].

Der Vergleich der Ergebnisse von Simulationen mit verschiedenen Potentialen für das gleiche System ermöglicht keine Aussage über die Verläßlichkeit der verwendeten Potentiale. Er kann lediglich auf gravierende Mängel eines Potentials hinweisen. Der einzige Test für die Brauchbarkeit der Potentiale kommt aus dem Vergleich der Simulationsergebnisse mit experimentellen Daten. Das gilt aber nur für solche Daten, die sich zweifelsfrei innerhalb wohldefinierter Grenzen aus den Messungen ergeben. Das ist eine Forderung, deren Erfüllung in vielen Fällen Schwie-

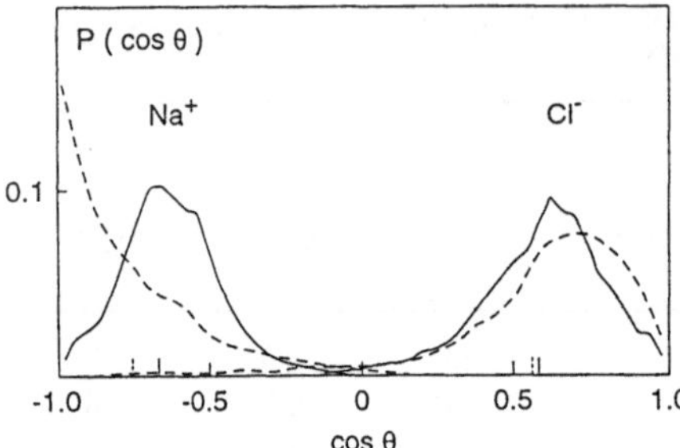

**Bild 9.13**
Verteilung von $\cos\theta$ für die Wassermoleküle in den ersten Hydratschalen von $Na^+$ und $Cl^-$, berechnet aus den Simulationen nach Anmerkung a (ausgezogen) und d (gestrichelt) der Tabelle 9.2. $\theta$ ist im Bild 9.5 definiert.

rigkeiten bereitet. Auf diese Probleme soll, soweit es die Struktur wäßriger Lösungen betrifft, nachfolgend kurz eingegangen werden.

Zur experimentellen Untersuchung der Struktur von Wasser und wäßrigen Lösungen stehen Röntgen- und Neutronenbeugungsmessungen zur Verfügung. Um allein beim reinen Wasser alle drei radialen Verteilungsfunktionen experimentell zu bestimmen, sind drei unabhängige Messungen erforderlich. Es gibt eine Veröffentlichung, bei der neben den Röntgen- und Neutronenbeugungsmessungen noch über Elektronenstreumessungen berichtet wird [233]. Die Schwierigkeiten, die bei der Anwendung der letzteren Methode auf Wasser auftreten, führen zu beachtlichen Fehlern bei den radialen Verteilungsfunktionen. Die Ergebnisse sind deshalb kein guter Test für das verwendete Wassermodell. Die Überprüfung durch experimentelle Daten beschränkt sich zwangsläufig auf $g_{OO}(r)$, die praktisch identisch ist mit der durch Röntgenbeugungsmessungen bestimmten totalen radialen Verteilungsfunktion, weil die Röntgenstrahlen die Wasserstoffatome nicht *sehen*. Auch aus Neutronenbeugungsmessungen läßt sich relativ verläßlich Ort und Höhe des ersten Maximums in $g_{OO}(r)$ ermitteln. Für die meisten Wassermodelle ergibt sich in Übereinstimmung mit den experimentellen Befunden ein O-O-Abstand für nächste Nachbarn von etwa 2.85 Å, eine Höhe des ersten Maximums in $g_{OO}(r)$ im Bereich 2.5 bis 3 und für die Zahl der nächsten Nachbarn einen Wert zwischen 4.5 und 5.5.

Die Schwierigkeiten, die sich einer Überprüfung der radialen Verteilungsfunktionen für Ion-Wasser aus den Simulationen wäßriger Elektrolytlösungen entgegenstellten, waren zu Beginn solcher Simulationen noch wesentlich größer als bei reinem Wasser. Die Röntgen- und Neutronenbeugungsmessungen lieferten wiederum nur eine totale Strukturfunktion, die sich aus zehn gewichteten partiellen Strukturfunktionen zusammensetzt. Eine Zerlegung in die einzelnen Beiträge – und anschließende Fourier-Transformation zum Vergleich mit den partiellen radialen Verteilungsfunktionen – ließ sich nur durch einen Fit mit entsprechend großer Parameterzahl realisieren. Eine solche Prozedur ist mit großen Unsicherheiten verbunden, und die Ergebnisse sind entsprechend wenig verläßlich. In erster Näherung könnten zwar bei der Analyse der Röntgenbeugungsmessungen die partiellen Strukturfunktionen, an denen Wasserstoff beteiligt ist, wieder vernachläßigt werden. Bei hinreichender Erniedrigung der Konzentration könnte auch erreicht werden, daß die partiellen Strukturfunktionen für die Ionen soweit an Gewicht verlieren, daß sie nicht berücksichtigt werden müssen. Dann würden nur noch die Kation-O, Anion-O und O-O zur totalen Strukturfunktion beitragen. Mit abnehmender Konzentration wird aber das Gewicht der Ion-O- gegenüber den O-O-Beiträgen geringer, und die Meßfehler steigen rasch an. Für alle praktischen Zwecke kann man also aus den Röntgenstreumessungen verläßlich nur mittlere Ion-O-Abstände für die erste Hydratschale ermitteln; und das auch nur dann, wenn in den totalen radialen Verfolgungsfunktionen die Beiträge der verschiedenen Abstände in der Lösung nicht überlappen.

Die Situation hat sich zu Beginn der achtziger Jahre wesentlich verbessert durch die Einführung

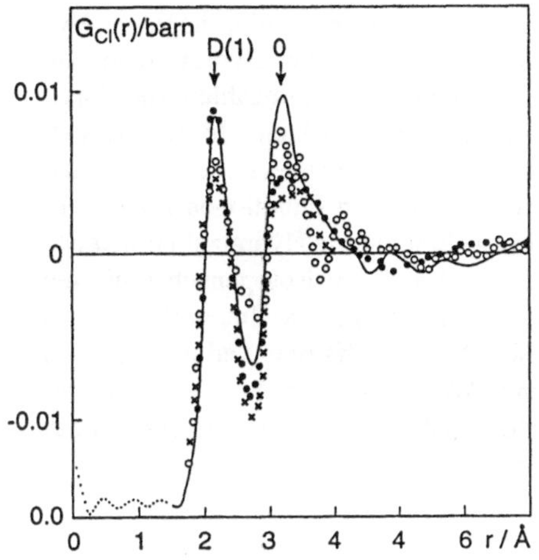



**Bild 9.14**
Vergleich der gewichteten $Cl^-$-Wasser radialen
Verteilungsfunktion aus der MD-Simulation einer
1.1-molalen $MgCl_2$-Lösung mit Ergebnissen aus
Neutronenbeugungsmessungen mit Isotopensubstitution an
5.32-molalen NaCl (o), 3-molalen $NiCl_2$(x) und
9.95-molalen LiCl (•) Lösungen.

von Neutronenbeugungsmessungen mit Isotopensubstitution [224]. Dabei werden zwei Messungen an der gleichen Lösung durchgeführt, die sich nur dadurch unterscheiden, daß eines der Ionen durch eines seiner Isotope ersetzt ist. Wegen der im allgemeinen für die Isotope verschiedenen Streulänge für Neutronen werden sich die beiden Strukturfunktionen unterscheiden. Die Differenz der beiden Strukturfunktionen beinhaltet dann praktisch nur noch die Beiträge, die aus Wechselwirkungen des isotopen substituierten Ions mit den Wassermolekülen resultieren. Alle anderen Beiträge – mit Ausnahme der Beiträge von Kationen-Anionen und der isotopensubstituierten Ionen untereinander, die beide in der Regel sehr klein sind – entfallen.

Die Fourier-Transformation der Differenzfunktion liefert die radiale Verteilungsfunktion für Ion-Wasser, die für das $Cl^-$ im Bild 9.14 gezeigt ist. Dort wird das Ergebnis aus der Simulation einer 1.1-molalen $MgCl_2$-Lösung mit solchen Messungen an mehreren Chloridlösungen verglichen. Das erste Maximum resultiert von den Wasserstoffatomen, die mit dem $Cl^-$ eine Wasserstoffbrücke bilden (s. oben), während das zweite Maximum die Sauerstoffatome sowie die zweiten Wasserstoffatome umfaßt. Die experimentellen Ergebnisse wurden auf 1.1-molale Konzentration der $MgCl_2$-Lösung umgerechnet. Dabei muß notwendigerweise unberücksichtigt bleiben, daß sich mit zunehmender Konzentration wegen der Überlappung der Hydratschalen auch die radiale Verteilungsfunktion selbst ändert. In Anbetracht dieser Unsicherheiten kann von einer allgemein guten Übereinstimmung gesprochen werden [225].

Abweichungen der Simulationsergebnisse im Bild 9.14 von den experimentellen Ergebnissen sind nicht notwendigerweise auf Mängel in den verwendeten Potentialen zurückzuführen, denn die Meßergebnisse sind in den meisten Fällen mit großen Fehlern behaftet. Abhängig von den Unterschieden in den Streulängen für Neutronen der beiden Isotope beträgt die Differenzfunktion nur einige Prozent der totalen Strukturfunktion, mit entsprechenden Folgen für die Meßgenauigkeit. Das ist auch der Grund dafür, daß die Untersuchungen in den meisten Fällen nur für hohe Konzentrationen erfolgen können. Zum Schluß muß auch noch darauf hingewiesen werden, daß solche Messungen nur für die Ionen durchgeführt werden können, für die geeignete Isotope zur Verfügung stehen.

Nur für die Ionen, für die eine verläßliche radiale Verteilungsfunktion für Ion-Sauerstoff aus den Messungen abgeleitet werden kann, kann auch eine Hydratzahl entsprechend obiger Definition zum Vergleich mit den Simulationsergebnissen ermittelt werden. Andere Meßmethoden können durchaus zu Hydratzahlen führen, die nicht mit dieser geometrischen Definition, deren Ergebnis oft als *Koordinationszahl* bezeichnet wird, übereinstimmen. So findet man z.B. aus

Messungen des Selbstdiffusionskoeffizienten von Wasser in Jodidlösungen eine negative Hydratzahl für $J^-$, weil die Beweglichkeit der Wassermoleküle in der ersten Hydratschale von $J^-$ größer ist als in reinem Wasser. Übereinstimmung zwischen den Hydratzahlen, die durch unterschiedliche Meßmethoden gewonnen wurden, wird meistens nur für kleine Ionen, die sich durch starke Ion-Wasser-Wechselwirkung auszeichnen, gefunden. Diese Unterschiede zwischen kleinen und großen Ionen bezüglich der Hydratzahlen werden aus den Funktionen $n_{IO}(r)$ im Bild 9.3 verständlich, wo ein ausgeprägtes Plateau auf eine wohldefinierte Hydratzahl hinweist.

Für den Vergleich der Hydratzahlen aus Simulationen und aus den isotopensubstituierten Neutronenbeugungsmessungen für Anionen ist zu berücksichtigen, daß das Integral über das erste Maximum in $G(r)$ ein Maß für die Zahl der nächsten Wasserstoffatome und nicht für die Sauerstoffatome ist (Bild 9.14). Der sich daraus ergebende Wert entspricht also nicht dem der Hydratzahl wie sie üblicherweise definiert ist. Zum Vergleich sollte deshalb auch $n_{IH}(r)$ an der Stelle des ersten Minimums in $g_{IH}(r)$ herangezogen werden.

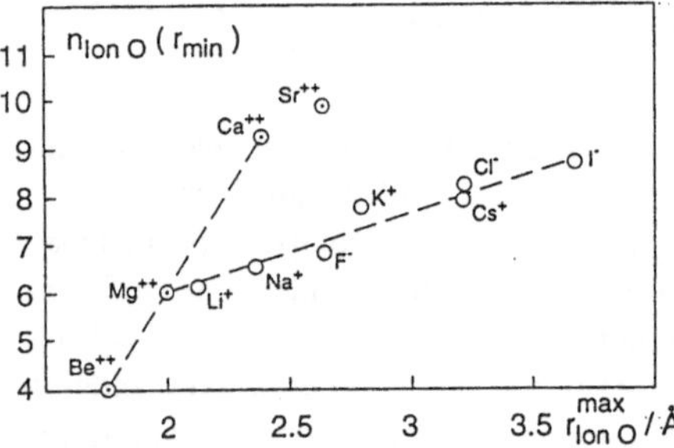


**Bild 9.15**
Hydratzahlen verschiedener ein- und zweiwertiger Ionen als Funktion der Position des Maximums in der Ion-Sauerstoff radialen Verteilungsfunktion. Die gestrichelten Linien sind zur Verdeutlichung des linearen Zusammenhanges eingezeichnet.

Die konsistente Berechnung der Hydratzahlen aus den Simulationen zeigt, wie aus Bild 9.15 ersichtlich ist, daß sowohl für die einwertigen Ionen als auch für die kleineren Erdalkali-Ionen ein linearer Zusammenhang besteht zwischen den Hydratzahlen und den Abständen der ersten Hydratschalen von den Ionen. Bei $Sr^{2+}$ wird aus geometrischen Gründen ein Sättigungseffekt wirksam.

Aus der Simulation einer 1.1-molalen $BeCl_2$-Lösung, für die die $Be^{2+}$-Wasser-Paarpotentiale aus quantenmechanischen Rechnungen ermittelt worden waren, ergab sich für $Be^{2+}$ eine Hydratzahl von sechs im Widerspruch zu praktisch allen experimentellen Befunden. Es ist bekannt, daß das kleine $Be^{2+}$ die Wassermoleküle in seiner unmittelbaren Umgebung stark polarisiert und daß unter bestimmten Bedingungen auch Dissoziation der Wassermoleküle auftritt. Der Widerspruch zum Experiment war also ein deutlicher Hinweis darauf, daß möglicherweise bei der $Be^{2+}$-Wasser-Wechselwirkung die Paarpotential-Näherung nicht mehr brauchbar ist. Es wurden deshalb neue quantenmechanische Rechnungen durchgeführt, bei denen die Polarisierung der Wassermoleküle durch die Einführung von Dreikörper-Wechselwirkungen Rechnung getragen wurde. Die neuen Simulationen führten zu einer Hydratzahl von vier in Übereinstimmung mit den experimentellen Befunden [234].

In bezug auf die Hydratzahlen haben die Simulationen auch einen Erfolg aufzuweisen. Bevor die Ergebnisse der Simulation von LiCl-Lösungen bekannt waren, war allgemein akzeptiert, daß die Hydratzahl von $Li^+$ vier beträgt bei tetraedrischer Anordnung der Sauerstoffatome. Die Simulation ergab eine Hydratzahl von sechs. Im Gegensatz zu $Be^{2+}$ gab es bei $Li^+$ keinen Anlaß, an den Simulationsergebnissen zu zweifeln. Aus sterischen Gründen war die vorhergesagte oktaedrische Anordnung der sechs Sauerstoffatome durchaus möglich. Die Neutronenbeugungsmessungen mit Isotopensubstitution an LiCl-Lösungen bestätigten dann später die Vorhersage aus der Simulation.

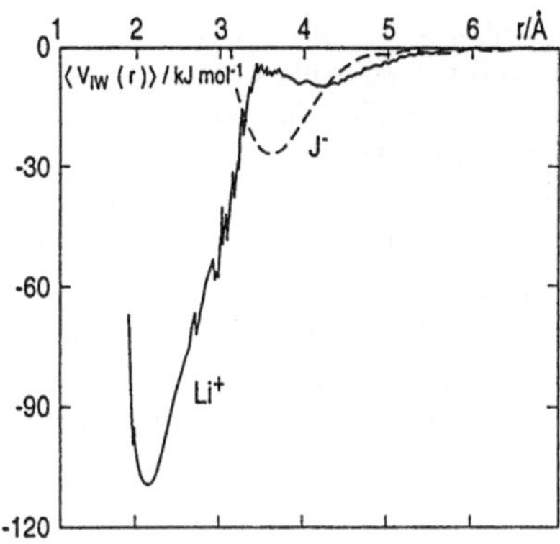

**Bild 9.16**
Mittlere potentielle Energie eines Wassermoleküls im Feld eines Lithium-Ions (ausgezogen) und eines Jodid-Ions (gestrichelt) als eine Funktion des Ion-Sauerstoff-Abstandes in einer 2.2-molalen LiJ-Lösung.

Oben wurde gezeigt, daß nicht alle Wassermodelle zur gleichen Vorzugsorientierung der Wassermoleküle in den ersten Hydratschalen der Kationen führen. Aufgrund von Plausibilitätsüberlegungen wurde angenommen, daß das ST2-Modell zur falschen Orientierung führt. Es muß bei der Vermutung bleiben, weil keine eindeutigen experimentellen Untersuchungen vorliegen, die eine definitive Entscheidung über die Richtigkeit ermöglichen. Aus den Abständen der ersten Maxima in den radialen Verteilungsfunktionen für Ion-Sauerstoff und Ion-Wasserstoff könnte man mit Hilfe der Neutronenbeugungsmessungen zwar grundsätzlich die Orientierung berechnen. Ein solcher Weg führt aber nur dann zu verläßlichen Ergebnissen, wenn die Maxima sehr schmal sind. Das ist in der Regel nicht der Fall (s. Bild 9.14). Die Fehlergrenzen werden deshalb so groß, daß keine verwendbaren Ergebnisse erzielt werden können [225]. Auch aus NMR-Messungen läßt sich in bestimmten Fällen auf die Orientierung schließen. Die Ergebnisse sind ebenfalls nicht eindeutig. Das zeigte sich daran, daß aus NMR-Messungen an Fluoridlösungen in zwei verschiedenen Laboratorien auf unterschiedliche Orientierungen der Wassermoleküle in den ersten Hydratschalen von $F^-$ geschlossen wurde. $P(\cos\theta)$ ist also kein Simulationsergebnis, das durch Experimente überprüft werden kann.

Dieser Schluß trifft ebenso auf die oben besprochene geometrische Anordung der Wassermoleküle um ein Ion oder ein zentrales Wassermolekül zu. Außerhalb der Simulationsergebnisse sind Aussagen zu dieser Struktureigenschaft nur aufgrund von Symmetrieüberlegungen möglich.

Zusammenfassend läßt sich zum Vergleich der Ergebnisse aus Simulationen und Experimenten, wenn man strenge Maßstäbe anlegt, nur sagen, daß die Nächste-Nachbar-Abstände für O-O und Ion-O überprüfbar sind und eine gute Übereinstimmung zeigen. Für einige Ionen ergeben sich auch aus den Neutronenbeugungsmessungen mit Isotopensubstitution verläßliche Aussagen über die Hydratzahlen. Auch in diesen Fällen zeigte sich kein Widerspruch zwischen Simulation und Experiment. Es scheint deshalb berechtigt, daraus zu schließen, daß die nicht überprüfbaren Aussagen aus den Simulationen zur Struktur wäßriger Elektrolytlösungen zumindest in qualitativer Hinsicht verläßlich sind. Die Frage, ob sie auch eine quantitativ korrekte Beschreibung liefern, kann zur Zeit noch nicht beantwortet werden.

### 9.2.3  Energiebeziehungen

Die mittlere potentielle Energie eines Wassermoleküls im Felde eines Lithium-Ions und eines Jodid-Ions sind im Bild 9.16 als Funktion des Ion-Sauerstoff-Abstandes dargestellt. Die Position des Minimums in $\langle V_{\text{LiW}}(r)\rangle$ fällt zusammen mit der des Minimums im Lithium-Wasser-

Paarpotential (Bild 9.2). Auch die Tiefen der Minima von mittlerer potentieller Energie und Paarpotential sind sehr ähnlich. Daraus kann man schließen, daß der Abstand des Wassermoleküls vom $Li^+$ sowie seine Orientierung relativ zum Ion fast ausschließlich durch die Lithium-Wasser-Wechselwirkung bestimmt wird. Offensichtlich ist der Einfluß der Nachbarmoleküle in der ersten und zweiten Hydratschale auf die Hydratstruktur um das $Li^+$ relativ gering. Für das große Jodid-Ion ergibt sich ein anderes Bild. Auch hier ist der Abstand der Minima der mittleren potentiellen Energie und des Paarpotentials vom Ion etwa gleich, aber das Potentialminimum ist für $\langle V_{JO}(r)\rangle$ um etwa 30% weniger tief als für das Paarpotential. Dieses Ergebnis zeigt, daß im Gegensatz zum $Li^+$ bei $J^-$ die Orientierung der Wassermoleküle in der ersten Hydratschale relativ zum Ion ganz wesentlich durch die Wechselwirkung mit den Nachbarwassermolekülen bestimmt wird [223].

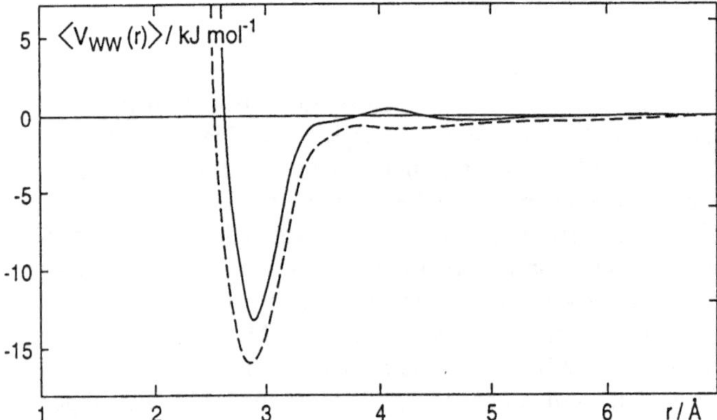


**Bild 9.17**
Mittlere potentielle Energie zweier Wassermoleküle als Funktion ihres Sauerstoff-Sauerstoff-Abstandes in einer 2.2-molalen LiJ-Lösung (ausgezogen) und in reinem Wasser (gestrichelt).

Der Einfluß der Ionen auf die mittlere potentielle Energie zweier Wassermoleküle ist aus Bild 9.17 ersichtlich. Dort wird der Wert von $\langle V_{WW}(r)\rangle$ für die 2.2-molale LiJ-Lösung mit dem für reines Wasser verglichen. Im gesamten Abstandsbereich ist die mittlere potentielle Energie in der Lösung weniger negativ als im reinen Wasser. Die reduzierte Tiefe im Bereich des Minimums und die positiven Energien um 4 Å ergeben sich aus den Beiträgen der Wechselwirkungen der oktaedrisch angeordneten Wassermoleküle in der ersten Hydratschale des $Li^+$ (Bild 9.8). Der Abstand von knapp 3 Å entspricht dem O–O Abstand zweier Nachbarwassermoleküle im Oktaeder, deren relative Orientierung – durch die $Li^+$-Wasser-Wechselwirkung bestimmt – energetisch ungünstig ist. Bei einem mittleren Abstand von etwa 2 Å zwischen dem $Li^+$ und den Sauerstoffatomen der ersten Hydratschale ist die Orientierung der im Oktaeder gegenüberliegenden Wassermoleküle zueinander besonders ungünstig, übersteigt dem Betrage nach die Beiträge im Bulkwasser und führt damit zu positiven Energien bei etwa 4 Å. Bulkwasser ist definiert als die Summe aller Wassermoleküle, die nicht zu den ersten Hydratschalen der Ionen gehören.

Aus den mittleren potentiellen Energien und den radialen Verteilungsfunktionen (Bild 9.4) läßt sich durch einfache Integration die Hydratationsenergie eines Ions oder eines Wassermoleküles als Funktion des Ion-Sauerstoff- bzw. Sauerstoff-Sauerstoff-Abstandes berechnen

$$V_\alpha^h(r) = 4\pi\rho_0 \int_0^r g_{\alpha W}(r')\langle V_{\alpha W}(r')\rangle r'^2\,dr'. \tag{9.7}$$

Die Ergebnisse sind für die 2.2-molale LiJ-Lösung im Bild 9.18 dargestellt. Die Hydratationsenergie eines Wassermoleküls in der Lösung ist nur etwa halb so groß wie in reinem Wasser. Neben den oben diskutierten Effekten in der Hydratschale von $Li^+$ trägt auch noch das durch die

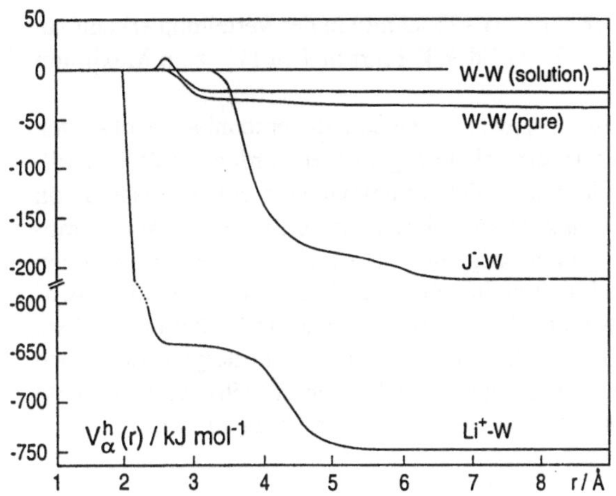

Bild 9.18
Integrierte Hydratationsenergien für
Ion-Wasser- und
Wasser-Wasser-Wechselwirkungen in einer
2.2-molalen LiJ-Lösung (ausgezogen) und in
reinem Wasser (gestrichelt) als Funktion des
Ion-Sauerstoff- bzw.
Sauerstoff-Sauerstoff-Abstandes.

Jodionen ausgeschlossene Volumen, was eine Verringerung der Zahl der energetisch günstigen kleinen O-O Abstände ($2.5 < r < 2.8$ Å) bedeutet, dazu bei.

Die zweite Hydratschale von $Li^+$ trägt nur etwa 15% zur gesamten Hydratationsenergie des Lithium-Ions bei und man findet keine weiteren Beiträge oberhalb von etwa 5.5 Å. Auch beim $J^-$ ergibt sich ein Beitrag der ersten Hydratschale zur gesamten – im Vergleich zu $Li^+$ wesentlich niedrigeren – Hydratationsenergie von etwa 85%. Im Abstandsbereich 4.5-6.5 Å ist $g_{JO}(r)$ etwas größer als eins (Bild 9.4), die mittlere Orientierung ist energetisch günstig (Bild 9.6) und auch $\langle V_{JW}(r) \rangle$ ist negativ (Bild 9.16). Aus diesem Abstandsbereich kommt der Beitrag der restlichen 15% zur Hydratationsenergie.

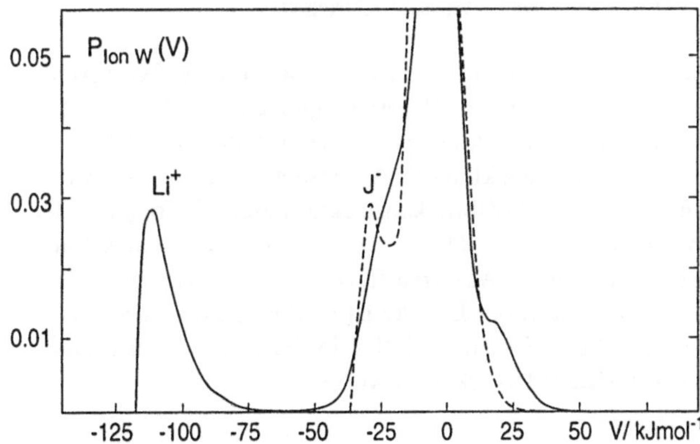

Bild 9.19
Normierte Verteilungen der
Paarwechselwirkungsenergien
zwischen $Li^+$-Wasser (ausgezogen)
und $J^-$-Wasser (gestrichelt) in einer
2.2-molalen LiJ-Lösung.

Die Verteilungen der Paarwechselwirkungsenergien zwischen den Ionen und den Wassermolekülen sind für $Li^+$ und $J^-$ im Bild 9.19 dargestellt. Der schornsteinähnliche Teil der Verteilung um Null ergibt sich aus den größeren Ion-Wasser-Abständen; Abstände, die größer sind als der $Li^+$-O-Abstand in der 2. Hydratschale ($> 5$ Å, Bild 9.4). Bei diesen Entfernungen wird die Orientierung der Wassermoleküle nicht mehr vom zentralen Ion bestimmt, sondern von den unmittelbaren Nachbarn des Wassermoleküls. Deshalb treten sowohl positive als auch negative Energien auf. Die wohldefinierte 1. Hydratschale um das Lithium-Ion (Bild 9.4) spiegelt sich energetisch wieder im klar abgetrennten Maximum bei etwa −110 kJ/mol. Auch die zweite Hydratschale mit ihrer Vorzugsorientierung (Bild 9.6) und entsprechender negativer mittlerer potentieller Energie (Bild 9.16) ist als Schulter bei etwa −25 kJ/mol in der Verteilung erkennbar. Die wenig ausgeprägte erste Hydratschale von $J^-$ (Bild 9.4) führt in $P_{JW}(V)$ zum Maximum bei ca. −30 kJ/mol [223].

Auch auf der Seite der positiven Energien ist in $P_{LiW}(V)$ eine Schulter erkennbar bei etwa den gleichen Energiebeträgen wie sie der zweiten Hydratschale zugeordnet wurden (ca 25 kJ/mol). Das deutet auf die Existenz von ungünstig orientierten Wassermolekülen in einem Abstand von etwa 4 Å vom $Li^+$ hin. Solche Konfigurationen können dadurch entstehen, daß ein Wassermolekül in der zweiten Hydratschale eines $Li^+$ gleichzeitig zur ersten Hydratschale eines zweiten $Li^+$ gehört, was bei 2.2-molalen Konzentrationen nicht selten geschehen wird. Da die Wechselwirkung des Wassermoleküls mit dem zweiten $Li^+$ dessen Orientierung bestimmt, wird sie sehr ungünstig relativ zum ersten $Li^+$ sein. Das Auftreten dieser positiven Energien kann auch erklären, warum die mittlere potentielle Energie im Abstand von 4 Å von $Li^+$ (Bild 9.16), obwohl eine wohldefinierte zweite Hydratschale existiert, nicht wesentlich stärker negativ ist.

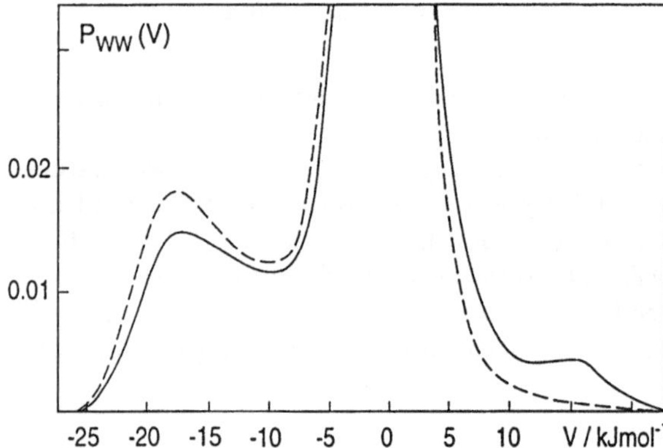


**Bild 9.20**
Normierte Verteilungen der Paarwechselwirkungsenergien zwischen zwei Wassermolekülen in einer 2.2-molalen LiJ-Lösung (ausgezogen) und in reinem Wasser (gestrichelt).

Im Bild 9.20 wird die Verteilung der Wechselwirkungsenergien zwischen zwei Wassermolekülen in der 2.2-molalen LiJ-Lösung mit der in reinem Wasser verglichen. Die Maxima bei etwa 18 kJ/mol entsprechen den Wasserstoffbrückenbindungen zwischen Nachbarmolekülen. In der Lösung ist das Maximum etwas niedriger und nach kleineren Wechselwirkungsenergien verschoben. Das ist eine Folge der Störung der Wasserstoffbrückenstruktur durch die Ionen in der relativ konzentrierten Lösung. Zum Unterschied von $P_{LiW}(V)$ sind die Maxima hier nicht schmal und getrennt. Ihre Breite spiegelt die Energiebreite der Wasserstoffbrückenbindungen wider. Die stark ausgeprägte Schulter bei positiven Energien in der Lösung ist eine Folge der energetisch ungünstigen Wechselwirkungsenergien zwischen Wassermolekülen in der ersten Hydratschale von $Li^+$, die oben bereits in Verbindung mit Bild 9.16 diskutiert wurde.

### 9.2.4  Dynamische Eigenschaften wäßriger Elektrolytlösungen

Die Selbstdiffusionskoeffizienten können − getrennt für die einzelnen Subsysteme in einer wäßrigen Lösung − entweder aus den Trajektorien durch die mittlere quadratische Verschiebung (vgl. Gl.(2.74b))

$$D = \lim_{t \to \infty} \frac{\langle [\vec{r}(t) - \vec{r}(0)]^2 \rangle}{6t} \tag{9.8}$$

oder äquivalent aus den Geschwindigkeits-Autokorrelationsfunktionen mit Hilfe der Green-Kubo-Beziehung (vgl. Gl.(2.74a))

$$D = \lim_{t \to \infty} \frac{1}{3} \int_0^t \langle \vec{v}(0) \cdot \vec{v}(t') \rangle \, dt' \tag{9.9}$$

berechnet werden. Die Geschwindigkeits-Autokorrelationsfunktionen ergeben sich aus den Simulationen durch (vgl. Gl.(2.69c))

$$\langle \vec{v}(0) \cdot \vec{v}(t) \rangle = \frac{1}{N_T N} \sum_{i=1}^{N_T} \sum_{j=1}^{N} \vec{v}_j(t_i) \cdot \vec{v}_j(t_i + t). \tag{9.10}$$

Dabei bedeutet $N$ die Teilchenzahl des Subsystems, $N_T$ die Zahl der Anfangsvektoren (s. oben) und $\vec{v}_j(t)$ die Geschwindigkeit des Teilchens $j$ zur Zeit $t$.

Der Vorteil der molekulardynamischen Simulation ist die konsistente Beschreibung von strukturellen und dynamischen Eigenschaften der zu untersuchenden Systeme. Um zu zeigen, daß die Kenntnis der Struktur der Lösung wichtig ist für das Verständnis dynamischer Größen, wird in diesem Kapitel wieder die 2.2-molale LiJ-Lösung behandelt. Während in bezug auf die Struktur der Lösung die Bedeutung der MD Simulation in der Vorhersage von Eigenschaften liegt, die entweder nicht oder nicht direkt meßbar sind, liegt bei den dynamischen Eigenschaften das Gewicht in der Erklärung makroskopischer Größen auf molekularer Ebene.

Im Bild 9.21 sind die normierten Geschwindigkeits-Autokorrelationsfunktionen für die beiden Ionen und für die Schwerpunktsgeschwindigkeit aller Wassermoleküle in der 2.2–molalen LiJ-Lösung gezeigt [236]. Um ihre unterschiedliche Zeitabhängigkeit deutlich zu machen, sind sie nur bis zu 0.5 ps gezeichnet. Der sehr verschiedene zeitliche Abfall der Geschwindigkeits-Autokorrelationen für die beiden Ionen spiegelt die Translationsbewegung des schweren Jodions, das seine Geschwindigkeit nur langsam ändert und das schwingungsähnliche Verhalten des Lithiumions im Käfig seiner sechs stark gebundenen Hydratwassermoleküle wider. Das Zeitverhalten der Geschwindigkeits-Autokorrelation für Wasser ist wiederum verschieden von dem der beiden Ionen. Aus diesem Grund wurden unterschiedliche obere Grenzen für die Integrale zur Berechnung der Selbstdiffusionskoeffizienten in Gl.(9.9) gewählt (1.5 ps für Wasser, 0.6 ps für $Li^+$ und 2.2 ps für $J^-$). Für Zeiten größer als die angegebenen sind die Autokorrelationsfunktionen − mit Ausnahme von statistischem Rauschen − praktisch Null. Der statistische Fehler der Selbstdiffusionskoeffizienten hängt von der gewählten Korrelationslänge ab, weil um so mehr Zeitmittelungen $N_T$ durchgeführt werden können je kürzer die Korrelationslängen gewählt werden. Die aus der Simulation ermittelten Selbstdiffusionskoeffizienten werden in Tabelle 9.3 mit experimentellen Ergebnissen verglichen [237]. Die Fehler wurden aufgrund der Änderung der Selbstdiffusionskoeffizienten bei Veränderung der oberen Integrationsgrenzen abgeschätzt. Die Fehler bei den experimentellen Werten dürften bei etwa 10% liegen. Im Rahmen der Fehlergrenzen ergibt sich gute Übereinstimmung zwischen simulierten und experimentellen Werten.

**Tabelle 9.3**  Selbstdiffusionskoeffizienten der Ionen und des Gesamtwassers in einer 2.2-molalen LiJ-Lösung aus einer MD-Simulation und aus Experimenten bei 305 K in Einheiten von $10^{-5}$ cm$^2$/s .

|       | $D_w$ | $D_{Li^+}$ | $D_{J^-}$ |
|-------|-------|------------|-----------|
| MD    | $2.48 \pm 0.06$ | $0.7 \pm 0.3$ | $1.40 \pm 0.15$ |
| Exp.  | 2.35  | 1.0        | 1.47      |

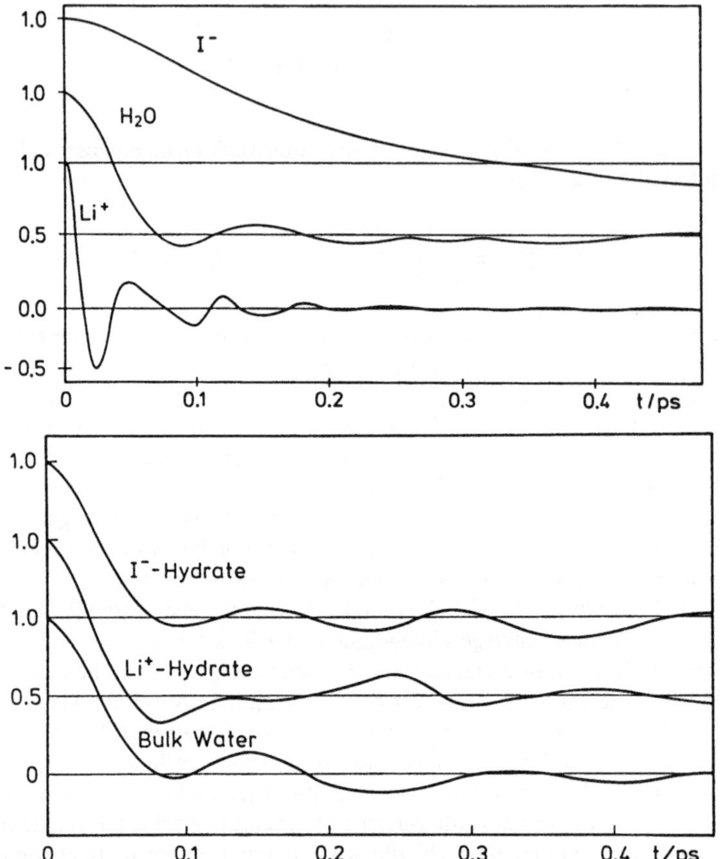

**Bild 9.21**  Normierte Geschwindigkeits-Autokorrelationsfunktionen $\langle \vec{v}(0) \cdot \vec{v}(t)\rangle/\langle\vec{v}(0)^2\rangle$ für Wasser (Schwerpunktsgeschwindigkeit), Lithium-Ionen und Jodid-Ionen (oben) und getrennt für Bulkwasser, Hydratwasser von $Li^+$ und $J^-$ (unten) in einer 2.2-molalen LiJ-Lösung.

Nachdem durch diesen Vergleich gezeigt werden konnte, daß die in der Simulation verwendeten Paarpotentiale zu guter Übereinstimmung mit den experimentellen Ergebnissen führen, darf angenommen werden, daß auch andere dynamische Eigenschaften, die nicht oder nicht direkt einer Messung zugänglich sind, aus der Simulation mit einem hohen Grad an Verläßlichkeit berechnet werden können. Um den Einfluß der einzelnen Ionen auf den Selbstdiffusionskoeffizienten des Gesamtwassers der Lösung zu untersuchen, wurden die Geschwindigkeits-Autokorrelationsfunktionen getrennt für die drei Wassersubsysteme in der Lösung – Hydratwasser von $Li^+$ und $J^-$ und Bulkwasser – berechnet. Sie sind ebenfalls im Bild 9.21 dargestellt. Die sich daraus ergebenden Selbstdiffusionskoeffizienten sind in Tabelle 9.4 zusammengestellt.

Die Ergebnisse zeigen, daß

1. für alle drei Subsysteme die Selbstdiffusionskoeffizienten kleiner sind als in reinem Wasser,

2. der Unterschied in den Selbstdiffusionskoeffizienten zwischen Bulkwasser und Gesamtwasser etwas kleiner ist als der zwischen Bulkwasser und reinem Wasser,

3. die Selbstdiffusionskoeffizienten von $Li^+$ und seines Hydratwassers um mehr als einen

**Tabelle 9.4**  Selbstdiffusionskoeffizienten in Einheiten von $10^{-5}$ cm$^2$/s für Bulkwasser ($D^b$), Hydratwasser von Li$^+$ ($D^+$) und J$^-$ ($D^-$) aus der Simulation einer 2.2-molalen LiJ-Lösung bei 305 K. $D^0$ bezeichnet reines Wasser.

| $i$ | $D^i$ | $D^i/D^0$ |
|---|---|---|
| b | $2.85 \pm 0.08$ | 0.84 |
| + | $1.33 \pm 0.10$ | 0.39 |
| − | $2.67 \pm 0.10$ | 0.78 |

Faktor zwei kleiner sind als der von Bulkwasser und

4. der Selbstdiffusionkoeffizient von J$^-$ kleiner ist als der seines Hydratwassers und des Bulkwassers, die beide etwa gleich groß sind.

Die starke Verkleinerung des Selbstdiffusionskoeffizienten im Bulkwasser gegenüber reinem Wasser (Punkt (1) und (2)) ist aus der oben diskutierten Struktur der Lösung verständlich. Es werden zwar alle Wassermoleküle außerhalb der ersten Hydratschale von Li$^+$ und J$^-$ ($n^+ = 6$; $n^- = 8$) als Bulkwasser gezählt, aber aus Bild 9.4 ist ersichtlich, daß eine zweite Hydratschale um Li$^+$ mit zwölf Wassermolekülen existiert. Deshalb sind alle Wassermoleküle der Lösung bei dieser Konzentration in ihrem dynamischen Verhalten durch die Ionen beeinflußt und unterscheiden sich von reinem Wasser. Gelegentlich werden zur Diskussion experimenteller Ergebnisse Modelle verwendet, bei denen angenommen wird, daß Bulkwasser die gleichen Eigenschaften besitzt wie reines Wasser. Das Beispiel der 2.2-molalen LiJ-Lösung zeigt, daß auch bei mittleren Konzentrationen solche Modelle zu falschen Schlußfolgerungen führen können.

Man würde erwarten, daß wegen der schwachen J$^-$-Wasser-Wechselwirkung der Selbstdiffusionskoeffizient für die Wassermoleküle in der ersten Hydratschale von J$^-$ größer ist als in reinem Wasser. Ein solches Ergebnis wurde auch bei einer Simulation eines einzelnen J$^-$ in Wasser mit dem ST2-Modell gefunden [238]. Für die 2.2-molale LiJ-Lösung ergibt sich aus der Simulation aber eine Verringerung des Selbstdiffusionskoeffizienten. Die Erklärung für dieses Ergebnis zusammen mit dem Befund, daß D$^-$ und D$^b$ etwa den gleichen Wert haben (Punkt (1) und (4)), ergibt sich — ähnlich wie im vorausgegangenem Absatz — aus der Tatsache, daß die Wassermoleküle in der ersten Hydratschale von J$^-$ gleichzeitig entweder zur zweiten oder teilweise sogar zur ersten Hydratschale des Li$^+$ (durch ein Lösungsmittelmolekül getrennte Ionenpaare) gehören und damit in ihrer Bewegungsfreiheit merklich eingeschränkt sind.

Der Selbstdiffusionskoeffizient der Wassermoleküle in der ersten Hydratschale von Li$^+$ ist zwar größer als der für das Ion selbst, beträgt aber nur 40% von dem für das reine Wasser (Punkt (3)). Dieses Ergebnis ist eine Folge der langen Aufenthaltszeit der Wassermoleküle in der ersten Hydratschale von Li$^+$. Die Simulation zeigte, daß nach 10 ps immer noch mehr als die Hälfte der ursprünglichen Wassermoleküle in der ersten Hydratschale gefunden werden konnte. Der Befund, daß der Selbstdiffusionskoeffizient des schweren J$^-$ etwa doppelt so groß ist wie der des leichten Li$^+$, wird unten im Zusammenhang mit den gehinderten Translationsbewegungen der Ionen diskutiert.

Die Änderung der Struktur von reinem Wasser bei einer Druckerhöhung auf 22 kbar und von einer 2.2-molalen NaCl-Lösung auf 10 kbar wurde oben diskutiert. Aus diesen Simulationen wurden auch die Selbstdiffusionskoeffizienten berechnet. Für Wasser — auch für die getrennt untersuchten Wassersubsysteme — ergab sich eine Verkleinerung um etwa 35% bei reinem Wasser und 20% bei der NaCl-Lösung [229]. Die prozentuale Abnahme des Selbstdiffusionskoeffizienten entspricht etwa der zu diesen Drücken gehörenden prozentualen Dichteänderungen. Das Ergebnis zeigt, daß die mit wachsender Dichte größer werdende sterische Behinderung eine wichtige Rolle beim Diffusionsvorgang spielt. Auch für die NaCl-Lösung ergibt sich bei Normaldruck ein etwas kleinerer Selbstdiffusionskoeffizient für das Kation im Vergleich zum Anion in Übereinstimmung mit experimentellen Ergebnissen. Der Unterschied zwischen den beiden Ionenarten ist aber erwartungsgemäß wesentlich kleiner als bei der LiJ-Lösung. Interessant ist, daß mit zunehmendem Druck der Selbstdiffusionskoeffizient für $Na^+$ abnimmt während er für $Cl^-$ zunimmt. Dieses Ergebnis stimmt qualitativ mit Leitfähigkeitsmessungen an NaCl-Lösungen in $D_2O$ überein, aus denen sich ergibt, daß die Reibungskoeffizienten mit zunehmendem Druck für $Na^+$ größer und für $Cl^-$ kleiner werden [239].

Die Selbstdiffusionskoeffizienten für $Li^+$, $Cl^-$ und Wasser wurden aus der Simulation der 18.5-molalen LiCl-Lösung, deren strukturelle Ergebnisse oben bereits diskutiert wurden, berechnet zu 0.20(0.21), 0.17(0.21) und 0.35(0.41) $\cdot 10^{-5}$ cm$^2$/s. Sie sind um etwa eine Größenordnung kleiner als bei geringer Konzentration und stimmen gut mit den experimentellen Werten überein, die in den Klammern angegeben sind. Die Übereinstimmung auch bei den dynamischen Eigenschaften zeigt, daß eine Änderung der Paarpotentiale beim Übergang zu hohen Konzentrationen erforderlich sein kann [232].

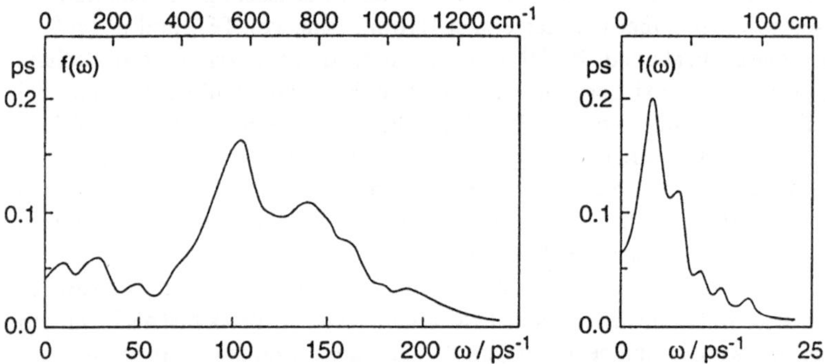

**Bild 9.22** Spektraldichten der gehinderten Translationen des Lithiumions (links) und des Jodions (rechts) berechnet aus der MD-Simulation einer 2.2-molalen LiJ-Lösung.

Die Spektraldichten der gehinderten Translationsbewegungen werden hier wieder für die 2.2-molale LiJ-Lösung als Beispiel diskutiert. Sie werden durch Fourier-Transformation aus den normierten Geschwindigkeits-Autokorrelationsfunktionen berechnet (Gl.(2.71))

$$f(\omega) = \int\limits_0^\infty \frac{\langle \vec{v}(0) \cdot \vec{v}(t) \rangle}{\langle \vec{v}(0)^2 \rangle} \cos(\omega t)\, dt. \tag{9.11}$$

Sie sind für die beiden Ionen im Bild 9.22 und sowohl für das Gesamtwasser der Lösung als auch getrennt für die drei Wassersubsysteme im Bild 9.23 dargestellt [240].

Die Spektraldichte für die gehinderte Translationsbewegung des Lithiumions (Bild 9.22, links) hat ein Maximum bei 560 cm$^{-1}$ und eine ausgeprägte Schulter bei 760 cm$^{-1}$. Sie spiegelt die rasche Bewegung des leichten $Li^+$ im Käfig seiner sechs stark gebundenen Hydratwassermoleküle wider. Da diese hohen Frequenzen, die man aufgrund der Geschwindigkeits-Autokorrelationsfunktion (Bild 9.21) erwarten konnte, im Frequenzbereich der Librationsbande um die Dipolachse der Wassermoleküle der ersten Hydratschale von $Li^+$ liegen, die hier nicht gezeigt werden, darf angenommen werden, daß beide Schwingungen gekoppelt sind.

Die Spektraldichten der gehinderten Translationsbewegungen für $J^-$, die im Bild 9.22 (rechts) gezeigt sind, unterscheiden sich sehr stark von denen für $Li^+$. Man findet ein schmales Maximum bei $23\ cm^{-1}$, dem ein scharfer Abfall folgt, und $f(\omega)$ ist praktisch Null für Frequenzen größer als $100\ cm^{-1}$. Dieses Ergebnis stimmt mit der Vorstellung überein, daß sich das schwere Jodion ohne Hydratschale durch die Lösung bewegt, gelegentlich behindert durch Stöße mit benachbarten Wassermolekülen.

Diese Vorstellungen über die Translationsbewegungen der beiden Ionen können auch deren stark unterschiedliche Selbstdiffusionskoeffizienten erklären (Tabelle 9.3). Da sich das $Li^+$ praktisch nur zusammen mit den sechs Wassermolekülen in seiner ersten Hydratschale bewegt, ergibt sich eine effektive Masse für diesen Komplex, die sich nur noch relativ wenig von der des $J^-$ unterscheidet. Aus den Strukturuntersuchungen der LiJ-Lösung ist bekannt, daß zwischen der ersten und zweiten Hydratschale des $Li^+$ starke Wasserstoffbrückenbindungen bestehen. Sie bedeuten eine zusätzliche Behinderung der Diffusionsbewegung des $Li^+$-Wasser-Komplexes, was schließlich dazu führt, daß der Selbstdiffusionskoeffizient von $Li^+$ nur etwa halb so groß ist wie der des $J^-$.

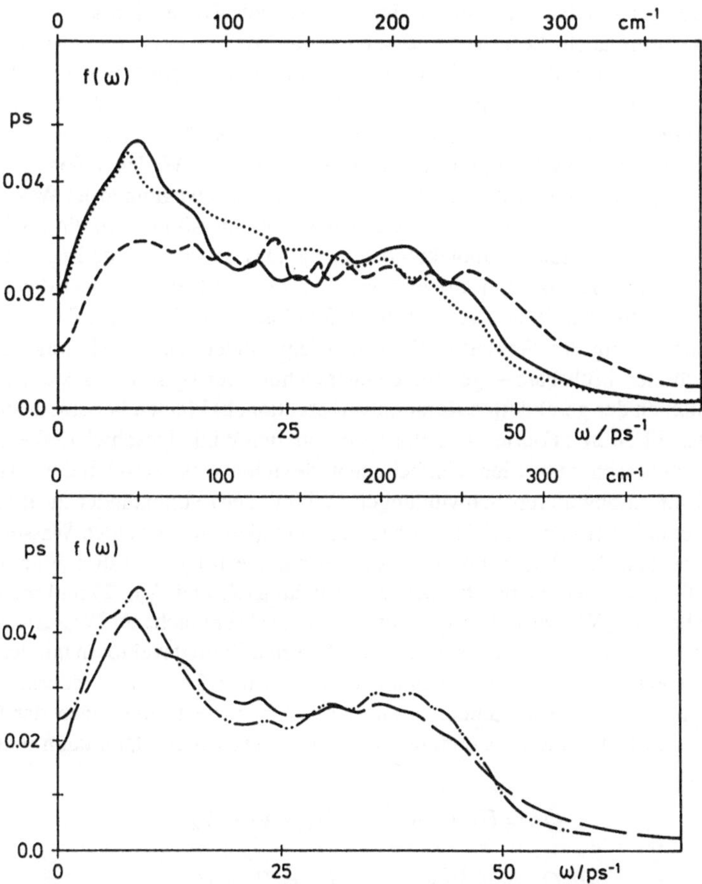

**Bild 9.23**  Spektraldichten der gehinderten Translationsbewegungen der Wassermoleküle berechnet aus MD-Simulationen von reinem Wasser und einer 2.2-molalen LiJ-Lösung. Links:  reines Wasser (————)
und Gesamtwasser der Lösung (— —). Rechts:  Bulkwasser (————), Hydratwasser von $Li^+$ (— — —)
und $J^-$. ($\cdots\cdots$)

Die Spektraldichten der gehinderten Translationsbewegungen der Wassermoleküle sind im Bild 9.23 (oben) für reines Wasser und das Gesamtwasser der 2.2-molalen LiJ-Lösung dargestellt. Die Kurve für reines Wasser ist in guter Übereinstimmung mit der experimentell ermittelten, bei der das erste Maximum bei etwa 50 cm$^{-1}$ der O-O-O- Biegeschwingung und die breite Schulter um etwa 175 cm$^{-1}$ der O-O-Streckschwingung zugeordnet wurde. Die Spektraldichte für das Lösungswasser zeigt gegenüber dem reinen Wasser eine leichte Abnahme bei etwa 50 und 200 cm$^{-1}$ und eine leichte Zunahme bei etwa 100 cm$^{-1}$. Diese Veränderung der Spektraldichte beim Lösungswasser entspricht der Änderung, die aus einer Simulation von reinem Wasser bei einer höheren Temperatur gefunden wurde [5].

Um den überraschend geringen Unterschied zwischen reinem Wasser und dem Gesamtwasser der Lösung zu verstehen, wurden die Spektraldichten der gehinderten Translationen wiederum getrennt für die drei Wassersubsysteme — Bulkwasser, Hydratwasser von Li$^+$ und J$^-$ — aus der Simulation berechnet. Sie werden im Bild 9.23 (unten) gezeigt. Das Ergebnis für Bulkwasser ist dem des reinen Wassers sehr ähnlich und muß deshalb nicht weiter diskutiert werden. Die Wirkung des Li$^+$ auf die gehinderten Translationsschwingungen seiner Hydratwassermoleküle resultiert aus ihrer starken Bindung an das Ion. Sie hat zur Folge, daß sowohl die O-O-O-Biegeschwingungen als auch die O-O-Streckschwingung zu höheren Frequenzen verschoben werden, erkennbar an einer starken Reduktion des Maximums bei 50 cm$^{-1}$ und einer Ausdehnung des Spektrums über die 250 cm$^{-1}$ hinaus. Die sich durch die schwache Wechselwirkung des J$^-$ mit seinen Hydratwassermolekülen ergebende Lockerung der Wasserstruktur führt zu einer Verschiebung der O-O-Streckschwingungsfrequenzen zu kleineren Wellenzahlen.

Das Beispiel der Spektraldichten der gehinderten Translationsbewegungen der Wassermoleküle in der 2.2-molalen LiJ-Lösung zeigt die Bedeutung der Computersimulation für das Verständnis makroskopischer Eigenschaften auf molekularer Ebene. Das überraschende Ergebnis, daß sich trotz der relativ hohen Ionenkonzentrationen reines Wasser und Gesamtwasser der Lösung nur wenig unterscheiden und damit den falschen Schluß auf einen geringen Einfluß der Ionen auf die Translationsbewegung der Wassermoleküle nahelegt, findet seine Erklärung durch die — experimentell nicht durchführbare — getrennte Untersuchung der Wassersubsysteme.

Die Spektraldichten der gehinderten Rotationen (Librationen) können bei einem starren Wassermodell wie dem ST2 durch Fourier-Transformation aus den Winkelgeschwindigkeits-Autokorrelationsfunktionen berechnet werden. Um bei einem flexiblen Wassermodell die verschiedenen Librationen und intramolekularen Schwingungen (Vibrationen) voneinander zu trennen, kann man folgende Methode verwenden [241]: Die Geschwindigkeiten der beiden Wasserstoffatome im Schwerpunktsystem des Wassermoleküls werden auf die folgenden drei Einheitsvektoren projiziert: (1) in Richtung der entsprechenden O-H-Bindung ($\vec{u}_1$ und $\vec{u}_2$); (2) senkrecht zur O-H-Bindung in der Ebene des Wassermoleküls ($\vec{v}_1$ und $\vec{v}_2$) und (3) senkrecht zur Wassermolekülebene ($\vec{p}_1$ und $\vec{p}_2$). Dabei ist zu beachten, daß sich die so definierten Einheitsvektoren mit der Änderung der Geometrie des jeweiligen Wassermoleküls von Zeitschritt zu Zeitschritt ändern.

Bezeichnet man mit den entsprechenden Großbuchstaben die Projektionen der Geschwindigkeiten der Wasserstoffatome in Richtung dieser Einheitsvektoren, dann kann man folgende Größen definieren

$$Q_1 = U_1 + U_2 \qquad R_x = V_1 - V_2 \qquad\qquad (9.12)$$

$$Q_2 = V_1 + V_2 \qquad R_y = P_1 + P_2 \qquad\qquad (9.13)$$

$$Q_3 = U_1 - U_2 \qquad R_z = P_1 - P_2. \qquad\qquad (9.14)$$

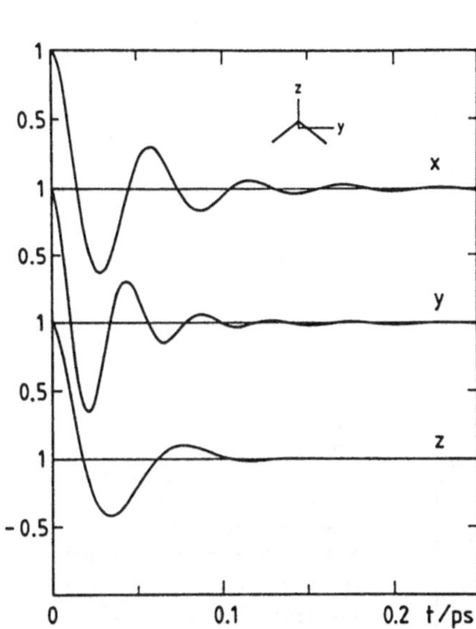

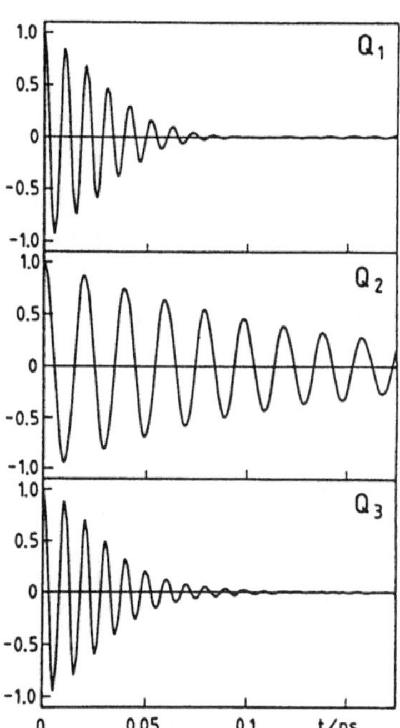

**Bild 9.24** Normierte Geschwindigkeits-Autokorrelationsfunktionen für die drei Librationsbewegungen (links) und für die drei intramolekularen Schwingungen (rechts) der Wassermoleküle in einer 18.5-molalen LiCl-Lösung. Die Librationen sind getrennt für die drei Hauptachsen eines molekülfesten Koordinatensystems (siehe Skizze) berechnet. $Q_1$, $Q_2$ und $Q_3$ bezeichnen in dieser Reihenfolge symmetrische Streckschwingung, Biegeschwingung und asymmetrische Streckschwingung.

Dabei beschreiben $Q_1$, $Q_2$ und $Q_3$ näherungsweise die drei intramolekularen Schwingungen, die üblicherweise als symmetrische Streckschwingung, Biegeschwingung und asymmetrische Streckschwingung bezeichnet werden. $R_x$, $R_y$ und $R_z$ dagegen beschreiben näherungsweise die Rotationen um die drei Hauptachsen des Wassermoleküls, wie sie im Bild 9.24 definiert sind. Die normierten Geschwindigkeits-Autokorrelationsfunktionen für diese sechs Komponenten sind im Bild 9.24 für die Wassermoleküle in einer 18.5-molalen LiCl-Lösung, deren Stuktur oben diskutiert wurde, als Beispiel dargestellt. Die Unterschiede zwischen $x$, $y$ und $z$ spiegeln die unterschiedlichen Trägheitsmomente um die drei Hauptachsen wider. Die Frequenz der Biegeschwingung ($Q_2$) ist etwa halb so groß wie die der Streckschwingungen [232].

Durch Fourier-Transformation dieser Geschwindigkeits-Autokorrelationsfunktionen lassen sich die Spektraldichten der Librationen und Vibrationen berechnen. Sie sind im Bild 9.25 für eine 1.1-molale SrCl$_2$-Lösung als Beispiel gezeigt, wiederum getrennt berechnet für die drei Wassersubsysteme in der Lösung. Die Frequenzen der Bandenmaxima sind in Tabelle 9.5 angegeben [241].

Beide Ionen verursachen eine beachtliche Blauverschiebung der Librationsfrequenzen um die $x$- und $y$-Achse relativ zum Bulkwasser, während die Verschiebung der Maxima der Rotationsbanden um die Dipolachse ($z$-Achse) kaum außerhalb der Fehlergrenzen liegt. Sr$^{2+}$ und Cl$^-$ verschieben die Librationsbande für die y-Achse ähnlich stark, um die x-Achse dagegen ist die Verschiebung durch Sr$^{2+}$ doppelt so groß wie die durch Cl$^-$ (Bild 9.25 und Tabelle 9.5). Die folgende Erklärung bietet sich für diesen Befund an. Die starke Wechselwirkung des Sr$^{2+}$ mit seinen Hydratwassermolekülen hat eine Vorzugsorientierung dieser Wassermoleküle zur Folge,

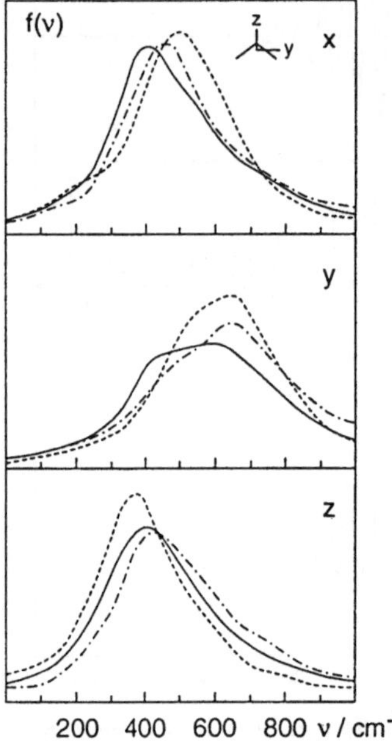
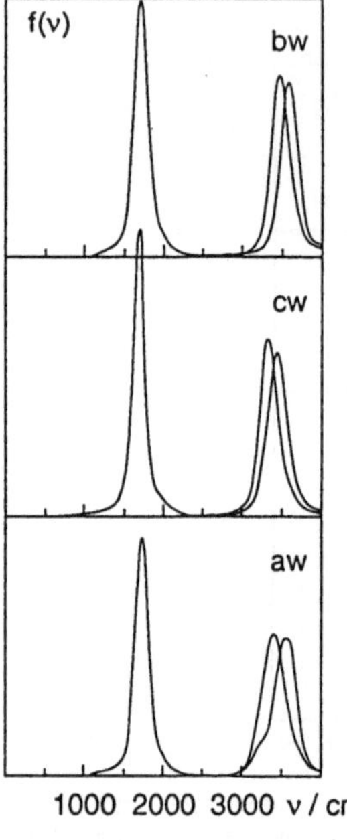



**Bild 9.25**
Spektraldichten der Librationen (links) und der intramolekularen Schwingungen (rechts) der Wassermoleküle aus der Simulation einer 1.1-molalen $SrCl_2$-Lösung, getrennt berechnet für Hydratwasser von $Sr^{2+}$ (cw, – – –), $Cl^-$ (aw, — · —), und Bulkwasser (bw, ———).

**Tabelle 9.5** Frequenzen (in $cm^{-1}$) der Maxima der Spektraldichten der Librationen und Vibrationen aller Wassermoleküle in der 1.1-molalen $SrCl_2$-Lösung und getrennt für die drei Wassersubsysteme. Für die intramolekularen Schwingungen ist zusätzlich die Halbwertsbreite $\Delta\nu$ angegeben.

| | | Gesamt-wasser | Bulk-wasser | Hydratwasser von Kation | Anion |
|---|---|---|---|---|---|
| $R_x$ | $\nu_{max}$ | $445 \pm 10$ | $445 \pm 10$ | $500 \pm 10$ | $465 \pm 10$ |
| $R_y$ | $\nu_{max}$ | $620 \pm 10$ | $595 \pm 10$ | $640 \pm 15$ | $650 \pm 15$ |
| $R_z$ | $\nu_{max}$ | $405 \pm 10$ | $405 \pm 10$ | $390 \pm 10$ | $420 \pm 20$ |
| $Q_1$ | $\nu_{max}$ | $3450 \pm 10$ | $3475 \pm 10$ | $3335 \pm 10$ | $3420 \pm 10$ |
| | $\Delta\nu$ | – | $230 \pm 10$ | $230 \pm 10$ | $360 \pm 10$ |
| $Q_2$ | $\nu_{max}$ | $1705 \pm 5$ | $1705 \pm 5$ | $1690 \pm 10$ | $1710 \pm 10$ |
| | $\Delta\nu$ | – | $165 \pm 10$ | $150 \pm 10$ | $180 \pm 10$ |
| $Q_3$ | $\nu_{max}$ | $3580 \pm 10$ | $3595 \pm 10$ | $3460 \pm 10$ | $3540 \pm 20$ |
| | $\Delta\nu$ | – | $260 \pm 10$ | $270 \pm 10$ | $330 \pm 10$ |

bei der der Dipolmomentvektor vom Ion weggerichtet ist. (Die $P(\cos\theta)$-Verteilung für $Sr^{2+}$ ist ähnlich der für $Na^+$, die im Bild 9.13 gestrichelt gezeichnet ist, aber wesentlich schmaler). Diese Orientierung hat zur Folge, daß die Rotationen um die $x$- und $y$-Achse wesentlich stärker behindert werden als im Bulkwasser, die Rotation um die Dipolachse aber kaum beeinflußt wird. Die im Vergleich zum $Sr^{2+}$ kleinere Blauverschiebung der Rotationsbanden durch $Cl^-$ kann durch die Bildung linearer Wasserstoffbrücken zwischen $Cl^-$ und seinen Hydratwassermolekülen (Bild 9.13) erklärt werden, die etwas stärker sind als im Bulkwasser, was durch die entsprechende Rotverschiebung der O-H-Streckschwingung bestätigt wird (s. unten).

Die Ion-Wasser-Wechselwirkungen führen zu einer Änderung der Geometrie der Wassermoleküle in den Hydratschalen der Ionen: Während die O-H-Abstände im Mittel von 0.9753 über 0.9768 und 0.9815 Å in der Reihenfolge Bulkwasser, Hydratwasser von $Cl^-$ und $Sr^{2+}$ zunehmen, nehmen die Winkel ab 100.7°, 100.3° und 99.2°. Aufgrund dieser Geometrieänderung ergibt sich zusammen mit den Partialladungen auf den Sauerstoff- und Wasserstoffatomen zum Beispiel für das Hydratwasser des $Sr^{2+}$ eine Vergößerung des Dipolmoments um etwa 2% gegenüber Bulkwasser. Aus einer empirischen Beziehung zwischen der Änderung der intramolekularen O-H-Abstände und den Frequenzänderungen der O-H-Streckschwingung von etwa $20\,000$ $cm^{-1}/Å$ [242] kann man aus dieser Geometrieänderung eine Rotverschiebung von 120 und 30 $cm^{-1}$ für das Hydratwasser von $Sr^{2+}$ und $Cl^-$ gegenüber Bulkwasser erwarten. Die Werte in Tabelle 9.5 stimmen mit dieser Erwartung überein. Die Ionen beeinflussen die Spektraldichte der Biegeschwingung im Rahmen der Fehlergrenzen nicht.

Am Schluß dieses Abschnittes soll noch kurz auf die Berechnung verschiedener Umorientierungszeiten eingegangen werden. In Analogie zu den Selbstdiffusionskoeffizienten, den gehinderten Translationen, Librationen und Vibrationen können sie getrennt für die drei Wassersubsysteme und für die Ion-Wasser-Hydratkomplexe mit Hilfe von Autokorrelationsfunktionen untersucht werden

$$\Gamma_{l\alpha}(t) = \langle P_l\big(\vec{a}(0) \cdot \vec{a}(t)\big)\rangle. \tag{9.15}$$

Dabei bedeutet $P_l$ das $l$. Legendre-Polynom. Die Berechnung erfolgt in der gleichen Weise wie bei den Geschwindigkeits-Autokorrelationsfunktionen nach Gl.(9.10).

In Elektrolytlösungen sind die Umorientierungszeiten des Dipolmomentvektors (D), des intramolekularen Proton-Proton Vektors (P) sowie die Vektoren, die die Ionen mit den Sauerstoffatomen (O) und den Wasserstoffatomen (H) der ersten Hydratschalen verbinden, von besonderem Interesse. Die Umorientierungszeiten ergeben sich aus den Autokorrelationsfunktionen nach Gl.(9.15) durch

$$\tau_{l\alpha} = \int\limits_0^\infty \Gamma_{l\alpha}(t)\,\mathrm{d}t. \tag{9.16}$$

Da die $\Gamma_{l\alpha}$ für größere Zeiten exponentiell abfallen, kann man sie zur Berechnung des Integrals folgendermaßen extrapolieren

$$\Gamma_{l\alpha} = \Gamma_{0l\alpha}e^{-\frac{t}{\tau'_{l\alpha}}}. \tag{9.17}$$

Man bestimmt $\Gamma_{0l\alpha}$ und $\tau'_{l\alpha}$ durch Anpassung in dem Zeitbereich, in dem $\Gamma_{l\alpha}$ bereits exponentielles Verhalten zeigt.

Die Relaxationszeiten $\tau_{2P}$ für das Gesamtwasser der Lösung und $\tau_{2H}$ für die Umorientierung der hydratisierten Lithiumionen können aus Kernresonanzmessungen bestimmt werden. Im Rahmen der Fehlergrenzen, die sich sowohl aus Messung und Simulation als auch aus den

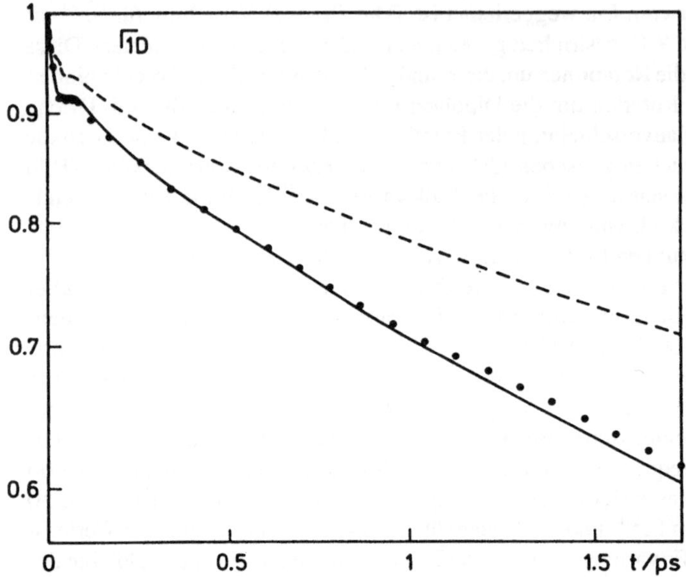

**Bild 9.26**
Autokorrelationsfunktionen für
den Einheitsvektor in der
Richtung des Dipolmoments
eines Wassermoleküls, getrennt
berechnet für Bulkwasser
(————), Hydratwasser von $Li^+$
(— — —) und $J^-$ (·······) in
einer 2.2-molalen LiJ-Lösung.

Interpolationen für Konzentration und Temperatur ergeben, findet man für die LiJ-Lösung Übereinstimmung zwischen Experiment und Simulation [240, 243].

Die Umorientierung des Dipolmomentvektors für die Wassermoleküle in den drei Subsystemen soll als Beispiel hier kurz diskutiert werden. Die drei $\Gamma_{1D} = \langle \vec{\mu}(0) \cdot \vec{\mu}(t) \rangle$ sind im Bild 9.26 dargestellt. Um die Unterschiede zwischen ihnen deutlicher zu machen, sind sie nur bis 1.7 ps gezeichnet. Die Extrapolation nach Gl.(9.17) zur Berechnung des Integrals nach Gl.(9.16) erfolgt durch Anpassung im Bereich 1.4-2.2 ps. In diesem Bereich fallen die $\Gamma_{1D}$ bereits exponentiell ab. Das Kurzzeitverhalten der Autokorrelationsfunktionen spiegelt die Librationsbewegungen der Wassermoleküle wider. Das ergibt sich aus dem Vergleich der Spektraldichten, die man aus der Fourier-Transformation der Winkelgeschwindigkeits-Autokorrelationsfunktionen erhält, mit denen, die man findet, wenn man die nach Abzug des exponentiellen Teils von $\Gamma_{1D}$ verbleibende Funktion Fourier-transformiert.

Wie bei allen anderen bereits diskutierten dynamischen Eigenschaften der LiJ-Lösung findet man auch hier, daß sich die $\Gamma_{1D}$ für Bulkwasser und Hydratwasser von $J^-$ nur wenig unterscheiden. Der Einfluß des $Li^+$ auf die Umorientierungszeiten des Dipolmomentvektors seiner Hydratwassermoleküle ist dagegen wiederum relativ stark. Es ergeben sich für $\tau_{1D}$ Werte von 4.4, 6.8 und 4.6 ps in der Reihenfolge Bulkwasser, Hydratwasser von $Li^+$ und $J^-$. Die statistischen Unsicherheiten dürften bei etwa $\pm$ 0.2 ps liegen. Alle drei Werte sind größer als der für reines Wasser [240].

Ein Vergleich dieser Ergebnisse mit experimentellen Werten ist nicht direkt möglich; denn die simulierte mikroskopische unterscheidet sich von der gemessenen makroskopischen Relaxationszeit von einem Faktor der schätzungsweise zwischen 1.5 und 2 liegt. Bedauerlicherweise kann dieser Faktor, der nicht genau bekannt ist, auch nicht mit Hilfe der Simulation verläßlich bestimmt werden, weil die Berechnung der makroskopischen Relaxationszeit mit großen Fehlern behaftet ist. Da der experimentelle Wert für $\tau_{1D}$ in reinem Wasser etwa doppelt so groß ist wie der für das simulierte Bulkwasser, darf auf eine zumindest qualitative Übereinstimmung von Simulation und Experiment geschlossen werden.

### 9.2.5 Elektrolytlösungen an Metalloberflächen

Es ist scheinbar sehr einfach, die Potentiale hinzuschreiben, die die Wechselwirkung einer Elektrolytlösung mit einer Metalloberfläche beschreiben. Es sind mindestens drei Beiträge erforderlich. Zwei davon – die repulsive und die Dispersions-Wechselwirkung – können auf einfache Weise, z.B. durch ein Lennard-Jones-Potential, beschrieben werden. Für den dritten Term, die Coulomb-Wechselwirkung, steht das Bildladungsmodell zur Verfügung. Es besagt, daß die Coulomb-Wechselwirkung zwischen einer Ladung und dem Metall dadurch beschrieben werden kann, daß man sich eine zusätzliche Ladung von gleichem Betrag aber umgekehrtem Vorzeichen vorzustellen hat, deren Position durch die Spiegelung der Ausgangsladung an der Metalloberfläche bestimmt ist. Diese Vorschrift gilt nicht nur für Ionen, sondern auch für die Partialladungen, die das Dipolmoment des Wassermoleküls beschreiben.

Die Simulation von Wasser an einer Platin(100)-Oberfläche mit diesem Potentialansatz führt aber zum Widerspruch mit dem Experiment. Der Potentialabfall an einer Wasser-Metall-Grenzfläche ist eine gut meßbare Größe. Er beträgt 1.1 V für die Pt(100)-Oberfläche. Aus der Simulation läßt sich der Potentialabfall leicht aus der Orientierung der Wassermoleküle berechnen:

$$\chi = \varepsilon_0 \int \rho_\mu(z) \, dz. \tag{9.18}$$

Dabei bedeutet $\rho_\mu(z)$ die Dipoldichte als Funktion des Abstandes $z$ von der Oberfläche. Da die Simulation zu einer vorzugsweise parallelen Ausrichtung der Dipolmomente zur Metalloberfläche führt und außerdem die Verteilung der Orientierungen symmetrisch zur Vorzugsrichtung gefunden wird, bedeutet das, daß der Potentialabfall – im Widerspruch zum Experiment – Null ist.

Die Ursache für diese Diskrepanz ist beim Bildladungsmodell zu suchen. Es hat zwei Schwachstellen. Die Metalloberfläche als Spiegelebene ist gleichförmig. Das kann richtig sein, wenn ein Wassermolekül hinreichend weit von der Oberfläche entfernt ist. Wenn der Abstand aber nur einige Å beträgt, dann wird das Wassermolekül oder das Ion die einzelnen Metallatome sehen, und eine Rauhigkeit des Potentials ist für eine korrekte Beschreibung erforderlich. Das Bildladungsmodell ist außerdem nicht metallspezifisch. Die Spezifität des Metalls kann nur durch $\varepsilon$ und $\sigma$ im LJ-Potential eingeführt werden. Das erscheint nicht ausreichend. Als Ausweg aus diesen Schwierigkeiten bietet sich an, auf das Bildladungsmodell und das LJ-Potential zu verzichten und das Gesamtpotential durch quantenchemische Rechnungen zu ermitteln.

Auch in diesem Abschnitt soll die LiJ-Lösung als Beispiel behandelt werden. Der Einfluß der (100)-Oberfläche eines Platinkristalls auf die Eigenschaften der Lösung wird untersucht. Die Oberflächenatome sind quadratisch angeordnet mit einer Gitterkonstante von 2.77 Å (Bild 9.27). Für die *ab-initio*-Rechnungen wird die Metalloberfläche durch jeweils einen Cluster angenähert, der für die Platin-Wasser- und die Platin-Li$^+$- aus 5 und für die Platin-J$^-$-Wechselwirkungen aus 9 Atomen besteht. Die Anordnungen der Pt-Atome in den Clustern entsprechen denen der (100)-Oberfläche. Beim fünfatomigen Cluster gehören 4 Atome der ersten und 1 Atom der zweiten Lage an, während es beim neunatomigen entsprechend 5 und 4 sind (Bild 9.27). Die Ergebnisse dieser Rechnungen sind in den Bildern 9.28-9.30 dargestellt [244, 245].

Außer vom Abstand von der Oberfläche hängt die potentielle Energie eines Wassermoleküls auch von seiner Position relativ zu den Platinatomen der ersten Schicht und von seiner Orientierung ab. Aus Bild 9.28a ist ersichtlich, daß die potentielle Energie bei weitem am meisten negativ ist für eine Relativpostion, bei der sich das Sauerstoffatom über einem Platinatom der ersten Schicht (t-Position) befindet und der Dipolmomentvektor von der Oberfläche weg gerichtet ist. Bei der gleichen Orientierung findet man nur einen geringen Unterschied für die Relativpositionen, bei denen sich das Sauerstoff zwischen zwei benachbarten Platinatomen (b-Position) oder zwischen vier Platinatomen (h-Position) der Oberfläche befindet. Bild 9.28b zeigt, daß die

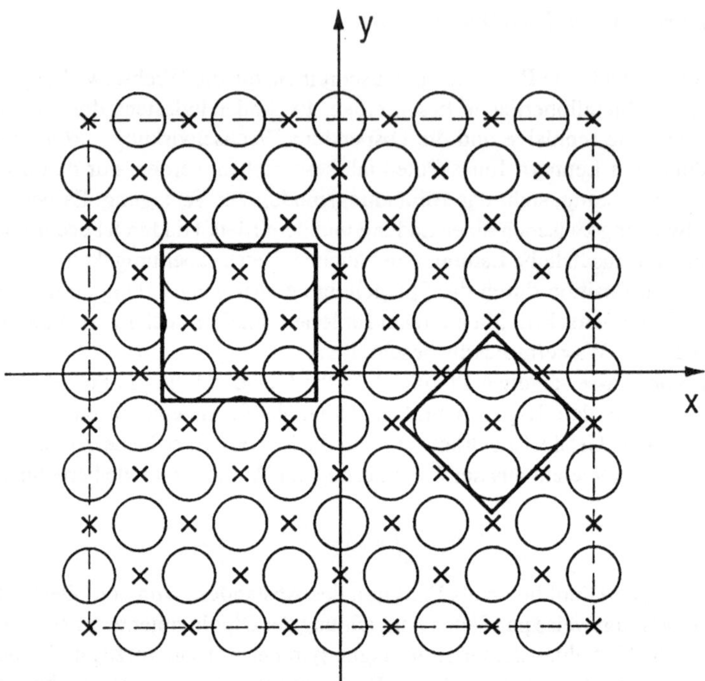

**Bild 9.27**  Skizze der Anordnung der Platinatome in der ersten (Kreise) und zweiten (Kreuze) Schicht der (100)-Oberfläche, die mit der $xy$-Ebene des periodischen Grundkastens, dessen Grenzen durch die gestrichelten Linien markiert sind, zusammenfällt. Die Formen und Größen der beiden Cluster, die für die quantenchemischen Rechnungen benutzt wurden, sind durch Umrandungen gekennzeichnet.

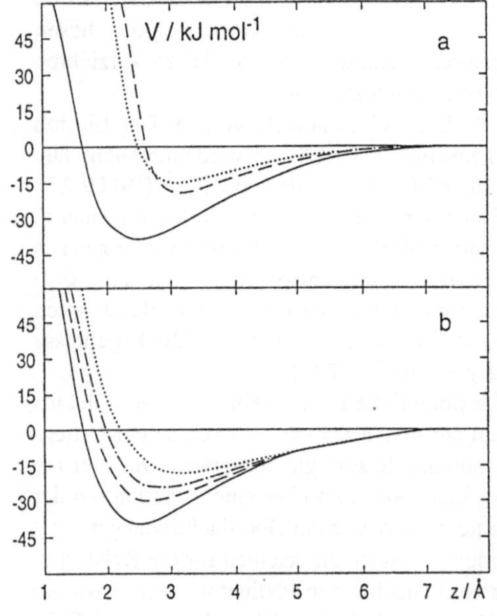

**Bild 9.28**
Potentielle Energie eines Wassermoleküls als Funktion des Abstandes des Sauerstoffatoms von einer unendlich ausgedehnten Platin(100)-Oberfläche. (a) Für Wassermoleküle mit dem Sauerstoffatom über einem Platinatom (t-Position, ———), zwischen zwei benachbarten Pt-Atomen (b, — — —) und zwischen 4 Pt-Atomen (h, · · · · · · ) der Oberfläche. In allen drei Fällen zeigt der Dipolmomentvektor von der Oberfläche weg. (b) Für verschiedene Orientierungen der Wassermoleküle, aber in allen Fällen in t-Position. Der Dipolmomentvektor ist von der Oberfläche weg gerichtet (wie in (a), ———), zur Oberfläche hin (· · · · · · ) und parallel zur Oberfläche, dabei kann der Proton-Proton-Vektor parallel (— — —) und senkrecht (— · —) zur Oberfläche gerichtet sein.

Adsorptionsenergie wesentlich geringer ist, wenn – unter Beibehaltung der t-Position – der Dipolmomentvektor zur Oberfläche hin gerichtet ist. Die potentielle Energie für eine Orientierung des Dipolmomentvektors parallel zur Oberfläche liegt zwischen der für die beiden anderen Orientierungen im gesamten Abstandsbereich. Sie hängt bei dieser Orientierung merklich davon ab, welchen Winkel die Wassermolekülebene mit der Oberfläche bildet. Für Abstände größer als etwa 6 Å von der Oberfläche hängt die potentielle Energie nicht mehr von der Relativposition und der Orientierung der Wassermoleküle ab. Bei diesem Abstand könnte der Geltungsbereich des Bildladungsmodells beginnen.

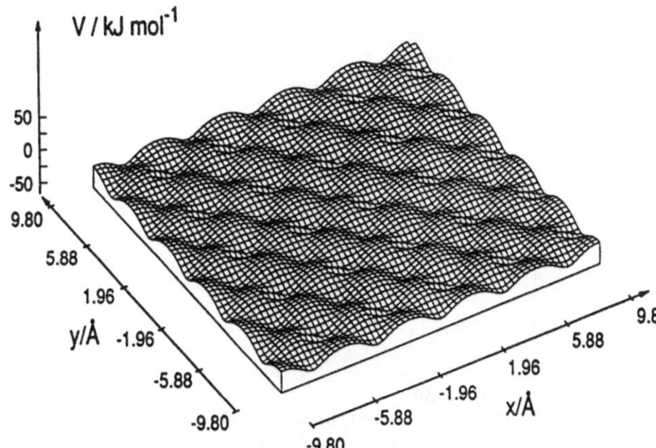


**Bild 9.29**
Adsorptionsenergie eines Wassermoleküls an einer unendlichen ausgedehnten Platin(100)-Oberfläche als Funktion von $x$ and $y$. Der Abstand $z$ von der Oberfläche ist jeweils so gewählt, daß die Energie ein Minimum besitzt. Der Dipolmomentvektor ist von der Oberfläche weg gerichtet.

Die Rauhigkeit der Oberfläche bezüglich der potentiellen Energie ist im Bild 9.29 dargestellt. Zur Berechnung wird zu jedem Punkt in der $xy$-Ebene des Grundkastens der Abstand $z$ so gewählt, daß die Energie ein Minimum besitzt. Die Zahlen geben die Koordinaten der Platinatome der 1. Schicht an. Durch Vergleich mit Bild 9.27 wird deutlich, daß die Potentialminima – wie auch aus Bild 9.28 erkennbar – mit den Positionen der Platinatome der 1. Schicht zusammenfallen. Der Dipolmomentvektor ist von der Oberfläche weg gerichtet [246].

Die potentielle Energie eines $Li^+$ und $J^-$ als Funktion des Abstandes von der Oberfläche für die drei Positionen t, b und h ist im Bild 9.30 gezeigt. Im Gegensatz zum Wasser ergibt sich für beide Ionen das Potentialminimum für eine Position zwischen den Platinatomen, während die t-Position energetisch am ungünstigsten ist. Die Adsorptionsenergie des $J^-$ ist nahezu um den Faktor 10 größer als die eines Wassermoleküls. Die Rauhigkeit des Potentials ist nicht als Abbildung dargestellt. Sie ist der im Bild 9.29 gezeigten sehr ähnlich, nur Maxima und Minima sind ausgeprägter und vertauscht [245].

Der rechteckige Grundkasten für die MD-Simulation von reinem Wasser und einer 2.2-molalen LiJ-Lösung an der Pt(100)-Oberfläche ist im Bild 9.31 skizziert. Zwischen den jeweils 5 Lagen von Platinatomen ist Raum für etwa 6 Lagen von Wassermolekülen. In Übereinstimmung mit der Gitterkonstante für die (100)-Oberfläche ergeben sich die Kantenlängen des Rechtecks zu $L_x = L_y = 19.6$ Å und $L_z = 45$ Å. Die Zahl von 305 Wassermolekülen zwischen den Platinoberflächen ergab sich dadurch, daß am Anfang der Simulation so lange Wassermoleküle hinzugefügt wurden, bis die Dichte in der Mitte der des reinen Wassers entsprach. Damit entpricht das Modell den üblichen experimentellen Bedingungen. Bei der Elektrolytlösung waren es 298 Wassermoleküle, 10 $Li^+$ und 10 $J^-$. In $x$- und $y$-Richtung wurden periodische Randbedingungen eingeführt, so daß eine unendlich ausgedehnte Wasserlamelle zwischen Platinwänden simuliert wurde. Solange kein elektrisches Feld angelegt wird, sind beide Oberflächen äquivalent und der Vergleich der Ergebnisse ist ein Maß für die statistische Signifikanz der berechneten Größen [246].

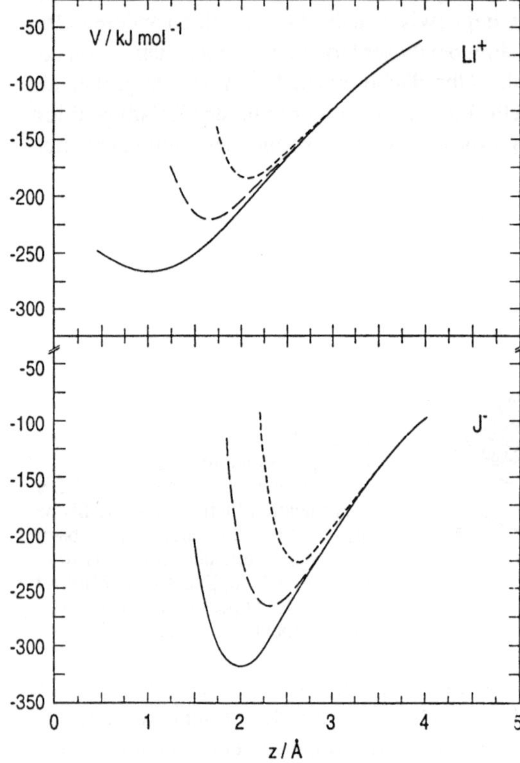



**Bild 9.30**
Potentielle Energie eines Jodions und eines
Lithiumions als Funktion des Abstandes von einer
unendlich ausgedehnten Platin(100)-Oberfläche
für eine Position der Ionen über einem Platinatom
(t,— — —), zwischen zwei benachbarten
Platinatomen (b,——— ———) und zwischen 4
Platinatomen (h,————————) der Oberflächenschicht.

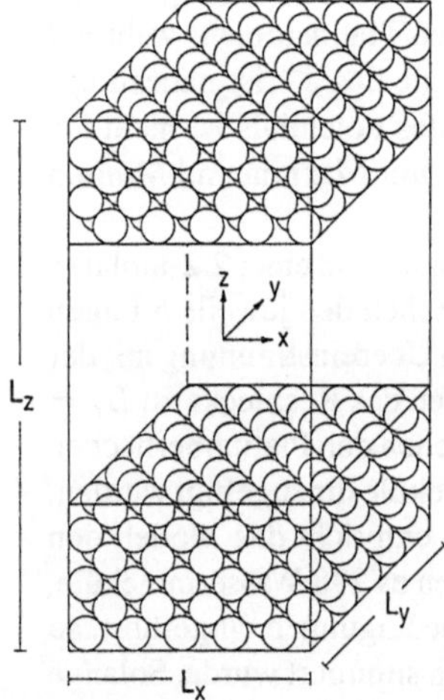



**Bild 9.31**
Skizze des rechteckigen Grundkastens, der für die Simulation einer
Elektrolytlösung/Metall Grenzfläche benutzt wurde. Die Kreise stellen die
Platinatome einer (100)-Oberfläche dar, während sich Wassermoleküle und
Ionen im Zwischenraum befinden.

Bei den Simulationen, deren Ergebnise hier diskutiert werden, wurde die Wasser-Wasser-Wechselwirkung wieder durch das BJH-Modell beschrieben und die Ion-Wasser-Potentiale aus quantenchemischen Rechnungen ermittelt. Für die Berechnung der langreichweitigen Coulomb-Wechselwirkungen wurde die Ewald-Methode verwendet, modifiziert für zweidimensionale Systeme, und für alle anderen Wechselwirkungen die *shifted force potential*-Methode.

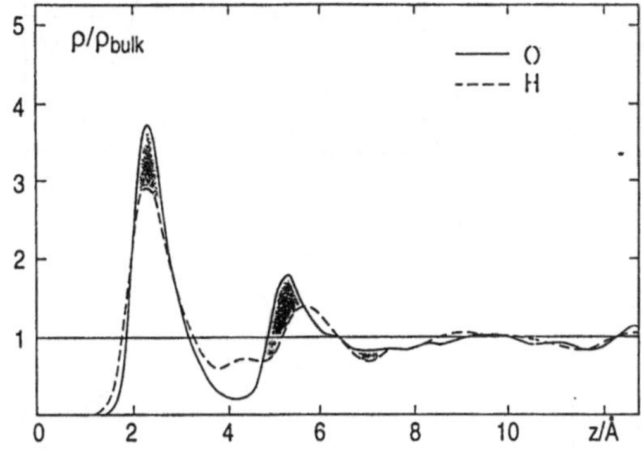


**Bild 9.32**
Normierte Dichten der Sauerstoff- und Wasserstoffatome als Funktion des Abstandes von der Platin(100)-Oberfläche. Die schattierten Bereiche zeigen einen Überschuß negativer Ladung an.

Die erste Größe, die man berechnet, wenn man den Einfluß der Metalloberfläche auf die Wasserstruktur untersuchen möchte, ist die Dichte der Sauerstoff- und Wasserstoffatome als Funktion des Abstandes von der Oberfläche. Beide Dichteprofile sind im Bild 9.32 dargestellt. In der ersten Schicht ist die Dichte für O nahezu viermal und für H dreimal so groß wie im Bulkwasser, eine Folge der starken Wechselwirkung der Wassermoleküle mit den Platinatomen (Bild 9.28). Es sind zweite aber schon wesentlich weniger ausgeprägte Dichtemaxima bei etwa 5.5 Å erkennbar. Für Abstände größer als etwa 9 Å ist die Dichte nicht mehr durch die Oberfläche beeinflußt. Der gleiche Abstand für die ersten Maxima in den O- und H-Dichtprofilen weist darauf hin, daß der Dipolmomentvektor eine Vorzugsorientierung näherungsweise parallel zur Oberfläche besitzt. Der Überschuß von positiver und negativer Ladung im Abstandsbereich kleiner als 7 Å aber weist auf einen von Null verschiedenen Potentialabfall hin.

Zur Berechnung der Dipoldichte als Funktion des Abstandes von der Oberfläche und damit des Potentialabfalls nach Gl.(9.18) wurde die Orientierung der Wassermoleküle getrennt für Abstandsbereiche von etwa 1 Å untersucht. Die Verteilungen von $\cos\vartheta_\mu$, wobei $\vartheta_\mu$ den Winkel zwischen dem Dipolmomentvektor und der Flächennormalen bezeichnet, werden im Bild 9.33 gezeigt. Aus der Abbildung wird deutlich, daß eine signifikante Vorzugsorientierung nur für die Wassermoleküle in der Absorbatschicht gefunden wird. Für sie zeigt der Dipolmomentvektor vorzugsweise eine leichte Neigung weg von der Parallelorientierung und weg von der Oberfläche. Ebenso wie beim Dichteprofil findet man auch für die Orientierung der Wassermoleküle keinen Einfluß der Oberfläche mehr für Abstände größer als etwa 9 Å.

Die Orientierung der Wassermoleküle hängt von der Stärke eines angelegten elektrischen Feldes ab. Die Ergebnisse von Simulationen einer Wassermonoschicht von der Pt(100)-Oberfläche sind für verschiedene Feldstärken ebenfalls im Bild 9.33 dargestellt. Die aus den Verteilungen von $\cos\vartheta_\mu$ nach Gl.(9.18) berechneten Potentialabfälle zeigen eine lineare Abhängigkeit von $\chi$ von der Feldstärke. Der Potentialabfall wird Null für eine Feldstärke von etwa $2.5\cdot10^9$ V/m [247].

Der Potentialabfall, der sich aus diesen Orientierungen nach Gl.(9.18) ergibt, stimmt im Rahmen der Fehlergrenzen mit dem experimentellen Wert für die Platin(100)-Oberfläche überein. Die Übereinstimmung geht aber noch weiter, wie aus Bild 9.34 ersichtlich ist. Es zeigt, wie der

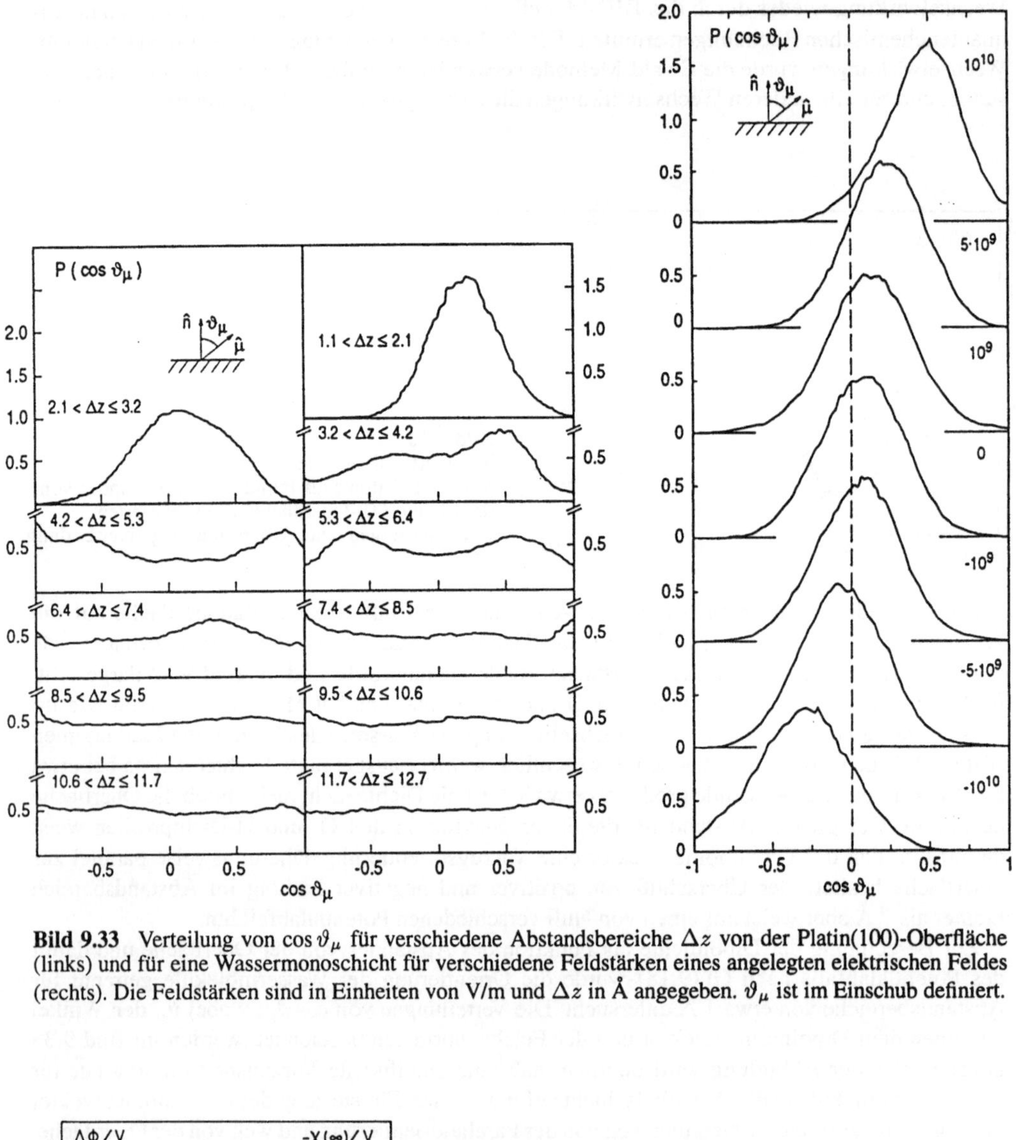

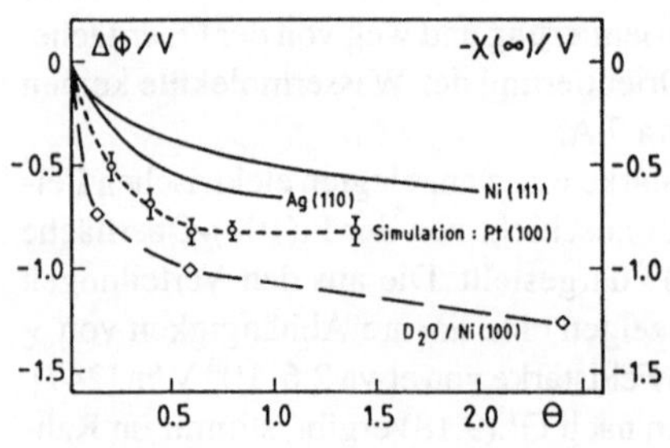

**Bild 9.33**  Verteilung von $\cos\vartheta_\mu$ für verschiedene Abstandsbereiche $\Delta z$ von der Platin(100)-Oberfläche (links) und für eine Wassermonoschicht für verschiedene Feldstärken eines angelegten elektrischen Feldes (rechts). Die Feldstärken sind in Einheiten von V/m und $\Delta z$ in Å angegeben. $\vartheta_\mu$ ist im Einschub definiert.

**Bild 9.34**

Vergleich der gemessenen Potentialabfälle verschiedener Metalle mit dem für die Platin(100)-Oberfläche aus der Simulation berechneten als Funktion des Bedeckungsgrades.

Potentialabfall vom Bedeckungsgrad der Metalloberfläche abhängt. Diese Abhängigkeit wurde zwar nicht für die Platinoberfläche gemessen, aber die Simulation zeigt einen ähnlichen Verlauf. Die aus den quantenchemischen Rechnungen abgeleiteten Potentiale scheinen also die Struktur des Wassers nahe der Oberfläche korrekt zu beschreiben [248].

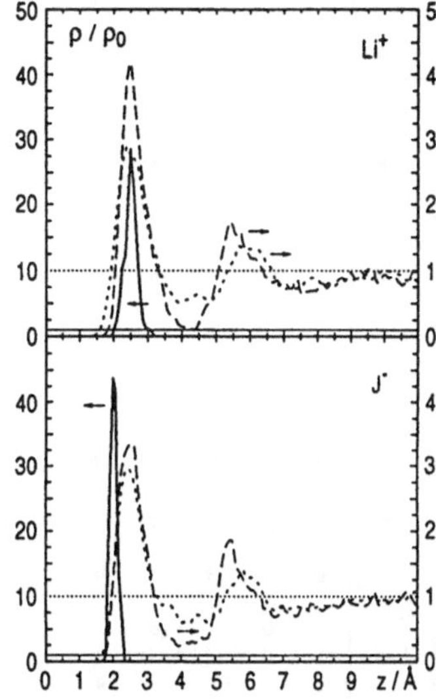

**Bild 9.35**
Normierte Dichten der Ionen (————), der Sauerstoffatome (— —) und der Wasserstoffatome (— — —) als Funktion des Abstandes von der Platin(100)-Oberfläche, berechnet aus Simulationen mit einem Lithium- oder Jodion in der Grenzschicht. Die Pfeile weisen auf die zugehörigen Skalen hin.

Damit sind die Voraussetzungen geschaffen, um den Einfluß der Platinoberfläche auf das Verhalten der Ionen und ihrer Hydratschalen mit einem beachtlichen Grad von Verläßlichkeit zu untersuchen. Zu diesem Zweck wurde in der Grenzschicht ein Wassermolekül durch entweder ein $Li^+$ oder $J^-$ ersetzt. Während der Simulationszeit von bis zu 20 ps hat keines der Ionen die Grenzschicht verlassen. Dieser Befund wird auch aus Bild 9.35 deutlich, wo die Dichteprofile für beide Ionen dargestellt sind. Zum Vergleich sind auch die Profile für die Sauerstoff- und Wasserstoffatome als gestrichelte Linien gezeigt. Sie sind von den Dichteprofilen für reines Wasser an der Oberfläche (Bild 9.32) nicht wesentlich verschieden [249].

Das Dichteprofil für $J^-$ hat sein Maximum bei 2 Å. Die Verteilung der Abstände ist auf einen schmalen Bereich beschränkt. Es befinden sich keine Wassermoleküle zwischen dem $J^-$ und der Platinoberfläche. Position und Breite des Dichteprofils entsprechen dem im Bild 9.30 gezeigten Potentialverlauf. Zweifelsfrei beeinflussen die Wassermoleküle das Dichteprofil des $J^-$ nicht. Das Jodion ist an der Pt(100)-Oberfläche kontaktadsorbiert.

Das Maximum des Dichteprofils des kleineren $Li^+$ dagegen fällt bei 2.5 Å zusammen mit denen für die Sauerstoff- und Wasserstoffatome. Die Verteilung der Abstände von der Oberfläche ist wesentlich breiter als im Falle des $J^-$. Aber auch hier findet man kein Wassermolekül zwischen dem $Li^+$ und der Oberfläche. Der Vergleich mit Bild 9.30 zeigt, daß Position und Breite des Dichteprofils nicht durch das Potential zwischen der Platinoberfläche und $Li^+$ bestimmt sind. Offensichtlich entscheidet die $Li^+$-Wasser-Wechselwirkung über das Verhalten des Ions. Im Gegensatz zum $J^-$ ist es deshalb gerechtfertigt, im Falle des $Li^+$ nicht von einer Kontaktadsorption an der Platin(100)-Oberfläche zu sprechen.

Zur Beantwortung der Frage, wodurch das unterschiedliche Verhalten der Ionen an der Oberfläche bestimmt wird, sind im Bild 9.36 sowohl die Sauerstoff-Sauerstoff-, Lithium-Sauerstoff- und Jodid-Sauerstoff-Paarkorrelationsfunktionen in der Adsorbatschicht als auch das Zeitverhalten der betreffenden Teilchen gezeigt. Die Paarkorrelationsfunktionen für die Adsorbatschicht

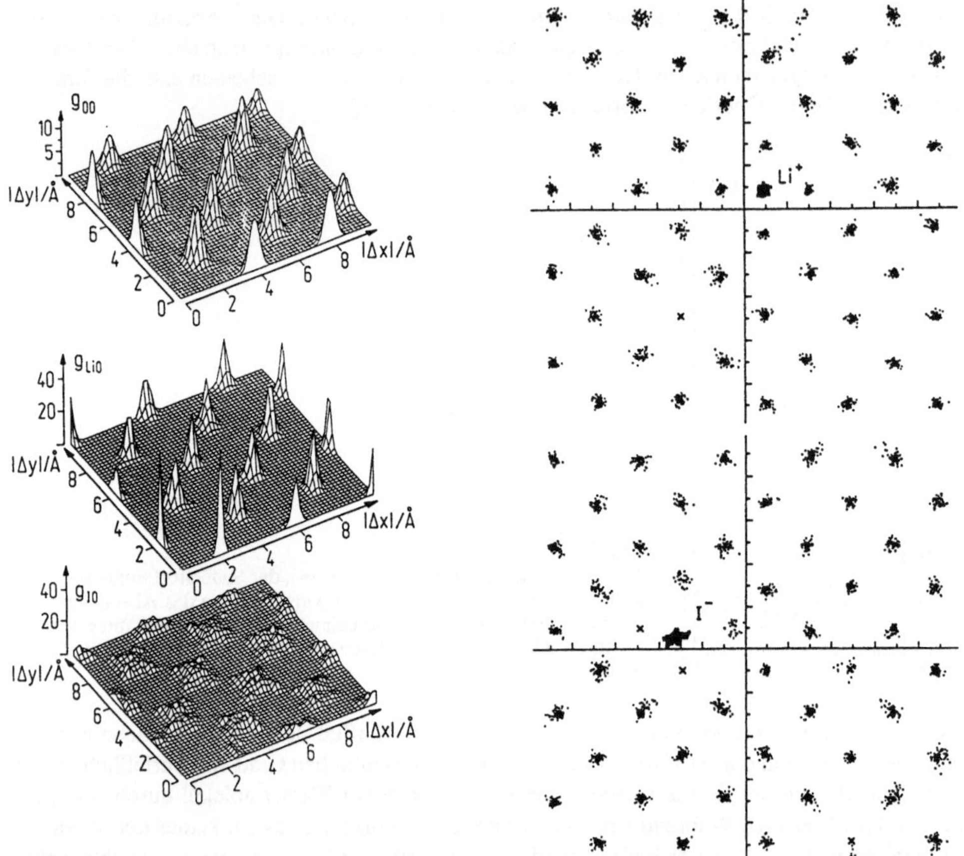

**Bild 9.36** Paarkorrelationsfunktionen für Sauerstoff-Sauerstoff, Lithium-Sauerstoff und Jodid-Sauerstoff in der Adsorbatschicht, d.h. nur für Teilchen mit $z < 4.2$ Å (links) und $(x, y)$ Koordinaten (Bild 9.27) der Sauerstoffatome, Lithiumionen und Jodidionen in der Adsorbatschicht, markiert durch Punkte nach jeweils 0.05 ps während der gesamten Simulationszeit. Die Platinatome, die nicht durch Sauerstoffatome bedeckt sind, sind durch Kreuze gekennzeichnet (rechts).

geben die Wahrscheinlichkeit an, ein Sauerstoffatom mit $z < 4.2$ Å an einem Ort mit den Koordinaten $(\Delta x, \Delta y)$ zu finden, wenn sich ein Sauerstoffatom, $Li^+$ oder $J^-$ im Koordinatenursprung befindet. Das Zeitverhalten wird dadurch beschrieben, daß über die gesamte Länge der Simulation für diese drei Teilchensorten die $(x, y)$ Koordinaten (Bild 9.27) nach jeweils 0.05 ps durch einen Punkt markiert werden, aber wiederum nur wenn $z < 4.2$ Å ist.

Die Sauerstoff-Sauerstoff-Paarkorrelationsfunktion (Bild 9.36, links) zeigt, daß sich in Übereinstimmung mit den Platin-Wasser-Potentialen (Bild 9.28) die Wassermoleküle vorzugsweise über den Platinatomen der Oberflächenschicht aufhalten. Die Verteilungen der Sauerstoffatome um die Platinpositionen sind relativ schmal. Dieser Befund wird ergänzt durch die Trajektorien im Bild 9.36, rechts, die zeigen, daß außerhalb des unmittelbaren Einflußbereichs der Ionen fast alle Platinatome durch Sauerstoffatome besetzt sind. Ein Austausch von Wassermolekülen zwischen den Platinompositionen oder zwischen erster und zweiter Wasserschicht findet in Zeiträumen von 10 ps nur in wenigen Fällen statt.

In Übereinstimmung mit dem tiefsten Potentialminimum für die Platin-$Li^+$-Wechselwirkung

(Bild 9.30) kann man aus der Trajektorie für $Li^+$ erkennen (Bild 9.36, rechts), daß sich das Ion bevorzugt in einem engen Bereich zwischen vier Oberflächenatomen (h-Position) aufhält. Neben dem Potentialminimum wird diese h-Position noch zusätzlich bevorzugt durch die Gitterkonstante von 2.77 Å. Sie führt dazu, daß die Diagonale in der quadratischen Anordnung der Platinatome der (100)-Oberfläche etwa 4 Å beträgt. Das ist näherungsweise der doppelte Abstand zwischen dem $Li^+$ und den Sauerstoffatomen seiner ersten Hydratschale in der Bulklösung. Die von der Platin-$Li^+$-Wechselwirkung herausgehobene h-Position wird also zusätzlich durch das $Li^+$-Wasser-Potential begünstigt. Dieses Zusammenwirken führt zu einer gegenüber der Bulklösung wesentlich ausgeprägteren ersten Hydratschale. Das ist deutlich erkennbar in den scharfen Maxima der $Li^+$-O-Paarkorrelationsfunktion (Bild 9.36, links). Bei den Ion-O-Paarkorrelationsfunktionen fällt der Koordinatenursprung mit einer h-Position zusammen, bei $g_{OO}$ dagegen befindet sich bei $\Delta x = \Delta y = 0$ ein Platinatom.

Auch die Platin-$J^-$-Wechselwirkung hat ihr tiefstes Minimum bei einer h-Position. Im Gegensatz zum $Li^+$ kann das größere $J^-$ aber eine solche Position nicht einnehmen, wenn gleichzeitig alle vier benachbarten Platinatome durch Sauerstoffatome der Wassermoleküle besetzt sind. Das hat zur Folge, daß ständig zwei Nachbarplatinatome frei bleiben (Bild 9.36, rechts). Das $J^-$ ist deshalb relativ beweglich zwischen einer h- und einer b-Position. Der dadurch geschaffene Freiraum ermöglicht eine Verbreiterung der Sauerstoffverteilungen der Nachbarmoleküle um ihre durch die Platinatome vorgegebenen Positionen. Dieser Befund ist auch deutlich erkennbar in der $J^-$-O-Paarkorrelationsfunktion (Bild 9.36, links). Sie zeigt auch bei entfernteren Sauerstoffatomen breite Verteilungen, weil sich bei einer Paarkorrelationsfunktion auch durch die Bewegung des Ions eine Verbreiterung ergibt, selbst wenn die Sauerstoffatompositionen festgehalten werden. Die Trajektorie für das $J^-$ überdeckt eine wesentlich größere Fläche als die des $Li^+$.

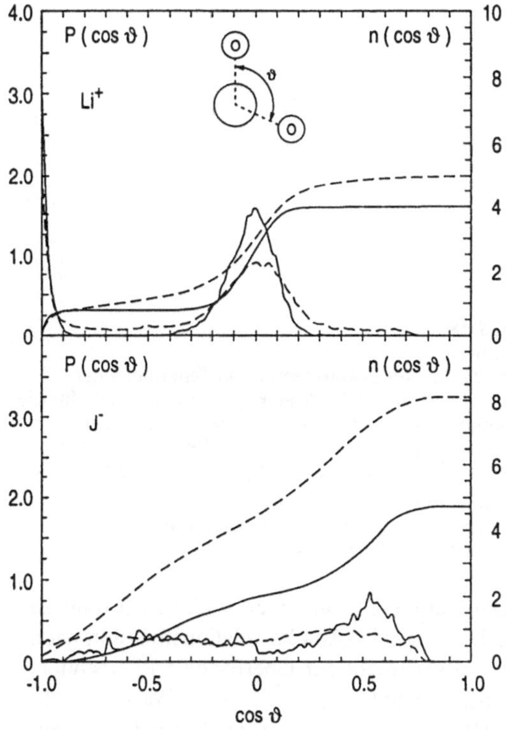



**Bild 9.37**
Die normierten Verteilungen von cos $\vartheta$ für Lithium- und Jodidionen in der Adsorbatschicht einer Platin(100)-Oberfläche (———) und in einer Bulklösung (— — —), zusammen mit den laufenden Integrationszahlen. $\vartheta$ ist im Einschub definiert. Bei der Berechnung der Verteilungen sind nur die Sauerstoffatome in den ersten Hydratschalen der Ionen berücksichtigt.

Die Änderungen der geometrischen Anordnung der Wassermoleküle in den ersten Hydratschalen von $Li^+$ und $J^-$ und der Hydratzahlen der Ionen, die durch die Platin(100)-Oberfläche bedingt sind, sind im Bild 9.37 erläutert. Die Abbildung zeigt, wie sich die Verteilung des Winkels $\vartheta$, der im Einschub definiert ist, und die laufende Integrationszahl in der Adsorbatschicht gegenüber der Bulklösung ändern.

Die $\cos\theta$-Verteilung für $Li^+$ zeigt, daß die oktaedrische Anordnung der sechs Wassermoleküle der ersten Hydratschale, die für die Bulklösung gefunden wurde (Bild 9.8), an der Platinoberfläche nicht nur erhalten bleibt, sondern – wie das höhere Maximum bei $\cos\theta = 0$ bestätigt – wesentlich stärker ausgeprägt ist, in Übereinstimmung mit der $Li^+$-Wasser-Paarkorrelationsfunktion (Bild 9.36). Allerdings ist der Oktaeder unvollständig; denn $n(\cos\vartheta)$ zeigt, daß nur vier Winkel $\vartheta$ auftreten, die Gesamtzahl der Hydratwassermoleküle also nur fünf beträgt. Zusammen mit dem im Bild 9.35 gezeigten Dichteprofil ergibt sich für die geometrische Anordnung der Wassermoleküle in der ersten Hydratschale des $Li^+$ folgendes Bild: Vier Nachbarmoleküle liegen in der Adsorbatschicht quadratisch angeordnet mit nur einer schmalen Verteilung um die vier Eckpunkte, ein fünftes Molekül, dessen Sauerstoffatom mit den Sauerstoffatomen der ersten vier Wassermoleküle vorzugsweise rechte Winkel bildet, befindet sich in der zweiten Wasserschicht, und das sechste Molekül des Oktaeders, das zwischen $Li^+$ und Platinoberfläche zu suchen wäre, fehlt.

Die Wassermoleküle der ersten Hydratschale von $J^-$ sind – an der Platinoberfläche wie auch in der Bulklösung – gleichverteilt. Eine Symmetrie ist nicht erkennbar. Aufgrund der Kontaktadsorption des $J^-$ ist das für die Wassermoleküle der ersten Hydratschale zur Verfügung stehende Volumen nur etwas mehr als 50% und erwartungsgemäß ist die Hydratzahl des $J^-$ an der Platinoberfläche nur etwa halb so groß wie in der Bulklösung.

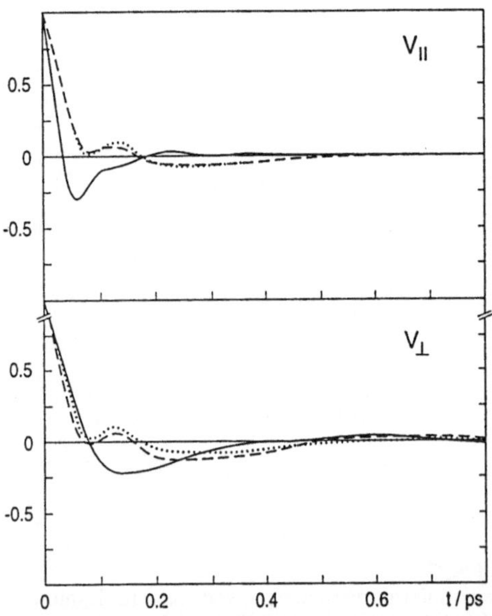


**Bild 9.38**
Normierte Geschwindigkeits-Autokorrelationsfunktionen der Wassermoleküle (Schwerpunktsgeschwindigkeit) für die Bewegungen parallel (oben) und senkrecht (unten) zur Oberfläche, getrennt berechnet für die Adsorbatschicht ($z \leq 4.2$ Å, ——), zweite Wasserschicht ($4.2 < z \leq 6.2$ Å, – – –) und Bulkbereich ($6.2 < z$, ·······), $z$ bezeichnet den Abstand des Sauerstoffatoms von der Oberfläche (Bild 9.32).

Für die Untersuchungen der dynamischen Eigenschaften der wäßrigen Elektrolytlösung an der Platinoberfläche ist es zweckmäßig, die Geschwindigkeits-Autokorrelationsfunktion nach Gl.(9.10) getrennt für die Komponenten parallel und senkrecht zur Oberfläche zu berechnen. Unterteilt in die drei Wassersubsysteme – Oberflächenschicht ($z \leq 4.2$ Å), zweite Wasserschicht ($4.2 < z \leq 6.2$ Å) und Bulkbereich ($6.2 < z$) (Bild 9.32) – sind sie im Bild 9.38 gezeigt.

Die Abbildung macht deutlich, daß die Unterschiede zwischen zweiter Schicht und Bulkbereich relativ gering sind. Die folgende Diskussion wird deshalb auf die Unterschiede zwischen Adsorbatschicht und Bulkbereich beschränkt. Das gleiche gilt für die Ionen, deren Geschwindigkeits-Autokorrelationsfunktionen im Bild 9.40 dargestellt sind [250].

Die nach Gl.(9.9) aus den Geschwindigkeits-Autokorrelationsfunktionen berechneten Selbstdiffusionskoeffizienten sind in der Adsorbatschicht in beiden Richtungen mindestens um den Faktor 10 kleiner als im Bulkwasser. Bei diesen kleinen Werten sind genauere Angaben wegen der Fehlergrenzen nicht möglich. Nur sehr lange Simulationen könnten zu verläßlicheren Ergebnissen führen.

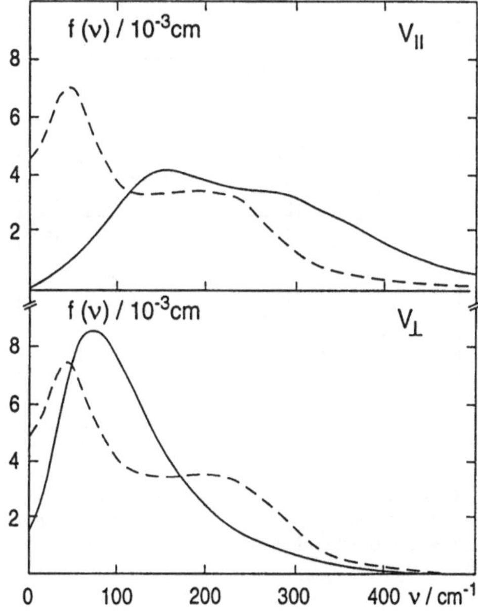


**Bild 9.39**
Spektraldichten der gehinderten Translationsbewegungen der Wassermoleküle in der Absorbatschicht (———) und in Bulkwasser (— — —), getrennt berechnet für die Bewegungen parallel (oben) und senkrecht (unten) zur Platinoberfläche.

Die Fourier-Transformationen der Geschwindigkeits-Autokorrelationsfunktionen der Wassermoleküle (Bild 9.38) nach Gl.(9.11) führt wieder zu den Spektraldichten der gehinderten Translationsbewegungen. Sie sind im Bild 9.39 dargestellt. Zum Verständnis der Unterschiede zwischen Adsorbatschicht und Bulkwasser sowie zwischen den Bewegungen parallel und senkrecht zur Oberfläche ist es wichtig, sich der in Kapitel 8.1.4 bereits erwähnten Zuordnung der Frequenzen zu erinnern. Sie besagt, daß für Bulkwasser die Frequenzen im Spektralbereich kleiner als etwa $100 \text{ cm}^{-1}$ den O-O-O-Biegeschwingungen und die höheren Frequenzen den O-O-Streckschwingungen der Wassermoleküle zuzuordnen sind.

Die Bewegungen der Wassermoleküle parallel zur Oberfläche sind in der Adsorbatschicht wesentlich stärker behindert als in Bulkwasser. Das ist ganz deutlich erkennbar aus den Paarkorrelationsfunktionen und den Trajektorien, die beide im Bild 9.36 dargestellt sind. Konsequenterweise zeigt Bild 9.39, daß die Frequenzen der O-O-Streckschwingungen zu signifikant höheren Frequenzen verschoben sind. Die O-O-O-Biegeschwingungen tragen dagegen nur wenig zu den Spektraldichten bei. Für die Bewegungen senkrecht zur Oberfläche ergibt sich geradezu ein gegenteiliges Verhalten. Die Biegeschwingungen sind in der Adsorbatschicht dominant und werden wegen der starken Wechselwirkung der Wassermoleküle mit der Platinoberfläche zu höheren Frequenzen verschoben. Entsprechend ist die Intensität der Streckschwingungen stark reduziert. Die Platinoberfläche hat nur einen geringen Einfluß auf die Librationen und intramolekularen

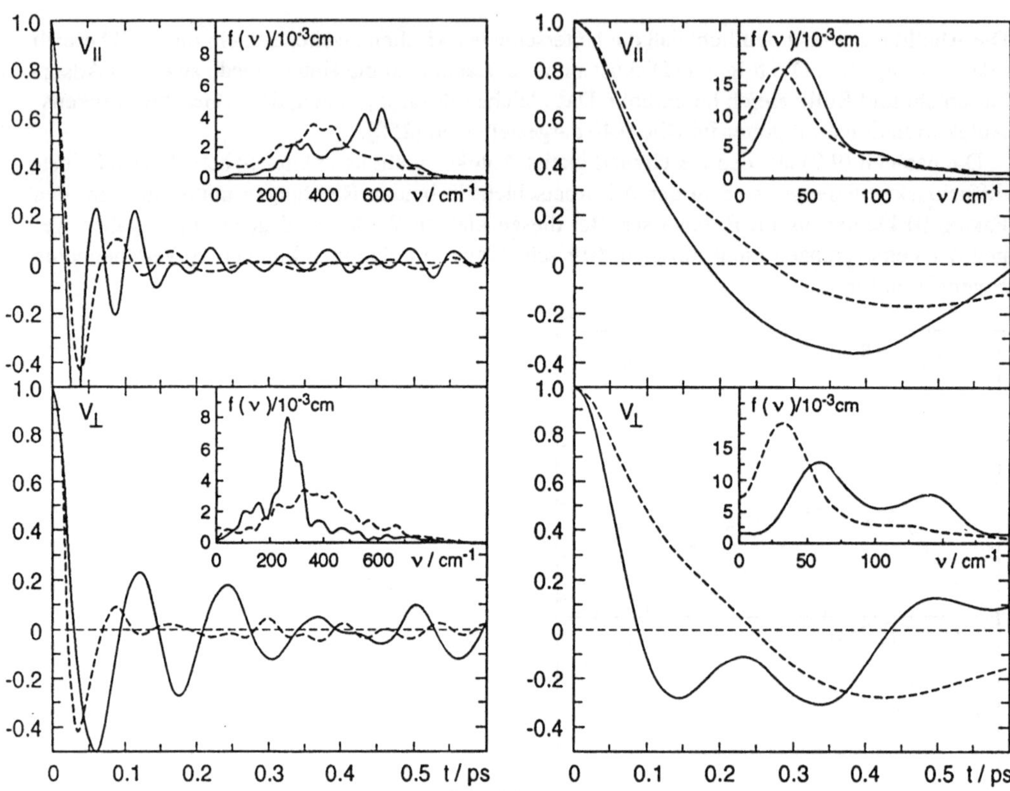

**Bild 9.40** Normierte Geschwindigkeits-Autokorrelationsfunktionen für das Lithiumion (links) und das Jodion (rechts) in der Adsorbatschicht (————) und in der Bulklösung (— — —) für die Bewegungen parallel (oben) und senkrecht (unten) zur Platinoberfläche. Die entsprechenden Spektraldichten sind in den Einschüben gezeigt.

Schwingungen der Wassermoleküle in der Adsorbatschicht. Sie werden deshalb hier nicht weiter diskutiert.

Im Bild 9.40 sind die Geschwindigkeits-Autokorrelationsfunktionen für die beiden Ionen wiederum für die Adsorbatschicht und die Bulklösung sowie parallel und senkrecht zur Oberfläche dargestellt. In den jeweiligen Einschüben werden die entsprechenden Spektraldichten gezeigt [251]. Bild 9.40 zeigt, daß die Platinoberfläche einen starken Einfluß auf die Bewegung der beiden Ionen hat. Außerdem gibt es signifikante Unterschiede in den Geschwindigkeits-Autokorrelationsfunktionen parallel und senkrecht zur Oberfläche. Es ist einfacher, die Unterschiede am Beispiel der Spektraldichten der gehinderten Translationsbewegungen zu diskutieren. Die Bewegung des $Li^+$ parallel zur Oberfläche ist stark behindert durch die starke Bindung der Wassermoleküle an die Platinatome (Bild 9.36). Das hat eine starke Blauverschiebung des Maximums der Spektraldichte zur Folge. Das fehlende Wassermolekül zwischen $Li^+$ und der Wand und der Befund, daß das $Li^+$ nicht kontaktadsorbiert ist (Bild 9.35), machen das Ion senkrecht zur Oberfläche beweglicher als in der Bulklösung. Entsprechend ergibt sich eine Rotverschiebung bei der Spektraldichte. Das $J^-$ ist sowohl in seiner Bewegung parallel zur Oberfläche – wiederum wegen der starken Bindung der Wassermoleküle an die Platinatome – als auch senkrecht dazu – wegen seiner Position im Minimum des $J^-$-Platin-Potentials – stark behindert. Die Folge davon ist eine ausgeprägte Verschiebung der Spektraldichten für beide Bewegungen zu höheren Frequenzen.

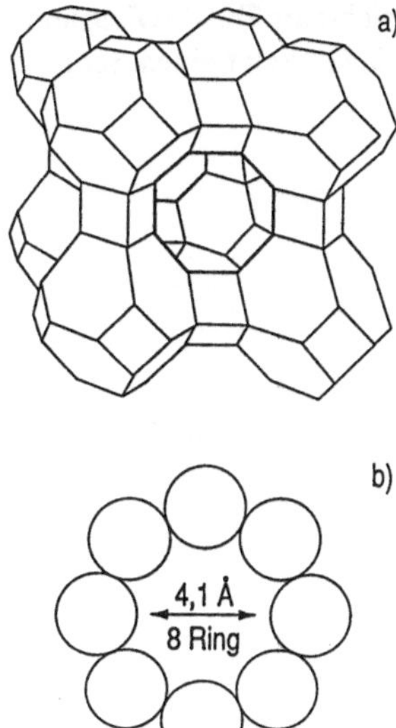



**Bild 9.41**
Struktur der Zeolithe vom Typ LTA

## 9.3  MD-Simulationen zur Diffusion von Gastmolekülen in Zeolithen

Zeolithe sind poröse Festkörper, die ein regelmäßiges Netz von Poren enthalten. Diese regelmäßige Struktur macht sie besonders geeignet für Computersimulationen. Weil Zeolithe sehr wichtig für zahlreiche technische Prozesse sind, gibt es eine große Zahl experimenteller Untersuchungen, zum Beispiel NMR-Messungen zur Diffusion, mit denen man die Resultate der Simulationen vergleichen kann. Einen Überblick findet man in [187] sowie in der dort aufgeführten Literatur. Im folgenden werden molekulardynamische Simulationen an Zeolithen beschrieben, die sehr gut geeignet sind, die Wechselbeziehungen zwischen der Struktur des Zeoliths, seinem Kationengehalt und dem Mechanismus der Diffusion von Gastmolekülen zu untersuchen. Bei Computersimulationen ist es einfacher als bei jeder anderen Untersuchungsmethode, Parameter des Systems zu variieren und die Konsequenzen zu prüfen. Während molekulardynamische Untersuchungen – die sich schon auf vielen Gebieten der Statistischen Physik bewährt haben [7] – zu strukturellen und thermodynamischen Größen an Zeolithen bereits seit längerer Zeit durchgeführt worden sind [187], sind sie auf die Untersuchung von Transportvorgängen erst seit wenigen Jahren – beginnend 1988 mit der Arbeit von Yashonath et al. [253] – auf Zeolithe angewendet worden. Die Resultate können über die Untersuchung von Zeolithen hinaus Aufschlüsse über Diffusion in anderen porösen Medien geben.

Unsere Simulationen wurden an Zeolithen vom Strukturtyp LTA (s. [254]) mit Methan als Gastmolekül durchgeführt. Methan wurde als ein erstes Beispiel gewählt, weil es unter den für technische Anwendungen interessanten Molekülen am besten durch ein kugelförmiges Lennard-Jones-Modell approximiert werden kann [255].

Die A-Zeolithe sind wegen ihrer kubischen Symmetrie besonders gut für MD-Simulationen geeignet. Im Bild 9.41a ist die Symmetrie dieser Klasse von Zeolithen zu sehen. Ein großer Hohlraum ist von acht sogenannten Sodalith-Einheiten umgeben. Die Sodalith-Einheiten sind Kubooktaeder, die aus Sauerstoff-, Silizium- und Aluminiumatomen – je nach Zeolithtyp in unterschiedlichem Anteil – zusammengesetzt sind. Sie sind untereinander durch Ringe von Sauerstoffatomen verbunden. Die Öffnungen, die benachbarte Hohlräume verbinden, werden

*Fenster* genannt. Das Fenster im Vordergrund von Bild 9.41a sowie der sichtbare Teil des Fensters im Hintergrund sind durch eine verstärkte Umrandung markiert. Bild 9.41b zeigt einen Schnitt durch die Sauerstoffatome, die die Umrandung eines Fensters bilden.

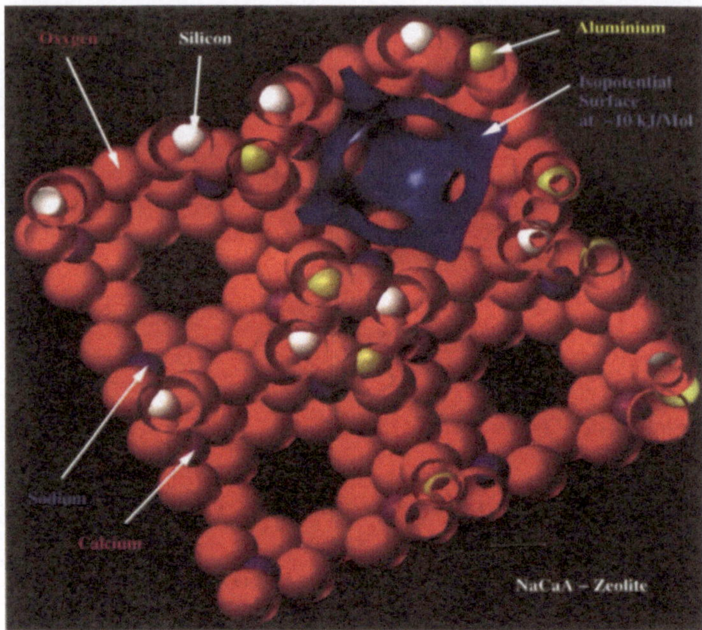


**Bild 9.42**  Schnitt durch einen NaCaA-Zeolith

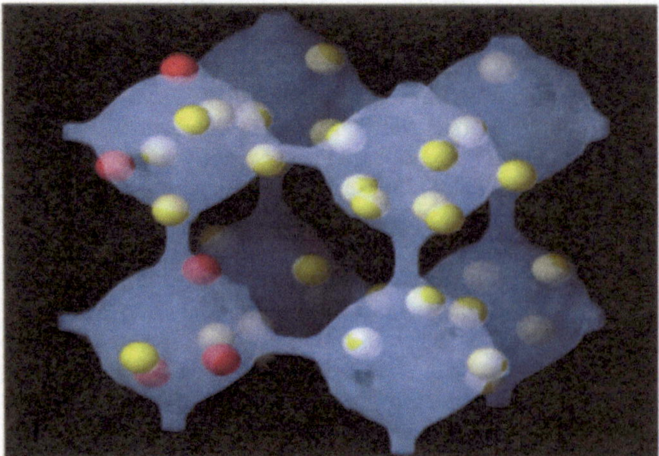

**Bild 9.43**  CH$_4$-Moleküle im NaCaA-Zeolith, symbolisiert durch Isopotentialflächen

Bild 9.42 zeigt einen Schnitt durch den NaCaA-Zeolith mit allen Gitterbausteinen und einer Isopotentialfläche (blau gekennzeichnet), wie er sich aus Computersimulationen ergab, die

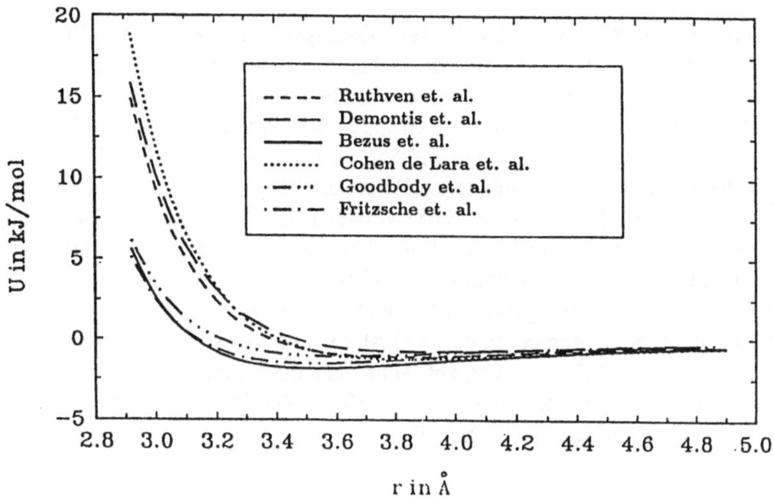



**Bild 9.44**  Vergleich verschiedener $CH_4$-O Potentiale in Zeolithen

für diffundierende Methan-Gastmoleküle durchgeführt wurden [256, 257]. Im Bild 9.43 werden acht Hohlräume – symbolisiert durch blaugekennzeichnete Isopotentialflächen – und die diffundierenden Methan-Moleküle (mittlere Besetzungszahl $I = 5$ pro Hohlraum) veranschaulicht, wobei die sich zu Beginn der Rechnung in dem linken vorderen unteren Hohlraum befindenden Methan-Moleküle rot und die übrigen gelb gezeichnet sind. In [170, 258, 259] werden einige einfache Methoden dargestellt, die neben den bewährten Auswertungen der Geschwindigkeits-Autokorrelationsfunktion, des mittleren Versschiebungsquadrates, des Frequenzspektrums der Kräfte usw., zusätzliche Informationen über den Mechanismus der Diffusion von Gastmolekülen in Zeolithen liefern. Insbesondere ist es Ziel der Rechnungen herauszufinden, durch welche Faktoren der Diffusionskoeffizient vergrößert oder verkleinert wird. Die für einige Systeme um Größenordnungen differierenden Meßwerte des Diffusionskoeffizienten $D$ aus *pulsed-field-gradient* (PFG) NMR und Sorptionsmessungen einerseits und die von System zu System sehr verschiedene Abhängigkeit des Diffusionskoeffizienten von der Beladung andererseits bedürfen einer Erklärung [187, 260]. Während beispielsweise bei Gasen und Flüssigkeiten $D$ mit steigender Dichte der diffundierenden Teilchen abnimmt, können bei den Zeolithen die verschiedensten Formen der Abhängigkeit auftreten [187, 260–262]. So steigt etwa bei der Diffusion von Methan in NaCaA-Zeolithen der Diffusionskoeffizient mit der Beladung stark an [256]. Dieser interessante Effekt konnte durch Simulationen nachgewiesen werden. Zu seiner Erklärung gaben Trajektorienuntersuchungen wichtige Hinweise [259].

### 9.3.1  Wahl der Wechselwirkungs-Parameter

MD-Simulationen dienen nicht vorrangig dazu, Messungen nachzuvollziehen, sondern dem tieferen Verständnis der Meßergebnisse. So kann man beispielsweise durch Parametervariationen die einzelnen Details und ihr Wechselspiel untersuchen. Dazu ist eine genaue zahlenmäßige Übereinstimmung von Simulationsergebnissen und Meßwerten nicht erforderlich. Wie in [187] beschrieben, können auch bei Messungen des Diffusionskoeffizienten von Gastmolekülen in Zeolithen erhebliche Meßfehler auftreten.

Man könnte daher annehmen, daß die Wahl der Wechselwirkungs-Parameter für MD-Simulationen solcher Vorgänge unkritisch ist. Das trifft für manche Parameter, wie etwa den $\epsilon$-Parameter des Lennard-Jones-Potentials zu, aber keinesfalls für alle Wechselwirkungs-Parameter.

In der Literatur findet man im wesentlichen zwei Gruppen von Potentialen für die Wechselwirkung des Gitter-Sauerstoffes in Zeolithen mit Methan als Gastmolekül. Im Bild 9.44 ist zu sehen, daß das von Ruthven et al. vorgeschlagene Potential [263] mit den von Demontis et al. [264–267] sowie von Cohen de Lara et al. [268] verwendeten Potentialen gut übereinstimmt. Dagegen zeigen die Potentiale von Bezus et al. [269] bzw. Kiselev et al. [270] gute Übereinstimmung mit dem Potential von Goodbody et al. [271]. Auch das von Autoren dieses Buches in [170, 258] verwendete Potential gehört zur zuletzt genannten Gruppe. Im folgenden wird der Satz von Wechselwirkungs-Parametern, der in [170, 258] verwendet wurde, als Satz A bezeichnet. Der Satz Parameter, der aus ihm hervorgeht, wenn man den Parameter $\sigma$ des Lennard-Jones-Potentials für die Wechselwirkung des Gitter-Sauerstoffes in Zeolithen mit Methan durch den Wert von Ruthven et al. [263] ersetzt, sei der Satz B.

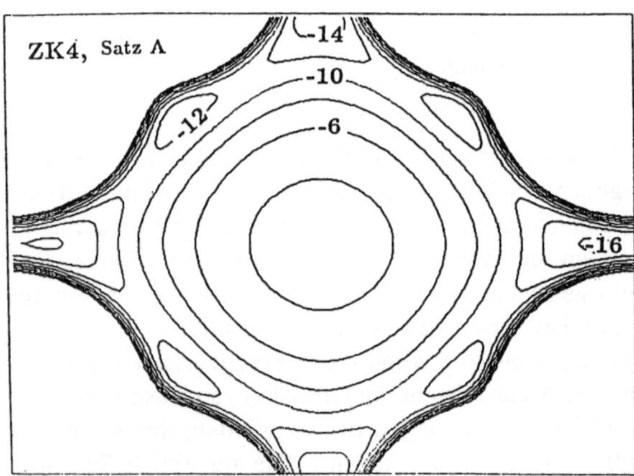


**Bild 9.45**
Potentialverlauf im Zeolith ZK4. Satz A.

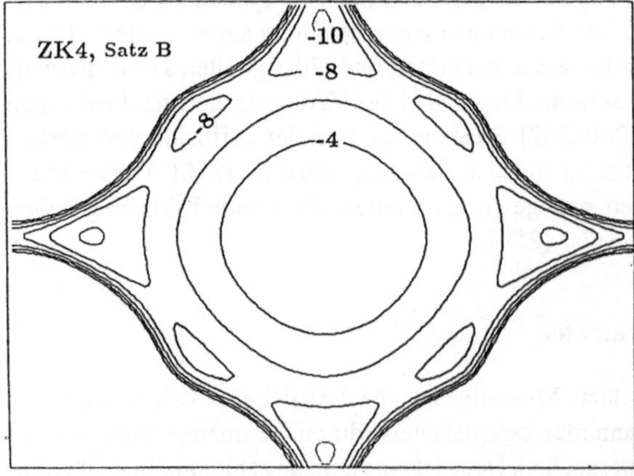


**Bild 9.46**
Potentialverlauf im Zeolith ZK4. Satz B.

Von den Zeolithen des Strukturtyps LTA ist der kationenfreie Zeolith ZK4 am leichtesten zu behandeln, weil das Fehlen langreichweitiger Potentiale den numerischen Aufwand erheblich reduziert. Obwohl die Herstellung und damit auch die experimentelle Untersuchung des völlig kationenfreien ZK4 bisher noch nicht gelungen ist, sind Simulationen des ZK4 interessant [170, 258, 267]. Dabei können Einflüsse – wie die der Wahl der Potentialparameter oder der Gitterschwingungen – ohne den überlagerten Einfluß von Kationen untersucht werden. Außerdem erfordert die Untersuchung des Einflusses der Kationen auf die Diffusion Kenntnis der Verhältnisse bei Abwesenheit der Kationen. Die Abbildungen 9.45 und 9.46 zeigen die potentielle Energie eines einzelnen $CH_4$-Moleküls an verschiedenen Orten im großen Hohlraum des Zeoliths ZK4 in einer Ebene durch den Hohlraummittelpunkt und vier Fenster. Die potentielle Energie ist an den Isopotentiallinien in kJ/mol angegeben.

Man erkennt, daß die potentielle Energie im Zentrum des Hohlraumes um mehr als 5 kJ/mol höher liegt als in den übrigen Bereichen, ausgenommen natürlich an den Hohlraumwänden. Deshalb werden bei den Simulationen dort selten Teilchen angetroffen (s. z.B. Bild 9.52), außer bei sehr hoher Beladung mit Gastmolekülen.

Beim Parametersatz A findet man tiefe Potentialminima von ($\sim -15$ kJ/mol) in den Zentren der Fenster, während beim Satz B Minima von ($\sim -10$ kJ/mol) vor dem Fenster auftreten. Im Fenster findet man beim Satz B einen Sattelpunkt von ($\sim -5$ kJ/mol), der einer Schwelle für diffundierende Teilchen entspricht.

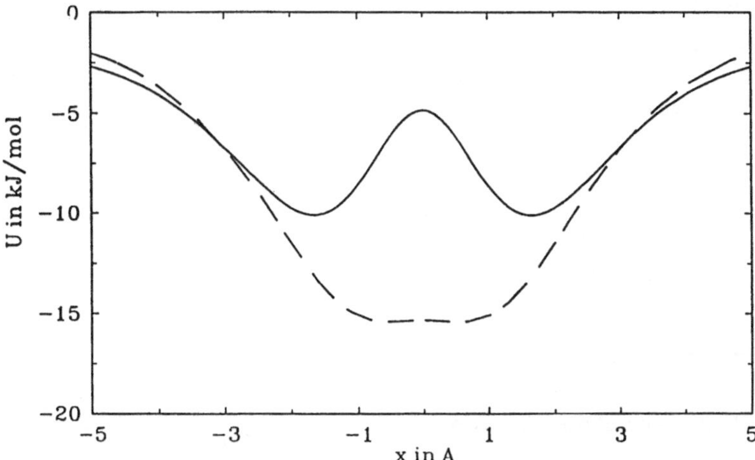

**Bild 9.47**  Potentialverlauf entlang der Fensterachse

Bild 9.47 zeigt den Verlauf des Potentials entlang der Fensterachse für die beiden Fälle. Dabei entspricht die gestrichelte Linie dem Parametersatz A und die durchgezogene dem Satz B. Um den Einfluß dieser Unterschiede im Potential auf die Diffusion zu untersuchen, wurden Simulationen durchgeführt, bei denen der Parameter $\sigma$ des LJ-Potentials für die $CH_4$-O-Wechselwirkung zwischen den beiden Extremwerten variierte, während alle anderen Parameter konstant blieben. Bild 9.48 zeigt diese starke Abhängigkeit des Diffusionskoeffizienten vom Fensterdurchmesser. $D$ ist in $10^{-10}$ m$^2$/s und $\sigma$ in Å gegeben.

Variationen innerhalb der verschiedenen in der Literatur angegebenen Werte für den $\sigma$-Parameter der Wechselwirkung $CH_4 - O$ haben Änderungen von $D$ um fast zwei Größenordnungen zur Folge. Der Diffusionskoeffizient $D$ wurde dabei für die Besetzungszahlen 1 und 6 ermittelt. Dabei kehrt sich bemerkenswerterweise bei kleinen Fensterdurchmessern die Abhängigkeit von $D$ von der Konzentration der Gastmoleküle um [259]. Bei den Untersuchungen der Trajektorien im Abschnitt 9.3.4 wird näher auf diesen Punkt eingegangen.

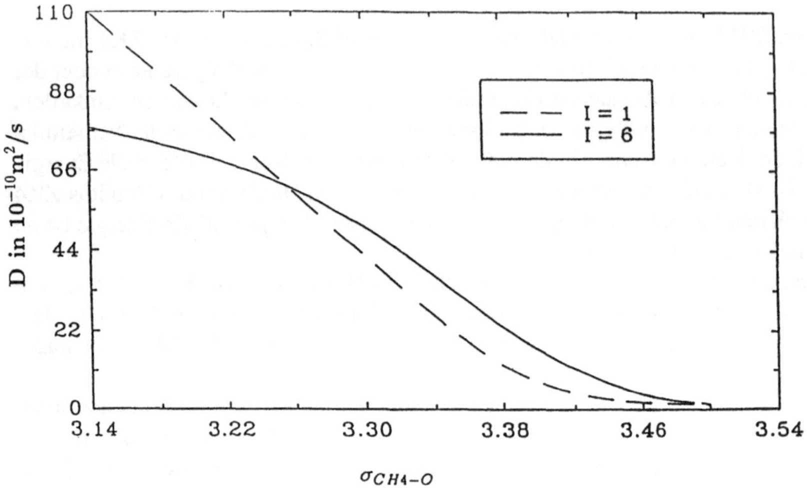


**Bild 9.48**  $D$ als Funktion der Fenstergröße

**Tabelle 9.6**  Anteil der offenen Fenster im Zeolith NaCaA

| Kationen pro Hohlraum | Anteil der offenen Fenster |
| --- | --- |
| 12 Na$^+$ | 0 |
| 10 Na$^+$, 1 Ca$^{++}$ | 0 |
| 8 Na$^+$, 2 Ca$^{++}$ | 1/3 |
| 6 Na$^+$, 3 Ca$^{++}$ | 2/3 |
| 4 Na$^+$, 4 Ca$^{++}$ | 1.0 |
| 2 Na$^+$, 5 Ca$^{++}$ | 1.0 |
| 6 Ca$^{++}$ | 1.0 |

### 9.3.2  Der Einfluß der Kationen auf die Diffusion

Enthält ein Zeolith außer Silizium- und Sauerstoffatomen auch Aluminiumatome, wäre die Summe der Ladungen nicht Null, wenn nicht zusätzliche Kationen vorhanden wären, die nicht direkt zum Gitter gehören. Bei den A-Zeolithen sind das in der Regel Natrium- und Calziumatome, die sich bevorzugt in der Mitte der sechseckigen Flächen in Bild 9.41 anlagern. Man spricht dann von einem NaCaA-Zeolith. Reichen diese acht Plätze pro Hohlraum nicht aus, dann sind weitere Kationen in einigen der Fenster zu finden und blockieren diese. In der Tabelle 9.6, die aus [187] entnommen ist, wird dieser Zusammenhang verdeutlicht. Für den Spezialfall 4 Na$^+$ und 4 Ca$^{++}$ sind in [261] NMR-Experimente zur Diffusion von Gastmolekülen beschrieben.

Folgt man [269, 270], wie das bei den meisten Simulationen getan wird, so wird im NaCaA-Zeolith die Wirkung der Ladungsverteilung im Zeolithgitter summarisch durch 0.25 negative Ladungen an den Sauerstoffatomen ersetzt, die den Aluminiumatomen benachbart sind. Der Rest des Gitters wird als ladungsfrei betrachtet. Den Kationen wird ihre tatsächliche Ladung zugeordnet. So ist für vier Sauerstoffatome ein Na$^+$ zum Ausgleich nötig. Die Energie der Polarisationswechselwirkung von neutralen Molekülen in einem elektrischen Feld ist

$$U_{\mathrm{pol}} = \frac{1}{2}\alpha E^2, \tag{9.19}$$

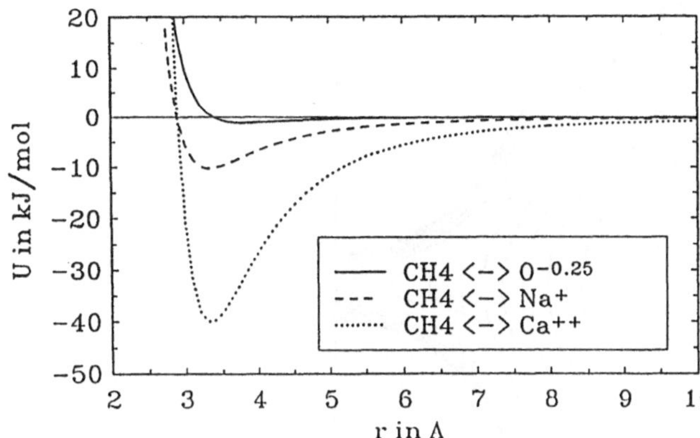



**Bild 9.49**
Wechselwirkung von Methan mit einzelnen Gitteratomen

wobei $\alpha$ die Polarisierbarkeit des neutralen Moleküls ist. $\vec{E}$ ist das elektrische Feld am Ort des neutralen Teilchens. Bild 9.49 zeigt den Verlauf der potentiellen Energie eines Methan-Moleküls als Funktion des Abstandes zu jeweils einem (isolierten) Bestandteil des Zeoliths. Um Artefakte zu vermeiden, wurde die Polarisationswechselwirkung durch ein *shifted-force*-Potential (vgl. Abschnitt 4.5) genähert [7], wie das auch in [272, 273] getan wurde. Als Abschneideradius wird 10 Å gewählt. Eigentlich müßten die Polarisationswechselwirkungen mit Hilfe einer der im Abschnitt 4.9 genannten Methoden berechnet werden. Tatsächlich zeigt sich aber bei Tests, daß für die LTA-Zeolithe wegen ihrer Symmetrie der Ortsanteil der Ewaldsumme eine gute Näherung darstellt. Durch spezielle Abschirmfunktionen läßt sich diese Näherung sogar mit geringem Aufwand noch verbessern [257].

Man beachte, daß im Zeolith $\vec{E}$ die *resultierende* Feldstärke des Feldes aller Ionen ist und daß die Summation über die Ionen vor dem Quadrieren in Gl.(9.19) zu erfolgen hat. Die Polarisationswechselwirkung ist also eine Viel-Teilchen-Wechselwirkung, die sich *nicht* in eine Summe von Paar-Wechselwirkungen aufspalten läßt. Deshalb ist Bild 9.49 auch nur eine grobe Veranschaulichung. Bei gleichzeitiger Berücksichtigung aller Kationen treten so tiefe Potentialwerte wie die $-40$ kJ/mol der $CH_4$–$Ca^{++}$ Wechselwirkung in Bild 9.49 nicht auf. Eigentlich müßte man auch noch die Wechselwirkung der induzierten Dipolmomente verschiedener Methan-Moleküle untereinander berücksichtigen, wie das in [272] für einen anderen Fall getan wurde. Das ist jedoch ein Effekt zweiter Ordnung, der hier vernachlässigt werden soll.

Die molekulare Dynamik von Methan-Molekülen in NaCaA-Zeolithen wird in hohem Maße von der Polarisationswechselwirkung zwischen den (neutralen) Methan-Molekülen und den zweifach geladenen $Ca^{++}$-Ionen dominiert. Die Polarisationswechselwirkung mit den einfach geladenen $Na^+$-Ionen ist zwar ebenfalls wesentlich stärker als die attraktiven Teile der Lennard-Jones-Wechselwirkung, beträgt aber bei gleichem Teilchenabstand nur etwa ein Viertel des Wertes der $CH_4$-$Ca^{++}$-Wechselwirkung. Der gegenüber dem ZK4 drastisch geänderte Potentialverlauf bei NaCaA-Zeolithen ist aus den Bildern 9.50 und 9.51 ersichtlich. Die potentielle Energie eines einzelnen Methan-Moleküls an verschiedenen Orten in einer Schnittebene durch die Mitte eines großen Hohlraumes und vier Fenster ist durch Isopotentiallinien veranschaulicht. Man vergleiche dies mit den beiden analogen Abbildungen 9.45 und 9.46 für den Zeolith ZK4. Die Struktur beider Zeolithe unterscheidet sich nur durch die beim NaCaA zugefügten Kationen, die jeweils in der Mitte der großen sechseckigen Flächen an den Sodalith-Einheiten lokalisiert sind. Diese sind aber klein und befinden sich abseits vom Fenster an der Hohlraumwand. Der entsprechende sterische Effekt auf die Diffusion ist daher klein [257]. Deshalb ist dieses Beispiel sehr gut zur Illustration der Auswirkung von Kationen auf die Diffusion geeignet.

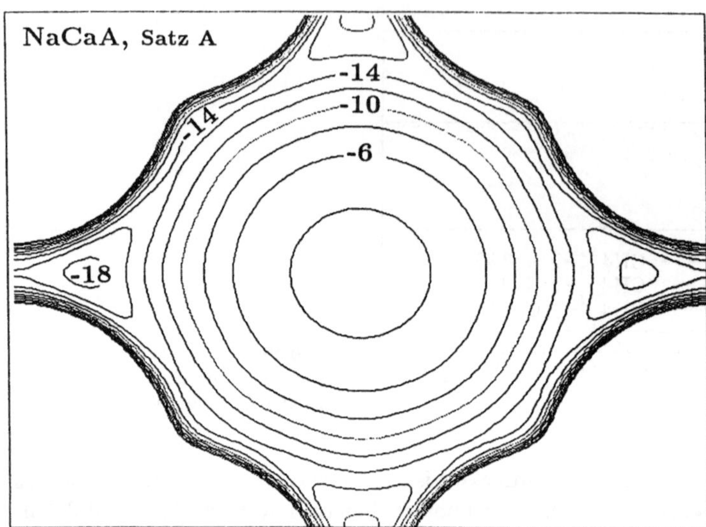

**Bild 9.50**  Potentialverlauf im Zeolith NaCaA. Satz A.

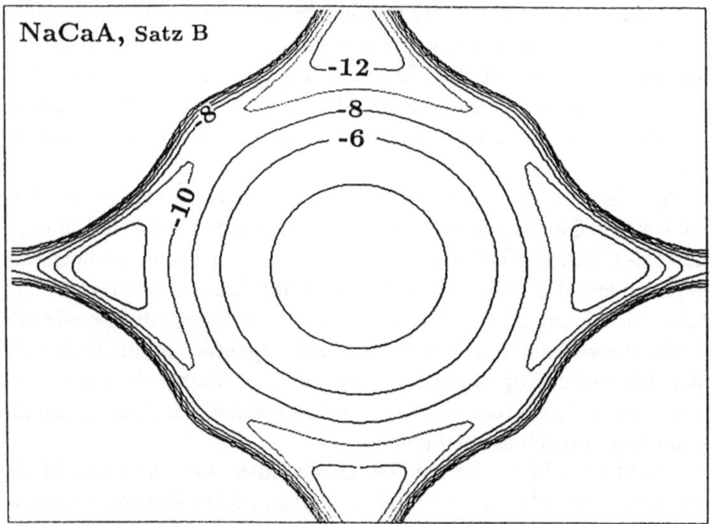

**Bild 9.51**  Potentialverlauf im Zeolith NaCaA. Satz B.

Wenn man bei der Simulation den Parametersatz A benutzt, findet man, daß der Diffusionskoeffizient $D$ im Zeolith NaCaA nahezu um zwei Größenordnungen kleiner als der in seinem kationenfreien Analogon, dem ZK4, ist [257]. Man vergleiche dazu auch die Abbildungen 9.55 und 9.56 und beachte, daß bei NaCaA der Diffusionskoeffizient mit der Beladung steigt [257].

### 9.3.3  Die gegenseitige Thermalisierung der Gastmoleküle

Das Zeolithgitter wurde in [170,258,259] als starr betrachtet, da sonst einige der Untersuchungen wegen der benötigten hohen Rechenzeit nicht möglich gewesen wären. Diese Näherung wurde bisher in den meisten Arbeiten über Diffusion in Zeolithen gemacht. Auch einige vergleichende Rechnungen für die Diffusion von leichten Kohlenwasserstoffen bei starrem und bewegtem Gitter im Zeolith ZSM-5 zeigten relativ geringen Einfluß der Gitterbewegung auf die Diffusion [264–266]. Erst kürzlich haben Untersuchungen am Zeolith ZK4 einen stärkeren Einfluß der Gitterbewegungen auf die Diffusion nachgewiesen [267]. Bei den erheblichen Potentialunterschieden im Zeolith wäre es denkbar, daß das Fehlen eines Energieaustausches der Gastmoleküle mit dem Gitter die Dynamik der Diffusion erheblich beeinflußt. Wenn sich beispielsweise beim ZK4, Parametersatz A, ein Teilchen zur Fenstermitte bewegt, so nimmt seine potentielle Energie erheblich ab. Entsprechend müßte die kinetische Energie anwachsen, so daß das Teilchen den Fensterbereich sofort wieder verläßt. In [258] konnte gezeigt werden, daß sogar bei kleinen Beladungen und starrem Zeolithgitter die Wechselwirkung der Methan-Moleküle untereinander zu einer fast perfekten Thermalisierung (ortsunabhängige Boltzmann-Verteilung, wie in einem Wärmebad) führte. In [272,273] wurde gezeigt, daß die Thermalisierung der Gastmoleküle durch das bewegte Gitter zu einer kürzeren Relaxationszeit führt als die gegenseitige Thermalisierung der Gastmoleküle. Aber auch bei starrem Gitter tritt der befürchtete drastische Effekt nicht auf. Das wurde in [258] auf zwei verschiedenen Wegen bestätigt. Der eine Weg besteht im Vergleich der räumlichen Verteilung der Teilchen im Zeolith bei Simulationen mittels Metropolis-Monte-Carlo-Verfahren (s. Kapitel 8, im folgenden MC genannt) mit der aus der MD-Simulation. MC entspricht einer idealen Thermalisierung. Der andere Weg ist der Vergleich der lokalen Geschwindigkeitsverteilung an verschiedenen Orten im Zeolith mit der Botzmann-Verteilung zur mittleren Temperatur des Laufes. In den Bildern 9.52 und 9.53 sind Ergebnisse einiger Läufe zusammengefaßt, deren Daten man in der Tabelle 9.7 findet. Die Temperaturen in dieser Tabelle sind die mittleren Temperaturen der Läufe in Kelvin. $U_{MD}$ und $U_{MC}$ sind die Mittelwerte der potentiellen Energie pro Gastmolekül in kJ/mol. $I$ ist die mittlere Zahl der Gastmoleküle pro Hohlraum und $r$ der Abstand zur Mitte des großen Hohlraumes.

**Tabelle 9.7** Simulationsläufe zur Thermalisierung

| $I$ | $T$ | $U_{MD}$ | $U_{MC}$ | Kurve |
|---|---|---|---|---|
| 3 | 336.5 | -11.6 | -11.5 | a |
| 1 | 320.1 | -11.9 | -11.9 | b |
| 3 | 371.8 | -12.2 | -12.3 | c |
| 6 | 358.9 | -13.2 | -13.3 | d |
| 3 | 168.3 | -13.9 | -14.2 | e |
| 3 | 345.4 | -12.3 | -12.4 | |

Die Konzentration $W(r)$ ist durch Teilung durch ihren Mittelwert normiert. Sie ist proportional der Wahrscheinlichkeitsdichte dafür, ein Teilchen in einem Intervall d$r$ in einem bestimmtem Abstand $r$ zur Mitte des großen Hohlraumes zu finden. Im Bild 9.52 decken sich die Kurven aus MD- und MC-Simualtionen weitgehend. Nur im Fall a) treten stärkere Abweichungen auf. Diese Simulation ist als Gegenkontrolle so durchgeführt worden, daß an jedem Sorbatmolekül nur die vom Zeolithgitter ausgeübten Kräfte wirken, während diejenigen von anderen Sorbatmolekülen gleich Null gesetzt wurden. In allen realistischen Fällen entsprach die Konzentrationsverteilung der Methan-Moleküle beim MD-Lauf im starren Gitter der eines vollkommen thermalisierten Systems. Dazu reichte offensichtlich selbst im Fall b) bei der mittleren Konzentration von nur einem Teilchen pro Hohlraum die Wechselwirkung zwischen den Methan-Molekülen aus. Im Bild 9.53 wurde die kinetische Energie der Teilchen registriert, die jeweils in bestimmtem Abstand zur Hohlraummitte angetroffen wurden. Die kinetische Energie wurde zum Vergleich mit der mittle-

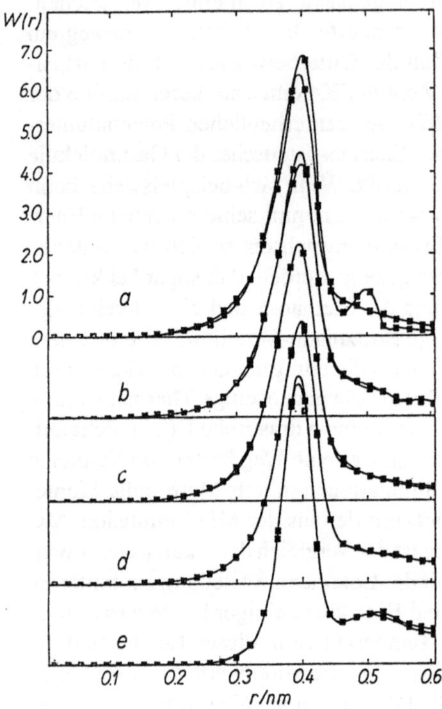

**Bild 9.52**
Radiale Dichteverteilung im Zeolith ZK4. Satz A.

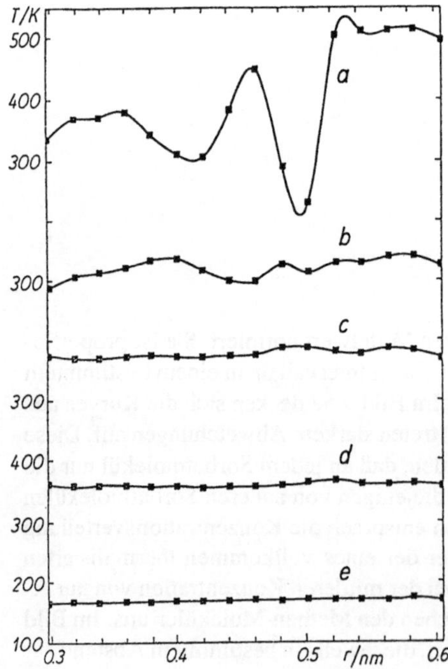

**Bild 9.53**
Radialer Verlauf der lokalen Temperatur im ZK4. Satz A.

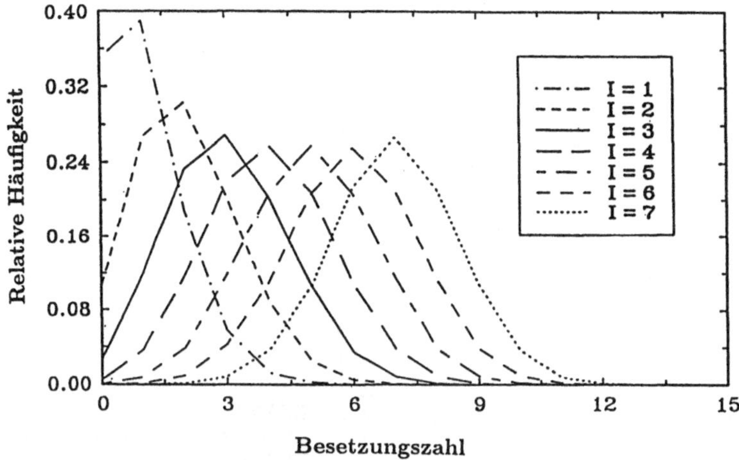


**Bild 9.54** Häufigkeit verschiedener Besetzungszahlen

ren Temperatur der Läufe in K angegeben. Zur Umrechnung wurde $E_{\text{kin}} = (3/2)NkT$ benutzt. Zusätzlich wurde die relative Schwankung der kinetischen Energie $\langle (E_{\text{kin}} - \langle E_{\text{kin}} \rangle)^2 \rangle / \langle E_{\text{kin}} \rangle^2$ für jedes $r$ ausgewertet und mit dem theoretischen Wert 2/3 verglichen, den die Boltzmann-Verteilung liefert. Es zeigte sich Übereinstimmung innerhalb 10 Prozent. Dieses Resultat und die Kurven in den Bildern 9.52 und 9.53 zeigen, daß selbst bei geringen Konzentrationen die Konzentrationsverteilung der Gastmoleküle im Hohlraum und auch die lokale Verteilung der kinetischen Energie gut mit den Werten eines Systems übereinstimmen, das sich in einem Wärmebad (z.B. durch Gitterschwingungen) befindet. Eine andere interessante Verteilung im Zeolith ist die Wahrscheinlichkeitsverteilung für die Zahl der Sorbatmoleküle in einem einzelnen Hohlraum. Bild 9.54 zeigt diese Verteilung für verschiedene mittlere Besetzungszahlen. Die mittlere Besetzungszahl ist in jedem Fall auch die wahrscheinlichste. Es treten jedoch erhebliche Schwankungen auf. So ist es nicht unwahrscheinlich, daß sich etwa bei einer mittleren Besetzungszahl *drei* gar kein Teilchen in einem Hohlraum befindet oder aber auch sechs Teilchen dort vorhanden sind.

### 9.3.4 Trajektorienstudien

Es ist keineswegs trivial zu fragen, ob die Migration einzelner Teilchen im Zeolith die Diffusionsgleichung erfüllt. Aber es ist möglich, ihre Gültigkeit im hier interessierenden Fall der Diffusion weniger Teilchen durch enge Hohlräume sehr einfach durch ein Computerexperiment zu prüfen [170]. Im Kapitel 7 ist beschrieben, wie man aus verschiedenen Momenten der Verschiebung Werte für den Diffusionskoeffizienten erhält. Das sogenannte kinetische Stadium und damit die Gültigkeit der Diffusionsgleichung ist erst erreicht, wenn die Werte aus den verschiedenen Momenten übereinstimmen. Das ist eine notwendige Bedingung. Sie wäre streng genommen erst hinreichend, wenn man alle Momente bis zu unendlich hoher Ordnung überprüfen könnte. Die Übereinstimmung von $D$ aus vier Momenten bietet aber wohl schon ausreichende Sicherheit.

Es wurde schon bemerkt, daß die Hohlraummitte in den Zeolithen vom Typ LTA praktisch frei von Teilchen ist (s. Bild 9.52). Deshalb erfolgt die Teilchenbewegung quasi zweidimensional entlang der Hohlraumwände. Für kleine Zeiten kann daher die dreidimensionale Diffusionsgleichung gar nicht gelten. Die Zeiten, nach denen das kinetische Stadium erreicht ist, hängen sehr stark vom System ab. So sieht man im Bild 9.55, daß beim ZK4, Satz A, die $D$-Werte nach

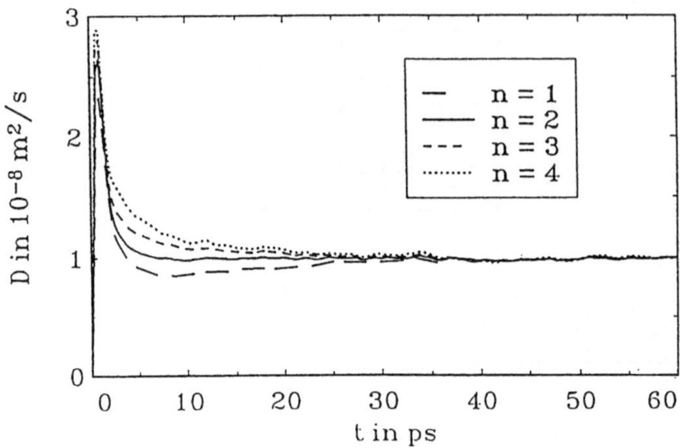

**Bild 9.55**
$D$ aus vier Momenten im Zeolith ZK4. Satz A.

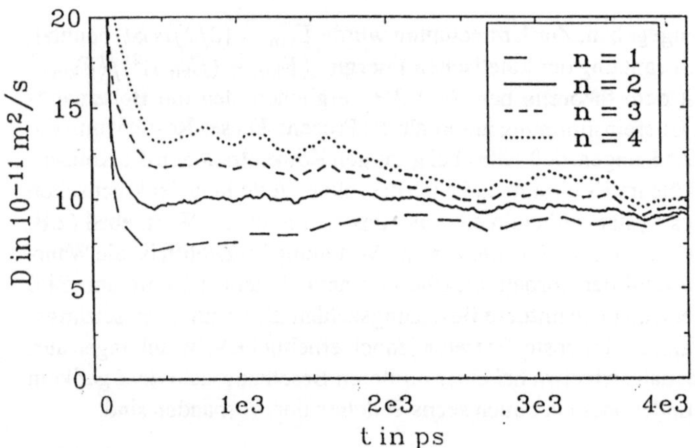

**Bild 9.56**
$D$ aus vier Momenten im Zeolith NaCaA, $I = 6$, Satz A.

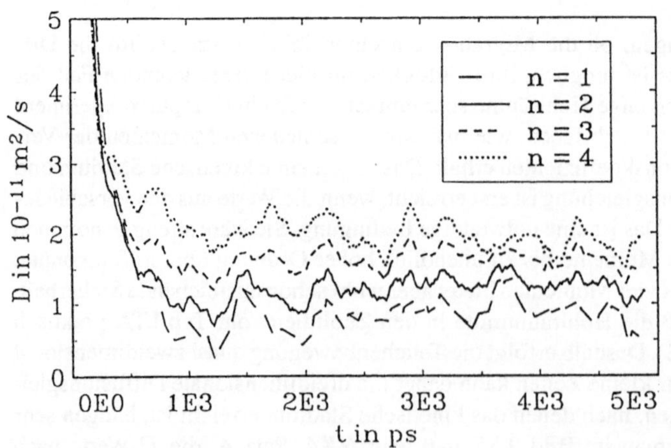

**Bild 9.57**
$D$ aus vier Momenten im Zeolith NaCaA, $I = 5$, Satz B.

etwa 60 ps übereinstimmen. Für den Zeolith NaCaA dagegen zeigen die Bilder 9.56, 9.57, daß in gewissen Fällen mehrere Nanosekunden nicht ausreichen, um das Zusammenlaufen der $D$-Werte zu beobachten. Beide Läufe sind bei 173 K durchgeführt worden.

An dieser Stelle sei darauf hingewiesen, daß die Auswertung mehrerer Momente der Verschiebung die Entscheidung der Frage, ob der Auswertungszeitraum lang genug ist, erheblich erleichtert. Üblicherweise wird diese Frage subjektiv entschieden. Als Kriterium dient der $D$-Wert aus dem zweiten Moment. Wenn man annimmt, daß $D$ einen konstanten Endwert angenommen hat, bricht man die Auswertung ab. Die deutlichen Differenzen der $D$-Werte aus den verschiedenen Momenten zeigen aber in manchen Fällen, daß die Diffusionsgleichung in diesem Stadium noch gar nicht gilt. Es wurden auch Fälle beobachtet, bei denen der $D$-Wert aus dem zweiten Moment längere Zeit konstant blieb und dann vor dem Zusammenfallen der Momente zu einem anderen Wert tendierte [257]. Der Aufwand für die Mittelung zusätzlicher Potenzen der ohnehin berechneten Koordinatendifferenzen, aus denen gewöhnlich nur das zweite Moment ermittelt wird, ist sehr klein und liefert ein objektives Kriterium für die nötige Länge der Auswertungszeit.

Wenn man die Diffusionskoeffizienten für verschiedene Konzentrationen und Temperaturen ermittelt hat, wie das in [259] getan wurde, liegt es nahe zu prüfen, ob diese einem *Arrheniusgesetz*

$$D(I,T) = D_0(I) \exp\left\{ -\frac{E_0(I)}{k_\mathrm{B}T} \right\} \tag{9.20}$$

genügen.

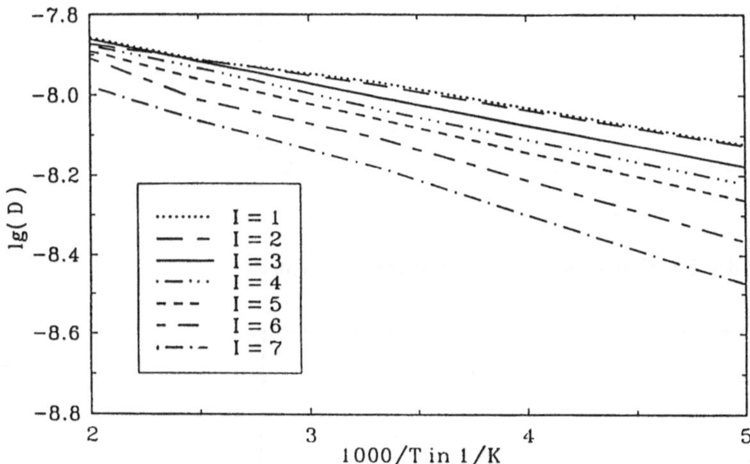

**Bild 9.58** Gültigkeit des Arrheniusgesetzes im ZK4. Satz A.

Bild 9.58 zeigt den dekadischen Logarithmus von $D$ als Funktion des Kehrwertes der Temperatur. Wenn sich dabei Geraden ergeben, gilt das Arrheniusgesetz. Das ist in diesem Fall befriedigend erfüllt. In Tabelle 9.8 findet man die daraus angepaßten Werte für $D_0$ and $E_0$.

Eine weitere Eigenschaft der Trajektorien von Gastmolekülen im Zeolith, deren statistische Analyse interessante Einblicke ins molekulare Geschehen liefert, ist die Verweildauer in den einzelnen Hohlräumen des Zeoliths oder in Gebieten davon. In [259] wurde für den ZK4 – Parametersatz A – ausgewertet, mit welcher Häufigkeit die möglichen Verweildauern in den einzelnen Hohlräumen auftraten. Die Ausdehnung des Fensters, das zwei Hohlräume trennt, ist nicht zu vernachlässigen. Daher ist es nicht einfach, zu entscheiden, wann ein Teilchen den Hohlraum gewechselt hat.

**Tabelle 9.8**  $D_0$ and $E_0$ für verschiedene Beladungen

| I | $D_0$ in $10^{-10}$ m$^2$/s | $E_0$ in kJ/mol |
|---|---|---|
| 1 | 209 | 1.7 |
| 2 | 199 | 1.6 |
| 3 | 224 | 2.0 |
| 4 | 224 | 2.2 |
| 5 | 225 | 2.4 |
| 6 | 245 | 2.9 |
| 7 | 226 | 3.2 |

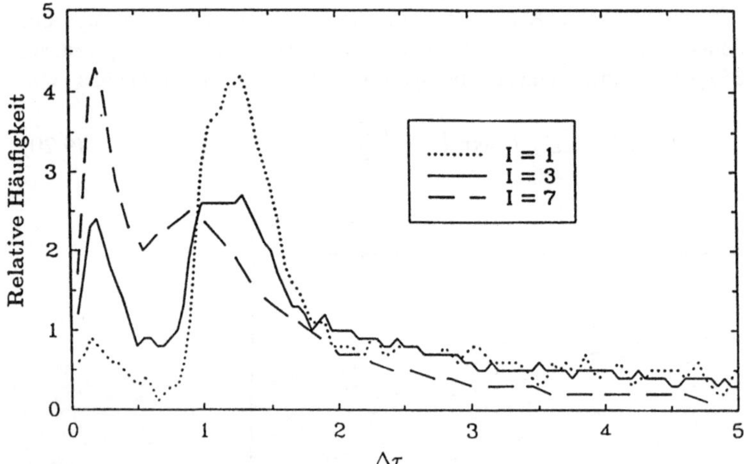


**Bild 9.59**  Die Verteilung der $\Delta\tau$-Werte für verschiedene Sorbatkonzentrationen

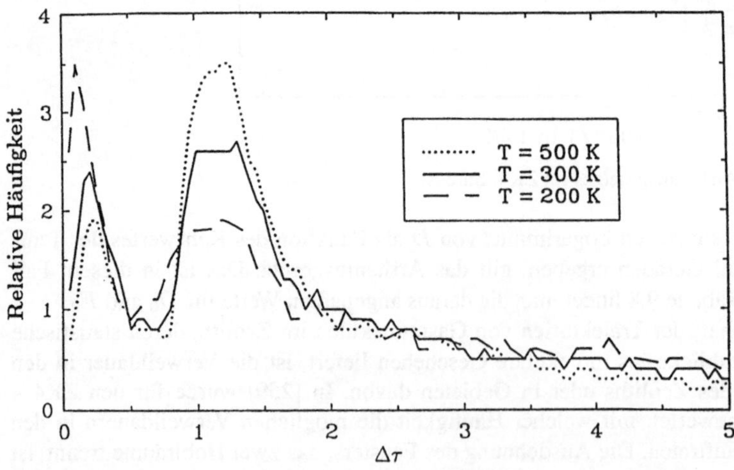


**Bild 9.60**  Die Verteilung der $\Delta\tau$-Werte für verschiedene Temperaturen

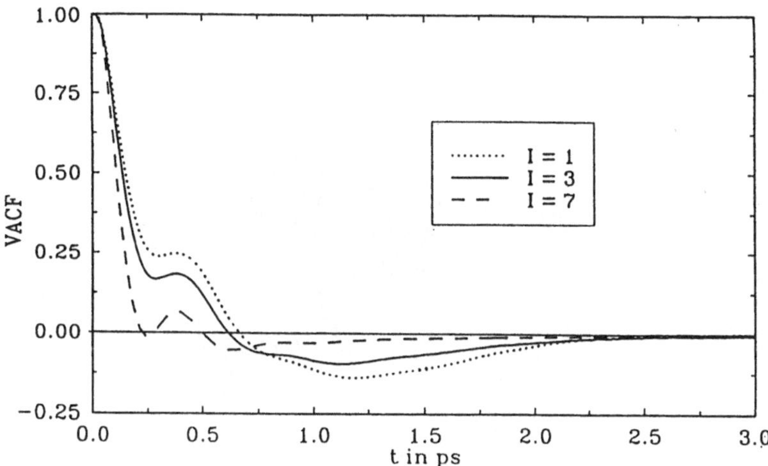


**Bild 9.61**  Die Geschwindigkeits-Autokorrelationsfunktion für verschiedene Konzentrationen

Man kann eine willkürliche Teilung in jedem Fenster durch eine Ebene in der Fenstermitte senkrecht zur Fensterachse vornehmen und registrieren, in welchen Zeitabständen ein beobachtetes Teilchen solche Trennebenen passiert. Diese Zeitabstände sollen $\Delta\tau$ genannt werden. Man könnte sie Verweildauern im Hohlraum nennen, wenn es nicht Fälle gäbe, wo das Teilchen im Fenster umkehrt oder sogar periodische Bewegungen ausführt, so daß die formale Zuordnung zu einem der Hohlräume nicht realistisch ist. Bild 9.59 zeigt die relative Häufigkeit der gefundenen $\Delta\tau$-Werte bei 300 K für die Beladungen von 1, 3 und 7 Methan-Molekülen pro Hohlraum. Im Bild 9.60 sieht man die relative Häufigkeit der gefundenen $\Delta\tau$-Werte bei der Beladung von drei Methan-Molekülen pro Hohlraum für die Temperaturen 200, 300 und 500 K. Die relative Häufigkeit ist in willkürlichen Einheiten gegeben, weil Normierung auch die Auswertung für größere $\Delta\tau$-Werte voraussetzen würde. Beide Kurven zeigen ausgeprägte Maxima bei $\sim$ 0.3 ps und $\sim$ 1.3 ps. Wenn man eine mittlere thermische Geschwindigkeit des Methan-Moleküls von etwa 0.7 nm/ps bei 300 K annimmt, so erscheint es als unwahrscheinlich, daß ein Teilchen in der Lage ist, innerhalb von $\sim$ 0.3 ps nach einem Fensterdurchgang ein anderes Fenster zu erreichen. Deshalb ist anzunehmen, daß das Ereignis hoher Wahrscheinlichkeit, dem das erste Maximum in den Kurven der Bilder 9.59 und 9.60 entspricht, eine Umkehr des Teilchens in den vorherigen Hohlraum bedeutet. Solche Vorgänge tragen nicht zur Diffusion bei. Diese Deutung wird durch die im Bild 9.61 gezeigte Geschwindigkeits-Autokorrelationsfunktion gestützt. Sie zeigt bei $\sim$ 0.3 ps eine tiefe Einkerbung in das dort zu erwartende allmähliche Abklingen. Physikalisch entspricht das einer Umkehr der Geschwindigkeit bei einem merklichen Anteil der Teilchen. Die Bilder 9.59 und 9.61 zeigen, daß die Wahrscheinlichkeit solcher Ereignisse mit wachsender Konzentration steigt. Deshalb liegt es nahe, die Ursache in Stößen mit anderen Teilchen zu suchen. Bild 9.60 zeigt außerdem, daß der Effekt bei sinkender Temperatur wahrscheinlicher wird.

In den Bildern 9.62 und 9.63 ist in einer Schnittebene durch die Mitte von vier benachbarten Hohlräumen jeweils die Projektion der Trajektorie eines ausgewählten Teilchens in einem System niedriger bzw. hoher Konzentration zu sehen. $I$ bedeutet wieder die Zahl der Methan-Moleküle pro Hohlraum. Als Orientierungshilfe zeigen die eingezeichneten Kreise die Position einiger Gitteratome nahe dieser Ebene, so daß die Lage des Fensters klar wird.

Man sieht, daß das Teilchen bei hoher Beladung ($I = 7$) öfter in den vorherigen Hohlraum zurückgestoßen wird als bei niedriger Beladung. Dies entspricht dem Anstieg des ersten

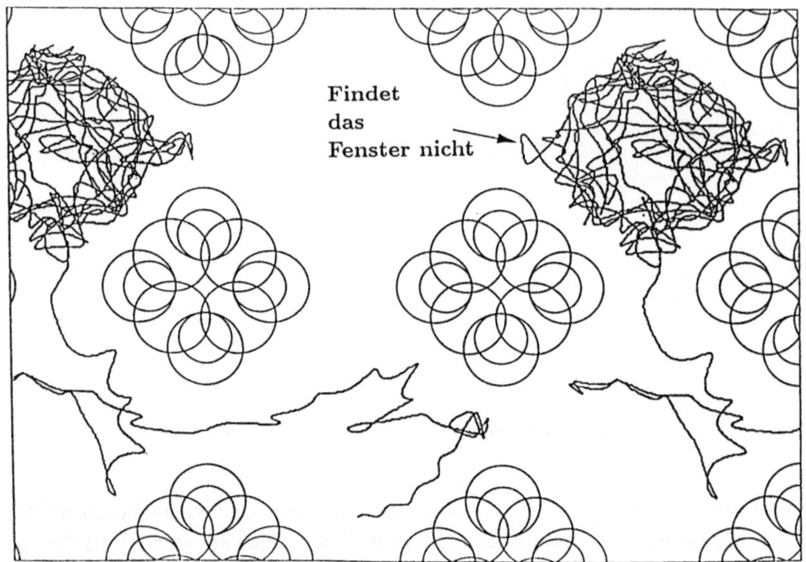


**Bild 9.62**  Ausgewählte Trajektorie bei niedriger Konzentration

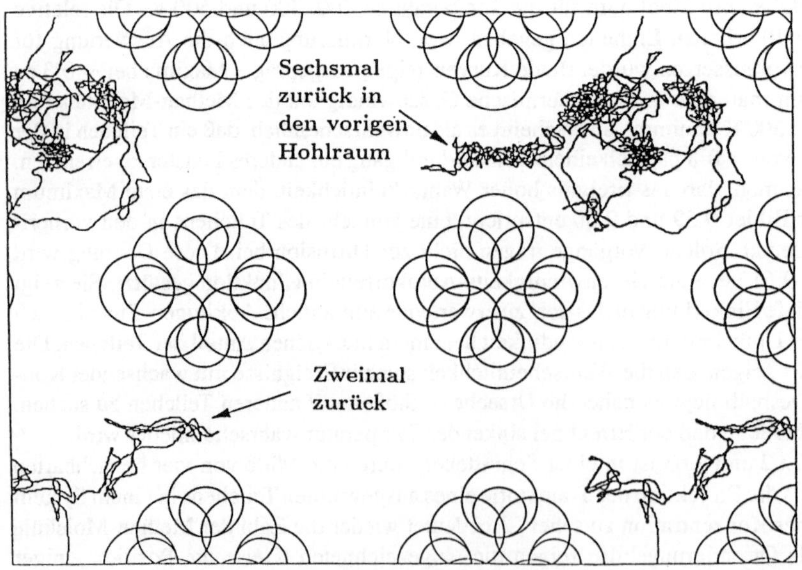


**Bild 9.63**  Ausgewählte Trajektorie bei hoher Konzentration

Maximums im Bild 9.59 mit wachsender Konzentration. Das zweite Maximum entspricht offensichtlich der Passage von Teilchen durch ein anderes Fenster als das, durch das sie in den betreffenden Hohlraum gekommen waren. Diese Hohlraumwechsel tragen zur Diffusion bei.

Während die Diffusion bei höherer Konzentration offensichtlich durch die Umkehr von Teilchen nach einer Fensterpassage beschränkt ist, scheint es für das Teilchen bei niedriger Konzentration schwierig zu sein, überhaupt in den nächsten Hohlraum zu kommen, d.h. einen Fenstereingang zu finden. Man könnte sagen, daß die Anwesenheit weiterer Teilchen es einem betrachteten Teilchen erleichtert, den Fenstereingang zu *finden*. Man kann vermuten, daß dieses Wechselspiel zu dem Anstieg des Diffusionskoeffizienten mit der Konzentration führt, der im Bild 9.48 besonders im Fall enger Fenster – d.h. im Fall des Parametersatzes B – zu sehen ist.

### 9.3.5   Ein analytisches Potentialmodell

Bei Simulationen von Diffusionsprozessen in Zeolithen des Strukturtyps LTA ist beim üblichen Vorgehen in jedem Simulationsschritt die Wechselwirkung jedes Gastmoleküls mit 576 Gitteratomen zu berechnen. Dazu kommen in manchen Fällen noch einige dutzend Kationen. Deshalb reichen in Extremfällen 50 Stunden CPU-Zeit der CRAY-Y-MP nicht aus, um auch nur einen verläßlichen Wert des Diffusionskoeffizienten zu berechnen. Aber selbst in Fällen, wo der Diffusionskoeffizient relativ groß ist, wie für den ZK4, Parametersatz A, ist für die Untersuchung mancher Prozesse die Simulation sehr großer Zeiten oder Teilchenzahlen nötig. Beispiele sind etwa die Untersuchungen zu Nich-Gleichgewichtsprozessen im Abschnitt 9.3.6 oder zu fraktalen Eigenschaften der Trajektorien im Abschnitt 9.3.8.

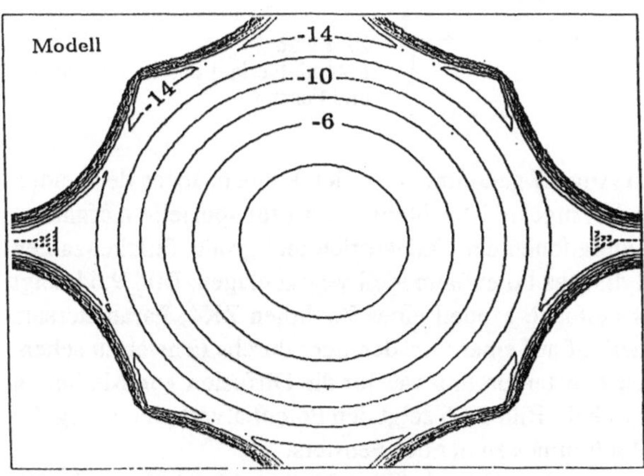


**Bild 9.64**
Potentialverlauf für das einfache Modell

Die im Abschnitt 9.3.1 erwähnte Unsicherheit der Potentialparameter, die Meßungenauigkeiten und die Überlegungen zur Rolle der Simulationen in 9.3.1 legen die Frage nahe, ob man nicht durch Vereinfachungen am Modell den Aufwand erheblich reduzieren sollte. Wenn auch neuere Untersuchungen von Demontis und Suffritti [267] zeigen, daß der Einfluß der Gitterschwingungen den Diffusionskoeffizienten erheblich beeinflußen kann, ist es doch möglich, bestimmte Zusammenhänge zwischen Eigenschaften des Zeoliths und dem Transportverhalten im starren Gitter zu untersuchen. Dieses zeitlich unveränderliche Potential kann man dann durch eine analytische Funktion genähert ersetzen und so die Berechnung von 576 einzelnen Potentialanteilen vermeiden [277]. Das ermöglicht die Behandlung einer Reihe von Problemen, die mit den gegenwärtigen – und wohl auch den in den nächsten Jahren verfügbaren – Rechnern nicht unter

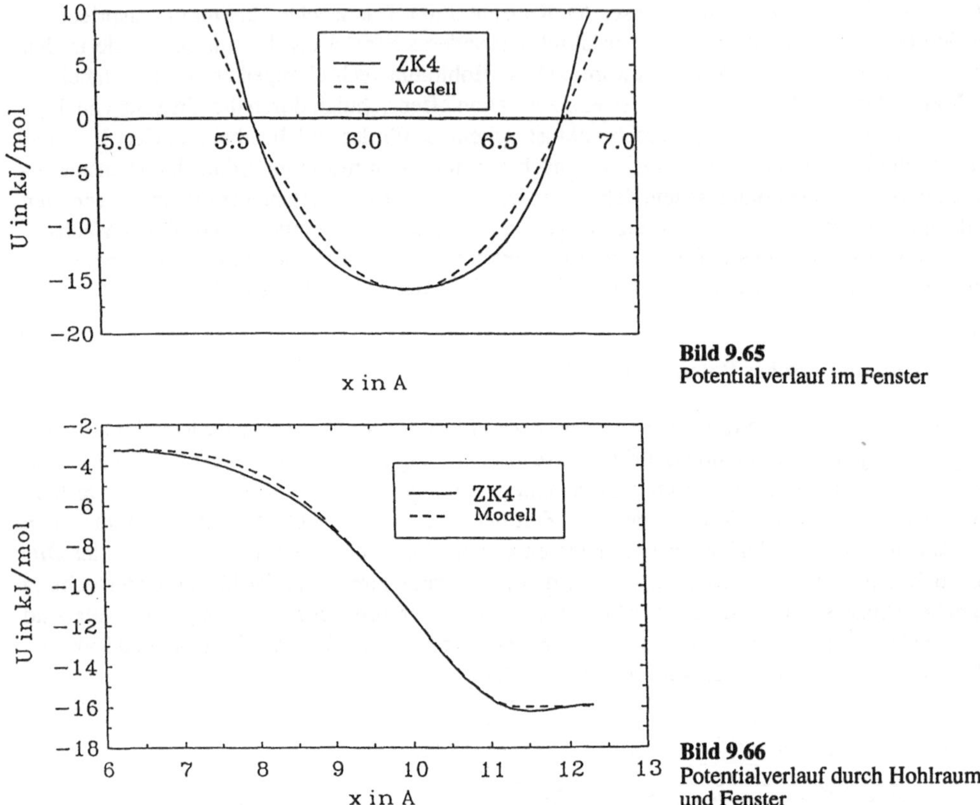

**Bild 9.65**
Potentialverlauf im Fenster

**Bild 9.66**
Potentialverlauf durch Hohlraum
und Fenster

Einbeziehung der Gitterschwingungen in Angriff genommen werden können. Jeder der beiden
Wege der Simulationstechniken hat seine Vorzüge und Nachteile und ist für spezielle Aufgaben-
stellungen geeigneter. Um sehr lange Simulationen der Trajektorien und große Teilchenzahlen
zu ermöglichen, wurde in [277] ein analytisches Potentialmodell vogeschlagen. Bild 9.64 zeigt
den Potentialverlauf, der sich für dieses einfache Modell eines Zeolithen ZK4, Parametersatz
A, ergibt. Im Bild 9.65 ist der Potentialverlauf auf einer Geraden quer durchs Fenster zu sehen.
Wie im Abschnitt 9.3.1 ausgeführt, ist der Fensterdurchmesser für die Diffusion von Methan in
diesem Zeolith von entscheidender Wichtigkeit. Bild 9.66 zeigt den Potentialverlauf entlang der
Verbindungslinie vom Mittelpunkt des Hohlraumes zu der des Fensters.

Die Berechnung der Kräfte und der potentiellen Energie eines Methan-Moleküls wird nach
[277] in der folgenden Subroutine ausgeführt.

Die Parameter, die mit einem COMMON-Block in die Subroutine übergeben werden müssen,
haben folgende Werte: Der Hohlraumdurchmesser (Abstand zweier Fenstermitten) ist $zeol =$
12.3 Å und $zeoa = 6.15$ Å die Hälfte davon. Um den Zeolith ZK4, Parametersatz A, zu
modellieren, können die anderen Parameter folgendermaßen gewählt werden: $zeoc1 = 8.7$,
$zeoc2 = 4.0$, $zeoc3 = 140.0$, $zeoc4 = 12.8$, $zeoc5 = 50.0$.

```fortran
      subroutine zforce(imol)

c     include common blocks at this place

      epo(imol) = 0.0

      xzw = mod( x(imol), zeol )
      if( xzw .lt. 0.0 ) xzw = xzw + zeol
      yzw = mod( y(imol), zeol )
      if( yzw .lt. 0.0 ) yzw = yzw + zeol
      zzw = mod( z(imol), zeol )
      if( zzw .lt. 0.0 ) zzw = zzw + zeol

      do iz1 = 0, 1
        do iz2 = 0, 1
          do iz3 = 0, 1

            xx = xzw - iz1 * zeol
            yy = yzw - iz2 * zeol
            zz = zzw - iz3 * zeol

            r = sqrt( xx*xx + yy*yy + zeoc2*zz*zz )
            if( r .lt. zeoc1 ) then
              a1 = zeoc1 - r
              epo(imol) = epo(imol) + a1 * a1
              a1 = a1 / r
              fx(imol) = fx(imol) + 2.0  * a1 * xx
              fy(imol) = fy(imol) + 2.0  * a1 * yy
              fz(imol) = fz(imol) + 2.0  * a1 * zeoc2 * zz
            endif

            r = sqrt( xx*xx + zeoc2*yy*yy + zz*zz )
            if( r .lt. zeoc1 ) then
              a1 = zeoc1 - r
              epo(imol) = epo(imol) + a1 * a1
              a1 = a1 / r
              fx(imol) = fx(imol) + 2.0  * a1 * xx
              fy(imol) = fy(imol) + 2.0  * a1 * zeoc2 * yy
              fz(imol) = fz(imol) + 2.0  * a1 * zz
            endif

            r = sqrt( zeoc2*xx*xx + yy*yy + zz*zz )
            if( r .lt. zeoc1 ) then
              a1 = zeoc1 - r
              epo(imol) = epo(imol) + a1 * a1
              a1 = a1 / r
              fx(imol) = fx(imol) + 2.0  * a1 * zeoc2 * xx
              fy(imol) = fy(imol) + 2.0  * a1 * yy
              fz(imol) = fz(imol) + 2.0  * a1 * zz
            endif

          end do
        end do
```

```
end do

epo(imol) = zeoc5*epo(imol) - 16.0
fx(imol) = zeoc5 * fx(imol)
fy(imol) = zeoc5 * fy(imol)
fz(imol) = zeoc5 * fz(imol)

xx = xzw - zeoa
yy = yzw - zeoa
zz = zzw - zeoa
r2 = xx*xx + yy*yy + zz*zz
r = sqrt( r2 )
r3 = r * r2
if( r3 .lt. zeoc3 ) then
  a1 = r3 / zeoc3
  epo(imol) = epo(imol) + zeoc4 * ( 1.0 + a1 * (a1-2.0))
  fx(imol) = fx(imol) - 6.0 * zeoc4 * (a1-1.0) * r * xx/zeoc3
  fy(imol) = fy(imol) - 6.0 * zeoc4 * (a1-1.0) * r * yy/zeoc3
  fz(imol) = fz(imol) - 6.0 * zeoc4 * (a1-1.0) * r * zz/zeoc3
endif

return

end
```

### 9.3.6   Nicht-Gleichgewichts-Simulationen zur Diffusion in Zeolithen

Der verbleibende Teil dieses Kapitels umfaßt einige sehr aufwendige Simulationen, die durch das analytische Potentialmodell erleichtert oder überhaupt erst möglich werden. Im folgenden werden einige Arbeiten zur direkten Bestimmung von $D$ aus Simulationen von Nicht-Gleichgewichtssituationen beziehungsweise aus Dichtefluktuationen eines Gleichgewichtssystems beschrieben. Nicht-Gleichgewichts-Simulationen sind für Zeolithe erstmals in [274] beschrieben.

*D aus Strom und Gradient*

Bei Anwesenheit einer zeitlich und räumlich konstanten äußeren Kraft $\vec{F}$, die auf jedes Gastmolekül im Zeolith wirkt, stellt sich eine mittlere Strömungsgeschwindigkeit $\vec{v}$ ein

$$\langle \vec{v} \rangle = \frac{1}{N} \sum_{i=1}^{N} \vec{v}_i = B\vec{F}. \tag{9.21}$$

$B$ ist die Beweglichkeit und es gilt [278]

$$B = \frac{1}{3k_\mathrm{B}T} \int_0^\infty \langle \vec{j}(0) \cdot \vec{j}(\xi) \rangle_0 \, \mathrm{d}\xi. \tag{9.22}$$

Dabei ist

$$\vec{j}(t) = n\langle \vec{v}(t) \rangle \tag{9.23}$$

der Teilchenstrom. Die Mittelung in Gl.(9.22) ist im Gleichgewichtsensemble durchzuführen. Das Produkt der Ströme entspricht dabei einer Doppelsumme, in der die Geschwindigkeiten jedes Teilchens mit der jedes anderen Teilchens multipliziert auftreten (Kreuzkorrelationen). Man definiert einen Diffusionskoeffizienten

$$D_{\mathrm{c}} = Bk_{\mathrm{B}}T. \tag{9.24}$$

Das ist der sogenannte korrigierte Diffusionskoeffizient [279], dessen Zusammenhang mit dem Transport-Diffusionskoeffizienten $D_{\mathrm{T}}$ hier abgeleitet werden soll.

Es werde angenommen, daß ein Gradient des chemischen Potentials $\mu$ genauso einen Teilchenstrom verursacht wie eine Kraft $\vec{F}$. Im stationären Fall wäre demnach

$$\langle \vec{v} \rangle = -B\nabla\mu, \tag{9.25}$$

beziehungsweise bei einem überall gleichen Gradienten in $x$-Richtung

$$\langle v \rangle = -B\frac{\mathrm{d}\mu}{\mathrm{d}x} \tag{9.26}$$

und mit der Teilchenzahldichte $n$ wird der Teilchenstrom $j = n\langle v \rangle$ zu

$$j = -nB\frac{\mathrm{d}\mu}{\mathrm{d}x}. \tag{9.27}$$

Da $\mu$ bei konstanter Temperatur nur von der Dichte abhängt, gilt nach der Kettenregel

$$j = -nB\frac{\mathrm{d}\mu}{\mathrm{d}n}\frac{\mathrm{d}n}{\mathrm{d}x}. \tag{9.28}$$

Andererseits ist nach dem Fickschen Gesetz $D_{\mathrm{T}}$ definiert durch

$$j = -D_{\mathrm{T}}\frac{\mathrm{d}n}{\mathrm{d}x}. \tag{9.29}$$

Also ergibt sich schließlich

$$D_{\mathrm{T}} = nB\frac{\mathrm{d}\mu}{\mathrm{d}n}. \tag{9.30}$$

Drückt man $B$ durch $D_{\mathrm{c}}$ aus, so folgt

$$D_{\mathrm{T}} = D_{\mathrm{c}}\frac{n}{k_{\mathrm{B}}T}\frac{\mathrm{d}\mu}{\mathrm{d}n}. \tag{9.31}$$

Im freien Gas kann man das chemische Potential durch den Druck ausdrücken. Gl.(9.31) läßt sich dann in die sogenannte Darken-Gleichung

$$D_{\mathrm{T}} = D_{\mathrm{c}}\frac{\mathrm{d}\ln(p)}{\mathrm{d}\ln(n)} \tag{9.32}$$

umformen. Dabei ist $p$ der Druck in der Gasphase, bei dem sich die Konzentration $n$ einstellt. Man kann aber in der MD-Simulation $\mu$ direkt bestimmen und benutzt daher besser Gl.(9.31). Wenn man in Gl.(9.31) für $\mu$

$$\mu = -kT\ln(n) + \mu_{\mathrm{ex}} \tag{9.33}$$

einsetzt, findet man:

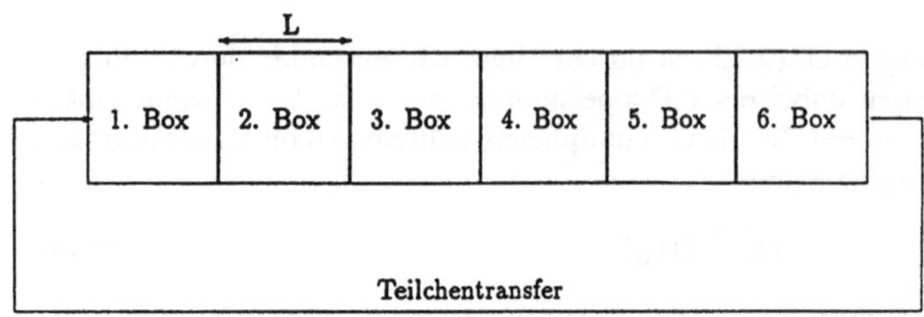



**Bild 9.67**
Anordung von Hohlräumen zur
Erzeugung des Gradienten

**Tabelle 9.9**  Wurzel aus dem mittleren
Kraftquadrat für ein Methan-Molekül
bei verschiedenen Beladungen bei 300
K.

| I | Kraft in kJ$\cdot$Å$^{-1}\cdot$mol$^{-1}$ |
| --- | --- |
| 1 | 10.8 |
| 2 | 11.3 |
| 3 | 11.7 |
| 4 | 12.1 |
| 5 | 12.7 |
| 6 | 13.3 |

$$D_{\mathrm{T}} = D_{\mathrm{c}} \left[ 1 + \frac{n}{k_{\mathrm{B}}T} \frac{\mathrm{d}\mu_{\mathrm{ex}}}{\mathrm{d}n} \right]. \tag{9.34}$$

Um die Diffusion zu untersuchen, die durch einen Konzentrationsgradienten verursacht in einem Zeolithgitter auftritt, wurde in [275] folgendes System betrachtet: In $y$- und $z$-Richtung enthält die MD-Box je zwei Hohlräume, also vier für einen gegebenen $x$-Wert. Diese sind in der üblichen Weise periodischen Randbedingungen unterworfen. Also entspricht jedem $x$-Wert eine zweidimensionale, unendlich ausgedehnte *Schicht* von Hohlräumen. In $x$-Richtung erstreckt sich die Box dagegen über sechs Hohlräume wie im Bild 9.67 veranschaulicht. In $x$-Richtung wird die Box nicht periodisch fortgesetzt, sondern von gedachten elastischen Wänden in der Fenstermitte begrenzt, an denen sich die $x$-Komponente der Geschwindigkeit auftreffender Teilchen umkehrt. Zur Erzeugung eines Konzentrationsgradienten werden Teilchen, die an der rechten Wand auftreffen, nur mit einer Wahrscheinlichkeit $1 - p$ reflektiert und in allen anderen Fällen um die Boxlänge verschoben, so daß sie von links in die erste Box hineinlaufen. Beim Umsetzen wird nun das Teilchen oft in der Nähe von Teilchen plaziert, die sich schon in der ersten Box befinden. So würden starke abstoßende Kräfte auftreten, die in der Folge zu extremer Aufheizung der ersten Hohlraumschicht und dem Zusammenbruch des Laufes führen könnten. Deshalb werden alle Teilchen der ersten Hohlraumschicht nach jedem Umsetzen eines Teilchens zufälligen Verschiebungen ausgesetzt, bis die maximale Kraft zwischen zwei Teilchen unter einen vorgegeben Schwellenwert sinkt.

Der Schwellenwert wird etwas höher als das mittlere Kraftquadrat in einem Gleichgewichtslauf vergleichbarer Konzentration gewählt. Der genaue Wert ist von untergeordneter Bedeutung. In [275] wurde der aus Testrechnungen ermittelte Richtwert $(25I + 150)$ kJ nm$^{-1}$mol$^{-1}$ verwendet. In der Tabelle 9.9 sind typische Werte für die mittlere Kraft angegeben. Liegen alle Kräfte unter

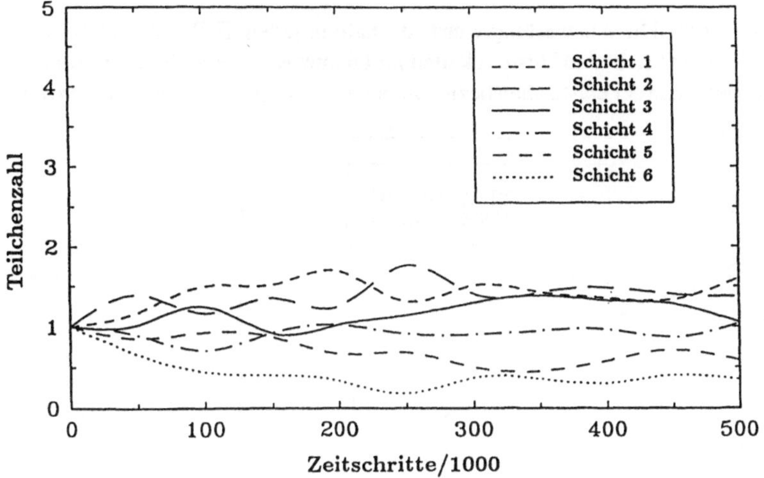

**Bild 9.68**  Herausbildungung des Gradienten bei $I = 1$

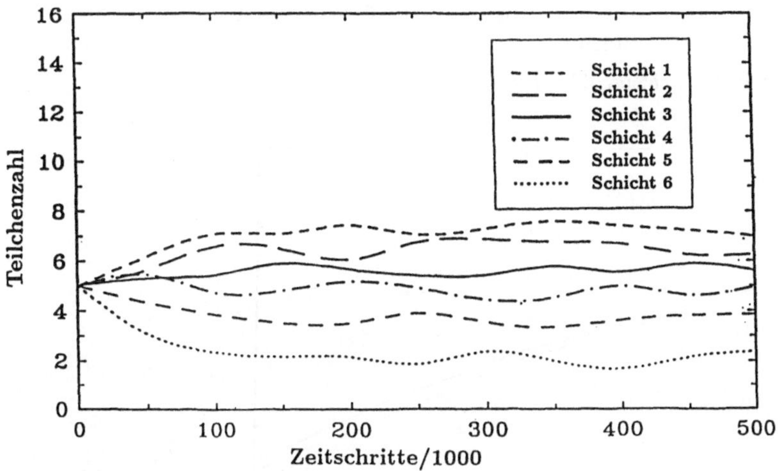

**Bild 9.69**  Herausbildungung des Gradienten bei $I = 5$

dem Schwellenwert, wird der MD-Lauf fortgesetzt. Durch die Diffusion bildet sich im Laufe der
Zeit ein stationärer Dichteverlauf entlang der $x$-Achse aus. Da das Umsetzen der Teilchen keinem
wirklichen physikalischen Vorgang entspricht, werden die erste und die letzte Hohlraumschicht
nur als eine Art Teilchenreservoir angesehen und die Auswertung nur in den mittleren Schichten
durchgeführt. Es hat sich zudem gezeigt, daß sich entlang der $x$-Achse ein Temperaturgradient
bilden würde, wenn man nicht die Teilchen in jeder Hohlraumschicht separat thermalisiert.
Dazu kann man das Verfahren nach [116] verwenden, das im Kapitel 4 beschrieben ist. Diese
Thermalisierung würde in einem realen Zeolith durch das Zeolithgitter erfolgen, das wie ein
Wärmebad wirkt. Die Bilder 9.68 und 9.69 zeigen den zeitlichen Verlauf der Einstellung eines
stationären Zustandes. Nachdem zu Beginn in jedem Hohlraum exakt gleich viele Teilchen
waren, stellt sich nach einer gewissen Zeit ein stationäres Dichteprofil in $x$-Richtung ein. Der
Vorgang ist bei $I = 5$ nach $(1 - 2) \cdot 10^5$ Zeitschritten im wesentlichen beendet, bei $I = 1$

nach $(2-3) \cdot 10^5$ Zeitschritten. Die Auswertung wurde deshalb in jedem Fall erst nach $3 \cdot 10^5$ Zeitschritten begonnen. Es zeigte sich, daß Unstetigkeiten im Dichteverlauf eher in den mittleren Schichten auftraten als in der Nähe der elastischen beziehungsweise semipermeablen Boxgrenzen.

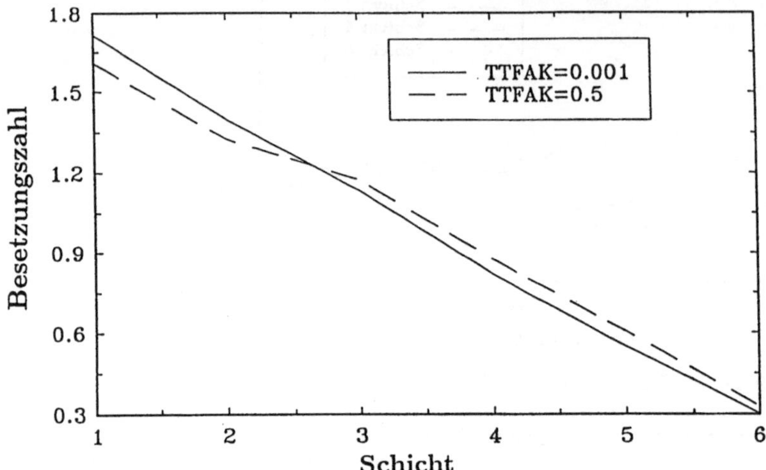


**Bild 9.70**  Thermalisierung und Dichteprofil bei $I = 1$

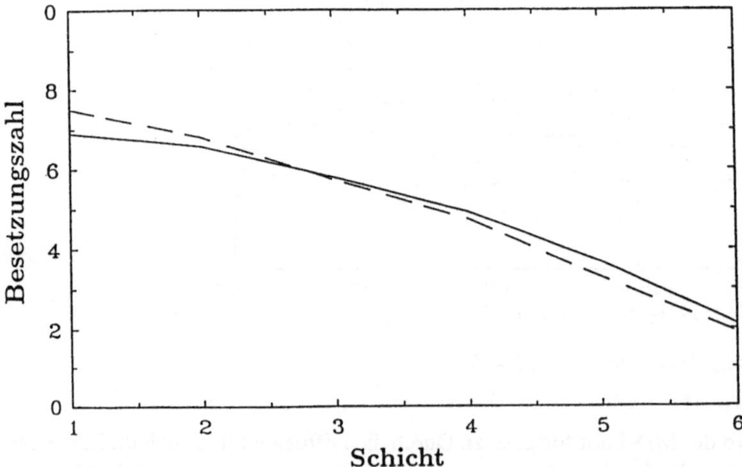


**Bild 9.71**  Thermalisierung und Dichteprofil bei $I = 5$

Der Teilchenstrom wird aus der Zahl der Teilchen berechnet, die in $x$-Richtung pro Zeiteinheit die Hohlräume wechseln. Die Bilder 9.70 und 9.71 zeigen nun das stationäre Dichteprofil, das sich bei verschieden starker Thermalisierung einstellt. Die Größe TTFAK ist ein Faktor, der im MD-Programm die Stärke der Thermalisierung steuert. Bei höheren Beladungen wirkt schon die gegenseitige Thermalisierung der Gastmoleküle in jedem Hohlraum stabilisierend. Der in [116] vorgeschlagenen Thermalisierungsstärke entspricht TTFAK=0.5. Das ist für das vorliegende System zu groß.

Wenn man den Diffusionskoeffizienten aus Gradienten und Strom an jeder Schichtgrenze separat auswertet, so zeigt sich, daß insbesondere zwischen der zweiten und der dritten Schicht

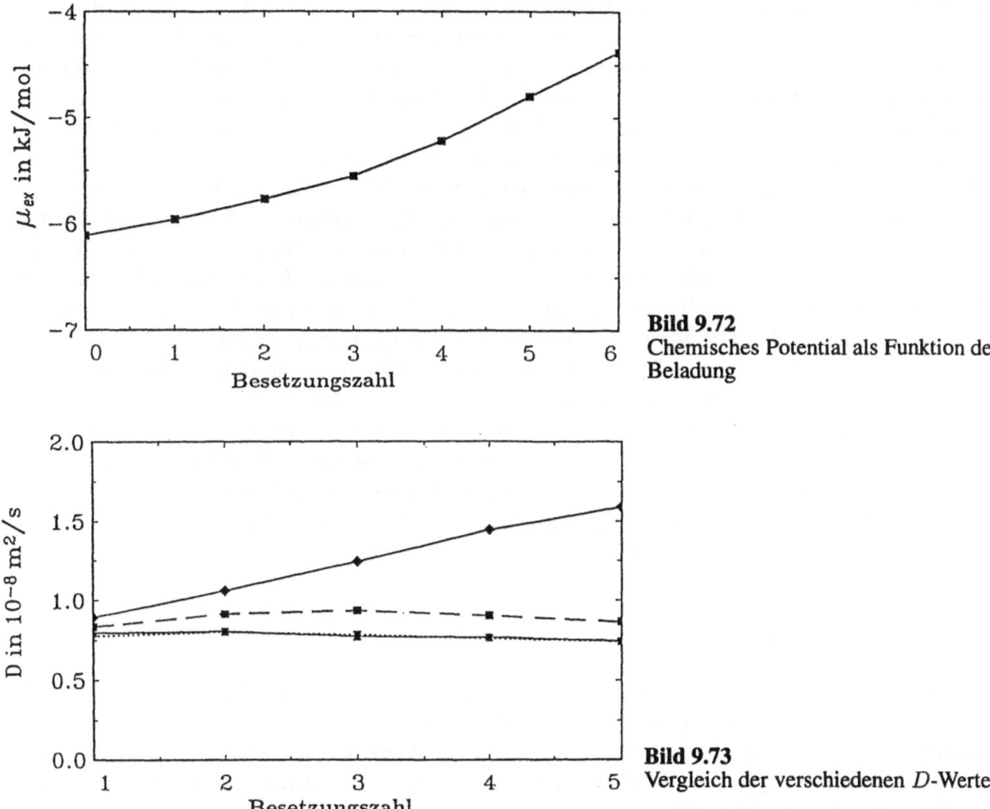

**Bild 9.72**
Chemisches Potential als Funktion der Beladung

**Bild 9.73**
Vergleich der verschiedenen $D$-Werte

der Hohlräume eine kleinere Dichtedifferenz, also ein kleinerer lokaler Gradient, auftritt. Da der Teilchenstrom (wegen der Erhaltung der Teilchenzahl) im stationären Zustand bis auf Fluktuationen überall gleich groß sein muß, führt das zu erhöhten lokalen $D$-Werten. Artefakte treten daher hier nicht in den Randgebieten, sondern in mittleren Bereichen auf. Deshalb wird die Thermalisierung so schwach durchgeführt, daß sich gerade noch eine im Rahmen der Fluktuationen konstante Temperatur in der ganzen MD-Box ergibt. Zum Vergleich: Der Wert 0.5 ist der in [116] empfohlene und in Gleichgewichtssimulationen mit vielen Teilchen auch wirklich unbedenkliche Wert. Der Gradient wird möglichst klein gewählt, da auch der kleinste über 60 Å noch nachweisbare Dichteunterschied einem so großen Gradienten entspricht wie er in der Natur kaum vorkommt. Es soll aber die Gültigkeit der linearen Transporttheorie vorausgesetzt werden. Außerdem zeigte sich ein deutlicher Einfluß der Stärke des Gradienten auf die Form des Dichteprofils. Wenn der Diffusionskoeffizient von der Konzentration abhängt, kann das nicht anders sein, denn der Teilchenstrom muß wegen der Kontinuitätsgleichung überall gleich sein. Um dem linearen Verlauf möglichst nahe zu kommen, muß der Gradient so klein wie nur irgend möglich gewählt werden. Die untere Grenze ist dabei durch die Notwendigkeit diktiert, noch einen Gradienten und einen Diffusionsstrom von den Fluktuationen der lokalen Dichte unterscheiden zu können. Es wurde ein Konzentrationsunterschied von etwa einem Teilchen über die Länge der MD-Box gewählt. Bild 9.72 zeigt den Exzessanteil des chemischen Potentials, berechnet nach der Methode von Widom, die im Kapitel 8 beschrieben wird. Diese Werte wurden in zusätzlichen Gleichgewichtssimulationen bei den Besetzungszahlen 0 bis 6 ermittelt. Nach jeweils 10 MD-Schritten wurde der Lauf unterbrochen und 100 mal ein Testteilchen eingefügt. Da die Länge jedes Laufes $10^5$ Zeitschritte betrug, sind das insgesamt $10^6$ Testteilchen. Bild 9.73 zeigt schließlich einen Vergleich der verschiedenen Diffusionskoeffizienten. Die aufwärts gerichteten Dreiecke stellen Werte, die aus der MSQD in Gleichgewichtsläufen gewonnen wurden, also den Selbstdiffusionskoeffizienten dar. Die abwärts gerichteten Dreiecke stellen Werte dar, die in unseren Nicht-Gleichgewichtsrechnungen aus den MSQD in den zwei Koordinatenrichtungen senkrecht zum Gradienten berechnet worden sind. Der Teilchenstrom in Gradientenrichtung scheint diese Verschiebungen nicht zu beeinflußen. Die Karos geben die Werte wieder, die der Quotient von Strom und Gradient nach dem Fickschen Gesetz (Gl.(9.29)) liefert. Dabei wurde bei jeder Besetzungszahl der Mittelwert aus zwei MD-Läufen verwendet. Es zeigt sich, daß diese Werte gegenüber dem Selbstdiffusionskoeffizienten und $D_c$ stark mit der Konzentration ansteigen, wie das auch nach Gl.(9.34) zu erwarten ist. Für geringe Konzentrationen ist $\mu_{ex} = 0$ und die verschiedenen Diffusionskoeffizienten werden gleich. Die Quadrate stellen den korrigierten Diffusionskoeffizienten $D_c$ dar. Sie wurden berechnet, indem die Nicht-Gleichgewichtswerte aus Strom und Gradienten mit Hilfe von Gl.(9.34) in $D_c$-Werte umgerechnet wurden. Wie in [274] ergibt sich der korrigierte Diffusionskoeffizient etwas größer als der Selbstdiffusionskoeffizient. Der Unterschied zwischen beiden rührt von den sogenannten Kreuzkorrelationen her, die in Gl.(9.22) enthalten sind, während der Selbstdiffusionskoeffizient aus der Geschwindigkeitsautokorrelationsfunktion berechnet wird.

*D aus den Dichtefluktuationen*

In diesem und dem folgenden Abschnitt werden Methoden vorgestellt, die das bisher geschilderte Repertoir vervollständigen sollen. Die wenigen hier dazu vorgestellten Ergebnisse tragen vorläufigen Charakter, da die Rechnungen noch nicht abgeschlossen sind. Sie dienen nur zur Illustration. Wenn $\vec{r}_1, \vec{r}_2, ..., \vec{r}_N$ die Radiusvektoren der Teilchenorte sind, so entspricht das einer Teilchenzahldichte im Ortsraum

$$n(\vec{r}, t) = \sum_{i=1}^{N} \delta(\vec{r} - \vec{r}_i(t)). \tag{9.35}$$

Dabei ist $\delta(\vec{r})$ die Diracsche $\delta$-Funktion. Aus den Gln.(9.35) und (10.11) folgt die Fourier-Transformierte (siehe Abschnitt 10.2)

$$n(\vec{k}, t) = \sum_{i=1}^{N} \exp\{-i\vec{k} \cdot \vec{r}_i(t)\}. \tag{9.36}$$

Versteht man unter $\vec{v}_i(t)$ die Geschwindigkeit des Teilchens $i$ und definiert den Teilchenstrom

$$\vec{j}(\vec{r}, t) = \sum_{i=1}^{N} \vec{v}_i(t)\delta(\vec{r} - \vec{r}_i(t)), \tag{9.37}$$

so ergibt sich

$$\vec{j}(\vec{k}, t) = \sum_{i=1}^{N} \vec{v}_i(t) \exp\{-i\vec{k} \cdot \vec{r}_i(t)\}. \tag{9.38}$$

Aus den Gln.(9.36),(9.38) folgt

$$\frac{\partial n(\vec{k},t)}{\partial t} = -i\vec{k}\cdot\vec{j} \tag{9.39}$$

beziehungsweise, analog zu Gl.(10.14)

$$\frac{\partial n(\vec{k},t)}{\partial t} = \mathcal{F}[-\nabla\cdot\vec{j}(\vec{r},t)]. \tag{9.40}$$

Damit ist die bekannte Kontinuitätsgleichung in Fourier-Darstellung abgeleitet, denn im Ortsraum folgt:

$$\frac{\partial n(\vec{r},t)}{\partial t} = -\nabla\cdot\vec{j}(\vec{r},t). \tag{9.41}$$

Das Ficksche Gesetz (Gl.(9.29)) in einem System im Gleichgewicht und ohne äußere Kräfte lautet in Vektorschreibweise

$$\vec{j}(\vec{r},t) = -D_{\mathrm{T}}\nabla n(\vec{r},t). \tag{9.42}$$

In Fourier-Darstellung wird daraus

$$\vec{j}(\vec{k},t) = -i\vec{k}D_{\mathrm{T}}n(\vec{k},t). \tag{9.43}$$

Mit Gl.(9.39) erhält man die Fourier-Darstellung der Diffusionsgleichung (s. Gl.(10.15))

$$\frac{\partial n(\vec{k},t)}{\partial t} = -k^2 D_{\mathrm{T}}n(\vec{k},t). \tag{9.44}$$

Das ist eine gewöhnliche Differentialgleichung erster Ordnung mit der Lösung

$$n(\vec{k},t) = n(\vec{k},0)\exp\{-D_{\mathrm{T}}k^2 t\}. \tag{9.45}$$

Das Ficksche Gesetz Gl.(9.42) gilt nur bei Abwesenheit äußerer Kräfte. In Zeolithen sind aber die diffundierenden Teilchen den Gitterkräften ausgesetzt. Es gilt das Superpositionsprinzip. Man

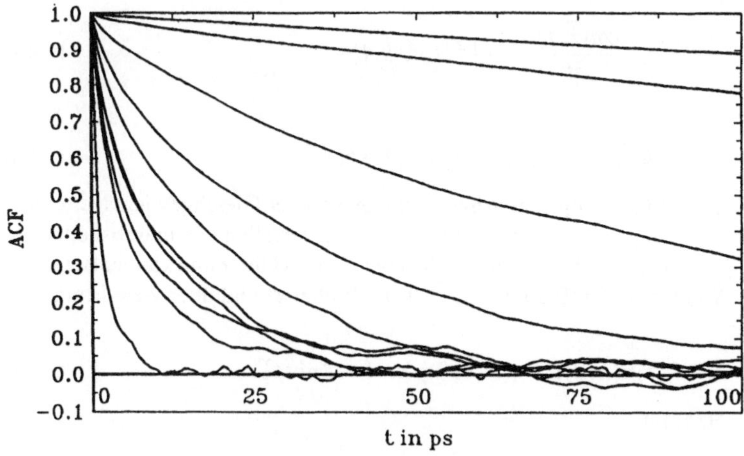


**Bild 9.74** Autokorrelationsfunktion (ACF) der Dichtefluktuationen

betrachte zunächst ein makroskopisches System unter der Wirkung eines zeitlich konstanten äußeren Kraftfeldes. Wenn man die Gleichgewichtsverteilung

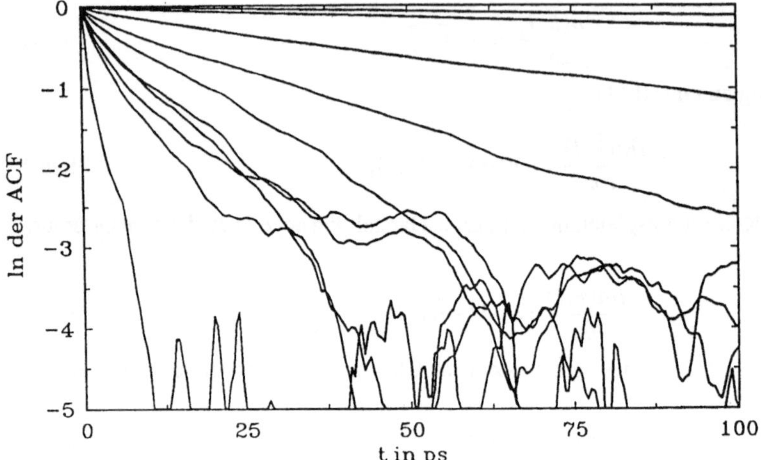

**Bild 9.75** Logarithmus der ACF der Dichtefluktuationen

$$n_{\mathrm{eq}}(\vec{r}) = n_0 \exp\{-U(\vec{r})/k_{\mathrm{B}}T\} \tag{9.46}$$

einführt, so gilt für die Differenz $\tilde{n}$ der aktuellen Dichte zur Gleichgewichtsverteilung Gl.(9.42), also wird

$$\tilde{n}(\vec{r}, t) = n(\vec{r}, t) - n_{\mathrm{eq}}(\vec{r}), \tag{9.47}$$

$$\vec{j}(\vec{r}, t) = -D_{\mathrm{T}} \nabla \tilde{n}(\vec{r}, t). \tag{9.48}$$

Dabei ist $n_0$ eine Normierungskonstante und $U(\vec{r})$ die potentielle Energie am Ort $\vec{r}$. Im makroskopischen System gilt daher Gl.(9.43). Außerdem erfüllt auch $\tilde{n}$ die Kontinuitätsgleichung Gl.(9.41). So findet man wieder die Fourier-Darstellung der Diffusionsgleichung

$$\frac{\partial \tilde{n}(\vec{k}, t)}{\partial t} = -k^2 D_{\mathrm{T}} \tilde{n}(\vec{k}, t) \tag{9.49}$$

mit der Lösung

$$\tilde{n}(\vec{k}, t) = \tilde{n}(\vec{k}, 0) \exp\{-D_{\mathrm{T}} k^2 t\}. \tag{9.50}$$

Es sei nun vorausgesetzt, daß mikroskopische Abweichungen von der Gleichgewichtsverteilung im Mittel über viele Beobachtungen nach den gleichen Gesetzen zerfallen wie makroskopische.

In [258] konnte gezeigt werden, daß in Zeolithen selbst bei starrem Gitter und kleiner Beladung die Gl.(9.46) erfüllt ist. Wenn man Gl.(9.50) mit $\tilde{n}(\vec{k}, 0)$ multipliziert und über viele Ereignisse mittelt, ergibt sich

$$\langle \tilde{n}(\vec{k}, t)\tilde{n}(\vec{k}, 0)\rangle = \langle \tilde{n}^2(\vec{k}, 0)\rangle \exp\{-D_{\mathrm{T}} k^2 t\}. \tag{9.51}$$

Aus diesem Abklinggesetz folgt

$$D_{\mathrm{T}} = -\frac{1}{k^2} \frac{\mathrm{d}}{\mathrm{d}t} \ln\left\{\frac{\langle \tilde{n}(\vec{k}, t)\tilde{n}(\vec{k}, 0)\rangle}{\langle \tilde{n}^2(\vec{k}, 0)\rangle}\right\}. \tag{9.52}$$

Es wurden als $k$-Werte mehrere ganzzahlige Vielfache eines Wellenzahlvektors $k_0$ gewählt:

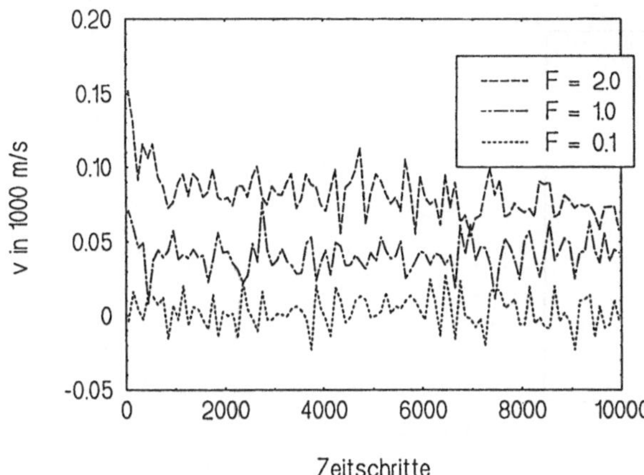

**Bild 9.76**
Strömungsgeschwindigkeit während der
Läufe

$$k = \nu k_0; \tag{9.53}$$

$k_0 = 4.422 \cdot 10^{-2} \text{ Å}^{-1}, \, 2\pi/k_0 = 142 \text{ Å}, \, 142 \text{ Å} = 11.5 \, L_0 \, (L_0\text{-Hohlraumdurchmesser})$

Zum Vergleich:

Mit $D = 10^{-8}$ m$^2$/s und einer Dauer des MD-Laufes von $\tau = 10^{-8}$ s findet man als mittlere Verschiebung eines Teilchens: $\sqrt{6D\tau} = 245$ Å.

**Tabelle 9.10** $D$ in $10^{-9}$ m$^2$/s für verschiedene Werte der Wellenzahl $k$

| $\nu$ | $I = 1$ | $I = 5$ |
|---|---|---|
| 1 | 1.5 | 6.0 |
| 2 | 8.3 | 3.1 |
| 3 | 9.2 | 6.7 |
| 4 | 6.4 | 8.4 |

Aus der MSQD ergab sich für den Selbstdiffusionskoeffizienten: $I = 1, D = 8.0 \cdot 10^{-9}$ m$^2$/s $I = 5, D = 7.4 \cdot 10^{-9}$ m$^2$/s.

Mit Gl.(9.52) findet man $D_\text{T}$-Werte (aus dem mittleren Anstieg im Intervall von 5 bis 45 ps), die in Tabelle 9.10 zusammengefaßt sind. Leider sind die berechneten Werte noch sehr ungenau. Wie schon bemerkt wurde, wurde diese Methode hier der Vollständigkeit halber aufgenommen, obwohl die Rechnungen noch nicht beendet sind. So bedürfen die niedrigen Werte im Fall $I = 5$ noch weiterer Untersuchung. Bild 9.74 zeigt den zeitlichen der durch Gl.(9.51) definierten Verlauf der Autokorrelationsfunktionen für ganzzahlige Vielfache $\nu k_0$ von $k_0$, $\nu = 1, \ldots, 10$ bei der Besetzungszahl 5. Genauer gesagt, ist hier jeweils nur die Autokorrelationsfunktion des Realteils der Fourier-Transformierten der Dichte dargestellt. Im Bild 9.75 sind diese Kurven noch einmal in logarithmischer Darstellung zu sehen.

### $D$ aus einem angelegten Kraftfeld

Bei Anwesenheit einer zeitlich und räumlich konstanten äußeren Kraft $\vec{F}$ stellt sich im Zeolith eine mittlere Strömungsgeschwindigkeit $\vec{v}$ ein. Aus Gl.(9.24) folgt

$$D_\text{c} = \frac{\langle v \rangle}{F} k_\text{B} T. \tag{9.54}$$

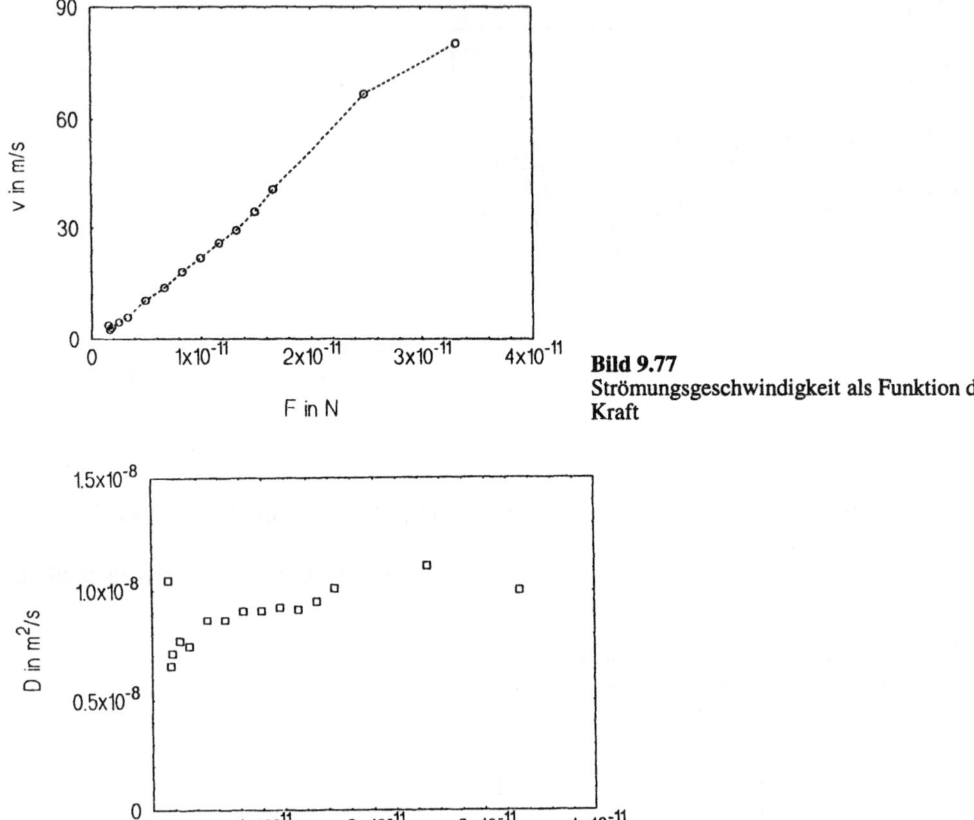

**Bild 9.77**
Strömungsgeschwindigkeit als Funktion der Kraft

**Bild 9.78**
$D$-Werte aus Kraft und Strom

In [40] werden Simulationen in einem speziellen Ensemble mit Nicht-Newtonschen Bewegungs-gleichungen für ein System vorgeschlagen, in dem in der *bulk*-Phase jeweils die Hälfte aller Teilchen entgegengesetzt zur anderen Hälfte strömt. In [276] soll gezeigt werden, daß man solche Untersuchungen bei Zeolithen auch mit Newtonschen Bewegungsgleichungen durchführen kann und alle Teilchen dort in die gleiche Richtung strömen können, weil die Streuung am Zeolithgit-ter bremsend wirkt. So kann sich ein stationärer Zustand einstellen. Sowohl bei dem Verfahren nach [40] als auch bei dem nach [276] wird dem System durch das angelegte Kraftfeld Ener-gie zugeführt, die im realen System durch das Zeolithgitter abgeleitet würde. In [40] sind die Bewegungsgleichungen so angelegt, daß die Temperatur im System konstant bleibt. Die so be-stimmte Beweglichkeit bzw. der Diffusionskoeffizient haben nur im Grenzfall verschwindender Kraft physikalischen Sinn. In [276] wird die reale Thermalisierung, die durch das Gitter erfol-gen würde, durch eine Thermalisierung nach [116] ersetzt. Auch hier sollte die Kraft möglichst klein sein, um nicht durch zu starke Thermalisierung die Dynamik des Systems zu verfälschen. Einige Resultate aus [276] seien hier vorgestellt. Bild 9.76 zeigt die Schwerpunktsgeschwindig-keit aller Gastmoleküle bei verschiedenen angelegten Kräften. Die Kraft ist in der Einheit 1 kJ $mol^{-1}Å^{-1} = 1.66 \cdot 10^{-11}$ N angegeben. Man sieht, daß sich nach jeweils etwa 1000 Zeitschritten ein Zustand eingestellt hat, bei dem die Fluktuationen um einen konstanten Mittelwert erfolgen.

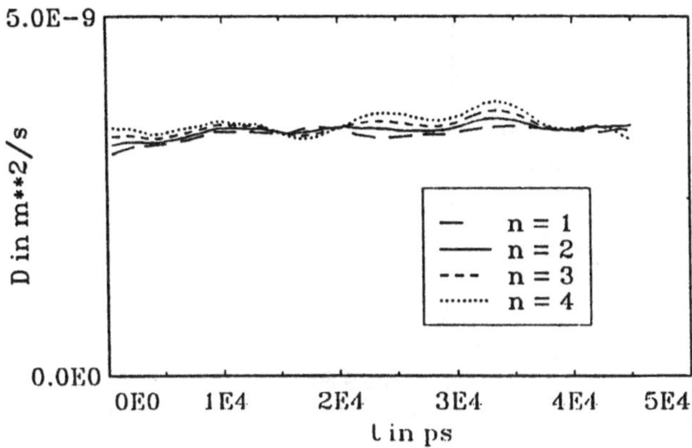


**Bild 9.79**
Langzeitdiffusion bei teilweise
blockierten Fenstern

Außerdem zeigt sich, daß bei kleinen Kräften die Strömungsgeschwindigkeit schwer aus den Fluktuationen herausgefiltert werden kann. Bild 9.77 zeigt die Strömungsgeschwindigkeiten aus verschiedenen Läufen als Funktion der angelegten Kraft pro Teilchen bei der Beladung I=3. Im Bild 9.78 sind die daraus berechneten Diffusionskoeffizienten dargestellt. Bei Vergleichsrechnungen wurde $D$ im gleichen System mit der Kraft Null aus den Momenten bestimmt. Es ergab sich $0.8 \cdot 10^{-8}$ m$^2$/s. Man sieht recht gute Übereinstimmung mit diesem Wert. Die Rechnungen für kleine Kräfte müssen jedoch mit wesentlich längerer Laufdauer oder größerer Teilchenzahl betrieben werden, um kleinere statistische Schwankungen als die zu erhalten, die man im Bild 9.78 sieht.

### 9.3.7  Simulationen von Zeolithen mit blockierten Fenstern

Das einfache Zeolithmodell ermöglicht Simulationsläufe mit einer größeren Anzahl von Teilchen oder die Simulation relativ langer Zeiträume. Als ein Beispiel seien in [277] veröffentlichte Rechnungen genannt. Die MD-Box enthält bei diesen Simulationen 27 Hohlräume. Von den 81 Fenstern sind 30 blockiert, und zwar so, daß im Zeolith drei Gebiete von jeweils drei Hohlräumen entstehen. Die Hohlräume jedes Gebietes bilden eine Kette, deren Glieder miteinander durch offene Fenster verbunden sind. Nur an einem der beiden Enden der Kette führt ein offenes Fenster aus dem betreffenden Gebiet heraus. Nur hier können Teilchen das betreffende Gebiet verlassen. Diese Gebilde bilden sogenannte Sackporen. Außer an den Begrenzungen dieser Gebiete gab es im System nur offene Fenster. Deshalb war die Diffusion nicht auf endliche Gebiete eingeschränkt. Durch die üblichen periodischen Randbedingungen wird das System einschließlich der teilweise blockierten Gebiete in jeder Richtung bis ins Unendliche reproduziert. Die Trajektorien der Gastmoleküle in diesem System umfassen komplizierte Schleifen verschiedener Formen und Größen. An diesem System wurde getestet, ob die Diffusionsgleichung für sehr große Zeiten immer noch erfüllt ist. Bild 9.79 zeigt den Diffusionskoeffizienten aus den vier Momenten über einen Zeitraum von 45 Nanosekunden. Das ist vermutlich die längste Zeitdauer für die Diffusion von 81 Gastmolekülen in einem realistischen Zeolithpotential, die bisher berechnet wurde. Die $D$-Werte aus den vier Momenten fallen schon in einem Bereich zusammen, in dem der gemeinsame Wert noch ansteigt. Ab etwa 20 ns fluktuiert $D$ um den anzunehmenden konstanten Endwert. So ergibt sich die Schlußfolgerung, daß ab etwa 20 ns und bis etwa 45 ns die Diffusionsgleichung gültig ist. Noch größere Zeiten sind in den Arbeiten von Ruthven und Theodoru [280, 281] untersucht

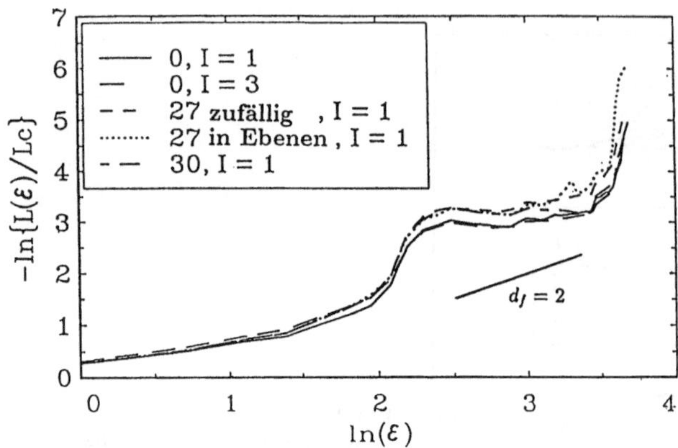


**Bild 9.80**
Skalierungsverhalten der Trajektorien

worden. Allerdings wurden dabei keine Trajektorien berechnet, wie das bei MD-Simulationen der Fall ist, sondern die Rolle blockierter Fenster wurde in *random-walk-Simulationen* untersucht. Hierbei werden zufällige und unkorrelierte Sprünge der Teilchen zwischen den Hohlräumen angenommen, wobei jeder Hohlraum nur ein Platz auf einem dreidimensionalen Gitter ist, von dem aus Sprünge zu benachbarten Plätzen erlaubt (freie Fenster) oder verboten (blockierte Fenster) sind. Der Nachteil solch einfacher Modelle ist, daß Korrelationen wie sie im Abschnitt 9.3.4 untersucht wurden, ohne Prüfung weggelassen werden. Man kann diese Modelle verbessern, indem man für die Sprungwahrscheinlichkeiten realistische Bedingungen (beispielsweise Abhängigkeit von der Zahl der Teilchen in dem betreffenden Hohlraum) einführt. Diese Wahrscheinlichkeiten bestimmen weitgehend das Ergebnis und um sie zu ermitteln, müßten objektive Kriterien – beispielsweise aus MD-Simulationen – gefunden werden. Trotzdem sind auch solche einfachen Modelle zur Untersuchung mancher Aspekte des Migrationsprozesses sehr nützlich.

### 9.3.8　Fraktale Eigenschaften der Trajektorien

Ein weiterer interessanter Aspekt der Geometrie von Trajektorien in Zeolithen ist das Skalierungsverhalten, das auf sehr einfache Weise getestet werden kann. Solche Untersuchungen sind für sogenannte *bulk*-Fluide in verschiedenen Arbeiten, beispielweise in [282–284] untersucht worden. Das sind Systeme, bei denen der Einfluß von Phasengrenzen, Wänden usw. vernachlässigbar ist. Einige theoretische Aspekte sind in der Arbeit [285] diskutiert worden. Um die fraktale Dimension einer Trajektorie zu bestimmen, geht man nach Richardson [286] folgendermaßen vor. Man folgt der Trajektorie von ihrem Ausgangspunkt bis zu einem Punkt, an dem die Entfernung zum Ausgangspunkt zum ersten Mal genau gleich einer vorgegebenen Entfernung $\epsilon^1$ ist. Von diesem neuen Ausgangspunkt startet man die Prozedur nochmals und so weiter bis das Ende der gespeicherten Trajektorie erreicht ist. Angenommen, die Prozedur ist $N_f$ mal ausgeführt worden bis das Ende der Trajektorie erreicht war, dann kann man sagen, daß mit einem starren Maßstab der Länge $\epsilon$ für die Trajektorie die Länge $\mathcal{L}(\epsilon) = N_f\epsilon$ gefunden wurde. Richardson charakterisiert das Skalierungsverhalten der Trajektorie durch einen Koeffizienten $\alpha$

$$\mathcal{L}(\epsilon) = \mathcal{L}_0\epsilon^{-\alpha}, \tag{9.55}$$

mit

---

[1] Nicht zu verwechseln mit dem LJ-Parameter $\epsilon$

$$\alpha = -\frac{\mathrm{d}\,\ln[\mathcal{L}(\epsilon)]}{\mathrm{d}\,\ln[\epsilon]}. \tag{9.56}$$

Die fraktale Dimension nach Mandelbrodt [287] ist durch

$$\alpha = d_f - d_T \tag{9.57}$$

definiert. Dabei ist $d_T$ die topologische Dimension im üblichen Sinne und $d_f$ die fraktale Dimension. Für Trajektorien ist $d_T = 1$ und deshalb $d_f = \alpha + 1$. Natürlich hat diese Definition nur dann einen Sinn, wenn zumindestens in einem gewissen Bereich von $\epsilon$-Werten eine Beziehung der Art (9.55) mit konstantem $\alpha$ existiert. Für *glatte* Kurven ergibt sich im Grenzfall $\epsilon \to 0$, daß $N_f = L_c/\epsilon$, also $\mathcal{L}(\epsilon) = L_c = L_0$ wird. Also haben in diesem Grenzfall alle glatten Kurven die fraktale Dimension $d_f = 1$. Aber Kurven, deren fraktale Dimension von eins verschieden ist, treten nicht nur als Resultate von Gedankenexperimenten auf. Für eine Reihe natürlicher Kurven wächst das Maß $\mathcal{L}(\epsilon)$ mit kleiner werdendem $\epsilon$, weil mit kleiner werdendem Maßstab auch Messungen innerhalb von kleinen Schleifen erfolgen, die bei großem $\epsilon$ nicht zu $\mathcal{L}(\epsilon)$ beitragen. In solchen Fällen ist $d_f$ größer als eins. Als illustratives Beispiel wird oft die Küste Norwegens genannt, wo in jedem größeren Fjord kleinere und in diesen noch kleinere Buchten auftreten. In der Natur können solche Erscheinungen immer nur für einen gewissen Bereich von $\epsilon$-Werten auftreten. Man nennt die Grenzen dieses Bereiches den inneren und den äußeren *cutoff* des fraktalen Verhaltens. Natürlich tritt fraktales Verhalten nicht nur bei Kurven, sondern auch bei Flächen und Volumina auf. Auf die praktische Bedeutung solcher Effekte, beispielsweise für die Erkundung von Lagerstätten flüssiger oder gasförmiger Energieträger wurde im Kapitel 8 hingewiesen. Um das Skalierungsverhalten der Trajektorien von Gastmolekülen in Zeolithen zu prüfen, wurde in [277] die Länge $\mathcal{L}(\epsilon)$ entsprechend der Prozedur ausgewertet, die bei der Definition dieser Größe beschrieben wurde. Weil die charakteristische Form der Trajektorien innerhalb eines Hohlraumes sich kaum in größeren Raumbereichen wiederholen wird, ist Selbstähnlichkeit als Voraussetzung von fraktalem Verhalten hier nicht sehr wahrscheinlich. Stattdessen ist zu erwarten, daß für große Entfernungen die Korrelationen verschwinden und deshalb die Trajektorie der eines *random walk* gleichen wird. Für *random walks* ist $d_f = 2$. Aber ähnlich wie bei den Untersuchungen zur Gültigkeit der Diffusionsgleichung ist es interessant, nicht nur diese Annahme zu überprüfen, sondern auch, im Falle ihrer Gültigkeit, sich die Art und Zeitskala ihrer Realisierung zu veranschaulichen. In [277] wurde die Länge $\mathcal{L}(\epsilon)$ für jedes Gastmolekül getrennt bestimmt und dann über alle Teilchen im System gemittelt. Bild 9.80 zeigt die Resultate für Zeolithe mit und ohne blockierte Fenster (einfaches Potentialmodell, ZK4, Satz A). $L(\epsilon)$ ist durch Division durch $L_c$ normiert. Das erste Beispiel ist ein Lauf, bei dem keine Fenster blockiert sind und die mittlere Besetzungszahl $I = 1$ Gastmoleküle pro Hohlraum ist. Das zweite entspricht dem gleichen System aber mit $I = 3$. Die beiden Kurven stimmen innerhalb kleiner Variationen überein. Im dritten Fall sind 27 Fenster blockiert. Diese sind so angeordnet, daß getrennte Ebenen von verbundenen Hohlräumen entstehen, die Bewegungen für sehr große Maßstäbe also nur zweidimensional erfolgen. Das letzte Beispiel entspricht dem System, in dem die extrem lange Auswertung des Diffusionskoeffizienten erfolgte (Bild 9.79). Es zeigt sich in allen diesen doch sehr verschiedenen Fällen beinahe das gleiche Skalierungsverhalten. Bei $\epsilon$-Werten, die etwa dem Hohlraumdurchmesser entsprechen, können Abweichungen vom monotonen Verlauf beobachtet werden. Weiter zeigt sich, daß die größten Werte $\epsilon \sim 33\,\text{Å}$, für die Auswertungen vogenommen wurden, noch nicht ausreichen, um den Grenzwert des Anstieges zu beobachten. Größere $\epsilon$-Werte sind nicht möglich, weil sonst der Rest der Trajektorie, der am Ende der Auswertung bleibt – wenn der Maßstab kein weiteres Mal angelegt werden kann – nicht mehr vernachlässigt werden dürfte.

# 10  Anhang

## 10.1  Maßeinheiten

*Ein Satz geeigneter Einheiten*

In der chemischen Physik gibt man gewöhnlich die Energien in kJ/mol und Längen in Å an:

$$1\ \text{kJ} = 10^{10}\ \text{g} \cdot \text{cm}^2 \cdot \text{s}^{-2}.$$

Nun ist $1\ \text{Å} = 10^{-8}$ cm, also ergibt sich

$$1\ \text{kJ} = 10^{26}\ \text{g} \cdot \text{Å}^2 \cdot \text{s}^{-2}.$$

Wenn also die Zeiteinheit $1\ \text{ZE} = 10^{-13}$ s gewählt wird, ist

$$1\ \text{kJ} = 1\ \text{g} \cdot \text{Å}^2 \cdot \text{ZE}^{-2}$$

oder auch

$$1\frac{\text{kJ}}{\text{mol}} = 1\frac{\text{g}}{\text{mol}} \cdot \text{Å}^2 \cdot \text{ZE}^{-2}. \tag{10.1}$$

Die Umrechnungsfaktoren werden also relativ einfach für die Wahl: Energie in kJ/mol,    Länge in Å,    Zeit in $10^{-13}$ s,    Masse in g/mol,    Temperatur in K.

Bei dieser Wahl der Maßeinheiten treten in den Variablen und Ergebnissen keine extrem großen oder kleinen Zahlenwerte auf, die beispielsweise beim Quadrieren zu Problemen mit dem zulässigen Zahlenbereich des Computers führen könnten.

Ein Beispiel für ihre Verwendung ist die Berechnung der Temperatur $T$ aus der kinetischen Energie. Mit dem Gleichverteilungssatz: $E_{\text{kin}} = \frac{3}{2}k_\text{B}T$ und $k_\text{B} = 8.3143 \cdot 10^{-3}$ kJ/(mol · K) findet man für $N$ Teilchen

$$T = 80.183 \cdot E_{\text{kin}}/N. \tag{10.2}$$

*Reduzierte Variable*

Man kann auch die Maßeinheiten weitgehend aus den Simulationsrechnungen heraushalten, indem man jede Variable als Vielfaches einer geeigneten Bezugsgröße angibt, die nicht mit den üblichen Einheiten (z.B. 1 Å für die Länge) identisch ist. Als Längeneinheit bietet sich etwa ein Teilchendurchmesser an. Wählt man die Kantenlänge der MD-Box als Einheit, so lassen sich die periodischen Randbedingungen besonders einfach formulieren.

Der Fall, daß man im System nur eine Sorte von Teilchen hat, und diese über ein Lennard-Jones Potential entsprechend Gl.(3.20) wechselwirken, sei als Beispiel für eine andere Möglichkeit dargestellt. Wegen

$$\ddot{\vec{r}}_i(t) = \frac{1}{m}\vec{F}_i(t) = -\frac{1}{m}\sum_{j \neq i}\frac{\vec{r}_{ij}}{r_{ij}}\frac{\mathrm{d}U(r_{ij})}{\mathrm{d}r_{ij}}, \tag{10.3}$$

findet man

$$\ddot{\vec{r}}_i(t) = \frac{\mathrm{d}^2}{\mathrm{d}t^2}\vec{r}_i(t) = \frac{48\epsilon}{m\sigma^2}\sum_{j\neq i}\vec{r}_{ij}\left[\left(\frac{\sigma}{r_{ij}}\right)^{14} - \frac{1}{2}\left(\frac{\sigma}{r_{ij}}\right)^{8}\right]. \tag{10.4}$$

Man kann nun neue dimensionslose Variable einführen

$$\vec{r} = \sigma\vec{r}\,' \qquad t = \alpha t'. \tag{10.5}$$

Wählt man die Zeinheit

$$\alpha = \sqrt{\frac{m\sigma^2}{48\epsilon}}, \tag{10.6}$$

so wird Gl.(10.4) zu

$$\ddot{\vec{r}}_i\,'(t') = \sum_{j\neq i}\vec{r}_{ij}\,'\left[\left(\frac{1}{r'_{ij}}\right)^{14} - \frac{1}{2}\left(\frac{1}{r'_{ij}}\right)^{8}\right]. \tag{10.7}$$

Man sieht, daß bei jeder Kraftberechnung gegenüber der Form in Gl.(10.4) der Bewegungsgleichungen die Multiplikation mit einem konstanten Faktor eingespart werden kann. Da dieser Faktor aber vor und nicht in der Summe in Gl.(10.4) steht, ist dieser Gewinn gering. Es ist leicht zu sehen, daß verschiedene Systeme, die dem selben Satz von Werten der reduzierten Variablen entsprechen, in einem Lauf simuliert werden können. Das ist auf physikalische Gründe zurückzuführen und gilt auch, wenn man keine reduzierten Variablen verwendet. Man muß dann nur umrechnen und die Äquivalenz ist nicht so augenfällig. Wenn man Simulationen mit dem Potential Gl.(3.20) für alle Werte der reduzierten Temperatur und des reduzierten Druckes ausgeführt hat, so hat man damit gleichzeitig die Daten für alle denkbaren einkomponentigen Lennard-Jones-Systeme berechnet.

Mit den eingeführten reduzierten Variablen lassen sich auch solche für weitere strukturelle oder dynamische Variable des Systems ableiten. Zum Beispiel ergibt sich für die Temperatur aus dem Gleichverteilungssatz

$$T = \frac{16\epsilon}{Nk_{\mathrm{B}}}\sum(v'_i)^2, \qquad v_i^2 = \alpha^2\sigma^2(v'_i)^2. \tag{10.8}$$

Mit der dimensionslosen reduzierten Temperatur

$$T' = \frac{k_{\mathrm{B}}T}{\epsilon} \tag{10.9}$$

erhält man

$$T' = \frac{16}{N}\sum(v'_i)^2. \tag{10.10}$$

Ob man reduzierte Variable verwendet oder nicht, ist weitgehend eine Frage des persönlichen Geschmacks. Als Nachteil steht den erwähnten Vorteilen die Notwendigkeit gegenüber, bei jedem Vergleich mit Experimenten oder Simulationen mit einem anderen als dem Lennard-Jones-Potential Umrechnungen der Parameter und Ergebnisse in Kauf zu nehmen. Wenn im System ein Gemisch mehrerer Teilchensorten vorliegt, gehen die genannten Vorteile weitgehend verloren, während dieser Nachteil bleibt.

Der Vollständigkeit halber sei noch auf eine andere Art von reduzierten Variablen verwiesen, die bei Simulationen weniger Verwendung findet. Man verwendet dabei als Einheiten von Druck und Temperatur die kritischen Größen eines einkomponentigen Systems [18]. Aus der erwähnten Äquivalenz aller einkomponentigen Lennard-Jones-Systeme folgt zumindestens für diese Klasse von Systemen, daß man sie auch auf solche Weise zusammenfassen kann. Über die Anwendung dieses sogenannten *Prinzips der korrespondierenden Zustände* auf reale Systeme kann man in [18] nachlesen.

## 10.2   Einige Eigenschaften der Fourier-Transformierten

Es sei die Fourier-Transformierte einer beliebigen Funktion $f(\vec{r}, t)$ im Ortsraum definiert durch:

$$\mathcal{F}[f(\vec{r}, t)] = \int f(\vec{r}, t) \cdot \exp\{-i\vec{k} \cdot \vec{r}\} \, d^3\vec{r}. \tag{10.11}$$

Wir verwenden der Kürze halber auch die Schreibweise $\mathcal{F}[f(\vec{r}, t)] = f(\vec{k}, t)$ Die Rücktransformation sei durch

$$f(\vec{r}, t) = (2\pi)^{-3} \int f(\vec{k}, t) \exp\{i\vec{k} \cdot \vec{r}\} \, d^3\vec{k} \tag{10.12}$$

gegeben. Aus den Gln.(10.11,10.12) lassen sich unter anderem folgende Eigenschaften ableiten:

$$\mathcal{F}[f(\vec{r}, t) + g(\vec{r}, t)] = \mathcal{F}[f(\vec{r}, t)] + \mathcal{F}[g(\vec{r}, t)]. \tag{10.13}$$

Wenn der Operator $\nabla$ für die Gradientenbildung steht, gilt wegen

$$\int \exp\{-i\vec{k} \cdot \vec{r}\} \nabla f(\vec{r}, t) \, d^3\vec{r} = -\int f(\vec{r}, t) \nabla \exp\{-i\vec{k} \cdot \vec{r}\} \, d^3\vec{r}$$

$$\mathcal{F}[\nabla f(\vec{r}, t)] = i\vec{k} f(\vec{k}, t) \tag{10.14}$$

und entsprechend für den Laplace-Operator

$$\mathcal{F}[\Delta f(\vec{r}, t)] = -k^2 f(\vec{k}, t). \tag{10.15}$$

Weiter gilt

$$\mathcal{F}[f(\vec{r} - \vec{r}_0, t)] = \exp\{ik\vec{r}_0\} f(\vec{k}, t) \tag{10.16}$$

und

$$\mathcal{F}[\exp(-ar^2)] = \left(\frac{\pi}{a}\right)^{\frac{3}{2}} \exp\left\{\frac{-k^2}{4a}\right\}. \tag{10.17}$$

## 10.3   Ein MD-Programm für ein Gemisch von Lennard-Jones-Molekülen

Als Beispiel für ein MD-Programm sei der folgende FORTRAN-Quelltext und ein passendes Eingabefile gegeben. Das Programm lief in Testläufen ohne Komplikationen. Die Autoren übernehmen aber keinerlei Haftung. Diese liegt ausschließlich bei den Benutzern selbst.

In dem Programm findet man sowohl die Thermalisierung nach [116] als auch die Verwendung von Nachbarschaftstabellen und *shifted forces*. Die Thermalisierung erfolgt nur in einem (hier sehr kurzen) sogenannten Thermalisierungslauf. Für den eigentlichen MD-Lauf sind die entsprechenden Programmzeilen durch Umwandlung in Kommentarzeilen unwirksam gemacht, um die Energieerhaltung beobachten zu können.

Die Trajektorien werden mit dem *Velocity-Verlet-Algorithmus* berechnet.

```fortran
*****************************************************
*                                                   *
*     MD for a mixture with shifted forces          *
*                                                   *
*****************************************************
      program gas
      implicit real*8 (a-h,o-z)
      parameter ( nmax = 502 )
      parameter ( maxtab = 10000 )
      parameter ( rcut = 10.0 )
      parameter ( rtab = 12.0 )

      integer sorten, sorte
       real*8 masse, mass, mas
      common/ints/nmol, nsteps, sorten, imol, iatom, jmol, istep,
     :i, j, k, l, ipr, izahl, ntab, sorte, ki, kj
      common/param/masse(20),sigma(20),epsilon(20),
     : sigij(20,20), epsij(20,20)
      common/intfld/ iz(20), kenn(nmax), molij(maxtab), neighb(nmax)
      common/fields/ x(nmax), y(nmax), z(nmax),
     :vx(nmax), vy(nmax), vz(nmax),
     :fx(nmax), fy(nmax), fz(nmax), mass(nmax)
      common/floats/ h, h2, tnorm, boxl2, volume, ekin, epot, etot,
     :temp, ekinm, viria, virial, fmax, rmax, boxl, aled,
     :r2, r4, r5, r6, r7, xl, yl, zl, tfak, sig, eps, mas,
     :ur(20,20), urs(20,20)

      open(unit=1,status='old',file='mdin.dat')
      open(unit=2,status='old',file='md_out.dat')

      write(*,'('' Start der MD - Simulation !'')')
      write(*,'('' ============================================
     :'')')
      write(2,'('' ============================================
     '')')

C /**** Eingabedaten *****/

      read(1,*) aled
      read(1,*) nmol, nsteps, sorten
      write(*,'('' nmol ='',I6,''        nsteps ='',I6,''        sorten =
     : '',I6 )') nmol,nsteps,sorten
      write(2,'('' nmol = '',I6,''        nsteps = '',I6,''        sorten =
     : '',I6 )') nmol,nsteps,sorten
      read(1,*) h,  tnorm,  boxl
      write(*,'('' h = '',f10.5,''        tnorm = '',f10.3,''        boxl =
     : '',f10.3 )') h, tnorm, boxl
      write(2,'('' h = '',f10.5,''        tnorm = '',f10.3,''        boxl =
     : '',f10.3 )') h, tnorm, boxl
      write(*,'(//,'' iz      Sigma      Epsilon   Masse '')')
      write(*,'('' .......................................'')')
      write(2,'(//,'' iz      Sigma      Epsilon   Masse '')')
      write(2,'('' .......................................'')')
```

```fortran
      do sorte = 1, sorten
        read(1,*) izahl,  sig,   eps,   mas
        iz(sorte)=izahl
        sigma(sorte) = sig
        epsilon(sorte) = eps
        masse(sorte) = mas
        write(*,'(I6,3F10.4)') izahl, sig, eps, mas
        write(2,'(I6,3F10.4)') izahl, sig, eps, mas
      end do
      write(*,''('' ==========================================
     :'')')
      write(2,''('' ==========================================
     :'')')
      call starts

C   ****** Thermalisierungslauf *********

      do istep = 1, 100
        call move
        ekin = 0.0
        do imol = 1, nmol
          ekin = ekin + 0.5 * mass(imol) *
     :           ( vx(imol)**2 + vy(imol)**2 + vz(imol)**2 )
        end do
        temp = 80.183 * ekin / nmol
        tfak = 1.0 + h*(tnorm/temp-1.0)/(istep*0.02 + 1.0 )
        do imol = 1, nmol
          vx(imol) = vx(imol) * tfak
          vy(imol) = vy(imol) * tfak
          vz(imol) = vz(imol) * tfak
        end do
        if( mod(istep,10) .eq. 0 ) write(*,'(I10)') istep
      end do

C   ***********************************

      virial = 0.0
      ekinm = 0.0
      ipr = nsteps / 100
      call nforce

C     /* +++   Beginn des MD - Laufes +++ */

      do istep = 1, nsteps
        call move
        call Auswertung
      end do

C     /* +++   Ende des MD - Laufes +++ */

      rewind 2
      stop
      end
```

```fortran
      subroutine starts
      implicit real*8 (a-h,o-z)
      parameter ( nmax = 502 )
      parameter ( maxtab = 10000 )
      parameter ( rcut = 10.0 )
      parameter ( rtab = 12.0 )

      integer sorten, sorte, allmol
       real*8 masse, mass, mas
      common/ints/nmol, nsteps, sorten, imol, iatom, jmol, istep,
     :i, j, k, l, ipr, izahl, ntab, sorte, ki, kj
      common/param/masse(20),sigma(20),epsilon(20),
     : sigij(20,20), epsij(20,20)
      common/intfld/ iz(20), kenn(nmax), molij(maxtab), neighb(nmax)
      common/fields/ x(nmax), y(nmax), z(nmax),
     :vx(nmax), vy(nmax), vz(nmax),
     :fx(nmax), fy(nmax), fz(nmax), mass(nmax)
      common/floats/ h, h2, tnorm, boxl2, volume, ekin, epot, etot,
     :temp, ekinm, viria, virial, fmax, rmax, boxl, aled,
     :r2, r4, r5, r6, r7, xl, yl, zl, tfak, sig, eps, mas,
     :ur(20,20), urs(20,20)

      h2 = h / 2.0
      boxl2 = boxl / 2.0
      volume = boxl**3
      do ki=1, sorten
        do kj=1, sorten
          sigij(ki,kj)=0.5*(sigma(ki)+sigma(kj))
          epsij(ki,kj)=sqrt(epsilon(ki)*epsilon(kj))
          r6 = ( sigij(ki,kj)/rcut )**6
          ur(ki,kj) = 4*epsij(ki,kj)*r6*(r6-1.0)
          urs(ki,kj) = - 24*epsij(ki,kj)*r6*(2.0*r6-1.0)/rcut
        end do
      end do
      do imol = 1, nmol
        kenn(imol) = 0
      end do

C /* Verteilung der Teilchen auf die Sorten */
      allmol = 0
      do sorte=2, sorten
        imax = iz(sorte)
        allmol = allmol + imax
        if(imax.ne.0) then
          do i = 1, imax
    1       continue
            call random(aled,zu)
            imol = nmol * zu + 1
            if( kenn(imol) .ne. 0 ) goto 1
            kenn(imol) = sorte
          end do
        endif
      end do
```

```fortran
      do imol = 1, nmol
        if( kenn(imol) .eq. 0 ) kenn(imol) = 1
c        write(2,'(2I8)') imol, kenn(imol)
        ki = kenn(imol)
        mass(imol) = masse(ki)
      end do
      allmol = allmol + iz(1)
      if(allmol.ne.nmol) then
        write(*,'(I6,'' is not'',I6)') allmol, nmol
        write(2,'(I6,'' is not'',I6)') allmol, nmol
        stop
      endif
      ekin = 0.0
      do imol = 1, nmol
        ki = kenn(imol)
        call random(aled,zu)
        x(imol) = boxl * zu
        call random(aled,zu)
        y(imol) = boxl * zu
        call random(aled,zu)
        z(imol) = boxl * zu
        call random(aled,zu)
        vx(imol) = zu - 0.5
        call random(aled,zu)
        vy(imol) = zu - 0.5
        call random(aled,zu)
        vz(imol) = zu - 0.5
        ekin = ekin + 0.5 * mass(imol) *
     :     ( vx(imol)**2 + vy(imol)**2 + vz(imol)**2 )
      end do
      temp = 80.183 * ekin / nmol
      tfak = sqrt( tnorm / temp )
      write(*,'('' temp ='',F10.3)') temp
      do i=1, nmol
        vx(i) = tfak * vx(i)
        vy(i) = tfak * vy(i)
        vz(i) = tfak * vz(i)
      end do
      itrial = 0
100   continue
      write(*,'('' itrial = '',i4)') itrial
      call nforce
      itrial = itrial + 1
      if (itrial.gt.100) then
        write(*,'('' Zu eng !!!!'')')
        stop
      endif
      fmax = 0.0
      do i=1, nmol
        fnorm = sqrt( fx(i)*fx(i) + fy(i)*fy(i) + fz(i)*fz(i) )
        if( fnorm .gt. fmax ) fmax = fnorm
        if(fnorm.lt.0.001) fnorm = 0.001
        if(itrial.lt.10) then
```

```fortran
        shift = 1.0/(2.0*fnorm)
      else
        shift = 1.0/(20.0*fnorm)
      endif
      x(i) = x(i) + shift * fx(i)
      y(i) = y(i) + shift * fy(i)
      z(i) = z(i) + shift * fz(i)
      if( x(i) .lt.  0.0) x(i) = x(i) + boxl
      if( x(i) .gt. boxl) x(i) = x(i) - boxl
      if( y(i) .lt.  0.0) y(i) = y(i) + boxl
      if( y(i) .gt. boxl) y(i) = y(i) - boxl
      if( z(i) .lt.  0.0) z(i) = z(i) + boxl
      if( z(i) .gt. boxl) z(i) = z(i) - boxl
   end do
   write(*,'('' Max. Kraft = '',1pe10.1)') fmax
   if ( fmax .gt. 100.0 ) goto 100
   write(2,'('' This is a run for'',I6,'' particles'')') allmol
   return
   end
   subroutine nforce
   implicit real*8 (a-h,o-z)
   parameter ( nmax = 502 )
   parameter ( maxtab = 10000 )
   parameter ( rcut = 10.0 )
   parameter ( rtab = 12.0 )

   integer sorten, sorte
    real*8 masse, mass, mas
   common/ints/nmol, nsteps, sorten, imol, iatom, jmol, istep,
  :i, j, k, l, ipr, izahl, ntab, sorte, ki, kj
   common/param/masse(20),sigma(20),epsilon(20),
  : sigij(20,20), epsij(20,20)
   common/intfld/ iz(20), kenn(nmax), molij(maxtab), neighb(nmax)
   common/fields/ x(nmax), y(nmax), z(nmax),
  :vx(nmax), vy(nmax), vz(nmax),
  :fx(nmax), fy(nmax), fz(nmax), mass(nmax)
   common/floats/ h, h2, tnorm, boxl2, volume, ekin, epot, etot,
  :temp, ekinm, viria, virial, fmax, rmax, boxl, aled,
  :r2, r4, r5, r6, r7, xl, yl, zl, tfak, sig, eps, mas,
  :ur(20,20), urs(20,20)
   epot = 0.0
   viria = 0.0
   ntab = 0
   do imol = 1, nmol
     fx(imol) = 0.0
     fy(imol) = 0.0
     fz(imol) = 0.0
   end do
   do imol = 1, nmol-1
     ki = kenn(imol)
     neighb(imol) = 0
     do jmol = imol+1, nmol
       xx = x(imol)-x(jmol)
```

```fortran
          yy = y(imol)-y(jmol)
          zz = z(imol)-z(jmol)
C         /* Periodische Randbedingungen */
          if( xx .gt.    boxl2 ) xx = xx - boxl
          if( xx .lt. (-boxl2)) xx = xx + boxl
          if( yy .gt.    boxl2 ) yy = yy - boxl
          if( yy .lt. (-boxl2)) yy = yy + boxl
          if( zz .gt.    boxl2 ) zz = zz - boxl
          if( zz .lt. (-boxl2)) zz = zz + boxl
          r2 = xx*xx + yy*yy + zz*zz
          r = sqrt(r2)
          if(r .lt. rtab) then
            ntab = ntab + 1
            neighb(imol) = neighb(imol) + 1
            if(ntab.ge.maxtab) then
              write(*,'('' Overflow of the neighbourhood table !'')')
              write(2,'('' Overflow of the neighbourhood table !'')')
              stop
            else
              molij(ntab) = jmol
            endif
            if (r.lt.rcut) then
              kj = kenn(jmol)
              r6  = (sigij(ki,kj)/r)**6
              epot = epot + 4*epsij(ki,kj)*r6*(r6-1.0) +
     :                              (rcut-r)*urs(ki,kj) - ur(ki,kj)
              A = 24*epsij(ki,kj)*r6*(2.0*r6-1.0)/(r*r) + urs(ki,kj)/r
              viria = viria + A*r2
            else
              A = 0.0
            endif
            fx(imol) = fx(imol) + A * xx
            fy(imol) = fy(imol) + A * yy
            fz(imol) = fz(imol) + A * zz
            fx(jmol) = fx(jmol) - A * xx
            fy(jmol) = fy(jmol) - A * yy
            fz(jmol) = fz(jmol) - A * zz
          endif
C         /* rtab */
        end do
C       /* jmol */
      end do
C     /* imol */

      return
      end

      subroutine forces
      implicit real*8 (a-h,o-z)
      parameter ( nmax = 502 )
      parameter ( maxtab = 10000 )
      parameter ( rcut = 10.0 )
      parameter ( rtab = 12.0 )
```

```fortran
      integer sorten, sorte
       real*8 masse, mass, mas
      common/ints/nmol, nsteps, sorten, imol, iatom, jmol, istep,
     :i, j, k, l, ipr, izahl, ntab, sorte, ki, kj
      common/param/masse(20),sigma(20),epsilon(20),
     : sigij(20,20), epsij(20,20)
      common/intfld/ iz(20), kenn(nmax), molij(maxtab), neighb(nmax)
      common/fields/ x(nmax), y(nmax), z(nmax),
     :vx(nmax), vy(nmax), vz(nmax),
     :fx(nmax), fy(nmax), fz(nmax), mass(nmax)
      common/floats/ h, h2, tnorm, boxl2, volume, ekin, epot, etot,
     :temp, ekinm, viria, virial, fmax, rmax, boxl, aled,
     :r2, r4, r5, r6, r7, xl, yl, zl, tfak, sig, eps, mas,
     :ur(20,20), urs(20,20)
      epot = 0.0
      viria = 0.0
      ntab = 0
      do imol = 1, nmol
        fx(imol) = 0.0
        fy(imol) = 0.0
        fz(imol) = 0.0
      end do
      do imol = 1, nmol-1
        ki = kenn(imol)
        ngbrs = neighb(imol)
        if( ngbrs .ne. 0 ) then
          do nb = 1, ngbrs
            ntab = ntab + 1
            jmol = molij(ntab)
            xx = x(imol)-x(jmol)
            yy = y(imol)-y(jmol)
            zz = z(imol)-z(jmol)
C           /* Periodische Randbedingungen */
            if( xx .gt.    boxl2 ) xx = xx - boxl
            if( xx .lt. (-boxl2)) xx = xx + boxl
            if( yy .gt.    boxl2 ) yy = yy - boxl
            if( yy .lt. (-boxl2)) yy = yy + boxl
            if( zz .gt.    boxl2 ) zz = zz - boxl
            if( zz .lt. (-boxl2)) zz = zz + boxl
            r2 = xx*xx + yy*yy + zz*zz
            r = sqrt(r2)
            if (r.lt.rcut) then
              kj = kenn(jmol)
              r6  = (sigij(ki,kj)/r)**6
              epot = epot + 4*epsij(ki,kj)*r6*(r6-1.0) +
                                  (rcut-r)*urs(ki,kj) - ur(ki,kj)
              A = 24*epsij(ki,kj)*r6*(2.0*r6-1.0)/(r*r) + urs(ki,kj)/r
              viria = viria + A*r2
              fx(imol) = fx(imol) + A * xx
              fy(imol) = fy(imol) + A * yy
              fz(imol) = fz(imol) + A * zz
              fx(jmol) = fx(jmol) - A * xx
```

```fortran
              fy(jmol) = fy(jmol) - A * yy
              fz(jmol) = fz(jmol) - A * zz
            endif
C           /* rcut */
          end do
C         /* jmol */
        endif
      end do
C     /* imol */
      return
      end

      subroutine move

      implicit real*8 (a-h,o-z)
      parameter ( nmax = 502 )
      parameter ( maxtab = 10000 )
      parameter ( rcut = 10.0 )
      parameter ( rtab = 12.0 )

      integer sorten, sorte
       real*8 masse, mass, mas
      common/ints/nmol, nsteps, sorten, imol, iatom, jmol, istep,
     :i, j, k, l, ipr, izahl, ntab, sorte, ki, kj
      common/param/masse(20),sigma(20),epsilon(20),
     : sigij(20,20), epsij(20,20)
      common/intfld/ iz(20), kenn(nmax), molij(maxtab), neighb(nmax)
      common/fields/ x(nmax), y(nmax), z(nmax),
     :vx(nmax), vy(nmax), vz(nmax),
     :fx(nmax), fy(nmax), fz(nmax), mass(nmax)
      common/floats/ h, h2, tnorm, boxl2, volume, ekin, epot, etot,
     :temp, ekinm, viria, virial, fmax, rmax, boxl, aled,
     :r2, r4, r5, r6, r7, xl, yl, zl, tfak, sig, eps, mas,
     :ur(20,20), urs(20,20)

        do imol = 1, nmol
C          /* Berechne neue Orte */
           x(imol) = x(imol) + h*(vx(imol)+h2*fx(imol)/mass(imol))
           y(imol) = y(imol) + h*(vy(imol)+h2*fy(imol)/mass(imol))
           z(imol) = z(imol) + h*(vz(imol)+h2*fz(imol)/mass(imol))
C          /*     Periodische Randbedingungen     */
           if( x(imol) .lt.  0.0) x(imol) = x(imol) + boxl
           if( x(imol) .gt. boxl) x(imol) = x(imol) - boxl
           if( y(imol) .lt.  0.0) y(imol) = y(imol) + boxl
           if( y(imol) .gt. boxl) y(imol) = y(imol) - boxl
           if( z(imol) .lt.  0.0) z(imol) = z(imol) + boxl
           if( z(imol) .gt. boxl) z(imol) = z(imol) - boxl
C          /* Berechne neue Geschwindigkeiten 1. Teil */
           vx(imol) = vx(imol) + h2*fx(imol)/mass(imol)
           vy(imol) = vy(imol) + h2*fy(imol)/mass(imol)
           vz(imol) = vz(imol) + h2*fz(imol)/mass(imol)
        end do
C       /* neue Kr\"afte */
```

```fortran
        if( mod(istep,10) .eq. 0 ) then
          call nforce
        else
          call forces
        endif
C       /* Berechne neue Geschwindigkeiten 2. Teil */
        do imol = 1, nmol
          vx(imol) = vx(imol) + h2*fx(imol)/mass(imol)
          vy(imol) = vy(imol) + h2*fy(imol)/mass(imol)
          vz(imol) = vz(imol) + h2*fz(imol)/mass(imol)
        end do
      return
      end

      subroutine Auswertung
      implicit real*8 (a-h,o-z)
      parameter ( nmax = 502 )
      parameter ( maxtab = 10000 )
      parameter ( rcut = 10.0 )
      parameter ( rtab = 12.0 )

      integer sorten, sorte
       real*8 masse, mass, mas
      common/ints/nmol, nsteps, sorten, imol, iatom, jmol, istep,
     :i, j, k, l, ipr, izahl, ntab, sorte, ki, kj
      common/param/masse(20),sigma(20),epsilon(20),
     : sigij(20,20), epsij(20,20)
      common/intfld/ iz(20), kenn(nmax), molij(maxtab), neighb(nmax)
      common/fields/ x(nmax), y(nmax), z(nmax),
     :vx(nmax), vy(nmax), vz(nmax),
     :fx(nmax), fy(nmax), fz(nmax), mass(nmax)
      common/floats/ h, h2, tnorm, boxl2, volume, ekin, epot, etot,
     :temp, ekinm, viria, virial, fmax, rmax, boxl, aled,
     :r2, r4, r5, r6, r7, xl, yl, zl, tfak, sig, eps, mas,
     :ur(20,20), urs(20,20)
      ekin = 0.0
      do imol = 1, nmol
        ekin = ekin + 0.5 * mass(imol) *
     :        ( vx(imol)**2 + vy(imol)**2 + vz(imol)**2 )
      end do
      etot = ekin + epot
      virial = ((istep-1)*virial + viria)/istep
      ekinm = ((istep-1)*ekinm + ekin)/istep
      temp = 80.183 * ekin / nmol
      tempm = 80.183 * ekinm / nmol
      prssr = 1660.1*( 2.0*ekinm + virial ) / (3.0*volume)
      if( mod(istep, 10*ipr ) .eq. 1 ) then
        write(*,'('' istep      etot/nmol      epot/nmol       temp
     :tempm      Druck '')')
        write(*,'('' ==================================================
     :===================='')')
        write(2,'('' length of the neighbourhood table ='',I10)') ntab
        write(2,'('' istep      etot/nmol      epot/nmol        temp
```

```
      :tempm        Druck   '')')
         write(2,'(''  =============================================
      :===================='')')
         write(2,'(''  length of the neighbourhood table ='',I10)') ntab
       endif
       if( mod(istep, ipr) .eq. 0 ) then
         etotp = etot/nmol
         epotp = epot/nmol
         write(*,'(I8,1pe14.3,1pe14.3,0pf10.3,2f11.3)')
      :      istep, etotp, epotp, temp, tempm, prssr
       endif
         tfak = 1.0
C              + h*(tnorm/temp-1.0)/20.0
         do imol = 1, nmol
           vx(imol) = vx(imol) * tfak
           vy(imol) = vy(imol) * tfak
           vz(imol) = vz(imol) * tfak
         end do
       return
       end
       subroutine random(aled,zu)
       implicit real*8 (a-h,o-z)
       aled=dmod(32777.d0*aled,16775723.d0)
       zu=aled/16775723.d0
       return
       end
```

Dazu das passende Eingabefile, das den Namen `mdin.dat` tragen sollte.

```
21777.7
300     500       3
0.1     300.0     42.4

100     3.817     1.232     16.0
100     3.817     1.232     16.0
100     3.817     1.232     16.0

Bedeutung der Eingabedaten:
============================
aled
nmol    nsteps    sorten
h       tnorm     boxl


iz(i)   sigma(i)  epsilon(i)   mass(i)


dabei ist:
---------------
aled    -    Startwert des Zufallszahlengenerators
nmol    -    Gesamtzahl der kugelf\"ormigen Teilchen
nsteps  -    L\"ange des Laufes (Schrittzahl)
sorten  -    Anzahl der Sorten
h       -    Zeitinkrement der MD - Rechnung
tnorm   -    gew\"unschte Temperatur
boxl    -    Kantenl\"ange der kubischen MD-Box
```

Darunter folgt für jede Teilchensorte eine Zeile mit Angabe der Teilchenzahl der betreffenden Sorte (`Summe=nmol`!), der Lennard-Jones-Parameter `Sigma` und `Epsilon` sowie der Teilchenmasse.

## 10.4 Zur Vektorisierung von FORTRAN Programmen

Bei modernen Rechnern mit Vektorprozessoren kann man erhebliche Einsparungen an Rechenzeit erzielen, wenn man den FORTRAN Quellcode etwas modifiziert, um die Vektorisierung von do-Schleifen zu ermöglichen. Die Vektorisierung wird dann vom Compiler automatisch vorgenommen. Vektorisierung bedeutet, daß verschiedene Durchläufe der Schleife im Rechner gleichzeitig und nicht nacheinander ablaufen. Voraussetzung dafür ist, daß nicht auf Variable zugegriffen wird, deren Wert gerade in einem anderen Schleifendurchlauf geändert wird. Solche unerlaubten Abhängigkeiten werden vom Rechner als *dependency* gemeldet und die betreffenden Schleifen werden nicht vektorisiert. So etwas tritt häufig (aber nicht immer) auf, wenn in einem Schleifendurchlauf verschiedene Elemente eines Feldes benutzt, die geändert werden. Bei Schleifen, die nur wenige Male durchlaufen werden, lohnt sich die Vektorisierung nicht. In solchen Fällen könnte das Programm sogar etwas langsamer werden. Die Vektorisierung kann leicht für einzelne Schleifen oder das ganze Programm durch Compiler-Direktiven abgeschaltet werden. Man informiere sich darüber in den Handbüchern zum betreffenden Rechner. Hier sollen nur die Rechner der CRAY-Serie betrachtet werden, die jeweils bei mehreren ineinander geschachtelten Schleifen die innerste vektorisieren. Zwar gibt es zwischen verschiedenen Rechnertypen einige Unterschiede, aber das Prinzip ist an den folgenden Ausführungen zu erkennen.

Bei MD-Programmen nimmt die Kraftberechnung in der Regel die meiste Zeit in Anspruch. Deshalb ist Vektorisierung hier besonders wünschenswert. Die innerste Schleife läuft dabei zwar nur über die Wechselwirkungspartner jedes Teilchens und das sind bei Verwendung einer Nachbarschaftstabelle nicht sehr viele. Bei MD-Simulationen von einigen hundert Teilchen kann man trotzdem durch Vektorisierung mit einer Verkürzung der Gesamtlaufzeit des Programms auf z.B. ein Drittel rechnen. Das ist ein Erfahrungswert. Im Einzelfall hängt das vom Programm, vom Rechner, von der Dichte des simulierten Systems usw. ab.

Bei dem genannten Beispiel der Schleife über die Wechselwirkungspartner ist damit zu rechnen, daß Schwierigkeiten bei der Vektorisierung auftreten, wenn die Nummern der jeweils zweiten Stoßpartner erst während des Laufes aus einer Nachbarschaftstabelle entnommen werden, also ihre Reihenfolge zur Zeit der Compilierung nicht absehbar ist. Bei modernen Compilern kann es zwar sein, daß es weniger Probleme gibt, als hier beschrieben, es soll hier gezeigt werden, wie man ihnen begegnet, wenn sie auftreten. Das folgende Beispiel einer Doppelschleife für die Kraftberechnung in einem einkomponentigen System dürfte ausreichen, um das Prinzip zu erläutern. Im Einzelfall ist man ohnehin fast immer auf gezieltes Probieren angewiesen.

Die Compiler verfügen über inplimentierte Funktionen, die an die Stelle von Operationen treten können, die die Vektorisierung verhindern. Der Trend bei moderneren Compilern geht dahin, daß der Compiler das automatisch vollzieht und der Programmierer davon nichts merkt. Es soll hier gezeigt werden, was andernfalls getan werden muß. Die wichtigsten solchen Operationen sind die if-Anweisung und die Summe über die Elemente eines Feldes. Sie sollen in ihrer Anwendung für das dann folgende Beispiel erläutert werden.

Die vektorisierbare Anweisung

```
F = ssum(ngbrs,fxh,1)
```

bewirkt dasselbe wie die Schleife

```
F = 0
do i = 1, ngbrs
F = F + fxh( i )
end do
```

Die Argumente in `ssum(ngbrs,fxh,1)` bedeuten, daß über `ngbrs` Elemente des Feldes `fxh` zu summieren ist und das mit dem Index eins anzufangen ist.

```
xij = cvmgp( xij-boxl , xij , xij - boxl2 )
```

ist gleichbedeutend mit

```
if( xij - boxl2 .gt. 0.0 ) then
  xij = xij - boxl
else
  xij = xij
endif
```

Schließlich ist

```
xij = cvmgm( xij+boxl , xij , xij + boxl2 )
```

gleichbedeutend mit

```
if( xij + boxl2 .lt. 0.0 ) then
  xij = xij + boxl
else
  xij = xij
endif
```

Es folgt nun das erwähnte Beipiel für das die Benennung der Variablen analog zu dem im Anhang 10.3 aufgeführten Programm gewählt wurde. So ist `molij` ist wie im Beispielprogramm die Nachbarschaftstabelle `x(imol)` der Ort des Teilchens `imol` usw.

```
      ntab = 0
      do imol = 1, nmol - 1
        ngbrs = neighb( imol )
        if( ngbrs .ne. 0 ) then
        xi = x( imol )
        yi = y( imol )
        zi = z( imol )
        do j = 1, ngbrs
           jj = molij( ntab + j )
          xh( j ) = x( jj )
          yh( j ) = y( jj )
          zh( j ) = z( jj )
        end do
```

```
do j = 1, ngbrs
  xij = xi - xh( j )
  yij = yi - yh( j )
  zij = zi - zh( j )
  xij = cvmgp( xij-boxl , xij , xij - boxl2 )
  xij = cvmgm( xij+boxl , xij , xij + boxl2 )
  yij = cvmgp( yij-boxl , yij , yij - boxl2 )
  yij = cvmgm( yij+boxl , yij , yij + boxl2 )
  zij = cvmgp( zij-boxl , zij , zij - boxl2 )
  zij = cvmgm( zij+boxl , zij , zij + boxl2 )
  rq = xij*xij  + yij*yij + zij*zij
  fak = cvmgm( 1.0, 0.0, rq - 100.0 )
  r6 = ( sigq/rq )**3
  a = fak * 4.0*r6*epslon*( 12.0*r6 - 6.0 )/rq
  epot = epot + fak * ( 4.0*epslon*r6*(r6-1.0) - eij0 )
  fxh( j ) = a * xij
  fyh( j ) = a * yij
  fzh( j ) = a * zij
end do
fx( imol ) = fx( imol ) + ssum(ngbrs,fxh,1)
fy( imol ) = fy( imol ) + ssum(ngbrs,fyh,1)
fz( imol ) = fz( imol ) + ssum(ngbrs,fzh,1)
do j = 1, ngbrs
  jj = molij( ntab + j )
  fx( jj ) = fx( jj ) - fxh( j )
  fy( jj ) = fy( jj ) - fyh( j )
  fz( jj ) = fz( jj ) - fzh( j )
end do
ntab = ntab + ngbrs
endif
end do
```

Wie man sieht, ist die Entnahme der Indizes der Partner aus der Nachbarschaftstabelle in kurzen separaten Schleifen untergebracht. Diese sind nicht vektorisierbar. Dafür hat man eine zentrale vektorisierbare Schleife, in der die relativ rechenzeitintensiven arithmetischen Operationen untergebracht sind.

Zu bemerken ist noch, daß die Kraft auch für die Fälle berechnet wurde, in denen der Abstand größer ist als der Abschneideradius. Der speziell dafür eingeführte Faktor fak ist in solchen Fällen gleich Null. Die Ausführung dieser an und für sich unnötigen Berechnungen ist vorteilhafter als die Vektorisierung durch eine Verzweigung des Programms innerhalb der Schleife zu zerstören.

# Literaturverzeichnis


[1] B.J. Alder, T.E. Wainwright, *Phase Transition for a Hard Sphere System*, J. Chem. Phys. **27**(1957)1208

[2] B.J. Alder, T.E. Wainwright, *Studies in Molecular Dynamics. I. General Method*, J. Chem. Phys. **31**(1959)459

[3] A. Rahman, *Correlations in the Motion of Atoms of Liquid Argon*, Phys. Rev. **136A**(1964)405

[4] L. Verlet, *Computer Experiments on Classical Fluids. I. Thermodynamical Properties of Lennard-Jones Molecules*, Phys. Rev. **159**(1967)98; *Computer Experiments on Classical Fluids. II. Equilibrium Correlation Functions*, Phys. Rev. **165**(1968)201

[5] A. Rahman, F.H. Stillinger, *Molecular Dynamics Study of Liquid Water*, J. Chem. Phys. **55**(1971)3336

[6] G. Cicotti, D. Frenkel, I.R. McDonald (Eds.), *Simulation of Liquids and Solids - Molecular Dynamics and Monte Carlo Methods in Statistical Mechanics*, North-Holland, Amsterdam Oxford New York Tokyo, 1990

[7] M.P. Allen, D.J. Tildesley, *Computer simulation of liquids*, Clarendon Press, Oxford, 1990

[8] W.G. Hoover, *Molecular Dynamics*, Springer Verlag, Berlin/New York, 1986

[9] F. Vesely, *Computerexperimente an Flüssigkeitsmodellen*, Physik Verlag, Weinheim, 1978

[10] R.W. Hockney, J.W. Eastwood, *Computer simulation using particles*, McGraw-Hill, New York, 1981

[11] K. Binder (Editor), *Monte Carlo Methods in Statistical Physics*, Springer Verlag Berlin, Heidelberg, New York, Tokyo, 1986

[12] K. Binder (Editor), *Applications of the Monte Carlo Methods in Statistical Physics*, Springer Verlag Berlin, Heidelberg, New York, Tokyo, 1987

[13] K. Binder, D.W. Heermann, *Monte Carlo Simulations in Statistical Physics*, Springer Verlag Berlin, Heidelberg, New York, Tokyo, 1988

[14] A. Münster, *Statistische Thermodynamik*, Springer Verlag, Berlin, Göttingen, Heidelberg, 1956

[15] R. Becker, *Theorie der Wärme*, Springer Verlag, Berlin Göttingen Heidelberg, 1961

[16] L. Landau, E.M. Lifschitz, *Lehrbuch der Theoretischen Physik, Bd. V, Statistische Physik*, Akademie-Verlag, Berlin, 1966

[17] D.A. McQuarrie, *Statistical Mechanics*, Harper & Row, New York, Evanston, San Francisco, London, 1976

[18] J.O. Hirschfelder, C.F. Curtiss, R.B. Bird, *Molecular Theory of Gases and Liquids*, John Wiley & Sons, New York, 1954

[19] P. Hobza, R. Zahradnik, *Weak Intermolecular Interactions in Chemistry and Biology*, Academia, Prag, 1980

[20] G.C. Maitland, M. Rigby, E.B. Smith, W.A. Wakeham, *Intermolecular Forces - Their Origin and Determination*, Clarendon Press, Oxford, 1981

[21] I.G. Kaplan, *Einführung in die Theorie der zwischenmolekularen Wechselwirkungen (russ.)*, Nauka, Moskau, 1982

[22] J. Sauer *Molecular Models in ab Initio Studies of Solids and Surfaces: From Ionic Crystals and Semiconductors to Catalysts*, Chem. Rev. **89**(1989)199

[23] S.L. Price, *Towards Realistic Model Intermolecular Potentials*, in: *Computer Modelling of Fluids, Polymers and Solids*; C.R.A. Catlow, S.C. Parker, M.P. Allen (Eds.), Kluwer Academic Publishers, Dordrecht Boston London, 1990

[24] L. Landau, E.M. Lifschitz, *Lehrbuch der Theoretischen Physik, Bd. III, Quantenmechanik*, Akademie-Verlag, Berlin, 1966

[25] F. F. Abraham, *Computational Statistical Mechanics. Methodology, Applications and Supercomputing*, Adv. Phys. **35**(1985)1

[26] L.V. Woodcock, *Isothermal Molecular Dynamics Calculations for Liquid Salts*, Chem. Phys. Lett. **10**(1971)257

[27] F.H. Stillinger, A. Rahman, *Improved Simulation of Liquid Water by Molecular Dynamics*, J. Chem. Phys. **60**(1974)1545

[28] K. Heinzinger und P.C. Vogel, *A Molecular Dynamics Study of Aqueous Solutions. I. First Results for LiCl in* $H_2O$, Z. Naturforsch. **29a**(1974)1164

[29] H.J. Czerwon, G. Peinel, *Molecular Dynamics Method: Publication and Citation Patterns*, CCP5 Information Quarterly No. 32, February 1990, 51

[30] E. Clementi, *Computer Simulations of Complex Chemical Systems: Solvation of DNA and Solvent Effects in Conformational Transitions*, IBM J. Res. Develop. **25**(1981)315

[31] E. Clementi, S.Chin, G.Corongiu, J.H.Detrich, M.Dupius, D.Folsom, G.C.Lie, D.Logan, V.Sonnad, *Supercomputing and Supercomputers for Science and Engineering in General and for Chemistry and Bioscience in Particular*, Intern. J. Quantum Chem. **35**(1989)3

[32] E. Wigner, *On the Quantum Correction for the Thermodynamic Equilibrium*, Phys. Rev. **40**(1932)749

[33] B. Robertson, *Equations of Motion in Nonequilibrium Statistical Mechanics*, Phys. Rev. **144**(1966)151

[34] R. Haberlandt, G. Vojta, *Informational Theoretical Functional Formalism for Nonequilibrium Statistical Mechanics*, J. Phys. Soc. Japan (Suppl.)**26**(1969)222

[35] M.P. Allen, *Back to Basics*, in: M.P. Allen, D.J. Tildesley (Eds.), *Computer Simulation in Chemical Physics*, NATO ASI Series C 397, Kluwer Academic Publishers, Dordrecht Boston London, 1993, p. 49

[36] R. Haberlandt, *Quantenstatistik fast klassischer Systeme mit Anwendung auf die Zustandsgleichung realer Gase, II. Berechnung von Isotopieeffekten*, Isotopenpraxis **12**(1976)6

[37] B. Widom, *Some Topics in the Theory of Fluids*, J. Chem. Phys. **39**(1963)2808

[38] R. Kubo, *Statistical Mechanical Theory of Irreversible Processes I. General Theory and Simple Applications to Magnetic and Conduction Problems*, J. Phys. Soc. Japan **12**(1957)570

[39] J.P. Boon, S. Yip, *Molecular Hydrodynamics*, McGraw-Hill, New York, 1980

[40] D.J. Evans, G.P. Morriss, *Statistical Mechanics of Nonequilibrium Liquids*, Academic Press, London, San Diego, New York, Boston, Sydney, Tokyo, 1990

[41]  R. Zwanzig, *Ensemble Method in the Theory of Irreversibility*, J. Chem. Phys. **33**(1960)1338;*Time-Correlation Functions and Transport Coefficients in Statistical Mechanics*, Annu. Rev. Phys. Chem. **12**(1961)67

[42]  R. Kubo, M. Toda, N. Hashitsume, *Statistical Physics II Nonequilibrium Statistical Mechanics*, Springer Verlag, Berlin, Heidelberg, New York, London, Tokyo, 1991

[43]  G. Röpke, *Statistische Mechanik für das Nichtgleichgewicht*, VEB Deutscher Verlag der Wissenschaften, Berlin, 1987

[44]  D.N. Zubarev, *Statistische Thermodynamik für das Nichtgleichgewicht*, Akademie-Verlag, Berlin, 1976

[45]  E. Fick, G. Sauermann, *Quantenstatistik dynamischer Prozesse*, Band 2a, Akademische Verlagsgesellschaft Geest & Portig, Leipzig, 1985

[46]  H.J. Kreuzer, *Nonequilibrium Thermodynamics and its Statistical Foundations*, Clarendon Press, Oxford, 1981

[47]  S. Grossmann, *Berechnung von Transportgrößen mit Hilfe der Statistischen Physik: Ein Überblick*, Wärme- und Stoffübertragung 3(1970)19

[48]  G.D. Harp, B.J. Berne, *Time-Correlation Functions, Memory Functions, and Molecular Dynamics*, Phys. Rev. A **2**(1970)975

[49]  M. Schoen, R. Vogelsang, C. Hoheisel, *Computation and Analysis of the Dynamic Structure Factor $S(\underline{k}, \omega)$ for Small Wave Vectors. A Molecular Dynamics Study for a Lennard-Jones Liquid*, Mol. Phys. **57**(1986)445

[50]  T. Yamamoto, *Quantum Statistical Mechanical Theory of the Rate of Exchange Chemical Reactions in the Gas Phase*, J. Chem. Phys. **33**(1960)281

[51]  R. Zwanzig, *Memory Effects in Irreversible Thermodynamics*, Phys. Rev. **124**(1961)983

[52]  R. Haberlandt, *Zur quantenstatistischen Behandlung chemischer Reaktionen*, Acta Nova Leopoldina NF **49**(1977)27

[53]  J.R. Dorfman, E.G.D. Cohen, *Velocity Correlation Functions in Two and Three Dimensions: Low Density*, Phys. Rev. **A6**(1972)776

[54]  J.R. Dorfman, E.G.D. Cohen, *Velocity Correlation Functions in Two and Three Dimensions: II. Higher Density*, Phys. Rev. **A12**(1975)292

[55]  B.J. Alder, T.E. Wainwright, *Decay of the Velocity Autocorrelation Function*, J. Chem. Phys. **A1**(1970)18

[56]  R. Der, S. Fritzsche, *Dynamical Correlations and Long Time Tails in Chemical Reactions - A Molecular Dynamics Study*, Chem. Phys. Lett. **121**(1985)177

[57]  B.J. Alder, *Molecular-Dynamics Simulations*, in: G. Ciccotti, W.G. Hoover (Eds.), *Molecular Dynamics Simulations of Statistical Mechanical Systems*, Proceedings of the Enrico Fermi Summer School Varenna, 1985, North Holland, Amsterdam Oxford New York Tokyo, 1986 pp. 66

[58]  H.J.M. Hanley, *Round-Table: Perspectives in Nonequilibrium Molecular Dynamics*, in: G. Ciccotti, W.G. Hoover (Eds.), *Molecular Dynamics Simulations of Statistical Mechanical Systems*, Proceedings of the Enrico Fermi Summer School Varenna, 1985, North Holland, Amsterdam Oxford New York Tokyo, 1986 p. 317

[59] D.J. Evans, *Nonequilibrium Molecular Dynamics*, in: G. Ciccotti, W.G. Hoover (Eds.), *Molecular Dynamics Simulations of Statistical Mechanical Systems*, Proceedings of the Enrico Fermi Summer School Varenna, 1985, North Holland, Amsterdam Oxford New York Tokyo, 1986 p. 221

[60] R. Haberlandt, *Verallgemeinerte Mastergleichungen und Fokker-Planck-Gleichungen für Prozesse in inhomogenen Systemen weitab vom Gleichgewicht*, Ann. Phys. **43**(1986)213

[61] W.E. Morrell, J.H. Hildebrand, *The distribution of Molecules in a Model Liquid*, J. Chem. Phys. **4**(1936)224

[62] P. Pieranski, J. Malecki, W. Kuzcynski, K. Wojciechowski, *A Hard Disc System, an Experimental Model*, Phil. Mag. **37**(1978)107

[63] P. Pieranski, J. Malecki, K. Wojciechowski, *A Hard Disc System: Solid-Solid Phase Transition in a Thin Layer*, Mol. Phys. **40**(1980)225

[64] P. Pieranski, *An Experimental Model of a Classical Many-body System*, Am. J. Phys. **52**(1984)68

[65] A.C. Branka, K.W. Wojciechowski, *Rotational Phase Transitions and Melting in a 2D System of Hard Cyclic Pentamers*, Phys. Lett. **A101**(1984)349

[66] J.P. Hansen, I.R. McDonald, *Theory of Simple Liquids*, Academic Press, New York, 1986

[67] J.E. Lennard-Jones, *On the Determination of Molecular Fields – II. From the Equation of States of a Gas*, Proc. Roy. Soc. **A 106**(1924)463

[68] R.A. Buckingham, *The Classical Equation of State of Gaseous Helium, Neon and Argon*, Proc. Roy. Soc. **A 168**(1938)264

[69] P.A. Egelstaff, *Experimental Evidence for Many Body Forces in Liquids by Neutron Scattering*, Chimica Scripta **T29**(1989)288

[70] B.M. Axilrod, E. Teller, J. Chem. Phys. **11**(1943)299

[71] Y. Muto, Proc. phys.-math. Soc. Japan **17**(1943)629

[72] D.E. Stogryn, *Pairwise nonadditive dispersion potential for asymmetric molecules*, Phys. Rev. Lett. **24**(1970)971

[73] A.D. Buckingham, Adv. Chem. Phys. **12**(1967)107

[74] P.A. Monson, M. Rigby, W.A. Steele, *Non-additive Energy Effects in Molecular Liquids*, Mol. Phys. **49**(1983)893

[75] J.A. Barker, R.A. Fisher, R.O. Watts, *Liquid Argon: Monte Carlo and Molecular Dynamics Calculations*, Mol. Phys. **21**(1971)657

[76] J.E. Black, P. Bopp, *A Molecular Dynamics Study of the Behaviour of Xenon Physisorbed on Pt(111): Coverages less than one Monolayer*, Surface Sci. **182**(1987) 98

[77] E. Spohr, K. Heinzinger, *Computer Simulations of Water and Aqueous Electrolyte Solutions at Interfaces*, Electrochim. Acta **33**(1988) 1211

[78] R. Kjellander, S. Marcelja, *Polarization of Water between Molecular Surfaces: a Molecular Dynamics Study*, Chemica Scripta **25**(1985) 73

[79] A. Wallqvist, *Polarizable Water at a Hydrophobic Wall*, Chem. Phys. Letters **165**(1990) 437

[80] I.N. Levine, *Quantum Chemistry*, Allon and Bacon Inc., Boston, 1974

[81]  G. Herzberg, *Molecular Spectra and Molecular Structure, Bd. 2*, Van Nostrand Co., Princeton, 1959

[82]  P. Gans, *Vibrating Molecules*, Chapman and Hall, London, 1971

[83]  A. Fadini, *Molekülkraftkonstanten*, Steinkopf, Darmstadt, 1976

[84]  B.R. Brooks, R.E. Bruccoleri, B.D. Olafson, D.J. States, S. Swaminathan, M. Karplus, *CHARMM: A Program for Macromolecular Energy, Minimisation, and Dynamics Calculations*, J. Comput. Chem. **4**(1983)187

[85]  E.L. Eliel, N.C. Allinger, S.J. Angyal, S.J. Morrison, *Conformational Analysis*, Wiley, New York, 1965

[86]  E.M. Engler, J.D. Andose, P. v.R. Schleyer, *Critical Evaluation of Molecular Mechanics*, J. Am. Chem. Soc. **95**(1973)8005

[87]  N.L. Allinger, *Conformational Analysis. 130. MM2 A Hydrocarbon Force Field Utilizing $V_1$ and $V_2$ Torsional Terms*, J. Am. Chem. Soc. **99**(1977)8127

[88]  N.L. Allinger, M.T. Tribble, M.A. Miller, D.H. Wertz, *Conformational Analysis. LXIX. An Improved Force Field for the Calculation of the Structures and Energies of Hydrocarbons*, J. Am. Chem. Soc. **93**(1971)1637

[89]  O. Ermer, *Bond Length Calculations for Norbornane, Bicyclo (2.2.2) octane, and Related Olefines Using a Consistent Force Field. Influence of Stretch-Bend Crossterms*, Tetrahedron **30**(1974)3103

[90]  L.S. Bartell, *Representations of Molecular Force Fields. 3. On Gauche Conformational Energy*, J. Am. Chem. Soc. **99**(1977)3279

[91]  N.L. Allinger, D. Hindman, H. Hönig, *Conformational Analysis. 125. The Importance of Twofold Barriers in Saturated Molecules*, J. Am. Chem. Soc. **99**(1977)3282

[92]  J.P. Ryckeart, A. Bellemans, *Molecular dynamics of liquid n-butane near its boiling point*, Chem. Phys. Lett. **30**(1975)123

[93]  G. Maréchal, J.P. Ryckeart, *Atomic vs molecular description of transport properties in polyatomic fluids: n-butane as an example*, Chem. Phys. Lett. **101**(1983)548

[94]  M.D. Joesten, L.J. Schaad, *Hydrogen Bonding*, Dekker, New York, 1974

[95]  P. Schuster, G. Zundel, C. Sandorfy (Hrsg.), *The Hydrogen Bond–Recent Developments in Theory and Experiment, Bd.1-3*, North Holland Publ. Co., Amsterdam, 1976

[96]  F.A. Momany, L.M. Carruthers, R.F. McGuire, H.A. Scheraga, *Intermolecular Potemtials from Crystal Data. III. Determination of Empirical Potentials and Application to the Packing Configurations and Lattice Energies in Crystals of Hydrocarbons, Carboxylic Acids, Amines, and Amides*, J. Phys. Chem. **18**(1974)1595

[97]  F. Podo, G. Nemethy, P.L. Indovina, L. Radics, V. Viti, *Conformational studies of ethylene glycol and its two methyl ether derivatives. I. Theoretical analysis of intermolecular interactions*, Mol. Phys. **27**(1974)521

[98]  C.L. Kong, *Combining Rules for LJ(6-12) and Morse Potential I*, J. Chem. Phys. **59**(1973)1953, *Combining Rules for LJ(6-12) and Morse Potential II*, J. Chem. Phys. **59**(1973)2464

[99]  J.A. Barker, D. Henderson, *What is liquid? Understanding the States of Matter*, Rev. Mod. Phys. **48**(1976)587

[100] C.W. Gear, *Numerical Initial Value Problems in Ordinary Differential Equations*, Prentice Hall, Englewood Cliffs, NJ, 1971

[101] W.C. Swope, H.C. Andersen, P.H. Berens, K.R. Wilson, *A computer simulation method for the calculation of equilibrium constants for the formation of physical clusters of molecules: application to small water clusters*, J. Chem. Phys. **76**(1982)637

[102] S. Toxvaerd, *A New Algorithm for Molecular Dynamics Calculations*, J. of Comput. Phys. **47**(1982)444

[103] A. Rahman, F.H. Stillinger, H. Lemberg, *Study of a central force model for liquid water by molecular dynamics*, J. Chem. Phys. **63**(1975)5225

[104] W.F. van Gunsteren, H.J.C. Berendsen, *Algorithms for Macromolecular Dynamics and Constraint Dynamics*, Mol. Phys. **34**(1977)1311

[105] G. Ciccotti, M. Ferrario, J.P. Ryckaert, *Molecular Dynamics of Rigid Systems in Cartesian Coordinates. A General Formulation*, Mol. Phys **47**(1982)1253

[106] M.K. Memon, R.W. Hockney, S.K. Mitra, *Molecular Dynamics with Constraints*, J. Comput. Phys. **43**(1980)345

[107] J.P. Ryckaert, G. Ciccotti, H.J.C. Berendsen, *Numerical Integration of the Cartesian Equations of Motion of a System with Constraints: Molecular Dynamics of n-alkanes*, J. Comput. Phys. **23**(1977)327

[108] N.K. Balabayev, *Modellierung der Bewegung von Molekülen mit festen Bindungen (russ.)*, Preprint NCBI, Pushhino, 1981

[109] A. Ben-Naim, F.H. Stillinger, in:*Structure and Transport Processes in Water and Aqueous Solutions*, R.A. Horne (Hrsg.), Wiley, New York, 1972

[110] J.J. Nicolas, K.E. Gubbins, W.B. Streett, D.J. Tildesley, *Equation of State for the Lennard-Jones Fluid*, Mol. Phys. **37**(1979)1429

[111] J.G. Powles, *The Liquid-Vapour Coexistence Line for Lennard-Jones-Type Fluids*, Physica **126A**(1984)289

[112] J.J. Morales, L.F. Rull, S. Toxvaerd, *Efficiency Test of Traditional MD and the Link-Cell Methods*, Comput. Phys. Commun. **56**(1989),129

[113] W.B. Streett, D.J. Tildesley, G. Saville, Mol. Phys. **35**(1978)639

[114] J.L. Finney, J. Comput. Chem. **28**(1978)92

[115] M.E. Tuckermann, B.J. Berne, G.J. Martyna, J. Chem. Phys. **94**(1991)6811

[116] H.J.C. Berendsen, J.P.M. Postma, W.F. van Gunsteren, A. DiNola, J.R. Haak, *Molecular Dynamics with Coupling to an External Bath*, J. Chem. Phys. **81**(1984)3684

[117] S. Nosé, *A Molecular Dynamics Method for Simulations in the Canonical Ensemble*, Mol. Phys. **52**(1984)255

[118] D.J. Evans, G.P. Morriss, *Non-Newtonian Molecular Dynamics*, Computer Physics Reports **1**(1984)297

[119] D.M. Heyes, *Elektrostatic Potentials and Fields in infinite point charge lattices*, J. Chem. Phys. **74**(1981)1924

[120] W.G. Hoover, *Nonequilibrium Molecular Dynamics: The First 25 Years*, Physica A **194**(1993)450

[121]  D.J. Evans, *Statistical Mechanics of Systems far from Equilibrium, as Studied by Molecular Dynamics*, Physica A **194**(1993)494

[122]  H.C. Andersen, *Molecular Dynamics Simulations at Constant Pressure and/or Temperature*, J. Chem. Phys. **72**(1980)2384

[123]  N. Metropolis, A.W. Rosenbluth, A.H. Teller, E. Teller, *Equation of State Calculations by Fast Computing Machines*, J. Chem. Phys. **21**(1953)1087

[124]  W.W. Wood, in: *Physics of Simple Liquids*, Eds. H.V.N. Temperley, G.S. Rushbrooke, J.S. Rowlinson, North-Holland Amsterdam, 1968

[125]  I.R. McDonald, *NpT-Ensemble Monte Carlo Calculations for Binary Liquid Mixtures*, Mol. Phys. **23**(1972)41

[126]  J.P. Valleau, L.K. Cohen, *Primitive Model Elektrolytes. I. Grand Canonical Monte Carlo Computations*, J. Chem. Phys. **72**(1980)5935

[127]  D.J. Evans, W.G. Hoover, B.H. Failor, B. Moran, A.J.C. Ladd, *Nonequilibrium Molecular Dynamics via Gauss's Principle of Least Constraints*, Phys. Rev. A **28**(1983)1016

[128]  M. Parrinello, A. Rahman, *Polymorphic Transitions in Single Crystals: A New Molecular Dynamics Method*, J. Appl. Phys. **52**(1981)7182

[129]  S. Nosé, M.L. Klein, *Constant Pressure Dynamics for Molecular Systems*, Mol. Phys. **50**(1983)1055

[130]  G. Ciccotti, A. Tenenbaum, *Canonical Ensemble and Nonequilibrium States by Molecular Dynamics*, J. Stat. Phys. **23**(1980)767

[131]  S. Nosé, *A Unified Formulation of the Constant Temperature Molecular Dynamics Methods*, J. Chem. Phys. **81**(1984)511

[132]  W.G. Hoover, *Canonical Dynamics: Equilibrium Phase-Space Distributions*, Phys. Rev. A **31**(1985)1695

[133]  S. Toxvaerd, *Algorithms for Canonical Molecular Dynamics*, Mol. Phys. **72**(1991)159

[134]  T. Çağin, B.M. Pettitt, *Molecular Dynamics with a Variable Number of Molecules*, Mol. Phys. **72**(1991)169

[135]  R. Zwanzig, N.K. Ailawadi, *Statistical Error Due to Finite Time Averaging in Computer Experiments*, Phys. Rev. **182**(1969)193

[136]  J.P. Hansen, D.J. Evans, *A Generalized Heat Flow Algorithm*, Mol. Phys. **81**(1994)767

[137]  P.J. Daivis, D.J. Evans, *Molecular Dynamics Calculation of Thermal Conductivity of Flexible Molecules: Butane*, Mol. Phys. **81**(1994)1289

[138]  I. Oppenheim, J. Ross, *Temperature Dependence of Distribution Functions in Quantum Statistical Mechanics*, Phys. Rev. **10728**

[139]  R. Haberlandt, *Quantenstatistik fast klassischer Systeme mit Anwendung auf die Zustandsgleichung realer Gase I. Grundlagen*, Z. phys. Chemie (Leipzig) **255**(1974)1136

[140]  A. Branka, M. Parrinello, *Free Energy Evaluation in the Canonical Molecular Dynamics Ensemble*, Mol. Phys. **58**(1986)989

[141]  J. V. L. Singer, K. Singer, *Molecular Dynamics Based on the First Order Correction in the Wigner-Kirkwood Expansion*, CCP5 Quarterly **14**(1984)24

[142]  R.P. Feynman, A.R. Gibbs, *Quantum Mechanics and Path Integrals*, McGraw-Hill, New York, 1965

[143]  G. Jacucci, *Path Integral Monte Carlo*, in: *Monte Carlo Methods in Quantum Problems*, Ed. M.H. Kalos, NATO ASI Series C 125, Reidel, New York 1984 p.117

[144]  B. De Raedt, M. Sprik, M.L. Klein, *Computersimulations of Muonium in Water*, J. Chem. Phys. **80**(1984)5719

[145]  N. Corbin, K. Singer, *Semiclassical Molecular Dynamics of Wave Packets*, Mol. Phys. **46**(1982)671

[146]  K. Singer, W. Smith, *Semiclassical Many-Particle Dynamics with Gaussian Wave Packets*, Mol. Phys. **57**(1986)761

[147]  R.Car, M.Parrinello, *Unified Approach for Molecular Dynamics and Density-Functional Theory*, Phys. Rev. Lett. **55**(1985)2471

[148]  G.A. Bird, *Molecular Gas Dynamics*, Oxford University, London, 1976, p. 118

[149]  G.A. Bird, *Direct Simulation of Gas Flows at the Molecular Level*, Commun. in Appl. Num. Meth. **4**(1988)165

[150]  G.A. Bird, *A Contemporary Inplementation of the Direct Simulation Monte Carlo Method*, NATO Advanced Study Institute, Microscopic Simulations of Complex Hydrdynamic Phenomena, Alghero, Sardinia July, 1991

[151]  G.A. Bird, *General Programs for Numerical Simulation of Rarefied Gas Flows*, G.A.B. Consulting Pty. Ltd., Killary, Australia, 1988

[152]  K. Nanbu, *Direct Simulation Scheme derived from the Boltzmann Equation. I. Monocomponent Case*, J. Phys. Soc. Japan **49**(1980)2042; K. Nanbu, *Direct Simulation Scheme derived from the Boltzmann Equation. II. Multicomponent Gas Mixture*, J. Phys. Soc. Japan **49**(1980)2050; K. Nanbu, *Direct Simulation Scheme derived from the Boltzmann Equation. III. Rough Sphere Gases*, J. Phys. Soc. Japan **49**(1980)2055

[153]  S. Chapman, T.G. Cowling, *The Mathematical Theory of Nonuniform Gases*, Cambridge University, Cambridge, 1960

[154]  J.H.Jeans, *An Introduction to the Kinetic Theory of Gases*, Cambridge University Press, London, 1946

[155]  H. Babovsky, *On a Simulation Scheme for the Boltzmann Equation*, Math. Methods, Appl. Sci. **8**(1986)223; H. Babovsky, *A Convergence Proof for Nanbu's Boltzmann Simulation Scheme*, Eur. J. Mech. B. (France) **8**(1989)41

[156]  S. Fritzsche, A.S. Cukrowski, *Relaxation of Translational Energy in perpendicular Directions for Hard Spheres - A Verification of Analytical Results By Computer Simulations*; Acta Phys. Polonia **A47**(1988)811 A.S. Cukrowski, S. Fritzsche, *Relaxation of Translational Energy in Binary Mixtures of Dilute Gases Composed of Hard Spheres*, Ann. Phys. **48**(1991)377

[157]  E. Meiburg, *Comparison of the Molecular Dynamics Method and the Direct Simulation Monte-Carlo Technique for Flows Around Simple Geometries*, Phys. Fluids **29**(1986)3107

[158]  S.M. Deshpande, P.V. Subba Raju, *Monte-Carlo Simulation for Molecular Gas Dynamics*, Sadhana **12**(1988)105

[159]  I.D. Boyd, J.P.W. Stark, *A Comparison of the Implementation and Performance of the Nanbu and Bird DSMC Methods*, Phys. Fluids **30**(1987)36; I.D. Boyd, J.P.W. Stark, J. of Comp. Phys. **80**(1989)374

[160]  I.D. Boyd, *Direct Simulation of Rotational and Vibrational Nonequilibrium*, AIAA 20th Fluid Dynamics, Plasma Dynamics and Laser Conference, Buffalo, New York, June 12-14, 1989, Report AIAA-89-1880

[161]  H. Ploss, *On Simulation Methods for Solving the Boltzmann Equation*, Computing **38**(1987)101

[162]  K. Nanbu, *Interrelations between Various Direct Simulation Methods for Solving the Boltzmann Equation*, J. Phys. Soc. Japan **52**(1983)3382

[163]  J. Popielawski, A.S. Cukrowski, S. Fritzsche, *Perturbation of the Thermal Equilibrium by a Simple Chemical Reaction*, Physica **188A**(1992)344 A.S. Cukrowski, S. Fritzsche, J. Popielawski, *Nonequilibrium Chemical and Thermal Effects in a Bimolecular Chemical Reaction in a Dilute Gas*, Proceedings of the International Symposium *Far-From-Equilibrium Dynamics of Chemical Systems*, Swidno, (Poland 3 - 7 September 1990) eds. J. Popielawski and J. Gorecki, World Scientific, Singapore, New Jersey, London, Hong Kong, 1991, p. 91

[164]  H.F. Nelson (Editor), *Thermal Design of Aeroassisted Orbital Transfer Vehicles*, Progress in Astronautics and Aeronautics, **96** AIAA, New York, 1985: J.N. Moss, G.A. Bird, *Direct Simulation of Transitional Flow for Hypersonic Reentry Conditions*, p. 113; C. Park, *Problems of Rate Chemistry in the Flight Regimes of Aeroassisted Orbital Transfer Vehicles*, p. 511

[165]  J.G. Kirkwood, J. Chem. Phys. **10**(1942)394

[166]  H.S. Green, *The Molecular Theory of Fluids*, North-Holland, Amsterdam, 1952

[167]  A. Baranyai, D.J. Evans, *Direct Entropy Calculation from Computer Simulation of Liquids*, Phys. Rev. **A40**(1989)3817-22

[168]  A. Baranyai, D.J. Evans, *Three-Particle Contribution to the Configurational Entropy of Simple Fluids*, Phys. Rev. **A42**(1990)849-57

[169]  A. Baranyai, D.J. Evans, *On the Entropy of the Hard Sphere Fluid*, Z. Naturforsch. **46A**(1991)27

[170]  S. Fritzsche, R. Haberlandt, J. Kärger, H. Pfeifer, K. Heinzinger, *An MD Simulation on the Applicability of the Diffusion Equation for Molecules Adsorbed in a Zeolite*, Chem. Phys. Letters **198**(1992)283

[171]  H. Flyvberg, H.G. Petersen, *Error Estimates on Averages of Correlated Data*, J. Chem. Phys. **91**(1989)461

[172]  I. Nezbeda, H.L. Vörtler, *MC Simulation Results for a Hard Core Model of Carbon Tetrachloride*, Mol. Phys.**57**(1985)909

[173]  T. Boublik, I. Nezbeda, *P-V-T Behaviour of Hard Body Fluids, Theory and Experiment*, Collection Czechoslovak. Chem. Commun. **51**(1986)2301

[174]  D. Stauffer, A. Aharony, *Introduction to Percolation Theory*, Taylor & Francis, London, Washington, 1992

[175]  N. F. Carnahan, J. Starling J. Chem. Phys. 51(1969)635

[176]  H.L. Vörtler, J. Kolafa, I. Nezbeda, *Computer Simulation Studies of Hard Body Mixtures II.*, Mol. Phys. **68**(1989)547

[177]  I. Nezbeda, J. Kolafa, *A New Version of the Insertion Particle Method for Determining the Chemical Potential by Monte Carlo Simulations*, Molec. Simul. **5**(1991)391

[178]  J. Kolafa, H.L. Vörtler, K. Aim, I. Nezbeda, *The Lennard-Jones Fluid Revisited: Computer Simulation Results*, Molec. Simul. **11**(1993)305

[179]  W.R. Smith, S. Labik, *Two New Exact Criteria for Hard-Sphere Mixtures*, Mol. Phys. **80**(1993)1561

[180]  A. Z. Panagiotopoulos, *Direct Determination of Phase Coexistence Properties by Monte Carlo Simulation in a New Ensemble*, Mol. Phys. **61**(1987)813

[181]  A. Z. Panagiotopoulos, *Direct determination of fluid phase equilibria by simulation in the Gibbs ensemble: A Review*, Molec. Simul. **9**(1992)1

[182]  W.R. Smith, B. Triska, *The Reaction Ensemble Method for the Computer Simulation of Chemical and Phase Equilibria. I. Theory and Basic Examples*, J. Chem. Phys. **100**(1994)3019

[183]  W.W. Wood, *Early History of Computer Simulations in Statistical Mechanics*, in: *Molecular Dynamics Simulations of Statistical Mechanical Systems*, Proceedings of the Enrico Fermi Summer School Varenna, 1985, North Holland, Amsterdam Oxford New York Tokyo, 1986 p. 3

[184]  G. Ciccotti, W.G. Hoover (Eds.), *Molecular Dynamics Simulations of Statistical Mechanical Systems*, Proceedings of the Enrico Fermi Summer School Varenna, 1985, North Holland, Amsterdam Oxford New York Tokyo, 1986

[185]  M.P. Allen, D.J. Tildesley (Eds.), *Computer Simulation in Chemical Physics*, NATO ASI Series C 397, Kluwer Academic Publishers, Dordrecht Boston London, 1993

[186]  M.W. Evans, P. Grigolini, G.P. Parravacini (Eds.) *Memory Function Approaches to Stochastic Problems in Condensed Matter*, in: Advances in Chemical Physics **LXII**, J. Wiley New York 1985

[187]  J. Kärger, D.M. Ruthven, *Diffusion in Zeolites and other Microporous Solids*, Wiley, New York 1992

[188]  H. Zhu, R.S Averback, *An Economy of Molecular Dynamics Simulations of Non-equilibrium Phenomena in Physics*, Intern. J. of Mod. Phys.C **C5**(1994)291

[189]  T. Ikeshoji, B. Hafskjold, *Non-equilibrium Molecular Dynamics Calculation of Heat Conduction in Liquid and through Liquid-gas Interface*, Mol. Phys. **81**(1994)251

[190]  B.Z. Dlugogorski, M. Grmela, P.J. Carreau, *Microscopic and Mesoscopic Results from Non-equilibrium Molecular Dynamics Modeling of Fene Dumbbell Liquids*, J. of Non-Newtonian Fluid Mechanics **49**(1993)23

[191]  J.W. Rudisill, P.T. Cummings, *Non-equilibrium Molecular Dynamics Approach to the Rheology of Model Polymer Fluids*, Fluid Phase Equilibria **88**(1993)99

[192]  B.Y. Wang, P.T. Ccummings, *Non-equilibrium Molecular Dynamics Calculation of the Shear Viscosity of Carbon Dioxide Ethane Mixtures*, Molec. Sim. **10**(1993)1

[193]  K.K. Mon, *Non-equilibrium Molecular Dynamics and an Energy-conserving Perturbation*, Europhysics Letters, **22**(1993)119

[194]  A. Berker, S. Chynoweth, U.C. Klomp, Y. Michopoulos, *Non-equilibrium Molecular Dynamics (NEMD) Simulations and the Rheological Properties of Liquid Normal-hexadecane*, J. chem. Soc. Faraday Transactions, **88**(1992)1719

[195]  R.L. Rowley, J.F. Ely, *Non-equilibrium Molecular Dynamics Simulations of Structured Molecules. 1. Isomeric Effects on the Viscosity of Butanes*, Mol. Phys. **72**(1991)831; *2. Isomeric Effects on the Viscosity of Models for Normal-hexane, Cyclohexane and Benzene*, Mol. Phys. **75**(1992)713

[196]  D.J. Evans, P.T. Cummings, *Non-equilibrium Molecular Dynamics Algorithm for the Calculation of Thermal Diffusion in Simple Fluid Mixtures*, Mol. Phys. **72**(1991)893

[197]  A. Baranyai, D.J. Evans, *Calculation of Equilibrium Entropy Differences from Non-equilibrium Molecular Dynamics Simulations*, Mol. Phys. **72**(1991)239

[198]  B. D'Aguanno, N.J. Wagner, R. Klein, *Brownian Dynamics of Complex Fluids*, METECC-94, in: Methods and Techniques in Computational Chemistry, Ed. E. Clementi, Vol. C: Structure and Dynamics, STEF, Cagliari, 1993, S.131

[199]  S. Hess, J.F. Schwarzl, D. Baalss, *Anisotropy of the Viscosity of Nematic Liquid Crystals and of Oriented Ferro-fluids via Non-equilibrium Molecular Dynamics*, J. of Phys. Condensed Matter **2**(1990)279

[200]  M.W. Evans, D.M. Heyes, *Combined Shear and Elongational Flow by Non-equilibrium Molecular Dynamics*, Mol. Phys. **69**(1990)241

[201]  C. Pierleoni, G. Ciccotti, *Thermotransport Coefficients of a Classical Binary Ionic Mixture by Non-equilibrium Molecular Dynamics*, J. of Phys. Condensed Matter **2**(1990)1315

[202]  M.A. Osipov, S. Hess, *Elastic Constants of Nematics Comparison between Molecular Theory and Computer Simulations*, Liquid Crystals **16**(1994)845

[203]  H. Voigt, S. Hess, *Comparison of the Intensity Correlation Function and the Intermediate Scattering Function of Fluids - a Molecular Dynamics Study of the Siegert Relation*, Physica A **202**(1994)145

[204]  M. Kroger, W. Loose, S. Hess, *Rheology and Structural Changes of Polymer Melts via Nonequilibrium Molecular Dynamics*, J. of Rheology **37**(1993)1057

[205]  S. Hess, D. Frenkel, M.P. Allen, *On the Anisotropy of Diffusion in Nematic Liquid Crystals - Test of a Modified Affine Transformation Model via Molecular Dynamics*, Mol. Phys. **74**(1991)765

[206]  S. Hess, W. Loose, *Flow Properties and Shear-induced Structural Changes in Fluids - a Case Study on the Interplay between Theory, Simulation, Experiment and Application*, Ber. Bunsenges. f. phys. Chemie **94**(1990)216

[207]  S. Hess, W. Loose, *Slip Flow and Slip Boundary Coefficient of a Dense Fluid via Nonequilibrium Molecular Dynamics*, Physica A**162**(1989)138

[208]  J.S. Cao, G.A. Voth, *The Formulation of Quantum Statistical Mechanics Based on the Feynman Path Centroid Density 3. Phase Space Formalism and Analysis of Centroid Molecular Dynamics; 4. Algorithms for Centroid Molecular Dynamics*, J. Chem. Phys. **101**(1994)6157;6168

[209]  D.E. Boucher, G.G. Deleo, *Tight-binding Quantum Molecular-dynamics Simulations of Hydrogen in Silicon*, Phys. Rev. B **50**(1994)5247 aug 15, v50 n8:5247-5254.

[210]  S. Hammesschiffer, J.C. Tully, *Proton Transfer in Solution - Molecular Dynamics with Quantum Transitions*, J. Chem. Phys. **101**(1994)4657

[211]  D.Q. Wei, D.R. Salahub, *A Combined Density Functional and Molecular Dynamics Simulation of a Quantum Water Molecule in Aqueous Solution*, Chem. Phys. Lett. **224**(1994)291

[212]  P. Vashishta, R.K. Kalia, A. Nakano, J. Yu, *Molecular Dynamics and Quantum Molecular Dynamics Simulations on Parallel Architectures*, International Journal of Modern Physics C**5**(1994)281

[213]  P. Bala, B. Lesyng, J.A. McCammon, *Applications of Quantum Classical and Quantum Stochastic Molecular Dynamics Simulations for Proton Transfer Processes*, Chem. Physics **180**(1994)271

[214]  J.P. Sullivan, M. Berenguer, D.E. Fields, B.V. Jacak et al., *Calculations of Bose-Einstein Correlations from Relativistic Quantum Molecular Dynamics*, Nuclear Physics A**566**(1994)531

[215] J.P. Sullivan, M. Berenguer, B.V. Jacak, S. Pratt et al., *Bose-Einstein Correlations of Pion Pairs and Kaon Pairs from Relativistic Quantum Molecular Dynamics*, Phys. Rev. Lett. **70**(1993)3000

[216] M. Quack, *Molecular Quantum Dynamics from High Resolution Spectroscopy and Laser Chemistry*, J. of Molecular Structure **292**(1993)171

[217] J. Theilhaber, *Quantum-molecular-dynamics Simulations of Liquid Metals and Highly Degenerate Plasmas*, Phys. of Fluids B **4**(1992)2044

[218] R.B. Gerber, R. Alimi, *Mixed Quantum Classical Molecular Dynamics Simulations of Chemical Reactions in Clusters and in Solids*, Israel J. of Chem. **31**(1991)383

[219] R.B. Gerber, R. Alimi, *Quantum Molecular Dynamics by a Perturbation-corrected Time-dependent Self-consistent-field Method*, Chem. Phys. Lett. **184**(1991)69

[220] W. Hogervorst, *Diffusion Coefficients of Noble-Gas Mixtures between 300 and 1400 K*, Physica **51**(1971)5977

[221] G. Pálinkás, W.O. Riede and K. Heinzinger, *A Molecular Dynamics Study of Aqueous Solutions. VII. Improved Simulation and Comparison with X-Ray Investigations of a NaCl Solution*, Z. Naturforsch. **32a**(1977)1137

[222] C.L. Kong, *Combining Rules for Intermolecular Potential parameters. II. Rules for the Lennard-Jones(12-6)Potential*, J. Chem. Phys. **59**(1973)2464

[223] Gy.I. Szász, K. Heinzinger und W.O. Riede, *Structural Properties of an Aqueous LiI Solution Derived from a Molecular Dynamics Simulation*, Z. Naturforsch. **36a**(1981)1067

[224] A.K. Soper, G.W. Neilson, J.E. Enderby und R.A. Howe, *A Neutron Diffraction Study of Hydration Effects in Aqueous Solutions*, J. Phys. C **10**(1977)1793

[225] Gy.I. Szász, W. Dietz, K. Heinzinger, G. Pálinkás und T. Radnai, *On the Orientation of Water Molecules in the Hydration Shell of the Ions in a* $MgCL_2$ *Solution*, Chem. Phys. Lett. **92**(1982)388

[226] P. Bopp, W. Dietz und K. Heinzinger, *A Molecular Dynamics Study of Aqueous Solutions. X. First Results for an NaCl Solution with a Central Force Model for Water*, Z. Naturforsch. **34a**(1979)1424

[227] P. Bopp, G. Jancsó und K. Heinzinger, *An Improved Potential for Non-Rigid Water Molecule in the Liquid Phase*, Chem. Phys. Lett. **98**(1983)129

[228] G. Pálinkás, T. Radnai, W. Dietz, Gy.I. Szász und K. Heinzinger, *Hydration Shell Structures in a* $MgCl_2$ *Solution from X-Ray and MD Studies*, Z. Naturforsch. **37a**(1982)1049

[229] G. Jancsó, K. Heinzinger und P. Bopp, *A Molecular Dynamics Study of the Effect of Pressure on an Aqueous NaCl Solution*, Z. Naturforsch. **40a**(1985)1235

[230] Gy.I. Szász und K. Heinzinger, *Hydration Shell Structures in a LiI Solution at elevated Temperature and Pressure. A Molecular Dynamics Study*, Earth Planet Sci. Lett. **64**(183)163

[231] G. Pálinkás, P. Bopp, G. Jancsó und K. Heinzinger, *The Effect of Pressure on the Hydrogen Bond Structure of Liquid Water*, Z. Naturforsch. **39a**(1984)179

[232] Y. Tamura, K. Tanaka, E. Spohr und K. Heinzinger, *Structural and Dynamical Properties of an LiCl* $\cdot 3H_2O$ *Solution*, Z. Naturforsch. **43a**(1988)1103

[233] G. Pálinkás, E. Kálmán und P. Kovacs, *Experimental Pair Correlation Functions of Liquid* $D_2O$, Mol. Phys. **34**(1977)525

[234]  M.M. Probst, E. Spohr und K. Heinzinger, *On the Hydration of the Beryllium Ion*, Chem. Phys. Lett. **161**(1989)405

[235]  K. Heinzinger, *Molecular Dynamics Simulations of Aqueous Systems*, in: Computer Simulations of Fluids, Polymers and Solids (C.R.A. Catlow, S.C. Parker und M.P. Allen, eds.) Kluwer Academic Publishers, Dordrecht, 1990, 357

[236]  Gy.I. Szász, K. Heinzinger and W.O. Riede, *Self-Diffusion and Reorientational Motion in an Aqueous LiI Solution. A Molecular Dynamics Study*, Ber. Bunsenges. Phys. Chem. **85**(1981)1056

[237]  L. Endom. H.G. Hertz, B. Thül and M.D. Zeidler, *A Microdynamic of Electrolyte Solutions as Derived from Nuclear Magnetic Relaxation and Self-Diffusion Data*, Ber. Bunsenges. Phys. Chem. **71**(1967)

[238]  A. Geiger, *Molecular Dynamics Simulation Study of the Negative Hydration Effect in Aqueous Electrolyte Solutions*, Ber. Bunsenges. Phys. Chem. **85**(1981)52

[239]  M. Nakahara, M. Zenke, M. Ueno, K. Shimizu, *Solvent Isotope Effect on Ion Mobility in Water at High Pressure. Conductance and Transference Number of Potassium Chloride in Compressed Heavy Water*, J. Chem. Phys. **83**(1985)280

[240]  Gy.I. Szász, K. Heinzinger, *A Molecular Dynamics Study of the Translational and Rotational Motions in an Aqueous LiI Solution*, J. Chem. Phys. **79**(1983)3467

[241]  E. Spohr, G. Pálinkás, K. Heinzinger, P. Bopp, M.M. Probst, *A Molecular Dynamics Study of an Aqueous $SrCl_2$ Solution*, J. Phys. Chem. **92**(1988)6754

[242]  S.I. LaPlaca, W.C. Hamilton, B. Kramb, A. Prakash, *On a Nearly Proton-Ordered Structure for Ice IX*, J. Chem. Phys. **58**(1973)567

[243]  H.G. Hertz, R. Tutsch, H. Versmold, *Molecular Motion and Structure around the Hydrated Ions* $Li^+$ *and* $Al^{3+}$, Ber. Bunsenges. Phys. Chem. **75**(1971)1177

[244]  S. Holloway, K.H. Bennemann, *Study of Water Adsorption on Metal Surfaces*, Surf. Sci. **101**(1980)327

[245]  J. Seitz-Beywl, M. Poxleitner, M.M. Probst, K. Heinzinger, *On the Interaction of Ions with a Platinum Metal Surface*, Int. J. Quantum Chem. **42**(1992)1141

[246]  E. Spohr, *Computer Simulation of the Water/Platinum Interface*, J. Phys. Chem. **93**(1989)6171

[247]  G. Nagy, K. Heinzinger, *A Molecular Dynamics Study of Water Monolayers on Charged Platinum Walls*, J. Electroanal. Chem. **327**(1992)25

[248]  E. Spohr, K. Heinzinger, *A Molecular Dynamics Study on the Water/Metal Interfacial Potential*, Ber. Bunsenges. Phys. Chem. **92**(1988)1358

[249]  J. Seitz-Beywl, M. Poxleitner, K. Heinzinger, *A Molecular Dynamics Study of Ionic Hydration Near a Platinum Surface*, Z. Naturforsch. **46a**(1991)876

[250]  E. Spohr, *Computer Simulation of the Water/Platinum Interface Dynamical Results*, Chem. Phys. **141**(1990)87

[251]  K. Heinzinger, J. Seitz-Beywl, M. Poxleitner, *Molecular Dynamics Simulations of Platinum-Aqueous Electrolyte Solution Interfaces*, in: Microscopic Models of Electrode-Electrolyte Interfaces (J.W. Halley and L. Blum, eds.), Electrochem. Soc. Proceedings Series 93-5(1993)63

[252]  J. Sauer *Structure and Reactivity of Zeolite Catalysts: Atomistic Modelling Using ab initio Techniques* in: J. Weitkamp, H.G. Karge, H. Pfeifer, W. Hölderich (Eds.), *Zeolites and Related Microporous Materials: State of the Art 1994*, Studies in Surface Science and Catalisys, Vol. **84** Elsevier Science B. V. 1994, S.2039

[253]  S. Yashonath, P. Demontis, M.L. Klein, *A Molecular Dynamics Study of Methane in Zeolite NaY*, Chem Phys. Lett. **153**(1988)551

[254]  W.M. Meier, D.H. Olson, *Atlas of Zeolite Structure Types*, Butterworth-Heinemann, London, 1992

[255]  M. Schoen, C. Hoheisel, *Liquid CH4, liquid CF4 and the partially miscible liquid mixture CH4/CF4. A molecular dynamics study based on both a spherical symmetric and a four-centre Lennard-Jones potential model*, Mol.Phys. **58**(1986)699

[256]  S. Fritzsche, R. Haberlandt, J. Kärger, H. Pfeifer, M. Waldherr-Teschner, *An MD Study of Methane Diffusion in Zeolites of Structure Type LTA*, in: J. Weitkamp, H.G. Karge, H. Pfeifer, W. Hölderich (Eds.), *Zeolites and Related Microporous Materials: State of the Art 1994*, Studies in Surface Science and Catalysis, Vol. **84** Elsevier Science B. V. 1994, S. 2139

[257]  S. Fritzsche, R. Haberlandt, G. Hofmann, J. Kärger, K. Heinzinger, M. Wolfsberg, *The Influence of Changes in Lattice Parameters and the presence of Cations on Diffusion of Guest Molecules in Zeolites*, in Vorbereitung

[258]  S. Fritzsche, R. Haberlandt, J. Kärger, H. Pfeifer, M. Wolfsberg, *Molecular-Dynamics Consideration of the Mutual Thermalization of Guest Molecules in Zeolites*, Chem. Phys. Lett. **171**(1990)109

[259]  S. Fritzsche, R. Haberlandt, J. Kärger, H. Pfeifer, K. Heinzinger, *On the Diffusion Mechanism of Methane in a Cation Free Zeolite of Type ZK4*, Chem. Phys. **174**(1993)229

[260]  J. Kärger, H. Pfeifer; *Nuclear Magnetic Resonance Measurements of Mass Transfer in Molecular Sieve Crystallites*, J. Chem. Soc. Faraday Trans. **87**(1991)1989

[261]  W. Heink, J. Kärger, H. Pfeifer, P. Salverda, K.P. Datema, A. Nowak, *Self-Diffusion Measurements of n-Alkanes in Zeolite NaCaA by Pulsed-field Gradient Nuclear Magnetic Resonance*, J. Chem. Soc. Faraday Trans. **88**(1992)515

[262]  W. Heink, J. Kärger, S. Ernst, J. Weitkamp, *PFG NMR Study of the Influence of the Exchangeable Cations on the Self-Diffusion Coefficient of Hydrocarbons in Zeolites*, Zeolites **14**(1994)320

[263]  D.M. Ruthven, R.I. Derrah, *Transition State Theory of Zeolitic Diffusion*, J. Chem. Soc. Faraday Trans.I **68**(1972)2332

[264]  P. Demontis, E.S. Fois, G.B. Suffritti, S. Quartieri, *Molecular Dynamic Studies on Zeolites. 4. Diffusion of Methane in Silicalite*, J. Phys. Chem. **94**(1990)4329

[265]  P. Demontis, E.S. Fois, G.B. Suffritti, S. Quartieri, *Molecular Dynamic Studies on Zeolites. 6. Temperature Dependence of Diffusion of Methane in Silicalite*, J. Phys. Chem. **96**(1992)1482

[266]  P. Demontis, G.B. Suffritti, P. Mura, *A Molecular Dynamic Study of Diffusion of Methane in Silicalite Molecular Sieve at High Dilution*, Chem. Phys. Lett. **191**(1992)553

[267]  P. Demontis, G.B. Suffritti, *Molecular Dynamics Investigation of Diffusion of Methane in a Cubic Symmetry Zeolite of Type ZK4*, Chem. Phys. Lett. in press.

[268]  E. Cohen de Lara, R. Kahn, A.M. Goulay, *Molecular Dynamics by Numerical Simulation in Zeolites: Methane in NaA*, J. Chem. Phys. **90**(1989)7482

[269]  A.G. Bezus, A.V. Kiselev, A. Lopatkin and Pham Quang Du, *Molecular Statistical Calculation of the Thermodynamic Adsorption Characteristics of Zeolites using the Atom - Atom Approximation*, J. Chem. Soc. Faraday Trans.II **74**(1978)367

[270]  A.V. Kiselev and Pham Quang Du, *Molecular Statistical Calculation of the Thermodynamic Adsorption Characteristics of Zeolites using the Atom - Atom Approximation, Part 2*, J. Chem. Soc. Faraday Trans.II **77**(1981)1

[271]  S.J. Goodbody, K. Watanabe, D. MacGowan, J.P.R.B. Walton, N. Quirke, *Molecular Simulation of Methane and Butane in Silicalite*, J. Chem. Faraday Trans. **87**(1991)1951

[272]  G. Schrimpf, M. Schlenkrich, J. Brickmann, P. Bopp, *Molecular Dynamics Simulation of Zeolite NaY. A Study of Structure, Dynamics, and Thermalization of Sorbates*, J. Phys. Chem. **96**(1992)7404

[273]  G. Schrimpf, *Molekulardynamische Simulationen von Xenon in Zeolith Na-Y unter Berücksichtigung der Kristalldynamik*, Dissertation TU - Darmstadt, 1993

[274]  E.J. Maginn, A.T. Bell, D.N. Theodorou, *Transport diffusivity of methane in Silicalite from equilibrium and nonequlibrium simulations*, J. Phys. Chem. **97**(1993)4173

[275]  S. Fritzsche, R. Haberlandt, J. Kärger, *An MD Study on the Correlation Between Transport Diffusion and Self-Diffusion in Zeolites*, Z. phys. Chem. **189**(1995), im Druck

[276]  S. Fritzsche, M. Gaub, R. Haberlandt, J. Kärger, in Vorbereitung

[277]  S. Fritzsche, *The influence of changes in the framework on the diffusion in zeolites. Molecular dynamics simulations*, Phase Transitions, **52**(1994)169-90

[278]  R. Kubo, M. Toda, N. Hashitsume, *Statistical Physics II. Nonequilibrium Statistical Mechanics*, Springer-Verlag, Berlin, 1991

[279]  N.Y. Chen, T.F. Degnan, C.M. Smith, *Molecular Transport and Reaction in Zeolites. Design and Application of Shape Selective Catalysts*, VHC, New York 1994

[280]  D.M. Ruthven, Can. J. Chem. **52**(1974)3523

[281]  D. Theodorou, J. Wei, *Diffusion and Reaction in Blocked and High Occupancy Zeolite Catalysts*, J. of Catalysis **83**(1983)205

[282]  D.C. Rapaport, *The Fractal Nature of Molecular Trajectories in Fluids*, J. of Stat. Phys. **40**(1985)751

[283]  S. Toxvaerd, *Fractal Dimension of Classical Mechanical Trajectories*, Phys. Lett. **114A**(1986)159

[284]  J.G. Powles, G. Rickayzen, R.F. Fowler, *Finite Fractal Analysis for Finite Trajectories in Fluids*, Mol. Phys. **61**(1987)887

[285]  J. Kärger, H. Pfeifer, G. Vojta, *Time Correlation During Anomalous Diffusion in Fractal Systems and Signal Attenuation in NMR Field-Gradient Spectroscopy*, Phys. Rev. **37A**(1988)4514

[286]  L.F. Richardson, *General Systems Yearbook* **6**(1961)139

[287]  B.B. Mandelbrodt, *The Fractal Geometry of Nature*, Freeman, San Francisco, 1982

[288]  J. Feder, *Fractals*, Plenum Press, New York, 1988

# Sachwortverzeichnis